大气复合污染
成因与应对机制 4

朱 彤
贺 泓
曹军骥
张朝林
主 编

大气复合
污染的关键
化学过程
（下）

Key Chemical Processes of
Atmospheric Compound Pollution (II)

图书在版编目(CIP)数据

大气复合污染的关键化学过程.下/朱彤等主编.—北京：北京大学出版社，2021.7
（大气复合污染成因与应对机制）
ISBN 978-7-301-32295-6

Ⅰ.①大… Ⅱ.①朱… Ⅲ.①空气污染–环境污染化学 Ⅳ.①X51②X131

中国版本图书馆CIP数据核字（2021）第131915号

书　　名	大气复合污染的关键化学过程（下） DAQI FUHE WURAN DE GUANJIAN HUAXUE GUOCHENG（XIA）
著作责任者	朱　彤　等主编
责任编辑	郑月娥　曹京京
标准书号	ISBN 978-7-301-32295-6
出版发行	北京大学出版社
地　　址	北京市海淀区成府路205号　100871
网　　址	http://www.pup.cn　　新浪微博：@北京大学出版社
电子信箱	zye@pup.pku.edu.cn
电　　话	邮购部 010-62752015　发行部 010-62750672　编辑部 010-62767347
印　刷　者	北京中科印刷有限公司
经　销　者	新华书店
	787毫米×1092毫米　16开本　20.25印张　插页6　492千字 2021年7月第1版　2021年7月第1次印刷
定　　价	120.00元（精装）

未经许可，不得以任何方式复制或抄袭本书之部分或全部内容。
版权所有，侵权必究
举报电话：010-62752024　电子信箱：fd@pup.pku.edu.cn
图书如有印装质量问题，请与出版部联系，电话：010-62756370

"大气复合污染成因与应对机制"编委会

朱　彤　（北京大学）
王会军　（南京信息工程大学）
贺克斌　（清华大学）
贺　泓　（中国科学院生态环境研究中心）
张小曳　（中国气象科学研究院）
黄建平　（兰州大学）
曹军骥　（中国科学院大气物理研究所）
张朝林　（国家自然科学基金委员会地球科学部）

朱彤，北京大学环境科学与工程学院教授、院长，国务院参事，美国地球物理联合会理事，世界气象组织"环境污染与大气化学"科学指导委员会委员。2019年当选美国地球物理联合会会士。长期致力于大气化学及环境健康交叉学科研究，发表学术论文300余篇，入选科睿唯安交叉学科"全球高被引科学家"、爱思唯尔环境领域"中国高被引学者"。

王会军，南京信息工程大学教授、学术委员会主任，中国气象学会理事长，世界气候研究计划联合科学委员会委员。2013年当选中国科学院院士。长期从事气候动力学与气候预测等研究，发表学术论文300余篇。

贺克斌，清华大学环境学院教授，中国工程院院士，国家生态环境保护专家委员会副主任，教育部科学技术委员会环境与土木工程学部主任。长期致力于大气复合污染来源与多污染物协同控制方面研究。入选2014—2020年爱思唯尔"中国高被引学者"、2018—2020年科睿唯安"全球高被引科学家"。

贺泓，中国科学院生态环境研究中心副主任、区域大气环境研究卓越创新中心首席科学家。2017年当选中国工程院院士。主要研究方向为环境催化与非均相大气化学过程，取得柴油车排放污染控制、室内空气净化和大气灰霾成因及控制方面系列成果。

张小曳，中国气象科学研究院研究员、博士生导师，中国工程院院士。2004年前在中国科学院地球环境研究所工作，之后在中国气象科学研究院工作，历任中国科学院地球环境研究所所长助理、副所长，中国气象科学研究院副院长，中国气象局大气成分中心主任、碳中和中心主任。

黄建平，国家杰出青年基金获得者，教育部"长江学者"特聘教授，兰州大学西部生态安全省部共建协同创新中心主任。长期扎根西北，专注于半干旱气候变化的机理和预测研究，带领团队将野外观测与理论研究相结合，取得了一系列基础性强、影响力高的原创性成果，先后荣获国家自然科学二等奖（排名第一）、首届全国创新争先奖和8项省部级奖励。

曹军骥，中国科学院大气物理研究所所长、中国科学院特聘研究员。长期从事大气气溶胶与大气环境研究，揭示我国气溶胶基本特征、地球化学行为与气候环境效应，深入查明我国PM2.5污染来源、分布与成因特征，开拓同位素化学在大气环境中的应用等。

张朝林，博士，研究员，主要从事气象学和科学基金管理研究。先后入选北京市科技新星计划和国家级百千万人才工程。曾获省部级科技奖5次（3项排名第一），以及涂长望青年气象科技奖等多项学术奖励。被授予全国优秀青年气象科技工作者、北京市优秀青年知识分子、首都劳动奖章和有突出贡献中青年专家等多项荣誉。

序

2010年以来,我国京津冀、长三角、珠三角等多个区域频繁发生大范围、持续多日的严重大气污染。如何预防大气污染带来的健康危害、改善空气质量,成为整个社会关注的有关国计民生的主题。

中国社会经济快速发展中面临的大气污染问题,是发达国家近百年来经历的大气污染问题在时间、地区和规模上的集中体现,形成了一种复合型的大气污染,其规模和复杂程度在国际上罕见。已有研究表明,大气复合污染来自工业、交通、取暖等多种污染源排放的气态和颗粒态一次污染物,以及经过一系列复杂的物理、化学和生物过程形成的二次细颗粒物和臭氧等二次污染物。这些污染物在不利天气和气象过程的影响下,会在短时间内形成高浓度的污染,并在大范围的区域间相互输送,对人体健康和生态环境产生严重危害。

在大气复合污染的成因、健康影响与应对机制方面,尚缺少系统的基础科学研究,基础理论支撑不够。同时,大气污染的根本治理,也涉及能源政策、产业结构、城市规划等。因此,亟须布局和加强系统的、多学科交叉的科学研究,揭示其复杂的成因,厘清其复杂的灰霾物质来源,发展先进的技术,制定和实施合理有效的应对措施和预防政策。

为此,国家自然科学基金委员会以"中国大气灰霾的形成机理、危害与控制和治理对策"为主题于2014年1月18—19日在北京召开了第107期双清论坛。本次论坛由北京大学协办,并邀请唐孝炎、丁仲礼、郝吉明、徐祥德四位院士担任论坛主席。来自国内30多所高校、科研院所和管理部门的70余名专家学者,以及国家自然科学基金委员会地球科学部、数学物理科学部、化学科学部、生命科学部、工程与材料科学部、信息科学部、管理科学部、医学科学部和政策局的负责人出席了本次讨论会。

在本次双清论坛基础上,国家自然科学基金委员会于2014年年底批准了"中国大气复合污染的成因、健康影响与应对机制"联合重大研究计划的立项,其中"中国大气复合污染的成因与应对机制的基础研究"重大研究计划的主管科学部为地球科学部。

自2015年发布第一次资助指南以来,"中国大气复合污染的成因与应对机制的基础研究"重大研究计划取得了丰硕的成果,为我国大气污染防治攻坚战提供了重要的科学支撑,在2019年的中期考核中取得了"优"的成绩。截至2020年,该重大研究计划有20个培育项目、22个重点支持项目完成了结题验收。本套丛书汇总了这些项目的主要研究成果,是我国在大气复合污染成因与应对机制的基础研究方面的最新进展总结,也为继续开展这方面研究的人员提供了很好的参考。

中国科学院院士
国家自然科学基金委员会原副主任
天津大学地球系统科学学院院长、教授

前　言

自 2014 年 1 月国家自然科学基金委员会召开第 107 期双清论坛"中国大气灰霾的形成机理、危害与控制和治理对策"以来,已经过去 7 年多了。在这 7 年中,我国政府大力实施了《大气污染防治行动计划》(2013—2017)、《打赢蓝天保卫战三年行动计划》(2018—2020),主要城市空气质量取得了根本性好转。

在此期间,国家自然科学基金委员会在第 107 期双清论坛基础上启动实施了"中国大气复合污染的成因与应对机制的基础研究"重大研究计划(以下简称"重大研究计划")。本重大研究计划不仅在大气复合污染成因与控制技术原理的重大前沿科学问题上取得了系列创新成果,大大地提升了我国大气复合污染基础研究的原始创新能力和国际学术影响,更为大气污染治理这一国家重大战略需求提供了坚实的科学支撑。

本重大研究计划旨在围绕大气复合污染形成的物理、化学过程及控制技术原理的重大科学问题,揭示形成大气复合污染的关键化学过程和关键大气物理过程,阐明大气复合污染的成因,建立大气复合污染成因的理论体系,发展大气复合污染探测、来源解析、决策系统分析的新原理与新方法,提出控制我国大气复合污染的创新性思路。

为保障本重大研究计划的顺利实施,组建了指导专家组与管理工作组。指导专家组负责重大研究计划的科学规划、顶层设计和学术指导;管理工作组负责重大研究计划的组织及项目管理工作,在实施过程中对管理工作进行指导。本重大研究计划指导专家组成员包括:朱彤(组长)、王会军、贺克斌、贺泓、张小曳、黄建平、曹军骥。

针对我国大气污染治理的紧迫性以及相关领域已有的研究基础,重大研究计划主要资助重点支持项目,同时支持少量培育项目和集成项目。在 2016—2019 年资助了 72 个项目,包括 46 项重点支持项目、21 项培育项目、3 项集成项目、2 项战略研究项目。为提高公众对大气污染科学研究的认知水平,特以培育项目形式资助科普项目 1 项。

重大研究计划实施以来,凝聚了来自我国 30 多个高校与科研院所的大气复合污染最具优势的研究力量,在大气污染来源、大气化学过程、大气物理过程方向形成了目标相对统一的项目集群,促进了大气、环境、物理、化学、生命、工程材料、管理、健康等学科的深度交叉与融合,培养出一大批优秀的中青年创新人才和团队,成为我国打赢蓝天保卫战的重要力量。通过重大研究计划的资助,我国大气复合污染基础研究的原始创新能力得到了极大的提升,在准确定量多种大气污染的排放、大气二次污染形成的关键化学机制、大气物理过程与大气复合污染预测方面取得了一系列重要的原创性成果,在 *Science*、*PNAS*、*Nature Geoscience*、*Nature Climate Change*、*ACP*、*JGR* 等一流期刊上发表 SCI 论文 800 余篇,在国际学术界产生显著影响。更重要的是,本计划获得的研究成果及时、迅速地为我国打赢蓝天保卫战提供了坚实的科学支撑,计划执行过程中已有多项政策建议得到中央和有关部委采纳。如 2019 年在 *PNAS* 发表我国分区域精确制定氨减排的论文,据此提出政策建议,获得国家领导人的批示,由相关部门贯彻执行。

2019年11月21日重大研究计划通过了国家自然科学基金委员会的中期评估,获得了"优"的成绩,并于2020年启动资助3项计划层面的集成项目。

"大气复合污染成因与应对机制"丛书以重大项目完成结题验收的22个重点支持项目、20个培育项目为基础,汇总了重大研究计划的最新研究成果。全套丛书共4册、44章,均由刚结题或即将结题的项目负责人撰写,他们是活跃在国际前沿的优秀学者,每个章节报道了他们承担的项目在该领域取得的最新研究进展,具有很高的学术水平和参考价值。

本套丛书包括以下4册:

第1册,《大气污染来源识别与测量技术原理》:共13章,报道大气污染来源识别与测量技术原理的最新研究成果,主要包括目前研究较少但很重要的各种污染源排放清单,如挥发性有机物、船舶多污染物、生物质燃烧等排放清单,以及大气颗粒物的物理化学参数的新测量技术原理。

第2册,《多尺度大气物理过程与大气污染》:共9章,报道多尺度大气物理过程与大气污染相互作用的最新研究成果,主要包括气溶胶等空气污染与边界层相互作用、静稳型重污染过程的大气边界层机理、气候变化对大气复合污染的影响机制、气溶胶与天气气候相互作用对冬季强霾污染影响等。

第3、4册,《大气复合污染的关键化学过程》(上、下):共22章,报道大气复合污染的关键化学过程的最新研究成果,主要包括大气氧化性的定量表征与化学机理开发、新粒子生成和增长机制及其环境影响、大气复合污染形成过程中的多相反应机制、液相氧化二次有机气溶胶生成机制等。

本丛书编委会由重大研究计划指导专家组成员和部分管理工作组成员构成,包括朱彤、王会军、贺克斌、贺泓、张小曳、黄建平、曹军骥、张朝林。在编制过程中,汪君霞博士协助编委会和北京大学出版社与每个章节的作者做了大量的协调工作,在此表示感谢。

北京大学环境科学与工程学院教授

目　　录

- 第 12 章　单细颗粒物的捕获、悬浮、控制、老化过程及其理化性质的精确测量……（295）
  - 12.1　研究背景……………………………………………………………（295）
  - 12.2　研究目标与研究内容………………………………………………（298）
  - 12.3　研究方案……………………………………………………………（300）
  - 12.4　主要进展与成果……………………………………………………（303）

- 第 13 章　长三角大气氧化性：定量表征与化学机理开发……………………（329）
  - 13.1　研究背景……………………………………………………………（329）
  - 13.2　研究目标与研究内容………………………………………………（333）
  - 13.3　研究方案……………………………………………………………（334）
  - 13.4　主要进展与成果……………………………………………………（335）

- 第 14 章　大气复合污染形成过程中的多相反应机制研究……………………（359）
  - 14.1　研究背景……………………………………………………………（359）
  - 14.2　研究目标与研究内容………………………………………………（363）
  - 14.3　研究方案……………………………………………………………（365）
  - 14.4　主要进展与成果……………………………………………………（366）

- 第 15 章　过氧自由基关键化学过程及其对大气氧化性和细粒子生成的影响研究……（391）
  - 15.1　研究背景……………………………………………………………（391）
  - 15.2　研究目标与研究内容………………………………………………（395）
  - 15.3　研究方案……………………………………………………………（396）
  - 15.4　主要进展与成果……………………………………………………（400）

- 第 16 章　红外光谱研究气溶胶颗粒爆发式增长与环境相对湿度的相关性……（423）
  - 16.1　研究背景……………………………………………………………（423）
  - 16.2　研究目标与研究内容………………………………………………（426）
  - 16.3　研究方案……………………………………………………………（427）
  - 16.4　主要进展与成果……………………………………………………（430）

- 第 17 章　二次有机气溶胶液相生成机制和化学过程的碳氮稳定同位素研究……（443）
  - 17.1　研究背景……………………………………………………………（443）
  - 17.2　研究目标与研究内容………………………………………………（446）
  - 17.3　研究方案……………………………………………………………（447）
  - 17.4　主要进展与成果……………………………………………………（450）

第 18 章　长三角生物质燃烧的三维特征解析及对区域霾形成的过程研究 …… (468)
  18.1　研究背景 …… (468)
  18.2　研究目标与研究内容 …… (469)
  18.3　研究方案 …… (470)
  18.4　主要进展与成果 …… (471)

第 19 章　矿质颗粒物对硫酸盐形成的促进效应及可溶性过渡金属的作用：
    实验室基础研究 …… (498)
  19.1　研究背景 …… (498)
  19.2　研究目标与研究内容 …… (501)
  19.3　研究方案 …… (501)
  19.4　主要进展与成果 …… (502)

第 20 章　城市大气 NO_3 自由基和 N_2O_5 的夜间化学过程研究 …… (518)
  20.1　研究背景 …… (518)
  20.2　研究目标与研究内容 …… (521)
  20.3　研究方案 …… (523)
  20.4　主要进展与成果 …… (525)

第 21 章　基于大气氧化中间态物种的大气 HO_x 自由基来源和活性研究 …… (544)
  21.1　研究背景 …… (544)
  21.2　研究目标与研究内容 …… (549)
  21.3　研究方案 …… (550)
  21.4　主要进展与成果 …… (552)

第 22 章　二次有机气溶胶的界面反应及其在灰霾形成中的作用机制 …… (576)
  22.1　研究背景 …… (576)
  22.2　研究目标与研究内容 …… (580)
  22.3　研究方案 …… (581)
  22.4　主要进展与成果 …… (583)

第 12 章 单细颗粒物的捕获、悬浮、控制、老化过程及其理化性质的精确测量

张韫宏

北京理工大学化学与化工学院

我国雾霾是复合性污染,主要成分包括来自工业排放的硫酸盐二次颗粒物、汽车排放的硝酸盐二次颗粒物,以及挥发性有机物形成的二次有机气溶胶(SOA)。硝酸铵、硫酸铵、半挥发性有机物(SVOCs)相互混合,往往形成非理想的有机/无机混合体系,这些非理想混合体系的基本物理化学参数的确定,对于理解新粒子的形成以及颗粒物的演变老化过程至关重要。非理想混合体系不仅在吸湿性、风化潮解特征方面与单独的硫酸铵、硝酸铵表现出很大的不同,比如存在着吸湿性与挥发性共存的现象,半固态、非晶态有机/无机混合体系具有非平衡态动力学特征,以及液液相分离特性等。为了揭示这些非理想性,本章介绍了如何用光镊-受激拉曼技术以及现代分子光谱学技术,对非理想混合体系复杂过程的重要理化参数进行精确测量。在颗粒物凝聚相与气相之间的气-粒分配方面,测量了 SVOCs 的饱和蒸气压及其与无机物混合后的有效饱和蒸气压;对于高黏态、非晶态、胶态等非平衡态体系,获得了特性时间和水分子的扩散系数;在有机/无机混合体系的风化动力学过程的研究方面,测量了风化结晶的均相成核、异相成核速率,并发现高氧化态有机物(HOMs)高占比(50%~75%)的气溶胶即使在极低湿度环境中,硫酸铵、硝酸钠、氯化钠等无机盐也不再结晶风化,而是会形成高黏态的有机/无机非理想混合体系;开展了有机二酸盐/无机铵盐混合颗粒物中氨流失问题的研究,认识了颗粒物中有机弱碱置换无机强碱的过程;开展了过渡金属氧化物、黑碳、无机盐液滴与痕量气体 SO_2、O_3、NO_2,及挥发性有机物(VOCs)等发生非均相化学反应过程的研究,获得了相应条件下痕量气体的摄取系数。这些研究结果,对于认识我国雾霾复合污染过程中新粒子爆发式生成、快速长大、化学成分多、相态复杂等特征,提供了实验依据,进一步帮助政府制定雾霾防控政策。

12.1 研究背景

细颗粒物($PM_{2.5}$)污染,已严重制约了我国的经济发展,成为需要我国政府、社会、企业、科研机构共同面对的环境污染问题,也是后工业化国家未来必须解决的可持续发展的问题,其中重要的科学问题,就是揭示细颗粒物形成机制[1],这需要对细颗粒物的关键理化参数进

行精确测量,以期实现对大气污染的精准防控。

用光谱学新技术,建立悬浮单液滴的时间和空间分辨分子光谱观测方法,有助于精确测量微米尺度的悬浮单液滴的物理、化学过程,解决雾霾形成过程的关键问题,包括:① 揭示 SOA 的形成机制,精确测量半挥发性有机物/低挥发性有机物(SVOCs/LVOCs)的饱和蒸气压,明确 SVOCs/LVOCs 对新粒子形成的贡献,认识 SVOCs/LVOCs 的气-粒分配规律及其主导的 SOA 快速长大过程;② 揭示二次硫酸盐、硝酸盐的形成机制,发现 SO_2、NO_x 等痕量气体在液滴表面和体相内部的转化规律,认识二次无机气溶胶(SIA)快速长大过程;③ 解决无机/有机非理想混合气溶胶的基本物理化学问题,确定液滴中发生的液固、液液相分离条件,以及非理想混合中的非平衡动力学过程。

单液滴有多种悬浮方法,包括声悬浮、电悬浮、光悬浮等,对悬浮单液滴进行拉曼光谱测量,可以解决以下关键问题:

(1) 实现 SVOCs/LVOCs 饱和蒸气压的精准测量。我国雾霾的形成是一种复合机制,表现出新粒子爆发式生成和细颗粒物快速长大的特征。SVOCs(饱和蒸气压为 $10^{-8} \sim 1$ pa)和 LVOCs(饱和蒸气压 $< 10^{-8}$ pa)具有很低的饱和蒸气压,对新粒子生成和细颗粒物长大有重要的贡献[2]。然而 SVOCs/LVOCs 的饱和蒸气压数据十分匮乏,即使有一些测量数据,由于测试方法的不同,同一种 SVOCs/LVOCs 的饱和蒸气压偏差很大,往往相差 2~4 个数量级[3,4]。因此,亟待建立精确的测量方法、科学的理论框架,阐述我国大气复合污染中 SVOCs/LVOCs 气-粒转化和气-粒分配的精确过程,揭示 SOA 占比高(50%~80%)的机制,确定 SVOCs/LVOCs 对 $PM_{2.5}$ 快速长大的贡献。

(2) 完成 SO_2 在气溶胶液滴表面和内部的氧化动力学的测量。2018 年北京市二氧化硫的均值为 $6 \mu g \ m^{-3}$,虽然我国工业二氧化硫排放已经达到了很低的水平,但细颗粒物中的主要二次无机成分仍然是硫酸铵。尽管 SO_2 非均相转化为硫酸盐的研究取得了很大进展[4-14],硫酸盐的生成量还是被低估。有关 SO_2 在气溶胶液滴中的液相氧化过程、液滴表面氧化过程、液滴中过渡金属离子催化过程、液滴的 pH 的影响、大气中 NH_3 的影响、NO_x 的协同氧化过程等,还有很多不清楚的地方,是公认的世界难题[5,15-22],需要建立更精确的方法,获得硫酸盐二次转化的动力学数据,确定 SIA 的快速长大机制。目前硝酸盐对北京雾霾的贡献越来越大,NO_x 是如何转换成硝酸盐,也亟需在单颗粒水平上加以认识。

(3) 实现非理想混合态的测量。我国雾霾具有复杂的有机/无机混合特征,是典型的非理想混合体系,相态复杂,存在固相、液相、半固态、玻璃态、胶态等。高黏态的非理想混合颗粒物,往往具有非平衡态的动力学过程,黏度和扩散系数跨越几个数量级[23-31],需要建立特性时间的精确测量方法。有机/无机非理想混合气溶胶体系,另外一个突出的特征是随着环境湿度的改变,发生液液相分离过程[25,31-40]。液液相分离的条件,包括化学组成、温度和相对湿度(RH),它们是如何影响液液相分离过程的,液液相分离颗粒物具有何种形态,不同形态的液液相分离气溶胶又是如何影响其光学和化学性质的,对这些方面的认识极其有限[38,41-45],需要建立时间分辨和空间分辨的观测方法。

(4) 用单液滴悬浮技术,开展气溶胶物理化学过程研究。最早可追溯到 20 世纪 90 年代,Tang 等人[46-49]利用电悬浮方法,将电动态平衡技术(ElectroDynamic Balance, EDB)

与拉曼技术相结合,开展了无机气溶胶的吸湿性研究,并发现过饱和条件下的气溶胶微粒倾向于形成各类亚稳态固体。从 2000 年起,北京理工大学课题组与香港科技大学陈泽强教授合作,开展了电悬浮单微粒的原位拉曼测量,EDB 的优点在于可以悬浮直径为几十微米的液滴,接近于云滴(半径小于 100 μm 的水滴)的尺寸。由于长光路的拉曼信号较弱,需要长积分时间和多次累加,我们在过饱和液滴中各种接触离子对的结构研究、微液滴表面与内部组成差异分析、亚稳态结构观测等方面取得一些进展[50-53]。近年来这方面突出工作集中在液滴的挥发性、非理想混合非平衡态动力学等方面,包括 Gregson 等[54]利用 EDB 技术观测悬浮乙醇/水液滴的挥发行为,确定了多挥发组分蒸发速率等;Pope 等[55]利用 EDB 技术测定二酸的蒸气压;Lienhard 等[56]提出了一种利用 EDB 技术研究玻璃态颗粒中水传质系数的方法;Nadler 等[57]研究了蔗糖、柠檬酸颗粒的水传质过程。最近 Wei 等[58]利用表面增强拉曼方法,发现在疏水基底上的气溶胶液滴,其表面和液滴内核的 pH 相差 3 个数量级,表明液滴氢离子空间分布的巨大差异,需要通过空间分辨的悬浮液滴来验证。

总体来讲,电悬浮液滴的拉曼研究亟待解决的问题是如何建立有效的弱信号检测技术,提高悬浮液滴的拉曼信号的信噪比,开展时间分辨和空间分辨测量。

在光悬浮方面,2004 年至今英国布里斯托大学 Reid 小组发展了光镊技术结合受激拉曼测量方法[59-61],研究内容涵盖气溶胶蒸发过程动力学机制[62,63]、液液相分离[64]、非平衡过程动力学[24]、单液滴反应等方面[65]。光镊技术同以往的悬浮技术相比,具有以下优点:① 激光作为光源,一方面利用光梯度力可以悬浮单液滴,另一方面由于液滴米氏(Mie)共振散射效应,可以提供受激拉曼散射信号,能得到液滴的折射率、尺寸信息;② 采用绿光激光器低功率(10~30 mW),可以容易、稳定地悬浮 2~10 μm 尺度的气溶胶微液滴,热效应可以忽略;③ 高倍数物镜(×100 油镜)、高数值孔径和激光高能量密度,使得悬浮液滴的半径即使在 2~5 μm 范围内,水分子伸缩振动区域会有很强的米氏散射共振受激拉曼信号,积分时间在 1 s 的范围内,仍可获得良好的受激拉曼光谱,便于时间分辨研究。2007 年北京理工大学课题组与布里斯托大学 Reid 教授合作,开展了光镊技术合作研究,在 2009 年,建立了光镊技术,并用于非平衡动力学过程[66]、挥发性[63]、液液相分离[64]、气溶胶吸湿性[67]等方面的研究。

光镊悬浮技术在受激拉曼光谱的测量应用方面取得了很大的进展,成功地获得了一些有机二酸类物质的饱和蒸气压数据[63,68-71]。但这种测试方法还有局限性,悬浮的 SVOCs/LVOCs 液滴在测量时,假设该液滴周围环境的 SVOCs/LVOCs 的分压为零,由于在制样过程中,样品池会沉积大量的 SVOCs/LVOCs 颗粒物,这些颗粒物的挥发会干扰悬浮 SVOCs/LVOCs 液滴饱和蒸气压的测量。只有少数易于结晶风化的物质,如一些有机二酸类分子,得到了合理的测量结果。对于不能风化或者风化点很低的 SVOCs/LVOCs,还无法精确测量[27,55,63,68-73],需要解决悬浮 SVOCs/LVOCs 液滴周围环境对饱和蒸气压测量的干扰问题,拓展应用范围。另一方面光镊技术俘获液滴,其自发拉曼散射光谱可以提供液滴的化学组成、结构信息,但由于自发拉曼信号弱,极大地限制了这方面的应用。

在液液相分离方面,虽然根据受激拉曼的变化特征、折射率的拟合结果,光镊技术能提供核壳结构、胞吞结构的液液相分离的判断依据,但是由于自发拉曼信号弱,仅仅依靠受激拉曼的信号获取信息,无法给出每种结构的组成信息及其在液滴中的空间分布状况[74-76]。

悬浮单液滴技术结合拉曼探测,在用于研究与 SO_2 痕量气体反应方面有很大的优势,体现在环境温度、相对湿度、反应气体的浓度、悬浮液滴状态(催化离子的种类和浓度、液滴的 pH 等)等都易于控制。因此 SO_2 痕量气体是发生液滴表面反应,还是与体相反应,会有不同的动力学特征,可以辨别,但需要精准的测量方法。光镊技术可以实现这一要求,目前还没有得到应有的重视,仅有几篇有机不饱和脂肪酸与 O_3 反应的研究[77,78],我们初步尝试了 SO_2 与硫酸铵液滴的反应,得到了可喜的结果。由于时间分辨率仅在秒级或亚秒级,且液滴与 SO_2 发生氧化反应引起半径变化过快,受激拉曼共振峰消失,从而限制了动力学过程的研究。因此,光镊悬浮液滴的拉曼测量,亟需提高弱信号的检测能力,建立高时间分辨的拉曼观测技术。

商品化仪器方面,光镊技术结合受激拉曼光谱测量,英国布里斯托大学 Reid 教授与企业合作开发了气溶胶光镊光谱仪。2014 年发布了商品化的产品 AOT-100,仪器的原理主要是测量液滴水的受激拉曼信号,并根据米氏散射理论计算液滴的半径和折射率。其优点在于能对液滴半径进行精确测量,精度可以达到 1 nm,但受限于受激拉曼的测量,时间分辨只能达到秒级,该仪器无法实现空间分辨观测,而且自发拉曼的信号很弱,因此尚不能对液滴的化学组分和结构进行测量。

本章主要介绍如何采用光镊悬浮技术,以及显微红外、显微拉曼、真空红外等原位光谱技术,开展以下几个方面的内容:① 利用单个液滴光悬浮方法,捕获、悬浮组成可控的半径在 2~5 μm 的单个液滴,用于不同科学目标的精确测量;② 控制悬浮液滴的环境氛围和反应条件,模拟大气状态和老化过程,进行液滴体相内部、表面和气相的物理和化学动态过程的原位光谱学研究,实现弱信号拉曼测量;③ 实现对悬浮单液滴饱和蒸气压、增长因子、摄取系数、折射率等理化参数的精确测量;④ 真空红外结合脉动湿度变化技术,实现环境湿度和颗粒物组成的同时测量,用于吸湿质量增长因子和风化结晶动力学测量;⑤ 显微红外和显微拉曼测量技术用于单颗粒摄取系数的测量。通过这些物理量的测量,以期揭示细颗粒物气-粒转化特性、化学反应特性、吸湿性、消光特性及其与半径、化学组成、相态、形貌、老化过程之间的内在关系,为认识 $PM_{2.5}$ 的形成和快速长大机制、气候效应、健康效应提供支撑。

12.2 研究目标与研究内容

12.2.1 研究目标

本项目的研究目标是对气溶胶的多个重要理化参数进行精确测量,亦即建立单微粒原位光谱测量方法,开展气溶胶的气-粒分配平衡、吸湿性、挥发性、非均相化学反应、光学特性等方面理化参数的精准测量研究,揭示细颗粒物的形成、老化和表面化学反应机理,为建立适于我国城市实际情况的大气化学反应模型、制订环境监测和评价标准,以及治理环境污染提供科学依据。

12.2.2 研究内容

我国雾霾形成机制复杂,其中一个瓶颈问题就是 VOCs 如何转换为 SVOCs/LVOCs,进而发生气-粒转化,导致新粒子爆发式生成以及 $PM_{2.5}$ 快速长大。在气-粒转化和粒子演变长大过程中,获得 SVOCs/LVOCs 有机物的饱和蒸气压数据,对于认清我国 $PM_{2.5}$ 形成机制,具有重要的科学意义。另一方面,我国雾霾化学成分复杂,包含硫酸铵、硝酸铵和大量高氧化态的有机物,这种有机物和无机物混合的体系,往往是非理想体系,认识其非理想性,有助于揭示我国雾霾细颗粒物的老化和演变规律。本研究利用光悬浮和电悬浮技术,捕获、悬浮单个气溶胶微粒,控制其周围环境的氛围(相对湿度、痕量气体浓度、VOCs 气相分压等);针对气-粒转化、气-粒分配平衡、气-粒化学反应等过程中的关键科学问题及其重要的理化参数测量难题,测量单个气溶胶颗粒物自发拉曼、受激拉曼原位光谱,获得相态、组成、尺度、浓度等信息;测量 SVOCs/LVOCs 的饱和蒸气压、高黏态非晶态混合体系的特性时间、与臭氧等气体反应的摄取系数、吸湿增长因子等重要理化参数,以及这些参数与化学组成、尺度、相态、温度和相对湿度的依赖关系,为揭示我国雾霾的形成机制提供参考数据。具体包括:

(1) SVOCs/LVOCs 饱和蒸气压的测量:针对半挥发组分、低挥发组分在气溶胶中分配平衡问题,选择典型的 LVOCs 体系,包括有机二元羧酸、多元醇等单组分体系,以及其他不同的有机/无机组分组合的多组分气溶胶体系,依据光镊悬浮技术和拉曼光谱原位测量技术,建立饱和蒸气压的测量方法。利用激光悬浮技术捕获、悬浮单颗粒,控制湿度条件、温度条件和化学组成,开展不同时间维度下的吸湿特性和挥发动力学性质研究,将水与有机体系作为一个整体,既考虑单个组分的变化,也考虑它们之间的联系。利用实验条件(相对湿度或温度)波动对吸湿、挥发的影响,直接获得时间平行和自吻合的气溶胶吸湿性、挥发性动力学数据,分析相对湿度、化学组成对蒸气压的影响,并为气液平衡与水/有机物平衡分布提供精确数据。

(2) 开展高黏态、玻璃态、半固态和胶态非理想混合体系的特性时间及扩散系数测量研究:实现化学组分、浓度、相对湿度、尺寸、相态和形态可以调控的单微粒的非平衡态动力学过程测量,获取气溶胶单微粒的特性时间、水的扩散系数数据,分析这些参数与化学成分、浓度、相对湿度、尺寸、相态、形态之间的关系,从而为分析大气细颗粒物非理想动力学过程提供可靠数据。

(3) 单微粒非均相反应过程的原位光谱探测:采用光镊技术、显微红外、显微拉曼等技术,原位观测气溶胶单微粒。控制单微粒的化学组成,在模拟环境下,探索 SO_2、NO_x、O_3、VOCs 与特定化学组成的单微粒发生的非均相氧化反应。分析颗粒物相化学组成、催化剂、气相痕量气体浓度、相对湿度、光照条件等因素,对痕量气体的氧化动力学过程的影响。揭示二次硫酸盐颗粒物、SOA 的快速长大机制,揭示气溶胶老化历程的本质,研究老化过程中单微粒尺寸、化学组成、相态的变化以及老化粒子的吸湿特性。

(4) 理论化学计算模拟：有机物的气-粒平衡、气-粒转换，本质上是由 VOCs、SVOCs 和 LVOCs，与水分子以及无机离子之间的相互作用决定。本项目拟开展重要有机分子与水分子相互作用理论化学计算研究，依据实际测量的 LVOCs 的饱和蒸气压，模拟气-粒转化过程，获得成核临界半径、活化能数据；开展有机分子与 O_3 等反应动力学研究，确定反应机理。

12.2.3 拟解决的关键科学问题

(1) 建立光镊悬浮单微粒技术，获得 LVOCs 的饱和蒸气压数据，认清 LVOCs 的气-粒转化、气-粒分配平衡机制，为我国雾霾形成机制的研究提供新线索和数据。

(2) 研究单微粒与痕量气体反应动力学，揭示二次颗粒物快速长大新机制。

(3) 开展单微粒的特性时间、扩散系数测量研究，以及液液相分离过程研究，认识有机/无机非理想混合颗粒物的基本物理化学性质。

12.3 研究方案

12.3.1 光镊技术的应用

图 12.1 给出了用光镊技术对单液滴进行捕获、悬浮、控制、测量的示意图，主要由 5 个部分构成，分别是气溶胶发生系统，单微粒悬浮系统，单微粒湿度、气体氛围控制测量系统，单微粒拉曼光谱测量系统及单微粒相函数测量系统。

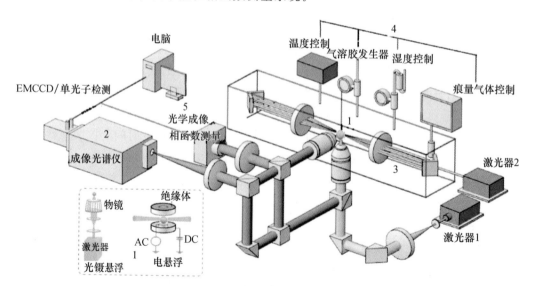

1. 电悬浮和光镊悬浮子系统；2. 悬浮液滴的拉曼光谱测量子系统；3. 液滴周围气体拉曼测量多重反射光路子系统；4. 液滴环境温湿度、痕量气体浓度控制子系统；5. 悬浮液滴的成像和相函数测量子系统。

图 12.1 悬浮单液滴的时间分辨和空间分辨的拉曼光谱测试系统各组成单元的构造

(1) 气溶胶发生系统：对化学组成预配的溶液，通过雾化器雾化，得到气溶胶样品，导入单微粒悬浮系统，进行捕获。

(2) 单微粒悬浮系统：单微粒一般有三种悬浮技术，即光悬浮、电悬浮和声悬浮，这里主要采用光镊悬浮技术，适于半径尺寸在 2～10 μm 液滴的悬浮。电悬浮是依据电动态平衡技术来悬浮带电液滴的，电悬浮液滴的尺寸更大，为 10～100 μm，从尺度角度看，更适合云滴物理化学过程的研究。

(3) 单微粒湿度、气体氛围控制测量系统：利用质量流量计控制干、湿气体，痕量气体的流量，实现相对湿度、痕量气体浓度的调节和控制。与悬浮单微粒反应，利用雾点测试仪测量悬浮单微粒环境的相对湿度，利用痕量气体检测仪测量痕量气体浓度，也可以利用激光多次反射增强方法直接测量痕量气体的浓度。本系统可以在任意相对湿度下测量单微粒的理化参数。

(4) 单微粒拉曼光谱测量系统：用于测量自发拉曼和受激拉曼，获得单微粒的尺寸、化学组成、浓度、折射率数据。

(5) 单微粒相函数测量系统：用于观察液滴的捕获、悬浮过程和半径测量。

12.3.2 真空红外结合脉动湿度控制技术的应用

图 12.2 给出了真空红外结合脉动湿度控制系统的示意图。相对湿度脉动控制装置主要由真空泵、样品池、不锈钢管路、电磁阀、微调阀、水蒸气发生器、压力计和湿度计构成，再结合真空傅立叶变换红外光谱仪，以及用于指令操控和数据处理、记录的计算机，组成整套系统。该系统具有如下功能和优势：能同时提供气相和颗粒物相的化学组成定量信息；能快速改变气相的相对湿度或者气相痕量气体的浓度，并同步检测气相和颗粒物相的化学组分，时间分辨率可以达到亚秒级；能快速测量吸湿质量增长因子和风化结晶速率，有助于研究气-粒分配动态过程。

12.3.3 单颗粒与痕量气体非均相反应动力学过程的显微红外测量

单液滴反应动力学显微红外测量实验装置如图 12.3 所示。气路系统用聚四氟管搭建，主要由四路组成：第一路提供干燥的空气；第二路提供湿润的空气，湿润的空气由干燥的空气通过水汽发生器而产生；第三路提供臭氧。此三路气体分别是由三个质量流量计在整个气路的上游控制流量。第四路为二氧化硫或其他痕量气体，其流量由不锈钢针阀控制。所有气体在进入反应池之前都相互混合，总流速为 400 mL min^{-1}。气体检测器在气路的下游，用来检测臭氧、二氧化硫、其他痕量气体的浓度。干燥的空气和湿润的空气混合可共同达到稳定的相对湿度，该值可由气路系统下游的湿度计检测出。反应开始前，所有气体都要在旁路汇合大约 0.5 h，使气体浓度、相对湿度等达到稳定再通入样品池。

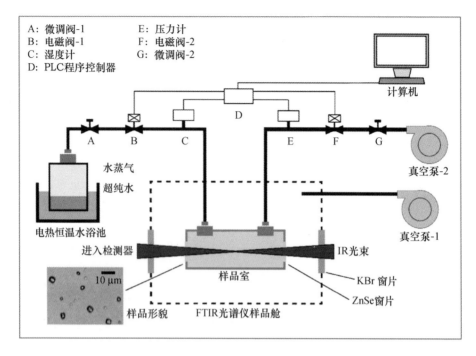

图 12.2　真空傅立叶变换红外光谱仪-相对湿度脉动控制装置的主要部分

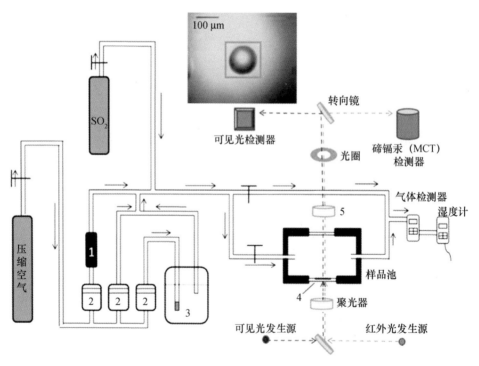

1. 臭氧发生器；2. 质量流量计；3. 水汽发生器；4. ZnSe 窗片；5. 物镜。

图 12.3　显微傅立叶变换红外光谱仪连接气路系统装置

(单液滴的形貌在装置图上方显示，方块内是仪器光阑且光阑面积是 $150 \times 150 \ \mu m^2$。)

12.3.4 单液滴的共聚焦显微拉曼光谱测量

单液滴时间分辨的共聚焦显微拉曼测量系统以及样品池如图 12.4 所示,样品池内相对湿度和痕量气体浓度的控制系统,类似于图 12.3 的显微红外系统。该系统的优点在于:时间分辨率可以达到秒级,单液滴的检测限可以达到纳克级,可以实现单液滴或者固体颗粒的化学反应动力学研究;空间分辨率可以达到 1 μm,可以实现液液相分离研究。

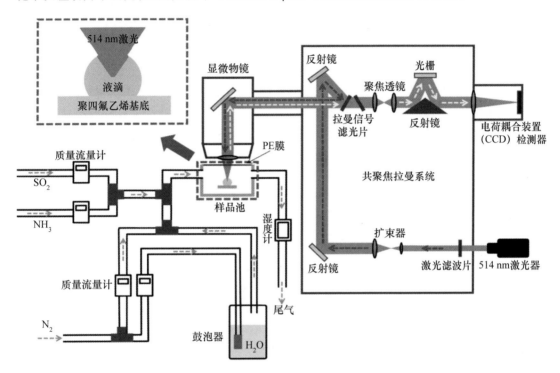

图 12.4　共聚焦显微拉曼光谱仪应用于气溶胶研究的原理

(其包括相对湿度和痕量气体浓度控制系统,样品池中疏水基底上的单液滴可以实现锥形光束完美聚焦液滴球心,实现气溶胶表面和内部组成差异的研究,提高信号强度。)

12.4　主要进展与成果

本研究充分利用光镊悬浮技术、压力脉冲技术、真空红外快速扫描技术、显微红外光谱、共聚焦显微拉曼光谱、衰减全反射红外光谱等,对有机/无机非理想混合体系的挥发性、吸湿性、传质受阻过程、界面反应过程、相内反应过程、酸度的测定、液液相分离及棕碳反应等问题进行了观测和研究。研究主要成果包括以下几方面:(1) 将光镊和腔增强拉曼光谱联用,对不同气溶胶颗粒的挥发性进行了研究,测量了几类 SVOCs 分子的饱和蒸气压及其与其他组分混合后的有效蒸气压,讨论了有机/无机比、RH、化学组成等因素对 SVOCs 有效蒸气压的影响;(2)利用光镊、红外光谱、拉曼光谱、高速摄像等多种仪器和手段,对有机/无机非理想混合体系的非平衡动力学过程以及水的传质动力学进行了研究,测得了几种不同玻璃态、高黏态、胶态体系的特性时间和水分子的扩散系数;(3)使用相对湿度脉动控制系统和快速扫描真空红外光谱仪,研究了不同气溶胶颗粒在湿度脉冲式变化过程中的吸湿性变化,及其风化动力学过程,获得了风化成核速率,分析了非理想混合体系中有机物对无机盐结晶风化的影响;(4)结合 RH、痕量气体浓度气路系统和显微傅立叶变换红外光谱仪,研究了与大气环境密切相关的非均相反应,测定了相关反应的动力学参数,探究了不同条件(尤其是 RH)的变化对反应过程的影响;(5)采用衰减全反射红外光谱技术和相对湿度控制系统,探究了气溶胶液滴内有机弱酸置换无机强酸、有机弱碱置换无机强碱的反应,对反应过程中液滴的化学组成、吸湿特性、相转变过程进行了观测和研究,分析了 RH 和酸度(pH)对液滴置换反应的影响。利用共聚焦显微拉曼光谱技术观测了有机/无机混合气溶胶的液液相分离过程,探究了不同条件对气溶胶相分离的影响,分析了发生相分离后液滴中的物质分布情况,还通过紫外-可见光谱法、荧光光谱法研究了棕碳的生成反应,对生成物进行了定性、定量分析,得到了相关反应的有效量子产率、摄取系数等动力学参数,并推测了其可能的反应机理。

12.4.1 SVOCs 的气-粒分配问题

1. 混合体系 SVOCs 的有效蒸气压

在混合体系中,SVOCs 的有效蒸气压会受到较多因素的影响,如无机盐及其含量、颗粒物的相态和黏度、环境的 RH 等,都是很重要的影响因素。这里介绍三种混合体系的挥发性和气-粒分配的研究结果,分别是柠檬酸/硫酸铵混合体系,主要讨论硫酸铵含量、环境 RH 对柠檬酸有效蒸气压的影响;1,2,6-己三醇/蔗糖混合体系,主要讨论非晶态、高黏态蔗糖对 1,2,6-己三醇有效蒸气压的影响;甘油/硝酸钠体系,主要讨论硝酸钠结晶风化对甘油气-粒分配平衡的影响。

有机气溶胶柠檬酸/硫酸铵/H_2O 混合颗粒的挥发性:利用光镊结合腔增强拉曼光谱技术,在恒湿条件下,通过拟合液滴受激拉曼光谱的波长位置随时间的变化,能确定悬浮液滴的半径和折射率随时间的变化,得到液滴半径随着柠檬酸挥发的变化结果。利用麦克斯韦方程组,可以得到柠檬酸/硫酸铵混合颗粒的有效蒸气压。不同有机/无机摩尔比(OIR)的柠檬酸/硫酸铵颗粒,在不同 RH 条件下的有效蒸气压也不同。总体来说,柠檬酸的有效蒸气压,都随 RH 的降低而降低。例如,对于 OIR 为 1:1 的情况,当 RH 从 67% 降至8.2%时,柠檬酸的有效蒸气压从 $(1.35\pm0.508)\times10^{-4}$ Pa 降至 $(3.0\pm1.0)\times10^{-6}$ Pa。对于 OIR 为 3:1 和 1:3 的情形,其结果与比例为 1:1 的类似。RH 一样的条件下,柠檬酸的有效蒸气压随硫酸铵含量的增加而降低,说明硫酸铵的存在,降低了柠檬酸在水性颗粒中的挥发性[1]。

第12章 单细颗粒物的捕获、悬浮、控制、老化过程及其理化性质的精确测量

高黏态气溶胶颗粒中1,2,6-己三醇的挥发性研究：SVOCs在颗粒相和气相之间的分配，是研究SOA形成过程的关键。为了预测SOA的时空分布，认清SVOCs在颗粒相和气相之间的分配，必须获得SVOCs在不同条件下的有效蒸气压。为研究高黏态是如何影响SVOCs的有效蒸气压的，我们通过使用光镊结合腔增强拉曼光谱技术，研究了蔗糖/1,2,6-己三醇混合体系气溶胶液滴中1,2,6-己三醇的挥发性。通过受激拉曼光谱的波长位置，确定了悬浮液滴的半径和折射率，并根据麦克斯韦方程获得在不同RH下1,2,6-己三醇的有效蒸气压。对于纯1,2,6-己三醇，不同测试方法得到的饱和蒸气压范围在$(1.16\pm0.025)\times10^{-4} \sim (3.82\pm1.16)\times10^{-4}$ Pa。蔗糖的加入，明显降低了有效蒸气压，并且随着加入蔗糖比例的增加，有效蒸气压也下降。随着RH的下降，有效蒸气压的下降加剧。例如对于蔗糖/1,2,6-己三醇摩尔比为1∶1的液滴，当RH从70%降至10%时，1,2,6-己三醇的有效蒸气压从$(2.16\pm0.229)\times10^{-4}$ Pa降至$(6.72\pm0.7)\times10^{-6}$ Pa。与纯物质的饱和蒸气压相比，混合液滴中1,2,6-己三醇的蒸发受到了抑制，在RH较低的条件下这种抑制的现象更加明显；对于蔗糖/1,2,6-己三醇摩尔比为3∶1、1∶3的混合液滴，观察到的现象与摩尔比为1∶1时相类似。此外，对于恒定RH下的混合液滴，1,2,6-己三醇的有效蒸气压，随着蔗糖比例的增加而降低，1,2,6-己三醇的存在，也导致了蔗糖黏度的下降[2]。

甘油/硝酸钠混合体系的气-粒重新分配[3]：在大气环境中，研究SVOCs在颗粒间的重新分配，对理解颗粒的生长、收缩等过程具有十分重要的意义。我们利用光镊结合腔增强拉曼光谱，研究了甘油/硝酸钠在不同OIR、不同RH的条件下，甘油在悬浮液滴和样品室器壁上沉积液滴之间的重新分配过程。对于高OIR，即OIR=3∶1的情形，在整个RH变化范围内，无论是悬浮液滴还是器壁上的沉积液滴都没有发生硝酸钠的结晶现象，利用恒定湿度气流吹扫时，悬浮液滴由于甘油的不断挥发，液滴半径在逐渐减小；对于OIR=1∶1和1∶3的悬浮液滴，利用RH分别低于45.3%和55.7%的气流吹扫时，悬浮液滴的半径出现了逐渐增大的现象，这表明甘油在悬浮液滴和器壁沉积液滴之间发生了重新分配。对于OIR=1∶1和1∶3的情况，当RH分别低于45.3%和55.7%时，沉积在样品池器壁上的液滴中的硝酸钠发生风化结晶过程，而悬浮的液滴却不会出现硝酸钠结晶的现象，器壁上的液滴由于硝酸钠结晶，甘油蒸气压升高，大于悬浮液滴表面的甘油蒸气压，使得器壁上颗粒物的甘油重新向悬浮液滴分配，因而表现出液滴半径增大的现象。总体而言，本研究讨论的甘油在悬浮和沉积液滴之间的重新分配过程，可以作为一个实际模型，用于解释大气中SVOCs在不同相态的外混合颗粒间的重新分配过程。

2. 二酸类分子的蒸发焓

由于光镊技术可以准确确定SVOCs的饱和蒸气压，如果获得不同温度条件下的SVOCs饱和蒸气压，根据克拉佩龙方程，就能得到SVOCs的蒸发焓数据。我们测量了不同温度下的四种有机二酸的饱和蒸气压，根据这些数据可以求出它们的蒸发焓，列于表12-1中[4]。

表 12-1　四种有机二酸的饱和蒸发焓光镊测量数据及其文献数据比较

SVOCs	DH_{vap}/(kJ mol^{-1})	Ref. DH_{vap}/(kJ mol^{-1})	参考文献
草酸	77.30±7.54	76(66~110)	[79]
丙二酸	147.19±9.65	144±19	[80]
丁二酸	87.90±7.33	62(56~83)	[79]
顺丁烯二酸	93.39±11.29	—	

3. SVOCs 饱和蒸气压和有效蒸气压总结

为了更好地理解 SVOCs 饱和蒸气压和有效蒸气压的研究进展和现状，不同方法、不同文献 SVOCs 的测量结果列于图 12.5 中，其中浅色方块图是以往文献测量的 SVOCs 的饱和蒸气压，深色圆形图是光镊技术测量的 SVOCs 饱和蒸气压和有效蒸气压。有效蒸气压图中还标注出了混合体系的混合比例，以及对应的 RH。例如 1∶1 的丙二酸与硝酸钠混合体系，当 RH 为 80% 时，丙二酸的有效蒸气压在 8×10^{-2} Pa 左右，当 RH 下降到 25% 时，丙二酸的有效蒸气压下降到 7×10^{-4} Pa；而 5∶2 的丙二酸与蔗糖混合体系，RH 为 64.6% 时，有效蒸气压为 9×10^{-3} Pa，RH 为 19% 时，有效蒸气压为 4×10^{-5} Pa。

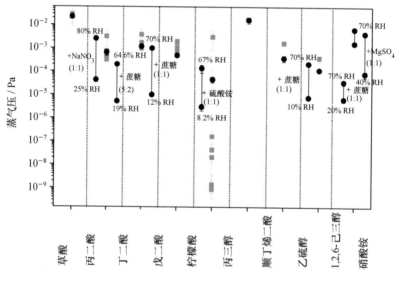

图 12.5　SVOCs 饱和蒸气压和有效蒸气压数据

12.4.2　非理想混合体系的非平衡动力学过程

有机/无机混合体系，往往会形成非晶态、玻璃态、高黏态等非理想混合体系，它们具有非平衡动力学特性，例如当环境湿度改变时，非理想混合颗粒物的含水量会持续改变，对于这种情况，需要获得它们的特性时间以及水分子的扩散系数等基本参数。例如蔗糖在低 RH 条件下会形成典型的玻璃态，有严重的传质受阻过程。图 12.6 给出了光镊技术研究这种非平衡态动力学的方法。

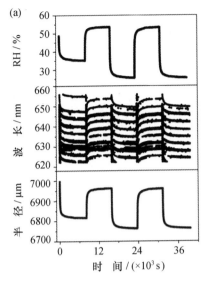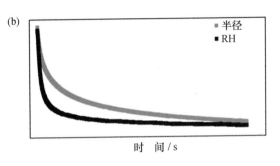

图 12.6　蔗糖液滴在 RH 阶跃变化条件下，受激拉曼共振峰波长、计算得到的半径随时间的变化情况(a)以及 RH 和液滴半径随时间的衰减曲线(b)

图 12.6(a)中的最上面的图，是光镊悬浮的蔗糖液滴的环境 RH 在 55％和 25％之间的阶跃变化曲线，中间的图是液滴的受激拉曼共振峰的位置变化情况，最下面的图是根据共振峰拟合得到的液滴的半径变化情况。比较 RH 阶跃下降的时间曲线和半径衰减曲线[图 12.6(b)]，可以看到液滴的半径衰减特性时间明显高于 RH 下降的特性时间。对于非平衡态过程，可以用 KWW 方程拟合，求得特性时间 τ：

$$r(t) \approx r(\infty) + [r(0) - r(\infty)]\exp[-(t/\tau)^{\beta}] \tag{12.1}$$

KWW 方程中，$r(t)$ 为 t 时刻的液滴半径，$r(0)$ 为初始时刻的液滴半径，$r(\infty)$ 为无限长时间的半径，τ 是特性时间，β 的大小表示半径随时间变化趋势的平缓与拉伸程度。

1. 玻璃态、高黏态的特性时间测量

大气环境在低 RH 条件下，有机气溶胶很可能转化成半固态、玻璃态或高黏态的结构，从而导致气溶胶表现出非平衡动力学的特征。在 RH 阶跃上升或下降的条件下，我们用光镊技术研究了 OIR 分别为 1∶1、2∶1、4∶1 的蔗糖/硫酸铵气溶胶液滴中水的传质过程。当环境 RH 进行阶跃变化时，可以用液滴半径变化的特性时间与 RH 阶跃变化的特性时间之比，来描述传质受阻程度[5]。当蔗糖/硫酸铵气溶胶液滴中 OIR 为 4∶1、阶跃 RH 高于 40％时，液滴特性时间比接近于 1，这表明此时半径变化与 RH 变化的特性时间基本一致，液滴半径实时响应 RH 的变化，即水分子的传质过程是自由的，不存在受阻与迟滞；而当 RH 阶跃的初始值和终止值都小于 40％时，液滴半径变化的特性时间与 RH 变化特性时间之比开始增加，因此混合液滴中水的传质开始受阻。当无机组分即硫酸铵增加时，传质受阻的 RH 范围开始缩减，OIR 为 2∶1 的混合体系发生传质受阻的 RH 要小于 37％，1∶1 的则需要小于 35％，这说明硫酸铵的增加，降低了蔗糖对水分子传质阻碍的湿度空间，需要在更低的 RH 范围内，体现蔗糖对水的传质阻碍的能力。为了进一步说明组成对特性时间的影响，比较三种 OIR 下和纯蔗糖的特性时间观测结果,纯蔗糖的特性时间最大值可以达到 1 万秒,OIR 为 1∶1 的混合体系,最长的特性时间已经小于 1 千秒,因此硫酸铵的比例增加,会大大削弱蔗糖对水的传质受阻状况。

2. 胶态气溶胶中水的扩散系数

由于 $MgSO_4$ 气溶胶在 RH 低于 40% 时,会形成凝胶结构,凝胶结构能表现出非平衡态的传质受阻动力学特征。这里介绍如何把光镊和受激拉曼光谱技术相结合,研究 RH 阶跃下降或上升过程中 $MgSO_4$ 气溶胶液滴中的传质受阻过程。尤其关注 $MgSO_4$ 胶态颗粒的制样条件,是如何影响传质受阻过程的。比如在特定干燥条件下,$MgSO_4$ 颗粒的干燥时间,以及在给定 RH 条件下 $MgSO_4$ 颗粒加湿的持续时间,都会影响凝胶形成的状态,从而影响水分子的传质过程。

在 RH 低于 40% 条件下,控制 RH 阶跃上升和下降,以及控制恒定 RH 的时间间隔,RH 的变化如图 12.7 的虚线所示。图 12.7(a) 是维持 14% 的低 RH 条件下进行干燥,控制干燥时间分别为 30 min,60 min,120 min,240 min,然后阶跃上升 RH 到 24%,可以看到胶态颗粒半径的增加,表现出不同的吸湿行为,正如图 12.7(a) 阴影区域所示。图 12.7(b) 是控制恒定 RH 为 22% 并维持不同时间,然后 RH 阶跃下降到 12%,胶态液滴半径下降的情况。

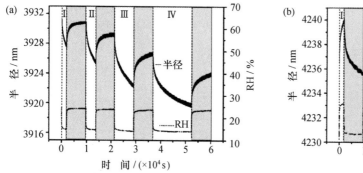
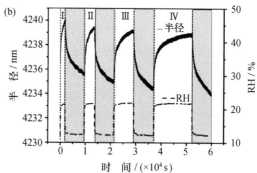

图 12.7 在 RH 为 14% 条件下干燥不同时间,凝胶态 $MgSO_4$ 液滴的半径在 RH 阶跃上升到 24% 后,液滴半径的变化时间曲线(a) 及在 RH 为 22% 条件下加湿不同时间,凝胶态 $MgSO_4$ 液滴的半径在 RH 阶跃下降到 12% 后,液滴半径变化时间曲线(b)[6]

[(Ⅰ) 30 min,(Ⅱ) 60 min,(Ⅲ) 120 min 和(Ⅳ) 240 min。]

对于胶态的液滴,可以用公式(12.2)计算出水的扩散系数:

$$\frac{m_t}{m_\infty} = \frac{\bar{r}^3 - r_0^3}{r_\infty^3 - r_0^3} \approx \frac{6}{r_0}\sqrt{\frac{D_{ap}^t}{\pi}} \quad (12.2)$$

其中 m_t 为 t 时刻液滴的质量,m_∞ 为无穷长时间的质量,r_0 为初始时刻的半径,r_∞ 为无穷长时间的半径,r 为任意时刻的半径,D_{ap} 为水的表观扩散系数。根据图 12.7 就能得到对应实验条件下水分子的扩散系数。如表 12-2 和表 12-3 所示,无论是 RH 阶跃上升还是阶跃下降,水的扩散系数都表现出两个阶段的变化特征,第一阶段扩散系数比第二个高,但都在 10^{-16} m^2 s^{-1} 量级,远低于纯水的扩散系数(10^{-9} m^2 s^{-1})。

表 12-2　不同湿度阶跃过程恒湿时间、初始 RH、终止 RH、
每个阶跃的第一阶段和第二阶段的 r_0 及其对应的 D_{ap}

干燥停留时间/min	初始 RH/%	终止 RH/%	r_0/nm	$D_{ap}/(\times 10^{-16} \text{ m}^2 \text{ s}^{-1})$
30	14	24	3927.7	10.44
			3929.7	1.58
60	14	24	3925.8	9.54
			3928.1	1.21
120	14	24	3922.5	5.34
			3925.1	0.53
240	14	24	3920.2	4.96
			3922.4	0.52

表 12-3　不同湿度阶跃过程恒湿时间、初始 RH、终止 RH、
每个阶跃的第一阶段和第二阶段的 r_0 及其对应的 D_{ap}

升湿停留时间/min	初始 RH/%	终止 RH/%	r_0/nm	$D_{ap}/(\times 10^{-16} \text{ m}^2 \text{ s}^{-1})$
30	22	12	4240.1	7.16
			4237.4	0.64
60	22	12	4239.5	7.14
			4236.8	0.67
120	22	12	4239.3	7.06
			4236.6	0.67
240	22	12	4239.0	6.91
			4236.4	0.66

如果阶跃的 RH 范围改变,例如在 23%～33%阶跃,观察到的结果与上述结果有很大的不同,这说明 RH 范围也是个很重要的条件,它决定了凝胶结构,结构不同,水的传质动力学过程也会不同。

3. 玻璃态气溶胶颗粒的扩散系数和黏性的研究

高黏态和玻璃态的气溶胶颗粒(尤其是有机气溶胶)广泛存在于大气中,它们的物理和化学性质受到与环境中水蒸气和其他化学物质相互作用的动力学影响。因此,研究高黏态和玻璃态气溶胶颗粒中的分子扩散过程,对更好地表征大气中气溶胶的平衡动力学具有非常重要的意义。我们将快速扫描真空红外光谱仪和自制脉冲相对湿度控制系统相结合,提出了一种评估颗粒黏度变化和水的传质动力学的新方法。通过使用高分辨率红外光谱仪(时间分辨率为 0.12 s)对 RH 和颗粒的成分进行了同时测量,并利用脉动湿度变化技术使RH 达到较高变化率(每秒高达 60%),当 RH 发生阶跃式变化后,测量了颗粒组成达到平衡所需的特性时间,以量化晶体颗粒的溶解时间范围,并探测无定形颗粒中水蒸发和冷凝的动力学特征[7]。

12.4.3　有机/无机混合体系吸湿增长因子和结晶风化动力学测量

对于典型的无机盐,如硫酸铵、氯化钠等,潮解点(DRH)是它们的饱和溶液对应的

RH，都有准确的实验数据且是一致的，原因在于潮解过程是热力学控制的过程。而风化点因实验方法或者实验条件的不同，结果不一致，所以观测到的结果一般是个湿度范围，原因在于风化结晶是个动力学控制的过程，例如硫酸铵的结晶 RH 为 25%～45%，氯化钠则为 45%～55%。如果 HOMs 与这些无机盐混合在一起，成为非理想混合体系，它们的风化点是多少呢？

首先介绍一下本项目建立的吸湿性测量方法，该方法可以用来获得不同 RH 条件下的质量增长因子和风化结晶速率。如图 12.2 所示，通过控制样品池的水蒸气进气阀的流量和出气阀的流量，可以控制样品池中的 RH 基本上按线性方式增加或减小，连续测量样品池窗片上颗粒物的红外光谱以及样品池中水蒸气的红外光谱，这是一种同时可以测量颗粒物和气相组成的红外光谱技术，在气-粒分配研究方面很有前景。图 12.8(a) 给出了 RH 下硫酸铵颗粒物和样品池水蒸气的混合光谱，水蒸气光谱可以实时提供样品池 RH 的信息，利用差谱技术减掉水蒸气的信号，就得到了颗粒物的红外光谱如图 12.8(b) 所示，其中水的弯曲振动峰在 1641 cm^{-1} 处，可以用于公式(12.3)来计算质量增长因子：

$$\text{MGF}_{RH} = \left[\frac{\overline{A}_{RH}}{\overline{A}_{RH65\%}}(\text{MGF}_{RH65\%} - 1)\right] + 1 \tag{12.3}$$

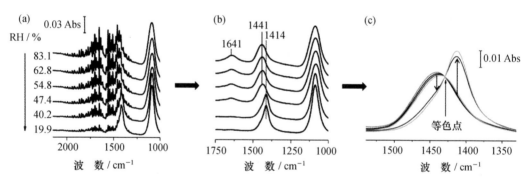

图 12.8 不同 RH 下硫酸铵颗粒物和水蒸气的混合红外光谱(a)、差减掉水蒸气以后颗粒物的光谱(b)及风化结晶过程中 NH_4^+ 的变形振动峰出现等色点(c)

(其中，水蒸气的光谱可以用来测量实时 RH；1641 cm^{-1} 峰为颗粒物中水的弯曲振动峰，其峰面积可以用来测量质量增长因子，1441 cm^{-1} 是水合 NH_4^+ 的变形振动峰，1414 cm^{-1} 是晶体中 NH_4^+ 的变形振动峰。)

其中 MGF_{RH} 是对应 RH 下的质量增长因子，A_{RH} 就是对应 RH 下的 1641 cm^{-1} 处的峰面积，$\text{MGF}_{RH65\%}$ 是参考态 RH 为 65% 时由模型给出的质量增长因子，$A_{RH65\%}$ 就是参考态 RH 为 65% 时 1641 cm^{-1} 处的峰面积。这样我们就可以根据不同 RH 下的红外光谱，计算对应的质量增长因子，如图 12.9(a) 所示，与 EAIM 模型比较的情况示意于图 12.9(b)，这是一种高效、准确的质量增长因子测量方法，得到的结果与模型的结果相吻合。不仅如此，该方法还能给出结晶速率的测量结果。风化结晶成核速率按公式(12.4)定义，假定一个液滴中有一个晶核形成，就会立刻风化。那么，在 RH 线性下降过程中，异相成核速率(J_{het})是指单位表面积上单位时间形成的晶核数量，均相成核速率(J_{hom})则定义为单位体积上单位时间形成的晶核数量，即

$$J_{\text{het}}(\text{RH}) = -\frac{\mathrm{d}N(\text{RH})}{AN(\text{RH})\mathrm{d}t} \quad J_{\text{hom}}(\text{RH}) = -\frac{\mathrm{d}N(\text{RH})}{VN(\text{RH})\mathrm{d}t} \tag{12.4}$$

由于红外光谱对相态很敏感,如图 12.9(c)所示,对于硫酸铵体系,水合状态的 NH_4^+ ,其变形振动峰出现在 1441 cm^{-1},晶体中 NH_4^+ 的变形振动峰则在 1414 cm^{-1}。而且在硫酸铵由液滴转变为颗粒物时,出现了完美的等色点,这就十分有助于计算总数为 N 的硫酸铵液滴有多大比例结晶了,即结晶比例 $\mathrm{d}N/N$,从而很容易地得到成核速率,图 12.9(c)就是我们得到的硫酸铵的均相成核速率和异相成核速率与不同文献的比较。

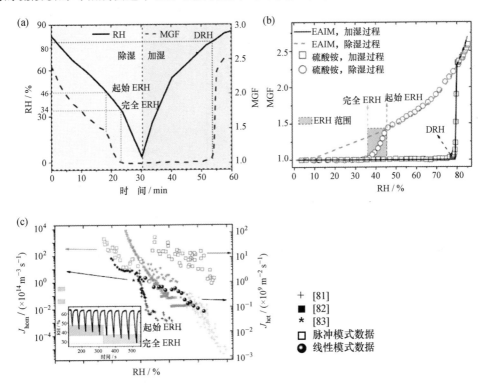

图 12.9 环境 RH 及质量增长因子随时间变化曲线(a)、RH 下降和上升得到的吸湿曲线及 EAIM 模型结果(b)及不同方法得到的硫酸铵的成核速率(c)[8]

1. HOMs/硫酸铵混合体系

当不同比例的蔗糖与硫酸铵混合,采用 RH 联系下降的方法(每分钟下降 2% RH),通过 NH_4^+ 水合离子状态(1441 cm^{-1})和晶体状态(1414 cm^{-1})红外特征峰位置的不同,容易确定出液滴结晶风化的数量与总的液滴数量之比,也就是结晶比。这样就能确定硫酸铵风化的 RH 范围,如图 12.10(a)所示,蔗糖与硫酸铵比例分别为 1∶4、1∶3 和 1∶2 的情况下,硫酸铵的风化区间向低 RH 移动,说明蔗糖的比例越高,越能抑制硫酸铵的结晶,当比例为 1∶1 时,即使极低的 RH,硫酸铵也都不再风化了,这意味着没有结晶相变过程,也就是看不到雾霾和灰霾的转变点了,吸湿曲线变成了一个单调连续变化曲线,这是很多有机气溶胶的特性。

类似的情况在柠檬酸和硫酸铵混合体系也能看到,如图 12.10(b)所示,柠檬酸比硫酸铵为

1∶3 的混合体系,风化区间向低 RH 方向大大移动。对于柠檬酸比硫酸铵为 1∶1 的混合体系,与蔗糖比硫酸铵为 1∶1 的混合体系一样,没有风化点出现,雾霾和灰霾的界限也消失了。值得注意的是,由于图 12.10(a)中纯的硫酸铵风化区间为 36%~49%,而 12.10(b)的结果为 24%~43%,原因在于前者是颗粒物沉积到 CaF_2 基底上,后者是单晶 Si 片,可以认为 CaF_2 的基底具有更强的异相成核促进作用。

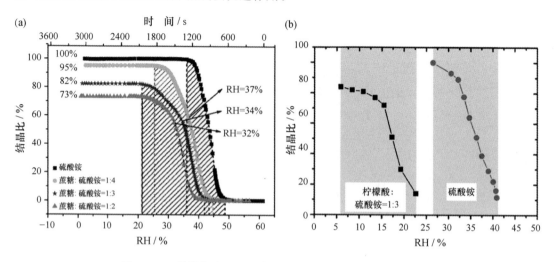

图 12.10　蔗糖与硫酸铵混合体系结晶比与 **RH** 关系曲线(a)[5]
及柠檬酸与硫酸铵混合体系结晶比与 **RH** 关系曲线(b)[9]

混合气溶胶颗粒的吸湿性和相变显著取决于颗粒成分之间的相互作用。上述两个体系中的有机物即蔗糖和柠檬酸的气溶胶本身就没有风化点,它们与硫酸铵混合后,会抑制硫酸铵的风化结晶。对于戊二酸气溶胶,它在 35%RH 开始风化,如果与硫酸铵混合,会有什么样的结果？我们通过真空傅立叶变换红外光谱仪研究了内混的硫酸铵/戊二酸气溶胶在 Si 窗片上的吸湿性和结晶行为。采用 RH 线性或者脉冲过程调节环境湿度,能在几十分钟甚至几分钟内完成颗粒物的加湿潮解和去湿风化过程的循环。颗粒物的红外光谱,不仅能得到吸湿质量增长因子,也能提供相变的定量化信息,确定硫酸铵结晶颗粒物数量占总颗粒物数量的比例,我们也称为结晶比,有时也称风化比,从而确定硫酸铵的风化区间,对戊二酸也同样可以得到它的结晶比和风化区间。图 12.11 给出了不同混合比例条件下这两种分子的结晶比的湿度区间。纯硫酸铵的风化相对湿度(ERH)为 35%~43%,随着戊二酸的比例的增加,硫酸铵风化区间持续下降,1∶2、1∶1 和 2∶1 的混合戊二酸/硫酸铵体系的风化区间分别为 28%~41%、20%~36% 和 16%~34%。纯戊二酸的风化区间为 15%~35%,说明戊二酸的加入,随着比例的增加,对硫酸铵的结晶有一定的抑制作用,但比起蔗糖和柠檬酸,这种抑制作用要弱了很多。另一方面,硫酸铵似乎对戊二酸的风化也有一定的抑制作用,2∶1、1∶1 和 1∶2 混合体系的戊二酸起始风化点有所下降,分别为 31%、30% 和 28%。

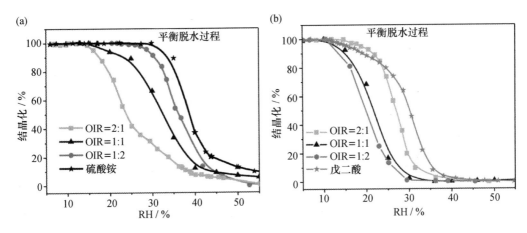

图 12.11 不同比例的戊二酸/硫酸铵风化曲线：
硫酸铵的结晶比(a)及戊二酸的结晶比(b)对比例的依赖关系[10]

2. HOMs/硝酸钠混合体系

在 ZnSe 基底上沉积摩尔比为 1∶8、1∶4、1∶2、1∶1 和 2∶1 的甘油/$NaNO_3$ 混合气溶胶液滴，在 RH 线性下降的过程中，获得原位傅立叶变换红外衰减全反射（FTIR-ATR）光谱，水合状态的 NO_3^- 离子 N—O 变形振动在 829 cm^{-1} 处，风化结晶后出现在 836 cm^{-1} 处，而且有一个明显的等色点出现，表明溶液中 NO_3^- 的消失与 $NaNO_3$ 晶体的生成是同步进行的，这为硝酸钠的结晶比计算带来了便利，从而可以得到不同条件下的风化结晶速率，如图 12.12 所示。随着甘油比例的增加，导致异相成核和均相成核两种动力学机制相互竞争，甘

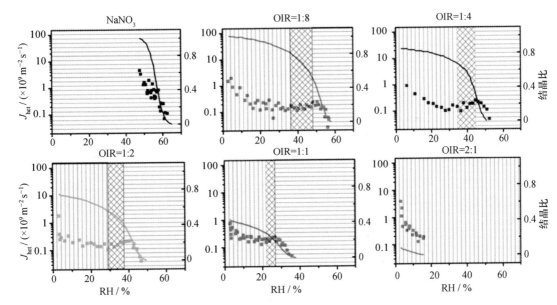

图 12.12 纯硝酸钠液滴以及不同比例的甘油/
$NaNO_3$ 混合液滴在湿度线性下降过程中的结晶比和成核速率[11]

油比例大时,在较高湿度区间的异相成核机制受到抑制,较低湿度的均相成核贡献增强。甘油分子将混合比为2∶1的甘油/NaNO₃液滴中NaNO₃的风化起始点压缩到RH为15%,远低于纯NaNO₃液滴的ERH(62.5%),这也大大抑制了异相成核速率,可以认为它们完全落入均相成核区域。总体来说,甘油比例的增加会抑制硝酸钠风化结晶。

对于蔗糖/硝酸钠混合体系,不同比例对风化区间的影响见图12.13,OIR为1∶8和1∶4的混合体系使硝酸钠风化区间的下限推向更低的RH,对于1∶2的混合体系,硝酸钠不能结晶风化。对比蔗糖/硫酸铵混合体系,硫酸铵不能结晶风化的混合比是1∶1,原因在于硝酸钠与硫酸铵相比,更不容易结晶,所以更低比例的蔗糖,就能抑制硝酸钠的结晶。

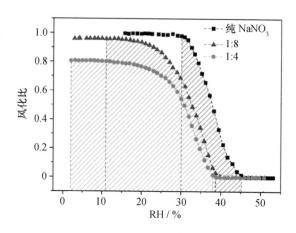

图12.13　纯硝酸钠和不同比例的蔗糖/硝酸钠混合体系的风化曲线

3. 总结

由于气溶胶风化过程是一个动力学控制的过程,所以即使对于简单的无机盐体系,风化结晶的RH也因实验方法、均相成核或异相成核机制的不同而不同,如果与有机物混合,风化的动力学过程则更为复杂。图12.14给出了硫酸铵及其与多种有机物混合的风化区间。灰色区域是不同文献得到的纯硫酸铵的ERH范围,其他结果是本项目研究结果的总结。蔗糖和柠檬酸对硫酸铵的结晶抑制作用最强,当比例达到1∶1时,硫酸铵不再有风化点;甘油和戊二酸也能在一定程度上抑制硫酸铵的结晶,降低硫酸铵的ERH,硫酸铵反过来也有一定的作用,抑制戊二酸的风化结晶。对于二酸类的钠盐,由于氨的挥发性,丙二酸和丁二酸的钠盐与硫酸铵发生了弱碱置换强碱的反应,混合液滴中发生了NH_4^+损耗,NH_3释放到了气相,改变了化学成分,降低了混合体系的吸湿性,强化了风化结晶作用,会在高RH范围结晶析出硫酸钠和有机二酸。乙二酸与硫酸铵也会发生反应,生成吸湿性更弱的乙二酸氢铵,也会引起ERH的改变。

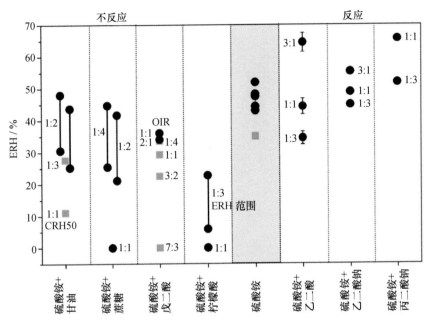

图 12.14 硫酸铵与甘油、蔗糖、戊二酸、柠檬酸、乙二酸、
乙二酸钠、丙二酸钠混合体系的结晶风化区间

12.4.4 颗粒物的酸碱反应及其挥发性

大气气溶胶是悬浮在大气中的液滴或者颗粒物,颗粒物相中的分子无时无刻不在与气相进行交换。在封闭体系中凝聚相不能发生的反应,由于处在敞开体系,气溶胶则有可能发生,其中最典型的就是弱酸置换强酸的反应,也就是一些有机二酸会置换盐酸。例如对于乙二酸和氯化钠内混体系,由于 HCl 具有较强的挥发性,有很大的亨利系数,这种混合体系中的 Cl^-,会以 HCl 形式进入大气,从而颗粒物组分变成了乙二酸钠,极大地降低了吸湿性。类似地,这些二酸类分子,也会置换硝酸,它们与硝酸钠的混合体系,会损耗颗粒物中的 NO_3^-,释放 HNO_3 进入大气中。我们利用 FTIR-ATR 技术,结合湿度控制技术,开展了气溶胶中的酸碱置换反应研究,尤其是发现有机弱碱也会置换强碱,就是丙二酸钠或丁二酸钠与硫酸铵混合,会损耗 NH_4^+,释放出 NH_3,从而改变原有混合体系的化学组成,降低了吸湿性。

1. 有机二酸盐/硫酸铵混合体系

如图 12.15(a)所示,在 RH 为 70% 的恒湿气流吹扫下,1∶1 的丁二酸钠和硫酸铵气溶胶液滴的红外光谱发生很明显的变化,1454 cm^{-1} 处是溶液中 NH_4^+ 的变形振动峰,其吸光度随着时间推移持续下降,意味着 NH_3 的不断释放;1552 cm^{-1} 处是溶液中丁二酸根离子的 C═O 伸缩振动峰,其吸光度不断减小,随之而来的是丁二酸—COOH 的特征峰 1718 cm^{-1} 在增强,表明液滴中的酸性在增大,COO$^-$ 在发生质子化转变成—COOH,随后硫酸钠晶体出现(1131 cm^{-1}),丁二酸晶体也随之出现(1695 cm^{-1},1200 cm^{-1}),利用这些特征峰的峰面积对时间作图,就能给出 NH_3 释放过程中化学组分及相态的变化,以及对吸湿性的影响,如图 12.15(b) 所示。

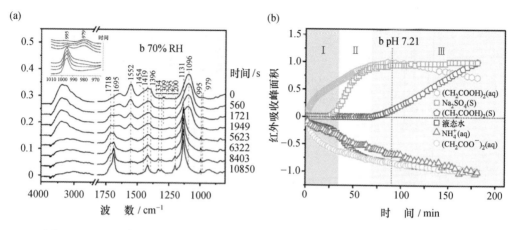

图 12.15 丁二酸钠/硫酸铵混合气溶胶在 **RH** 为 **70%** 的恒湿气流下吹扫不同时间的 FTIR-ATR 光谱(a)及对应各组分的红外吸收峰面积随时间的变化情况(b)[12]

对其他二酸盐如乙二酸钠、丙二酸钠与硫酸铵内混体系用原位时间分辨傅立叶变换红外光谱仪进行观测,发现随着有机酸盐的碳原子数减少,有机酸盐对 NH_3 的释放能力下降。丁二酸钠/硫酸铵体系最容易发生置换反应,观察到铵盐减少,有机酸增加,颗粒物相中含水量下降,OIR 为 1∶1 的体系中的铵盐全部转化成 NH_3 释放到大气中;丙二酸钠/硫酸铵体系也可以发生类似的反应,但 OIR 为 1∶1 的体系中仅有部分铵盐转化为 NH_3 释放到气相中。对于草酸钠/硫酸铵体系,则没有看到铵盐的减少,这些工作有助于认识大气中的颗粒物对氨循环的作用[13]。

2. 丙酮酸钠/硫酸铵混合体系[14]

利用原位傅立叶变换红外光谱仪还进一步研究了丙酮酸钠/硫酸铵混合液滴中弱碱置换强碱的反应。类似地,丙酮酸钠是弱碱,可以置换硫酸铵中的 NH_4^+,释放出 NH_3,所不同的是,在反应过程中,生成的丙酮酸又是挥发性较强的有机酸,也会释放到气相中。如果按照 2∶1 的计量比,反应会进行得比较完全,最终的产物仅仅是硫酸钠,因此混合体系的吸湿性大大削弱。NH_3 是大气中最丰富的碱性气体,在二次气溶胶的形成中起关键作用。通常,人们认为 NH_3 会在空气中转化为铵,然后汇入气溶胶中。除了硝酸铵或氯化铵可以分解而释放出 NH_3 以外,很少考虑其他方面的 NH_3 的再排放,这在热力学模型中对气溶胶相行为的准确建模工作至关重要。

3. 丙二酸/硝酸盐混合液滴

大气环境中的二元羧酸和硝酸盐的内混合液滴,在老化过程中存在弱酸置换强酸的反应,生成挥发性的 HNO_3。但是,液滴或颗粒组成如何影响硝酸盐的大量损耗过程,还有很多问题尚不清楚。因此,本研究以丙二酸/硝酸钠、丙二酸/硝酸镁、丙二酸/硝酸钙液滴(OIR 均为 1∶1)为研究对象,采用真空傅立叶变换红外光谱仪来观测它们老化过程中的化学组成变化。丙二酸/硝酸盐液滴在降湿过程中的红外光谱变化,表现为 1634 cm^{-1}(或 1640 cm^{-1})处水的弯曲振动峰随 RH 下降而逐渐减小。对于丙二酸/硝酸钠液滴,—COOH 的伸缩振动峰由高 RH(81%)的 1715 cm^{-1} 蓝移至低 RH(17%)的 1723 cm^{-1} 处,且伴随有 COO$^-$ 峰的增强,说明丙二酸发生了去质子化过程。对于丙二酸/硝酸镁液滴去质子化的过程发生得更早,开始就在 1575 cm^{-1} 处有 COO$^-$ 峰的存在,且 RH 降低后其蓝移至 1587 cm^{-1} 处。而对于丙二酸/硝酸钙液滴更加明显,COO$^-$ 峰从 1578 cm^{-1} 移动至 1572 cm^{-1} 处,且峰强度不断增强。以上结果都表明,在降湿的过程中 COO$^-$ 的反对称伸缩振动峰存在逐渐增强的现象,而进一步的红外结果又表明水的—OH、—COOH 和 NO$_3^-$ 的特征吸收峰都逐渐减弱,说明液滴中的二元羧酸和硝酸盐发生了反应,导致丙二酸盐的生成和 HNO$_3$ 的释放。同时,NO$_3^-$ 损耗的定量数据表明,丙二酸与硝酸镁之间的反应性最强,而丙二酸与硝酸钠之间的反应性最弱。[15]

4. 醋酸镁气溶胶液滴的水解和醋酸挥发

由于气溶胶与很大的敞开气相共存,挥发性会成为一个反应的驱动力,利用真空红外光谱技术,在控制恒湿条件下,测量醋酸镁气溶胶液滴,发现水峰的峰面积持续减小,醋酸根的面积也在减小,且在高 RH 条件下(90%),3000 s 时间内水峰的峰面积减小了 19%,醋酸根特征峰的峰面积减小了 13.4%,而在 RH 为 80% 条件下,3000 s 时间内水峰的峰面积和醋酸根峰的峰面积分别减小了 9.4% 和 6%,所以高 RH 更有助于醋酸的挥发。由于醋酸具有挥发性,醋酸根结合一个质子,生成醋酸进入气相,在醋酸镁气溶胶的凝聚相中,留下了一个 OH$^-$。由于 Mg^{2+} 具有较强的水解作用,随着醋酸的持续挥发,凝聚相中会有 Mg(OH)$_2$ 持续生成,从而维持液滴的 pH 不会有太强的碱性,保证醋酸的持续挥发。醋酸钠液滴则没有类似的现象。

12.4.5 气溶胶非均相反应过程

由于现代光谱技术检测限的提高,利用显微拉曼、显微红外光谱技术观测单颗粒与痕量气体的反应过程成为可能,这两种技术的检测限可以达到纳克级,对于大气中非均相反应的动力学研究来说,是一个有效的工具。显微拉曼空间分辨可以达到 1 微米,显微红外可以达到十几微米,因此对几微米到几十微米的单颗粒或单液滴进行反应动力学原位测量,可以获得痕量气体与单个的固体颗粒物或单液滴反应的摄取系数。

1. SO$_2$ 转变为硫酸盐的动力学过程

黑碳表面:我们用显微红外光谱技术,研究了 O$_3$ 和 O$_3$/SO$_2$ 在黑碳颗粒表面的非均相反应,以及 RH 对反应的影响。显微红外原位吸收光谱显示,C=O 的伸缩振动峰在 1715 cm^{-1}、1630 cm^{-1} 出现,同时可以看到反应中间体(Criegee 自由基)夺氢引起的 2926 cm^{-1}、2853 cm^{-1} 峰强的下降(主要是亚甲基)。对于 O$_3$ 体系,随着 RH 从 1% 增加到 82%,O$_3$ 与黑碳颗粒异质反应的拟一级反应速率常数提高了两倍以上,从 3.2×10^{-4} s^{-1} 增加到 7.1×10^{-4} s^{-1};对于 O$_3$/SO$_2$ 共存体系,反应过程的红外光谱有些意外,没有出现类似于 O$_3$ 与黑碳反应的羰基峰(1715 cm^{-1}、1630 cm^{-1}),但脱氢过程还是发生了,说明 SO$_2$ 与 Criegee 自由基反应过程在先,硫酸盐是黑碳颗粒的主要产物,且随着 RH 的增加,反应速率和摄取系数均增加,可以解释为在相对较高的 RH 条件下,水分子促进黑碳颗粒活性部位上 O_3/SO_2 生成硫酸盐的反应。不同 RH 条件下黑碳颗粒上 O_3/SO_2 生成硫酸盐的初始摄取系数(γ_0)和稳态摄取系数(γ_{ss})列于表 12-4 中。

表 12-4 不同湿度条件下黑碳颗粒上 O_3/SO_2 生成硫酸盐的初始摄取系数和稳态摄取系数(室温[O_3]=10 ppm,[SO_2]=10 ppm)[16]

RH/%	$\gamma_0/(\times 10^{-6})$	$\gamma_{ss}/(\times 10^{-6})$
1	0.81±0.07	0.15±0.01
31	1.82±0.09	0.60±0.06
52	2.97±0.15	1.01±0.09
83	9.95±0.31	1.31±0.11

α-Al_2O_3 表面:在不同 RH 下,进一步开展了痕量气体 SO_2/O_3 和 SO_2/NO_2 与 α-Al_2O_3 颗粒非均相反应研究,当单独将 SO_2 吸附在 α-Al_2O_3 上时,会生成亚硫酸盐,O_3 或 NO_2 的共存则会大大增加产物中硫酸盐的含量,但两体系中硫酸盐的生成机理并不相同。SO_2/O_3 和 SO_2/NO_2 与 α-Al_2O_3 颗粒非均相反应体系中,随着 RH 的增加,硫酸盐的生成速率和 SO_2 的摄取系数均明显变大。从表 12-5 中的数据可以看出,对于 SO_2/O_3 体系,随着 RH 从 15% 升至 95%,γ_0 的值从 3.66×10^{-7} 增至 2.42×10^{-6};对于 SO_2/NO_2 体系,在相近的 RH 变化范围内,γ_0 的值从 4.2×10^{-8} 增至 5.96×10^{-7}。此外,在相似的 RH 下,SO_2/O_3 体系的摄取系数约为 SO_2/NO_2 体系的摄取系数的 3 倍(表 12-5)。这项研究为 O_3 或 NO_2 与 SO_2 共存时能促进硫酸盐的形成提供了进一步的证据,也为大气化学建模研究提供了基础数据。当雾霾存在时,此过程将促进矿物粉尘上硫酸盐和硝酸盐的产生,同时消耗 SO_2、O_3 和 NO_2,覆盖有硫酸盐和硝酸盐的矿物氧化物可以充当云滴的巨大种子,促进其他污染物的水相反应。

表 12-5 α-Al_2O_3 表面 SO_2/O_3,SO_2/NO_2 两体系中 SO_2 在系列 RH 下的反应摄取系数[17]

	RH/%	$\gamma_0/(\times 10^{-7})$	$\gamma_{ss}/(\times 10^{-9})$
SO_2/O_3	15	3.66±0.91	4.10±1.23
	34	13.61±4.1	8.77±3.51
	54	19.59±10.18	9.90±3.96
	95	24.17±7.74	13.16±5.26
SO_2/NO_2	15	0.42±0.17	1.94±0.68
	30	1.54±0.46	2.34±1.64
	50	2.96±1.18	3.56±1.78
	69	5.64±1.69	4.20±1.26
	90	5.96±2.98	5.39±0.70

TiO_2 表面:进一步研究了 SO_2/O_3 和 SO_2/NO_2 与 TiO_2 颗粒的非均相反应与 RH 之间的关系。在对 RH 敏感的 O_3 或 NO_2 存在下,SO_2 在 TiO_2 颗粒的表面快速转化为硫酸盐,但在两体系中,硫酸盐的生成机理不同。在干燥条件下,当 SO_2/O_3 共存于新鲜的 TiO_2 颗

粒表面时,亚硫酸盐可直接被 O_3 氧化形成硫酸盐;当 SO_2/NO_2 共存时,N_2O_4 作为中间产物通过自电离将亚硫酸盐氧化为硫酸盐。在潮湿条件下,溶解的 O_3 或 NO_2 可以在 SO_2 氧化为硫酸盐产物的过程中起重要的促进作用。在 RH 为 4% 的新鲜 TiO_2 颗粒上,SO_2/O_3 的 γ_0 为 $(1.42\pm0.12)\times10^{-7}$,而 RH 为 85% 的情况下,该值增加至 $(6.23\pm0.50)\times10^{-7}$。同样,随着 RH 的增加,新鲜 TiO_2 颗粒上的 SO_2/NO_2 的 γ_0 从 $(1.01\pm0.09)\times10^{-7}$ 增加至 $(4.83\pm0.43)\times10^{-7}$。此外,在相似的 RH 下,与 TiO_2 颗粒上的 SO_2/NO_2 相比,SO_2/O_3 体系的摄取系数高约 40%。对于暴露于 SO_2/O_3 或 SO_2/NO_2(硫酸盐)颗粒后的 TiO_2,在相似的 RH 下,吸湿阶段 SO_2 的摄取系数均高于初始阶段新鲜颗粒的摄取系数,这表明颗粒吸湿后混合物气体快速吸附增长。因此,可以推断出混浊气体与矿物颗粒的协同反应可能有助于在雾霾发生期间高 RH 条件下二次硫酸盐的形成。这项研究的结果进一步证明了 O_3 或 NO_2 与 SO_2 对矿物粉尘的协同作用,从而促进了次级硫酸盐气溶胶的形成,这为更好地了解湿润条件下的严重雾霾提供了新的见解。

单液滴反应:利用显微红外,开展了 SO_2/O_3 在氯化镁和氯化锌单液滴表面的反应动力学研究,选择液滴的尺度在几十微米到 100 微米,根据硫酸盐在 1100 cm^{-1} 左右的吸收峰峰面积,确定反应生成硫酸盐速率的变化。基本上可以分成两个阶段,初始阶段(Ⅰ)速率较快,稳定阶段(Ⅱ)速率下降,反应速率随 RH 下降而下降。其结果总结在表 12-7 中。

2. VOCs/O_3 的非均相反应[18]

利用显微傅立叶变换红外光谱仪,研究了 RH 对 α-Al_2O_3 颗粒与 O_3(50 ppm)和异戊二烯(50 ppm)混合物的非均相反应的影响。结果表明,在反应的初始阶段,O_3 的存在导致 α-Al_2O_3 颗粒表面上的异戊二烯迅速转变为羧酸根。从表 12-6 中可以看出,当 RH 从 8% 增加到 89% 时,反应摄取系数从 $(2.98\pm0.58)\times10^{-4}$ 变至 $(3.94\pm0.56)\times10^{-5}$,其原因可能是水分子竞争异戊二烯和 O_3 的反应位点,同时,水在颗粒上消耗大量的 Criegee 自由基,导致反应生成羰基和 H_2O_2 而不是羧酸盐。烯烃臭氧分解产生的次级有机气溶胶之间的负相关关系在高 RH 的实际大气环境中起着关键作用。本研究的结果可能会提供在 RH 的影响下有关矿物气溶胶表面上生物烯烃的臭氧分解过程的见解。本研究的结论是水抑制了异戊二烯和 O_3 在 α-Al_2O_3 上的非均相反应,这与其他有关 α-Al_2O_3 的异相反应报道相反,但是这些数据对于指导水在异戊二烯异相反应中的作用的研究以及评估生物源挥发性有机物(BVOCs)对 SOA 的贡献具有指导意义。

表 12-6 异戊二烯在不同 RH 下的反应初始摄取系数

RH/%	$\gamma_0/(\times10^{-5})$	$\gamma_1/(\times10^{-5})$
8	29.8±5.8	9.95±1.93
26	21.0±2.5	7.02±0.82
45	13.0±1.1	4.32±0.37
62	7.39±0.62	2.46±0.21
89	3.94±0.56	1.31±0.19

注:γ_0 和 γ_1 分别是按照异戊二烯被氧化有 1 个羰基产物和 3 个羰基产物计算得到的摄取系数。

3. 总结

表 12-7 给出了利用显微傅立叶变换红外光谱仪测得的颗粒物与痕量气体反应的摄取系数，可以看出，SO_2/O_3 与液滴反应的摄取系数最大，比 TiO_2、Al_2O_3、黑碳非均相反应的摄取系数高 1~2 个数量级，RH 对反应速率有较大的影响，高 RH 条件比干态反应的摄取系数高几倍甚至高 1 个数量级。

表 12-7 痕量气体非均相动力学数据总结

反应体系		反应条件	摄取系数	参考文献
液滴	$MgCl_2$ 液滴	约 27 ppm SO_2，约 27 ppm O_3，85%RH	$(6.26\pm0.34)\times10^{-5}$（粒径 80 μm） $(7.25\pm0.40)\times10^{-5}$（粒径 200 μm）	[19]
	$ZnCl_2$ 液滴	约 27 ppm SO_2，约 27 ppm O_3，95%RH	$(8.32\pm0.30)\times10^{-5}$（粒径 80 μm） $(10.00\pm0.35)\times10^{-5}$（粒径 200 μm）	[19]
矿尘颗粒	TiO_2 颗粒	10 ppm SO_2，10 ppm O_3，4%RH，粒径 10 μm	$(1.42\pm0.12)\times10^{-7}$（4%RH） $(6.23\pm0.50)\times10^{-7}$（85%RH）	[20]
	TiO_2 颗粒	10 ppm SO_2，10 ppm NO_2，4%RH，粒径 10 μm	$(1.01\pm0.09)\times10^{-7}$（4%RH） $(4.83\pm0.43)\times10^{-7}$（85%RH）	[20]
			$(3.66\pm0.91)\times10^{-7}$（15%RH） $(13.61\pm4.1)\times10^{-7}$（34%RH） $(19.59\pm10.18)\times10^{-7}$（54%RH） $(24.17\pm7.74)\times10^{-7}$（95%RH）	[17]
	α-Al_2O_3 颗粒	13 ppm SO_2，13 ppm O_3，粒径 150 μm	$(0.42\pm0.17)\times10^{-7}$（15%RH） $(1.54\pm0.46)\times10^{-7}$（30%RH） $(2.96\pm1.18)\times10^{-7}$（50%RH） $(5.64\pm1.69)\times10^{-7}$（69%RH） $(5.95\pm2.98)\times10^{-7}$（90%RH）	[17]
黑碳	煤烟	10 ppm SO_2，10 ppm O_3	$(0.81\pm0.07)\times10^{-6}$（1%RH） $(1.82\pm0.09)\times10^{-6}$（31%RH） $(2.97\pm0.15)\times10^{-6}$（52%RH） $(9.95\pm0.31)\times10^{-6}$（83%RH）	[16]

12.4.6 本项目资助发表论文

[1] Lv X J, Chen Z, Ma J B, et al. Evaporation of mixed citric acid/$(NH_4)_2SO_4$/H_2O particles：Volatility of organic aerosol by using optical tweezers. Spectrochimica Acta Part a-Molecular and Biomolecular Spectroscopy, 2020, 226: 7.

[2] Lv X J, Chen Z, Ma J B, et al. Volatility measurements of 1, 2, 6-hexanetriol in levitated viscous aerosol particles. Journal of Aerosol Science, 2019, 138: 8.

[3] Gao X Y, Cai C, Ma J B, et al. Repartitioning of glycerol between levitated and surrounding deposited glycerol/$NaNO_3$/H_2O droplets. Royal Society Open Science, 2018, 5: 11.

[4] Cai C, Zhao C S. Optical levitation measurement on hygroscopic behaviour and SVOC vapour pressure of single organic/inorganic aqueous aerosol. Atmospheric Environment, 2018, 189: 50-60.

[5] Wang L N, Cai C, Zhang Y H. Kineticallydetermined hygroscopicity and efflorescence of sucrose-ammonium sulfate aerosol droplets under lower relative humidity. Journal of Physical Chemistry B, 2017, 121: 8551-8557.

[6] Chang P P, Gao X Y, Cai C, et al. Effect of waiting time on the water transport kinetics of magnesium sulfate aerosol at gel-forming relative humidity using optical tweezers. Spectrochimica Acta Part a-Molecular and Biomolecular Spectroscopy, 2020, 228: 9.

[7] Zhang Y, Cai C, Pang S F, et al. A rapid scan vacuum FTIR method for determining diffusion coefficients in viscous and glassy aerosol particles. Physical Chemistry Chemical Physics, 2017, 19: 29177-29186.

[8] Ma S S, Yang W, Zheng C M, et al. Subsecond measurements on aerosols: From hygroscopic growth factors to efflorescence kinetics. Atmospheric Environment, 2019, 210: 177-185.

[9] Shi X M, Wu F M, Jing B, et al. Hygroscopicity of internally mixed particles composed of $(NH_4)_2SO_4$ and citric acid under pulsed RH change. Chemosphere, 2017, 188: 532-540.

[10] Wu F M, Wang N, Pang S F, et al. Hygroscopic behavior and fractional crystallization of mixed $(NH_4)_2SO_4$/glutaric acid aerosols by vacuum FTIR. Spectrochimica Acta Part a-Molecular and Biomolecular Spectroscopy, 2019, 208: 255-261.

[11] Ren H M, Cai C, Leng C B, et al. Nucleationkinetics in mixed $NaNO_3$/Glycerol droplets investigated with the FTIR-ATR technique. Journal of Physical Chemistry B, 2016, 120: 2913-2920.

[12] Du C Y, Yang H, Wang N, et al. pH effect on the release of NH_3 from the internally mixed sodium succinate and ammonium sulfate aerosols. Atmospheric Environment, 2020, 220: 7.

[13] Wang N, Jing B, Wang P, et al. Hygroscopicity andcompositional evolution of atmospheric aerosols containing water-soluble carboxylic acid salts and ammonium sulfate: Influence of ammonium depletion. Environmental Science & Technology, 2019, 53: 6225-6234.

[14] Yang H, Wang N, Pang S F, et al. Chemical reaction between sodium pyruvate and ammonium sulfate in aerosol particles and resultant sodium sulfate efflorescence. Chemosphere, 2019, 215: 554-562.

[15] Shao X, Wu F M, Yang H, et al. Observing HNO_3 release dependent upon metal complexes in malonic acid/nitrate droplets. Spectrochimica Acta Part a-Molecular and Biomolecular Spectroscopy, 2018, 201: 399-404.

[16] He X, Pang S F, Ma J B, et al. Influence of relative humidity on heterogeneous reactions of O_3 and O_3/SO_2 with soot particles: Potential for environmental and health effects. Atmospheric Environment, 2017, 165: 198-206.

[17] Liu W J, He X, Pang S F, et al. Effect of relative humidity on O_3 and NO_2 oxidation of SO_2 on α-Al_2O_3 particles. Atmospheric Environment, 2017, 167: 245-253.

[18] Lian H Y, Pang S F, He X, et al. Heterogeneous reactions of isoprene and ozone onα-Al_2O_3: The suppression effect of relative humidity. Chemosphere, 2020, 240: 124744.

[19] He X, Zhang Y H. Kinetics study of heterogeneous reactions of O_3 and SO_2 with sea salt single droplets using micro-FTIR spectroscopy: Potential for formation of sulfate aerosol in atmospheric environment. Spectrochimica Acta Part a-Molecular and Biomolecular Spectroscopy, 2020, 233: 118219.

[20] He X, Zhang Y H. Influence of relative humidity on SO_2 oxidation by O_3 and NO_2 on the surface of TiO_2 particles: Potential for formation of secondary sulfate aerosol. Spectrochimica Acta Part a-Molecular and Biomolecular Spectroscopy, 2019, 219: 121-128.

[21] Wang X W, Jing B, Tan F, et al. Hygroscopic behavior and chemical composition evolution of internally mixed aerosols composed of oxalic acid and ammonium sulfate. Atmos. Chem. Phys., 2017, 17: 12797-12812.

[22] Chang P P, Yang H, Wang N, et al. pH effect on the release of NH_3 from the internally mixed sodium succinate and ammonium sulfate aerosols. Chemosphere, 2020, 241: 124960.

[23] Lv X J, Chen Z, Ma J B, et al. Evaporation of mixed citric acid/$(NH_4)_2SO_4$/H_2O particles: Volatility of organic aerosol by using optical tweezers. Spectrochim. Acta A., 2018, 200: 179-185.

[24] Lv X J, Chen Z, Ma J B, et al. Volatility measurements of 1, 2, 6-hexanetriol in levitated viscous aerosol particles. J. Aerosol Sci., 2019, 138: 105449.

[25] Gao Y, Zhang Y H. Optical properties investigation of the reactions between methylglyoxal and glycine/ammonium sulfate. Spectrochim. Acta A., 2019, 215: 112-121.

[26] Wu F M, Wang X W, Pang S F, et al. Measuring hygroscopicity of internally mixed $NaNO_3$ and glutaric acid particles by vacuum FTIR. Spectrochim. Acta A., 2019, 219: 104-109.

[27] Zhang H J, Chen S L, Zhong J, et al. Formation of aqueous-phase sulfate during the haze period in China: Kinetics and atmospheric implications. Atmos. Environ., 2018, 177: 93-99.

[28] Gao Y, Zhang Y H, et al. Formation and photochemical properties of aqueous brown carbon through glyoxal reactions with glycine. RSC Adv., 2018, 8: 38566-38573.

[29] Li W R, Chen Y, Tong S R, et al. Kinetic study of the gas-phase reaction of O_3 with three unsaturated alcohols. J. Environ. Sci., 2018, 71: 292-299.

[30] Zhang H J, Wang W, Pi S Q, et al. Gas phase transformation from organic acid to organic sulfuric anhydride: Possibility and atmospheric fate in the initial new particle formation. Chemosphere, 2018, 212: 504-512.

[31] Ji Z R, Zhang Y, Pang S F, et al. Crystal Nucleation and Crystal Growth and Mass Transfer in Internally Mixed Sucrose/$NaNO_3$ Particles. J. Phys. Chem. A, 2017, 121: 7968-7975.

[32] Zhang H J, Kupiainen M O, Zhang X H, et al. The enhancement mechanism of glycolic acid on the formation of atmospheric sulfuric acid-ammonia molecular clusters. J. Chem. Phys., 2017, 146: 184308.

[33] Cai C, Luan Y M, Shi X M, et al. $(NH_4)_2SO_4$ heterogeneous nucleation and glycerol evaporation of $(NH_4)_2SO_4$-glycerol system in its dynamic efflorescence process. Chem. Phys., 2017, 483: 140-148.

[34] Liu L, Zhang, X H, Li Z S, et al. Gas-phase hydration of glyoxylic acid: Kinetics and atmospheric implications. Chemosphere, 2017, 186: 430-437.

[35] Yang P, Yang H, Wang N, et al. Hygroscopicity measurement of sodium carbonate, β-alanine and internally mixed β-alanine/Na_2CO_3 particles by ATR-FTIR. J. Environ. Sci., 2020, 87: 250-259.

[36] Pang S F, Wang J, Zhang Y, et al. A new method for estimating the extinction efficiency of polystyrene microsphere by micro-FTIR spectroscopy. Spectrochim. Acta A., 2017, 181: 249-253.

[37] Lv X J, Gao X Y, Ma J B, et al. Investigation on the volatility of ammonium nitrate using optical tweezers. Spectrosc. Spect. Anal, 2019, 39: 1648-1652.

[38] He X, Zhang Y H, et al. Influence of relative humidity on SO_2 oxidation by O_3 and NO_2 on the surface of TiO_2 particles: Potential for formation of secondary sulfate aerosol. Spectrochim. Acta A., 2019, 219: 121-128.

[39] Gao X Y, Zhang Y H, et al. A kinetics study of the heterogeneous reaction of n-butylamine with succinic acid using an ATR-FTIR flow reactor. Phys. Chem. Chem. Phys., 2018, 20: 15464-15472.

[40] Gao X Y, Zhang Y H, Liu Y, et al. Temperature-dependent hygroscopic behaviors of atmospherically relevant water-soluble carboxylic acid salts studied by ATR-FTIR spectroscopy. Atmos. Environ., 2018, 191: 312-319.

[41] Jing B, Peng C, Wang Y D, et al. Hygroscopic properties of potassium chloride and its internal mixtures with organic compounds relevant to biomass burning aerosol particles. Sci. Rep., 2017, 7: 43572.

参考文献

[1] 大气复合污染的成因与应对机制的基础研究重大研究计划网站: http://www.dqwr-nsfc.cn

[2] Bilde M, Barsanti K, Booth M, et al. Saturationvapor pressures and transition enthalpies of low-volatility organic molecules of atmospheric relevance: From dicarboxylic acids to complex mixtures. Chemical Reviews, 2015, 115: 4115-4156.

[3] Häkkinen S A K, McNeill V F, Riipinen I. Effect ofinorganic salts on the volatility of organic acids. Environmental Science & Technology, 2014, 48: 13718-13726.

[4] Liu C, Ma Q X, Liu Y C, et al. Synergistic reaction between SO_2 and NO_2 on mineral oxides: A potential formation pathway of sulfate aerosol. Physical Chemistry Chemical Physics, 2012, 14: 1668-1676.

[5] Cheng Y F, Zheng G J, Wei C, et al. Reactive nitrogen chemistry in aerosol water as a source of sulfate during haze events in China. Science Advances, 2016, 2: e1601530.

[6] Fang Y, Ye C, Wang J, et al. Relative humidity and O_3 concentration as two prerequisites for sulfate formation. Atmospheric Chemistry and Physics, 2019, 19: 12295-12307.

[7] Hung H M, Hoffmann M R. Oxidation ofgas-phase SO_2 on the surfaces of acidic microdroplets: Implications for sulfate and sulfate radical anion formation in the atmospheric liquid phase. Environmental Science & Technology, 2015, 49: 13768-13776.

[8] Hung H M, Hsu M N, Hoffmann M R. Quantification of SO_2 oxidation on interfacial surfaces of acidic micro-droplets: Implication for ambient sulfate formation. Environmental Science & Technology, 2018, 52: 9079-9086.

[9] Mauldin R L, Berndt T, Sipila M, et al. A new atmospherically relevant oxidant of sulphur dioxide. Nature, 2012, 488: 193-196.

[10] Taatjes C A, Welz O, Eskola A J, et al. Directmeasurements of conformer-dependent reactivity of the Criegee intermediate CH_3CHOO. Science, 2013, 340: 177-180.

[11] Wang S Y, Zhou S M, Tao Y, et al. Organicperoxides and sulfur dioxide in aerosol: Source of particulate sulfate. Environmental Science & Technology, 2019, 53: 10695-10704.

[12] Wang Y Y, Dash M R, Chung C Y, et al. Detection of transient infrared absorption of SO_3 and 1,3,2-dioxathietane-2,2-dioxide cyc-$(CH_2)O(SO_2)O$ in the reaction $CH_2OO + SO_2$. Journal of Chemical Physics, 2018, 148: 9.

[13] Wang Z Z, Wang T, Fu H B, et al. Enhanced heterogeneous uptake of sulfur dioxide on mineral particles through modification of iron speciation during simulated cloud processing. Atmospheric Chemistry and Physics, 2019, 19: 12569-12585.

[14] Yang W W, Ma Q X, Liu Y C, et al. The effect of water on the heterogeneous reactions of SO_2 and

[14] ... NH₃ on the surfaces of alpha-Fe₂O₃ and gamma-Al₂O₃. Environmental Science-Nano, 2019, 6: 2749-2758.

[15] Chen T Z, Chu B W, Ge Y L, et al. Enhancement of aqueous sulfate formation by the coexistence of NO₂/NH₃ under high ionic strengths in aerosol water. Environmental Pollution, 2019, 252: 236-244.

[16] Huang L, An J Y, Koo B, et al. Sulfate formation during heavy winter haze events and the potential contribution from heterogeneous SO₂ + NO₂ reactions in the Yangtze River Delta region, China. Atmospheric Chemistry and Physics, 2019, 19: 14311-14328.

[17] Wang Y X, Zhang Q Q, Jiang J K, et al. Enhanced sulfate formation during China's severe winter haze episode in January 2013 missing from current models. Journal of Geophysical Research-Atmospheres, 2014, 119: 16.

[18] Warneck P. The oxidation of sulfur(Ⅳ) by reaction with iron(Ⅲ): A critical review and data analysis. Physical Chemistry Chemical Physics, 2018, 20: 4020-4037.

[19] Zheng G J, Duan F K, Su H, et al. Exploring the severe winter haze in Beijing: The impact of synoptic weather, regional transport and heterogeneous reactions. Atmospheric Chemistry and Physics, 2015, 15: 2969-2983.

[20] Wang G H, Zhang R Y, Gomez M E, et al. Persistent sulfate formation from London Fog to Chinese haze. Proceedings of the National Academy of Sciences of the United States of America, 2016, 113: 13630-13635.

[21] Zheng B, Zhang Q, Zhang Y, et al. Heterogeneous chemistry: A mechanism missing in current models to explain secondary inorganic aerosol formation during the January 2013 haze episode in North China. Atmospheric Chemistry and Physics, 2015, 15: 2031-2049.

[22] Manabu Shiraiwaa M A, Thomas Koop and Ulrich Pöschl. Gas uptake and chemical aging of semisolid organic aerosol particles. PNAS, 2011, 108: 5.

[23] Davies J F, Wilson K R. Ramanspectroscopy of isotopic water diffusion in ultraviscous, glassy, and gel states in aerosol by use of optical tweezers. Analytical Chemistry, 2016, 88: 2361-2366.

[24] Reid J P, Bertram A K, Topping D O, et al. The viscosity of atmospherically relevant organic particles. Nature Communications, 2018, 9: 14.

[25] Shiraiwa M, Zuend A, Bertram A K, et al. Gas-particle partitioning of atmospheric aerosols: Interplay of physical state, non-ideal mixing and morphology. Physical Chemistry Chemical Physics, 2013, 15: 11441-11453.

[26] Virtanen A, Joutsensaari J, Koop T, et al. An amorphous solid state of biogenic secondary organic aerosol particles. Nature, 2010, 467: 824-827.

[27] Bones D L, Reid J P, Lienhard D M, et al. Comparing the mechanism of water condensation and evaporation in glassy aerosol. Proceedings of the National Academy of Sciences of the United States of America, 2012, 109: 11613-11618.

[28] Shiraiwa M, Li Y, Tsimpidi A P, et al. Global distribution of particle phase state in atmospheric secondary organic aerosols. Nature Communications, 2017, 8: 7.

[29] Power R M, Simpson S H, Reid J P, et al. The transition from liquid to solid-like behaviour in ultrahigh viscosity aerosol particles. Chemical Science, 2013, 4: 2597-2604.

[30] Grayson J W, Renbaum-Wolff L, Kuwata M, et al. Viscosity of secondary organic material and implications for particle growth and reactivity. Abstracts of Papers of the American Chemical Society, 2014,

248: 1.

[31] Ciobanu V G, Marcolli C, Krieger U K, et al. Liquid-liquid phase separation in mixed organic/inorganic aerosol particles. Journal of Physical Chemistry A, 2009, 113: 10966-10978.

[32] Song M, Marcolli C, Krieger U K, et al. Liquid-liquid phase separation and morphology of internally mixed dicarboxylic acids/ammonium sulfate/water particles. Atmospheric Chemistry and Physics, 2012, 12: 2691-2712.

[33] Song M, Marcolli C, Krieger U K, et al. Liquid-liquid phase separation in aerosol particles: Dependence on O:C, organic functionalities, and compositional complexity. Geophysical Research Letters, 2012, 39: L19801.

[34] Zhou Q, Pang S F, Wang Y, et al. Confocalraman studies of the evolution of the physical state of mixed phthalic acid/ammonium sulfate aerosol droplets and the effect of substrates. Journal of Physical Chemistry B, 2014, 118: 6198-6205.

[35] You Y, Smith M L, Song M J, et al. Liquid-liquid phase separation in atmospherically relevant particles consisting of organic species and inorganic salts. International Reviews in Physical Chemistry, 2014, 33: 43-77.

[36] Qiu Y Q, Molinero V. Morphology ofliquid-liquid phase separated aerosols. Journal of the American Chemical Society, 2015, 137: 10642-10651.

[37] Kalume A, Wang C, Santarpia J, et al. Liquid-liquid phase separation and evaporation of a laser-trapped organic-organic airborne droplet using temporal spatial-resolved Raman spectroscopy. Physical Chemistry Chemical Physics, 2018, 20: 19151-19159.

[38] Song M J, Ham S, Andrews R J, et al. Liquid-liquid phase separation in organic particles containing one and two organic species: Importance of the average O:C. Atmospheric Chemistry and Physics, 2018, 18: 12075-12084.

[39] Song M, Maclean A M, Huang Y Z, et al. Liquid-liquid phase separation and viscosity within secondary organic aerosol generated from diesel fuel vapors. Atmospheric Chemistry and Physics, 2019, 19: 12515-12529.

[40] Ham S, Babar Z B, Lee J B, et al. Liquid-liquid phase separation in secondary organic aerosol particles produced from alpha-pinene ozonolysis and alpha-pinene photooxidation with/without ammonia. Atmospheric Chemistry and Physics, 2019, 19: 9321-9331.

[41] Fard M M, Krieger U K, Peter T. Kineticlimitation to inorganic ion diffusivity and to coalescence of inorganic inclusions in viscous liquid-liquid phase-separated particles. Journal of Physical Chemistry A, 2017, 121: 9284-9296.

[42] Freedman M A. Phase separation in organic aerosol. Chemical Society Reviews, 2017, 46: 7694-7705.

[43] Kucinski T M, Dawson J N, Freedman M A. Size-dependent liquid-liquid phase separation in atmospherically relevant complex systems. Journal of Physical Chemistry Letters, 2019, 10: 6915-6920.

[44] O'Brien R E, Wang B, Kelly S T, et al. Liquid-liquid phase separation in aerosol particles: Imaging at the nanometer scale. Environmental Science & Technology, 2015, 49: 4995-5002.

[45] You Y, Bertram A K. Effects of molecular weight and temperature on liquid-liquid phase separation in particles containing organic species and inorganic salts. Atmospheric Chemistry and Physics, 2015, 15: 1351-1365.

[46] Tang I N, Fung K H. Hydration andraman scattering studies of levitated microparticles: $Ba(NO_3)_2$,

Sr(NO$_3$)$_2$, and Ca(NO$_3$)$_2$. Journal of Chemical Physics, 1997, 106: 1653-1660.

[47] Tang I N, Fung K H, Imre D G, et al. Phase-transformation and metastability of hygroscopic microparticles. Aerosol Science and Technology, 1995, 23: 443-453.

[48] Tang I N, Tridico A C, Fung K H. Thermodynamic and optical properties of sea salt aerosols. Journal of Geophysical Research-Atmospheres, 1997, 102: 23269-23275.

[49] Tang I N. Chemical and size effects of hygroscopic aerosols on light scattering coefficients. Journal of Geophysical Research-Atmospheres, 1996, 101: 19245-19250.

[50] Wang L Y, Zhang Y H, Zhao L J. Raman spectroscopic studies on single supersaturated droplets of sodium and magnesium acetate. Journal of Physical Chemistry A, 2005, 109: 609-614.

[51] Zhang Y H, Chan C K. Observations of water monomers in supersaturated NaClO$_4$, LiClO$_4$, and Mg(ClO$_4$)$_2$ droplets using Raman spectroscopy. Journal of Physical Chemistry A, 2003, 107: 5956-5962.

[52] Zhang Y H, Chan C K. Understanding the hygroscopic properties of supersaturated droplets of metal and ammonium sulfate solutions using Raman spectroscopy. Journal of Physical Chemistry A, 2002, 106: 285-292.

[53] Zhang Y H, Choi M Y, Chan C K. Relating hygroscopic properties of magnesium nitrate to the formation of contact ion pairs. Journal of Physical Chemistry A, 2004, 108: 1712-1718.

[54] Gregson F K A, Ordoubadi M, Miles R E H, et al. Studies of competing evaporation rates of multiple volatile components from a single binary-component aerosol droplet. Physical Chemistry Chemical Physics, 2019, 21: 9709-9719.

[55] Pope F D, Tong H J, Dennis-Smither B J, et al. Studies of single aerosol particles containing malonic acid, glutaric acid, and their mixtures with sodium chloride. II. liquid-state vapor pressures of the acids. Journal of Physical Chemistry A, 2010, 114: 10156-10165.

[56] Lienhard D M, Huisman A J, Bones D L, et al. Retrieving the translational diffusion coefficient of water from experiments on single levitated aerosol droplets. Physical Chemistry Chemical Physics, 2014, 16: 16677-16683.

[57] Nadler K A, Kim P, Huang D L, et al. Water diffusion measurements of single charged aerosols using H$_2$O/D$_2$O isotope exchange and Raman spectroscopy in an electrodynamic balance. Physical Chemistry Chemical Physics, 2019, 21: 15062-15071.

[58] Wei H R, Vejerano E P, Leng W N, et al. Aerosol microdroplets exhibit a stable pH gradient. Proceedings of the National Academy of Sciences of the United States of America, 2018, 115: 7272-7277.

[59] Krieger U K, Marcolli C, Reid J P. Exploring the complexity of aerosol particle properties and processes using single particle techniques. Chemical Society Reviews, 2012, 41: 6631-6662.

[60] Reid J P, Mitchem L. Laser probing of single-aerosoldroplet dynamics. Annual Review of Physical Chemistry. Palo Alto: Annual Reviews. 2006, 57: 245-271.

[61] Reid J P, Meresman H, Mitchem L, et al. Spectroscopic studies of the size and composition of single aerosol droplets. International Reviews in Physical Chemistry, 2007, 26: 139-192.

[62] Hopkins R J, Mitchem L, Ward A D, et al. Control and characterisation of a single aerosol droplet in a single-beam gradient-force optical trap. Physical Chemistry Chemical Physics, 2004, 6: 4924-4927.

[63] Cai C, Stewart D J, Reid J P, et al. Organic Componentvapor pressures and hygroscopicities of aqueous aerosol measured by optical tweezers. Journal of Physical Chemistry A, 2015, 119: 704-718.

[64] Stewart D J, Cai C, Nayler J, et al. Liquid-liquid phase separation in mixed organic/inorganic single aqueous aerosol droplets. Journal of Physical Chemistry A, 2015, 119: 4177-4190.

[65] Dennis-Smither B J, Hanford K L, Kwamena N O A, et al. Phase, morphology, and hygroscopicity of mixed oleic acid/sodium chloride/water aerosol particles before and after ozonolysis. Journal of Physical Chemistry A, 2012, 116: 6159-6168.

[66] Cai C, Tan S H, Chen H N, et al. Slow water transport in $MgSO_4$ aerosol droplets at gel-forming relative humidities. Physical Chemistry Chemical Physics, 2015, 17: 29753-29763.

[67] Hargreaves G, Kwamena N O A, Zhang Y H, et al. Measurements of theequilibrium size of supersaturated aqueous sodium chloride droplets at low relative humidity using aerosol optical tweezers and an electrodynamic balance. Journal of Physical Chemistry A, 2010, 114: 1806-1815.

[68] Ingram S, Cai C, Song Y C, et al. Characterising the evaporation kinetics of water and semi-volatile organic compounds from viscous multicomponent organic aerosol particles. Physical Chemistry Chemical Physics, 2017, 19: 31634-31646.

[69] Cai C, Stewart D J, Preston T C, et al. A new approach to determine vapour pressures and hygroscopicities of aqueous aerosols containing semi-volatile organic compounds. Physical Chemistry Chemical Physics, 2014, 16: 3162-3172.

[70] Cai C, Zhao C S. Optical levitation measurement on hygroscopic behaviour and SVOC vapour pressure of single organic/inorganic aqueous aerosol. Atmospheric Environment, 2018, 189: 50-60.

[71] Bzdek B R, Reid J P. Perspective: Aerosol microphysics: From molecules to the chemical physics of aerosols. Journal of Chemical Physics, 2017, 147: 220901.

[72] Cotterell M I, Mason B J, Carruthers A E, et al. Measurements of the evaporation and hygroscopic response of single fine-mode aerosol particles using a Bessel beam optical trap. Physical Chemistry Chemical Physics, 2014, 16: 2118-2128.

[73] Marshall F H, Miles R E H, Song Y-C, et al. Diffusion and reactivity in ultraviscous aerosol and the correlation with particle viscosity. Chemical Science, 2016, 7: 1298-1308.

[74] Gorkowski K, Donahue N M, Sullivan R C. Emulsified andliquid liquid phase-separated states of α-pinene secondary organic aerosol determined using aerosol optical tweezers. Environmental Science & Technology, 2017, 51: 12154-12163.

[75] Reid J P, Dennis-Smither B J, Kwamena N O A, et al. The morphology of aerosol particles consisting of hydrophobic and hydrophilic phases: Hydrocarbons, alcohols and fatty acids as the hydrophobic component. Physical Chemistry Chemical Physics, 2011, 13: 15559-15572.

[76] Robinson C B, Schill G P, Zarzana K J, et al. Impact oforganic coating on optical growth of ammonium sulfate particles. Environmental Science & Technology, 2013, 47: 13339-13346.

[77] Marshall F H, Berkemeier T, Shiraiwa M, et al. Influence of particle viscosity on mass transfer and heterogeneous ozonolysis kinetics in aqueous-sucrose-maleic acid aerosol. Physical Chemistry Chemical Physics, 2018, 20: 15560-15573.

[78] Gallimore P J, Griffiths P T, Pope F D, et al. Comprehensive modeling study of ozonolysis of oleic acid aerosol based on real-time, online measurements of aerosol composition. Journal of Geophysical Research-Atmospheres, 2017, 122: 4364-4377.

[79] Hakkinen S A K, et al. Effect of inorganic salts on the volatility of organic acids. Environmental Science & Technology, 2014, 48: 13718-13726.

[80] Pope F D, et al. Studies of single aerosol particles containing malonic acid, glutaric acid, and their mixtures with sodium chloride. II. Liquid-state vapor pressures of the acids. Journal of Physical Chemistry A, 2010, 114: 10156-10165.

[81] Pant A, Parsons M T, Bertram A K. Crystallization of aqueous ammonium sulfate particles internally mixed with soot and kaolinite: Crystallization relative humidities and nucleation rates. Journal of Physical Chemistry A, 2006, 110: 8701-8709.

[82] Leng C B, Pang S F, Zhang Y, Cai C, Liu Y, Zhang Y H. Vacuum FTIR observation on the dynamic hygroscopicity of aerosols under pulsed relative humidity. Environ. Sci. Technol., 2015, 49: 9107-9115.

[83] Zhang Q N, Zhang Y, Cai C, Guo Y C, Reid J P, Zhang Y H. In situ observation on the dynamic process of evaporation and crystallization of sodium nitrate droplets on a ZnSe substrate by FTIR-ATR. Journal of Physical Chemistry A, 2014, 118: 2728-2737.

第13章 长三角大气氧化性：
定量表征与化学机理开发

陆克定[1]，王海潮[1]，马雪飞[1]，刘禹含[1]，陈肖睿[1]，宋欢[1]，邱婉怡[1]，楼晟荣[2]，王红丽[2]，陈军[3]

[1]北京大学，[2]上海市环境科学研究院，[3]上海理工大学

大气氧化过程的核心是自由基化学。本研究以长三角区域大气氧化性的强度、构成和维持因素为核心研究内容，基于已搭建的自由基观测平台，选择典型污染过程，围绕大气氧化性表征、自由基化学收支闭合、非均相反应与自由基化学耦合机制等三个主题开展研究。取得的主要成果包括：① 优化了已有 OH 自由基和 NO_3-N_2O_5 测量系统，搭建了 OH 自由基反应活性和 HO_2 非均相摄取系数测量系统，获得大气自由基及其前体物的变化特征和规律，建立了长三角首个大气自由基化学外场观测数据库。② 探究了 HO_2 非均相摄取系数的影响因素，建立了多相动力学模型，实现了非均相摄取机制的升级和参数化表达，基于实测数据分析了非均相摄取的贡献。③ 系统地评估了自由基化学的关键反应途径和环境作用，发现 HO_x 自由基模式与观测结果存在 10%～20% 的系统偏差，OH 自由基再生新机制是造成偏差的主要因素。针对长三角地区硝酸盐的生成、挥发性有机物（VOCs）氧化活性区位、O_3 生成影响等问题进行了定量分析。④ 在化学坐标系下描述了长三角大气氧化性的空间分布，评估了多种主流大气化学反应机理，发展升级了大气氧化性的定量方式，从多个角度系统地表征了长三角地区的大气氧化性，为长三角地区 O_3 和颗粒物污染的协同防治提供了核心理论支持。

13.1 研究背景

人类和自然界排放的一次污染物在大气环境中通过化学氧化生成二次污染物。随着我国大气氧化性增强，二次污染已经成为我国大气复合污染的主要特征。自 2013 年 1 月，雾霾污染受到了全社会的广泛关注。近年来，一次颗粒物浓度开始得到有效控制，但各大城市地区夏季 O_3 污染问题愈发严重。由于雾霾污染和 O_3 污染形成的实质均是一次污染物在大气中的快速氧化，对氧化性的表征和氧化化学反应机理的解析成为厘清二次污染成因的关键。

13.1.1 大气氧化机制基本概念——自由基化学

现有研究对超大城市地区主要大气氧化剂的反应机制进行描述,如图13.1所示,图中标示了大气氧化剂,其中大气氧化剂主要由各种自由基构成。

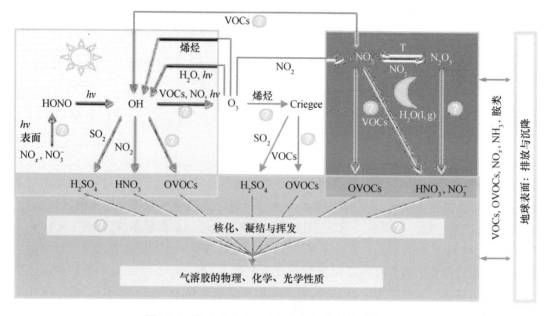

图 13.1 超大城市地区主要大气氧化剂的反应机制
(日间自由基化学的核心是 OH 自由基,夜间自由基化学的核心是 NO_3 自由基。)

日间自由基化学主要由光化学反应驱动,O_3、HONO以及醛类的光解生成OH自由基。OH自由基主导的氧化过程导致一次污染物的去除,并生成过氧自由基(RO_2),RO_2能够进一步生成HO_2,另外OH自由基也可以与CO生成HO_2。HO_2作为OH自由基的重要储库,可以和NO生成OH自由基和NO_2,该反应能够加速污染地区OH自由基的生成,同时生成了NO_2,NO_2进一步光化学反应生成O_3。HO_x和RO_2之间的相互转化、相互制约,相互之间的循环机制构成了大气光化学反应的基本框架。部分RO_2通过H转移化学或与NO_x的反应生成超低挥发性有机物(ELVOCs),是二次有机气溶胶(SOA)的重要前体物,而HO_2的非均相反应则是HO_2的主要去除途径之一。另外,含氧挥发性有机物(OVOCs)的光解能够生成RO_2和HO_2,而RO_2和重要的二次污染物过氧乙酰硝酸酯(PAN)之间也存在着相互转化关系。

在上述的RO_x循环的基本框架下,受人为源影响的区域活性含氮化合物的作用不容小觑。NO_2非均相反应作为HONO的主要来源,能够在夜间暗反应条件下完成HONO浓度积累;HO_2和NO_2之间发生可逆反应生成HO_2NO_2,HO_2NO_2作为HO_2的储库分子在冬季低温条件下,能够积累至较高的浓度水平。受日间光化学二次产物O_3驱动,夜间O_3与NO_2反应产生NO_3;在典型的对流层温度条件下,NO_3和N_2O_5之间存在着快速的热平衡,两者构成一个近似稳态的平衡反应系统。此反应体系的主要去除途径之一是N_2O_5在气溶胶表面的非均相反应,该反应能够有效生成 HNO_3。另外,N_2O_5 在含 Cl^- 气溶胶表面的非均相摄取能生成 $ClNO_2$,$ClNO_2$ 在夜间积累并在次日清晨光解生成 Cl 自由基和 NO_2。Cl 自由基和 OH 自由基类似,能够对一次污染物进行去除并生成 RO_2。NO_3 和活性烯烃反应生成含硝酰基有机过氧自由基。O_3 和活性烯烃反应生成 Criegee 自由基中间体(CIs),随后发生系列反应生成 RO_2、HO_2 和 OH 自由基,从而驱动夜间 HO_x 循环反应。除此之外,NO_3 还将与 NO、VOCs 和 CO 等一起推动 HO_x 循环的链传递反应。总的来说,氧化剂氧化一次污染物生成活性含氮化合物和含氧有机物,以及非均相反应机理是上述反应框架在超大城市地区待阐明的部分。

13.1.2 对流层大气自由基化学的主要研究进展

1. 高 VOCs 地区 HO_x 自由基的来源与循环机制研究

城市地区受人为源排放影响严重,其化学特征通常是高 VOCs 和高 NO_x 浓度,纽约、东京和墨西哥城的研究表明城市大气环境中 HO_x 自由基收支基本闭合[1-3]。在污染城市地区,除了 O_3 光解外,HONO 光解是 OH 自由基的主要来源。现阶段对 HONO 来源的认识,集中在 HONO 的直接排放、均相以及非均相反应生成这三个方面。其中 HONO 的非均相生成过程[$2NO_2(g) + H_2O(ads) \longrightarrow HONO(g) + HNO_3(ads)$]被认为是 HONO 的主要来源。相比于受人为源挥发性有机物影响地区,受生物源挥发性有机物(BVOCs)影响地区的 HO_x 自由基闭合实验结果存在较大的不确定性。2005 年在亚马孙森林观测中,发现模型低估 OH 自由基实测值 10 倍左右,Lelieveld 等人[4]提出 HO_2 和 RO_2 反应的 OH 自由基再生途径。这一反应已经在实验室通过验证,主要发生于含羰基和含羟基的 RO_2[5]。在 2006 年的珠三角观测中,午后低 NO 条件下同样发现模型难以解释的高浓度 OH 自由基,系统分析提出存在一种非传统的再生机制,即 $RO_2 + X \longrightarrow HO_2 + X \longrightarrow OH$[6,7]。这一过程与 NO 驱动的自由基再生过程类似,却不会产生额外的 O_3。目前 OH 自由基最高再生效率的化学机理是基于量化计算推导的 LIM 机理[8-10]。以异戊二烯为主要研究对象的 OH 自由基非传统再生机制的提出,一定程度上缩小了低 NO_x、高 VOCs 条件下观测实验中 OH 自由基模拟结果与测量结果间的差异,但是 OH 自由基的循环再生机制仍需进一步的探索与研究,这其中苯系物的作用值得关注。

2. NO_3 氧化对 SOA 的贡献

NO_3 对一次污染物的氧化去除过程伴随着一定量的 SOA 生成。烟雾箱实验表明,NO_3 与一些单萜烯反应具有较高的 SOA 产率[11-14],远高于暗反应条件下 O_3 氧化生成 SOA 的产率[11]。Ng 等人[15,16]利用两产物模型估计 NO_3 和异戊二烯反应生成 SOA 的产率为 29%,由此估计 NO_3 氧化异戊二烯贡献了全球约 7% 的 SOA,并表明 SOA 主要由二代氧化产物生成。近年来研究表明,NO_3 氧化对全球 SOA 的贡献并不明显,但是对区域 SOA 的贡献较高,在一些局部污染地区,NO_3 氧化对 SOA 的贡献能达到 50%~60%[17]。Fry 等人[13]发现 NO_3 和 β-蒎烯反应生成的 SOA 约占美国加州有机气溶胶总量的 16%;Pye 等人[18]发现美国东南部地区 NO_3 氧化使得单萜烯降解生成的 SOA 提高 1 倍以上,异戊二烯生成的

SOA 增加 30%～40%。目前 NO_3 与异戊二烯和二次产物的反应机理及其 SOA 的生成过程尚不明确,NO_3 对全球和局部污染地区的 SOA 生成贡献尚无明确定论。

3. HO_2 的非均相化学

对于 HO_2 的非均相反应,已有外场观测分析表明,HO_2 自由基非均相摄取过程是现有高活性气溶胶地区 HO_2 自由基收支分析的主要不确定性来源之一[19-24]。三维模型测试研究表明,由于污染城市近地面气溶胶浓度较高,云层占据对流层大约 15% 的体积,气溶胶和云滴对 HO_2 自由基的非均相摄取可以显著地影响 OH 自由基、O_3 和 NO_x 等的区域收支[25-28]。这可以解释光化学模型和实际观测结果之间的差异。然而目前 HO_2 与气溶胶发生非均相反应的去除速率仍有较大不确定性。实验表明,HO_x 和液相气溶胶的摄取显示出 HO_2 较低的反应活性,但含离子态过渡金属(如 Cu、Fe、Mn 等)的气溶胶对 HO_2 自由基的摄取效应显著,摄取系数大于 0.2[29-33]。对于不包含离子态过渡金属的气溶胶,针对 HO_2 自由基的摄取过程的研究结果还存在极大的不确定性。不同研究小组采用类似的流动管反应系统,推算出的 HO_2 自由基非均相摄取系数的差异超过一个数量级,反应级数也存在争议[27,29,31-35]。

4. N_2O_5 的非均相化学

对于 N_2O_5 的非均相反应,实验室研究了不同类型的模型气溶胶表面非均相摄取实验,测量的摄取系数变化范围较大($10^{-6} \sim 10^{-1}$)。全球模型表明,N_2O_5 的非均相化学过程是对流层大气 NO_x 的主要去除途径之一[36],同时还会降低 OH 自由基、O_3 的浓度,该过程具有较强的季节变化特征[26,37,38]。Tsai 等人[39]的研究表明美国洛杉矶地区的 N_2O_5 非均相反应对 NO_x 的去除速率和日间 NO_x 的去除速率相当。大量研究表明,N_2O_5 的非均相摄取还是气溶胶中硝酸盐浓度增长的主要原因之一[40,41]。N_2O_5 在含 Cl^- 气溶胶表面的非均相水解是 $ClNO_2$ 的主要生成途径[42,43]。目前已有少量的非均相摄取系数的实地测量结果,基本在实验室测量的范围以内($10^{-4} \sim 10^{-1}$)。但模型参数化计算得到的摄取系数比实测值系统性偏高,可能的原因是气溶胶中有机组分的浓度和混合状态对摄取系数有潜在影响,影响 N_2O_5 的非均相摄取系数的关键物理化学参数还有待深入探究。

13.1.3 长三角地区大气自由基化学研究的必要性

长三角经济带作为我国第一大经济区,是国际公认的六大世界级城市群之一,是我国主要的大气化学反应活性区之一[44]。1990 年末,我国著名的大气物理学家周秀骥院士领衔组织了国家自然科学基金重大项目——"长江三角洲低层大气物理化学过程及其与生态系统的相互作用",以长三角为研究对象,系统考察了 1980—2000 年长江三角洲地区人类活动对区域气候、环境及生态变化的影响和机制。该项目在长三角的痕量气体源排放、大气环境物化特征、水热物质流通量和耦合动力学模式等课题上取得了显著研究进展[45]。该项目侧重于大气动力学过程的研究,受限于研究主题的选择与检测技术的发展,大气化学方面的研究相对欠缺。

近年来,随着各项以细颗粒物控制为目标的大气污染防治措施的推进实施,长三角一次颗粒物污染贡献较突出,工业煤粉尘、道路建筑扬尘、机动车黑烟、生物质燃烧等污染源均得到了有效控制,PM_{10} 污染逐步缓解,以 O_3 和 $PM_{2.5}$ 为代表的二次污染逐步凸显:自 2010 年起上海 O_3 小时均值呈缓慢上升趋势;二次气溶胶是 $PM_{2.5}$ 的主要组成部分[46,47]。二次污染问题的突显使得长三角区域大气氧化性的表征和机制研究更为紧迫。21 世纪初,北京大学大气化学研究团队在 973 计划课题"区域大气复合污染的立体观测及污染过程"和国家自然科学基金重大项目"大气二次污染形成的化学过程及其健康影响"的支持下,针对珠三角和北京地区的自由基氧化过程开展了较为系统的探索。长三角地区作为典型的沿海超大污染城市群,区内保有大量重化工产业,同时还受到生物质排放的影响,预期 OH、NO_3 自由基化学反应在区域内会活跃发生。因而在长三角区域开展自由基化学方面的系统综合研究,既是对之前国家自然科学基金重大项目的继承和发展,也可以与北京和珠三角地区的研究成果互为参照,为我国甚至全球普适性的大气化学机理的研发奠定基础。

13.2 研究目标与研究内容

人类和自然界排放的一次污染物在大气环境中通过化学氧化生成二次污染物。随着我国大气氧化性增强,二次污染已经成为我国大气复合污染的主要特征。雾霾污染和臭氧污染形成的实质均是一次污染物在大气中的快速氧化,因此对于氧化性的表征和氧化化学反应机理的解析是厘清二次污染成因的关键。

13.2.1 研究目标

本研究将围绕如下目标展开:获取长三角地区主要大气氧化剂的浓度水平和变化特征;通过对 HO_2 与 N_2O_5 非均相摄取系数的实验室研究和外场观测,探究新的反应机理,厘清在区域环境中非均相反应和大气氧化性之间的相互关系;综合分析长三角地区大气氧化性的构成、来源和维持因素,检验和发展现有的大气化学反应机理,初步探究自由基化学的垂直廓线分布和区域环境效应,确定大气氧化性的综合表征方法。

13.2.2 研究内容

1. HO_x、NO_3 自由基及其关键前体物的浓度水平和变化特征

分别在长三角地区开展夏、冬季综合观测实验,获取 OH、NO_3 自由基及关键前体物和反应物浓度水平,分析大气氧化性的强度、构成和演变情况。同时对 HONO、HCHO、CHOCHO、NO_2、O_3、N_2O_5 等关键前体物的浓度水平和变化特征进行表征。

2. 非均相摄取系数的外场实测与参数化表达

采用气溶胶流动管技术建立 N_2O_5 在气溶胶表面发生非均相反应的摄取系数的实验室测量系统,对典型非均相反应机理进行验证和发展。开展 HO_2 和 N_2O_5 非均相反应摄取系数的在线测量,结合实时在线设备对相应气溶胶的物理化学性质进行表征,基于分层动力学模型推导建立适用于长三角 HO_2 和 N_2O_5 非均相摄取系数的参数化方程。

3. 自由基化学的收支分析以及反应机理的检验和发展

基于综合观测实验以及非均相反应实验室研究的成果，在已有的闭合实验分析方法的框架下，对各种大气氧化剂的收支展开分析，重点考察非均相反应对于 HO_x 自由基以及 NO_3 自由基收支的影响；同时对典型大气污染过程中的自由基化学的反应机理进行检验和发展，确定各大气氧化剂的主要反应途径；结合一维模型对自由基化学垂直廓线分布的解析，初步厘清大气氧化性的来源和维持因素。

4. 区域传输模型分析与大气氧化性的综合表征

在区域传输模型中，对长三角区域主要大气氧化剂的区域收支进行综合分析，厘清不同大气氧化剂生消的主导化学过程、关键反应位点和关键反应时段，探索建立长三角大气氧化性的综合表征方法。

13.3 研究方案

1. 仪器搭建和仪器优化

在课题组已有一套测量 OH/HO_2-LIF 系统的基础上，建立 OH 化学滴定模块，并对 HO_2 的测量进行优化。基于 LIF 系统，设计并构建一个独立的 OH 总反应活性测定装置，并对 NO_3/N_2O_5-腔增强吸收光谱（CEAS）系统进行优化，主要包括检测限、系统稳定性、数据处理方法和软件的升级。计划复制一套，共计两套 NO_3 测量系统可以用于开展不同高度的 NO_3 浓度的测量，对 NO_3 的垂直扩线分布做初步研究。新搭建测量 N_2O_5 的 CEAS 系统专门用于非均相摄取系数的在线测量研究。

2. 非均相反应机理研究

使用气溶胶流动管测量系统来研究 N_2O_5 自由基非均相摄取机理。基于已有工作基础，对 HO_2 和 N_2O_5 在模型气溶胶表面的非均相摄取系数进行测量。开展气溶胶摄取过程中物化反应机理的推导与重要环境变量的确定。基于在线和膜采样结果，归纳提取长三角地区环境大气气溶胶的典型物化特征，进一步筛选待研究的模型颗粒物和实际颗粒物样本，表征颗粒物相态、粒径和关键组分的含量等重要环境变量。基于分层动力学模型和前述实验室研究结果，推导并建立适用于我国长三角地区大气环境中 HO_2 和 N_2O_5 非均相摄取系数的参数化方程，对 HO_2 和 N_2O_5 非均相反应对长三角地区的环境效应进行评估。

3. 外场综合观测与自由基收支闭合分析

为表征区域尺度上的氧化机制，针对春、夏季 O_3 污染过程，拟开展 HO_x 自由基的直接测量，围绕 HO_x 自由基的收支闭合分析展开研究，基于自由基去除过程判断 O_3 控制区，估算 O_3 产生速率和效率。在夜间围绕 NO_3 自由基的收支闭合分析展开研究，重点开展 NO_3、N_2O_5 测量，系统评估人为源排放对大气氧化性的影响，厘清 N_2O_5 非均相反应对区域 NO_x 去除的贡献。针对冬季雾霾污染过程，选择相对清洁的区域站点，开展 HO_x、NO_3 自由基的直接测量,避免高浓度颗粒物对各种光学测量的干扰,定量清洁过程和污染过程中自由基化学的变化特征和主导反应过程。针对生物质燃烧过程,拟加强颗粒物化学组分和光学性质的测量,结合自由基与HONO的同步测量,分析生物质燃烧对大气氧化过程的影响。

4. 模型分析

使用基于观测的盒子模型,以长寿命痕量气体、气象参数和光解速率常数为约束条件,运行基准反应机理,对HO_x和NO_3自由基的收支进行解析。在盒子模型中加入非均相反应模块,分析N_2O_5非均相化学对NO_3收支的影响,评估HO_2的非均相摄取过程、HONO的非均相生成对OH自由基收支和再生过程的影响,探讨大气湍流造成的隔离效应对OH自由基收支中双分子化学反应速率的影响。在不同化学坐标系中尝试分析OH自由基与不同关键参数的响应关系,探索有效的化学坐标系用于自由基观测结果和反应过程的分析。在区域模式中定量HO_x、NO_3等自由基的主要活性区位和关键反应途径。对比其他超大城市地区各种自由基化学反应过程对区域氧化性的贡献,分析长三角地区大气氧化性的特点;结合基于观测的盒子模型和化学传输模型的模拟,提出长三角大气氧化性的综合表征方法。

13.4 主要进展与成果

13.4.1 长三角夏季综合观测实验以及关键参数测量

本次观测围绕着自由基化学开展,站点选取在长三角地区的沪宁污染传输通道,由于长三角地区的重污染多从苏北、皖北开始,逐渐向南推进形成区域污染,苏、皖、浙交界区域是重污染的核心污染带。因此选择在污染传输通道上的泰州北面的气象雷达站作为外场观测站点,研究内容围绕自由基化学展开,从自由基的来源、去除以及循环过程等方面进行相关参数的测量。

1. OH自由基的测量

目前在外场观测实验中,大气氢氧自由基原位测量主要采用激光诱导荧光技术实现。然而已有文献报道指出复杂大气环境下采用激光诱导荧光系统测量OH自由基浓度可能存在一定的干扰,尤其是在BVOCs和O_3浓度水平较高的环境下。这种干扰的本质是在低压腔内部生成的OH自由基,并且可能与O_3和烯烃反应生成的Criegee自由基有关[48,49]。目前关于干扰的具体来源机制仍不清楚,但为检验并消除可能存在的测量干扰,在原有光谱调制方法(OH-wave)的基础上,现发展出了一套基于化学调制原理测量OH自由基的方法(OH-chem)。即在采样口加入化学滴定模块,通过周期性加入活性气体(例如丙烷)将还未进入荧光腔的OH自由基滴定掉,并通过比较不同测量模式下的信号来检验是否存在干扰,从而得到真实的大气OH自由基浓度。

泰州夏季观测期间获得了近一个月的较为连续的HO_x自由基测量结果,成功捕捉到两个完整的O_3污染过程,自由基浓度水平时间序列如图13.2所示。其中OH自由基日间峰

值浓度水平为 $8\times10^6 \sim 24\times10^6$ cm^{-3}，HO$_2$ 自由基日间峰值浓度水平为 $4\times10^8 \sim 29\times10^8$ cm^{-3}。自由基浓度水平受太阳光辐射条件、NO$_x$ 浓度水平等环境变量的影响较大。总的来说，观测期间 OH 自由基日间平均峰值浓度水平约为 1.1×10^7 cm^{-3}，HO$_2$ 自由基日间平均峰值浓度水平约为 1.0×10^9 cm^{-3}。与我国其他地区夏季观测期间 OH 自由基浓度水平纵向比较发现(图 13.3)，长三角地区自由基浓度水平除与 2006 年后花园观测期间相比偏低外，均高于其他观测期间 OH 自由基的浓度水平。从浓度水平上证实了长三角地区较强的大气氧化性。

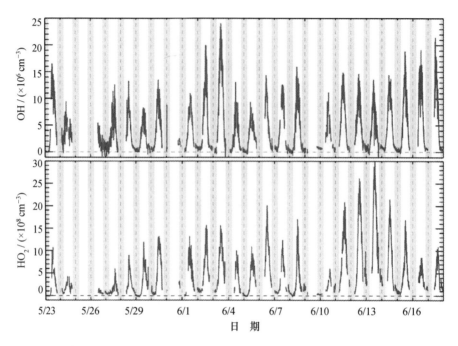

图 13.2　基于激光诱导荧光方法测量的泰州观测期间 HO$_x$ 自由基浓度水平时间序列

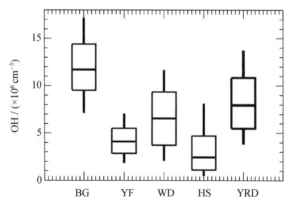

图 13.3　我国夏季观测期间 OH 自由基浓度水平对比

(BG 代表 2006 年珠三角后花园观测；YF 代表 2006 年北京榆垡观测；WD 代表 2014 年河北望都观测；HS 代表 2014 年广东鹤山观测；YRD 代表 2018 年长三角泰州观测。)

2. NO_3 自由基和 N_2O_5 的测量

NO_3 和 N_2O_5 是采用 CEAS 技术来测量(图 13.4)。CEAS 技术是一种新颖的高效光路折叠技术,其光路放大倍数最高可达 10^5 级,极大地提升了光谱技术的检测能力。该技术测量 N_2O_5 需要首先将大气样品热解为 NO_3,再通过测量 NO_3 的浓度水平来定量 N_2O_5 的真实浓度。该系统测量 NO_3 和 N_2O_5 的检测限为 2 pptv,时间分辨率为 5 s,测量不确定性为 20% 左右。

图 13.4 CEAS 测量系统

2018 年在泰州测量期间,平均气温为 (25 ± 15)°C,相对湿度(RH)从 25% 变化至 100%,平均为 55%±15%。夜间 RH 通常大于 70%。图 13.5 为 N_2O_5 的时间序列和相关参数。根据天气条件,我们将测量气团分为两类,其中 P1 时期包括阴天或雨天,O_3、NO_2 和 $PM_{2.5}$ 质量浓度低。在 P1 期间,总共覆盖了 8 天(5/18—5/22、5/25—5/26 和 6/9),O_3 的平均浓度低于 40 ppbv,变化很小,风主要来自东面。N_2O_5 浓度低于仪器检测极限。P2 时期为 P1 之外的气团,共计 18 天。在 P2 期间(晴天),NO_2、O_3、$PM_{2.5}$ 和 N_2O_5 浓度较高。P2 期间的 5 天出现 O_3 污染,O_3 小时浓度最高值高于国家空气质量标准(93 ppbv)。O_3 最高浓度达到 150 ppbv,N_2O_5 最高浓度达到 220 pptv。在测量期间,除了 5/24、5/29、5/30、6/3 和 6/5 下半夜观察到的一些生物质燃烧事件导致 $PM_{2.5}$ 浓度较高之外,大部分时间 $PM_{2.5}$ 的质量浓度低于 100 $\mu g\ m^{-3}$。

3. OH 自由基活性的测量

目前主要有三种技术手段可以用于外场观测中进行大气氢氧自由基总反应活性的测量,它们分别是:移动注射-激光诱导荧光法(Total OH Loss-rate Measurement,TOHLM)、激光光解-激光诱导荧光法(Laser flash Photolysis-Laser Induced Fluorescence,LP-LIF)和相对反应活性法(Comparative Reactivity Method,CRM)。本研究中 OH 自由基总反应活性的测定装置主要结合了激光光解-激光诱导荧光法来完成测量。简单来讲,就是将环境大气采入流动管后,用波长为 266 nm 的高能量激光脉冲对其中的 O_3 进行光解,从而产生一定量的 OH 自由基,生成的自由基在流动管中与环境大气中的活性物质不断反应,此衰减过程由激光诱导荧光法实时测定,最终得到 OH 自由基荧光信号的衰减曲线。

图 13.6 为 OH 自由基总反应活性测量装置的原理示意图,图中的圆柱形框架代表了铝制流动管,内部箭头所指代表了波长为 266 nm 的脉冲激光,光束直径被扩束为 30 mm 后从流动管的中轴线处平行穿过。混合着 O_3 和 H_2O 的环境空气被匀速采入流动管时,其速度要精确控制以保证 OH 自由基在管中的损失可测。流动管右下方采样嘴的流量约为流动管流量的 15%。

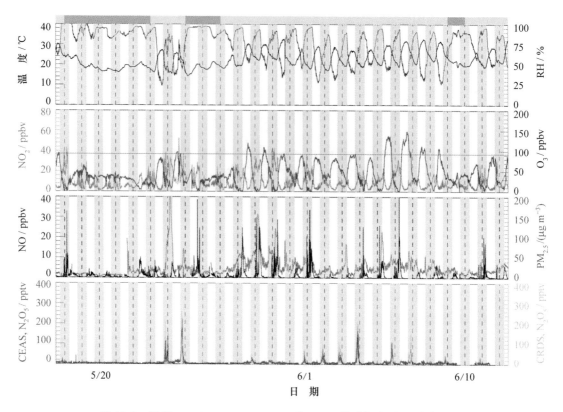

图 13.5 温度、RH、NO_2、O_3、NO、$PM_{2.5}$ 和 N_2O_5 的时间序列(见书末彩图)

[粉红色线表示我国 O_3 空气质量标准(约 93 ppbv);顶部的深灰色和黄色条带分别表示 P1 和 P2 气团;浅灰色阴影区域代表夜间时段。]

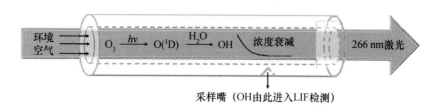

图 13.6 OH 自由基总反应性测量装置的原理

当采样气体经过采样嘴进入荧光检测腔后,受到了 8.5 kHz、308 nm 的激光辐射,释放出荧光光子信号,而荧光强度又和 OH 自由基的浓度成正比,因此只要准确记录荧光光子信

号随时间的衰减曲线,按定义式(13.1)进行拟合便可得到 OH 自由基的总反应活性:

$$[\mathrm{OH}]_t = [\mathrm{OH}]_0 \cdot \exp(-k_{\mathrm{OH}}t) \tag{13.1}$$

本装置的气路系统以流动管作为主体,其流量根据实验情况而定,一般为 $15\sim 25$ L min^{-1},管内为常压。环境大气采入流动管后经约 50 cm 到达荧光检测腔上方的锥形采样嘴处,通过锥形采样嘴进入荧光检测腔的气体样品流量为 3 L min^{-1}。荧光检测腔内的压强则由一台真空泵控制,保持在 3.5 mbar(1 bar$=10^5$ pa)。荧光检测腔和遮光臂的两端分别注入固定流量的高纯氮气以防止样品气体污染荧光检测腔。

由于 O_3 是总反应活性测定装置的 OH 自由基源,当外界 O_3 浓度低于反应所需浓度时,需要对其进行人工补充。当采样空气中 O_3 的浓度低于 10 ppbv 时便进行补充,保证流动管中 OH 自由基的生成浓度数量级在 $10^8 \sim 10^9$ molecules cm^{-3}。经实验室测试,该系统对 k_{OH} 的测量灵敏度为 2 s^{-1},时间分辨率为 5 min。

如图 13.7 所示为长三角常州观测期间主要活性 VOCs 及无机物对 OH 自由基总反应活性的贡献堆积图,从图中可以看出 CO、卤代烃和醛类是 OH 自由基总反应活性最重要的贡献物。其中 CO 的贡献在整个观测期间一直保持在一个较高水平,而卤代烃和醛类呈现出一个较为明显的日变化趋势,特别是卤代烃,夜晚贡献占比较少而白天贡献占比较高。

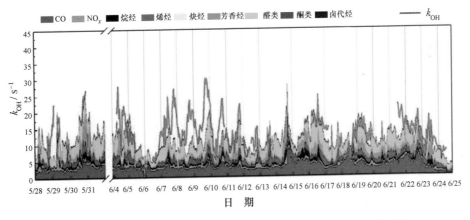

图 13.7 主要物质对 OH 自由基总反应活性的贡献堆积图(见书末彩图)

13.4.2 非均相化学的参数化表达

1. 基于分层动力学模式的 HO_2 非均相摄取参数化

结合已有的实验室结果,利用本研究组开发的盒子模型拟合不同 RH 和气溶胶 Cu^{2+} 浓度下非均相摄取系数的值。模型中的化学机理主要来自 CAPRAM 2.4,并进行了许多修改和更新。MARK 模型是一个零维盒子模型,用于模拟 HO_2 非均相摄取中的传质和化学反应速率。解决气-液界面多相反应的关键在于对各个过程的反应速率进行同单位的表达,并统一气相物质和液相物质的浓度单位。

模型考虑了气溶胶特性的模拟与修正,计算了气溶胶液体相中的含水量和离子强度。

该模型通过公式(13.2)拟合气相 HO_2 自由基浓度的衰减曲线直接得到 HO_2 准一级反应的反应速率常数(k_{het}),由公式(13.3)计算得到 HO_2 的摄取系数:

$$\frac{d[HO_2]}{dt} = -k_{het} \times [HO_2] \quad (13.2)$$

$$k_{het} = \left(\frac{R_d}{D_g} + \frac{4}{\gamma v_{HO_2}}\right)^{-1} \times \frac{3L}{R_d} \quad (13.3)$$

这里使用的摄取系数的计算公式更关注气溶胶液体含水量(ALWC)的影响,其中 ALWC 可以近似等于气溶胶体积浓度乘以气溶胶含水量比(wc%)。研究表明,HO_2 在干气溶胶表面的摄取系数在检测限下,提高 RH 可以提高气溶胶含水量,并且 HO_2 摄取系数随之上升。这表明摄取系数受到气溶胶含水量的影响。模型考虑了气溶胶含水量对于 HO_2 摄取系数的影响,相比之前仅考虑粒径与气溶胶表面积更加全面。

已有实验结果显示,在气溶胶颗粒物体相中 Cu^{2+} 浓度较高时,HO_2 摄取系数接近集聚系数,而且各个实验结果较为统一,均在 0.5 上下。由此模型选取 HO_2 非均相摄取反应的集聚系数为 0.5,同时将已有实验结果的气溶胶组分、粒径、温度、RH、pH 等条件输入 ISORROPIA-II 模型,得到其对应的含水量,并通过计算得到体相 Cu^{2+} 浓度。使用不同 Cu^{2+} 浓度和 RH 下 HO_2 的非均相摄取系数对模型进行验证,发现得到较好的结果。相比于已有的参数化公式,模型可以更好地凸显在气溶胶颗粒物中,RH 与 Cu^{2+} 浓度对 HO_2 非均相摄取系数的影响。

利用上述模型模拟实验条件下含铜硫酸铵气溶胶表面的 HO_2 非均相摄取系数,得到相近 RH 下的拟合曲线(图 13.8),发现模型能够较好地拟合本研究和已有研究中的实验结果,其均方根误差(RMSE)为 0.13。模型结果表明,随着 RH 的增加,同一 Cu^{2+} 浓度下 HO_2 摄取系数增大。类似地,在高 RH 下,Cu^{2+} 浓度在 10^{-4} mol L^{-1} 量级时,HO_2 摄取系数开始发生显著抬升;在低 RH 下,Cu^{2+} 浓度需要达到 10^{-3} mol L^{-1} 量级后,摄取系数才会随 Cu^{2+} 浓度的增大而显著升高。因此,无法在忽略 RH 和 Cu^{2+} 浓度对摄取系数影响的情况下,讨论 HO_2 摄取系数的取值。

2. 长三角地区 HO_2 摄取系数的模拟

对我国东部京津冀、长三角城市群区域的 HO_2 摄取系数进行比较,依据不同 RH 下 HO_2 摄取系数测量结果的拟合以及 $PM_{2.5}$ 中 Cu^{2+} 浓度的估测,估算三次观测中 HO_2 摄取系数的范围。RH 升高会抬升 HO_2 摄取系数,同时促进气溶胶中游离态铜的释放,从而对 HO_2 摄取系数的增加起到协同作用。由于重污染过程中大气相对湿度和气溶胶含水量一般处于较高水平,在气溶胶中的铜含量一致时,污染时段与清洁时段相比,更有利于 HO_2 非均相摄取。

针对不同地区城市群,对 $PM_{2.5}$ 中 Cu^{2+} 浓度进行估算。将 RH 和 $PM_{2.5}$ 中 Cu^{2+} 浓度对应到摄取系数的模拟结果中,可得到图 13.9 所示的摄取系数范围。其中长三角地区估算的 HO_2 摄取系数上限为 0.3,其值会随着气溶胶含水量、含铜量、粒径等多方面因素发生改变。但无论如何,较高的 HO_2 摄取系数的估算结果会显著影响当地 HO_x 自由基的循环方式,HO_x 作为一种 HO_2 自由基的汇,与气溶胶的非均相反应不可忽视,其会显著影响当地的大气氧化能力。

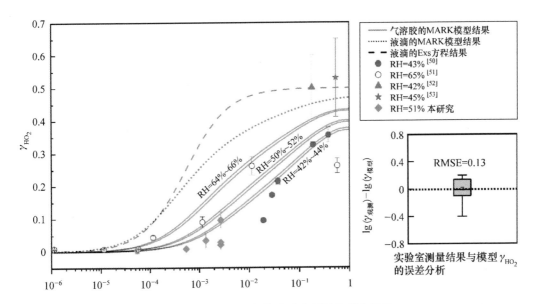

图 13.8 HO$_2$ 摄取系数的实验室测量值拟合情况

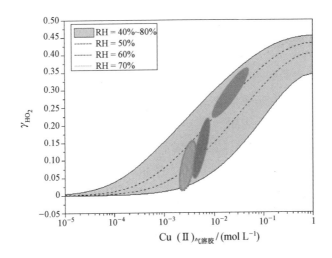

图 13.9 不同观测中 HO$_2$ 摄取系数估算范围(见书末彩图)

(图中绿色、蓝色和深灰色区域分别代表京津冀冬季、京津冀夏季和长三角观测。)

3. N$_2$O$_5$ 摄取系数外场定量

在实际大气观测中,N$_2$O$_5$ 的非均相反应摄取系数可以通过稳态方法确定,但在本次观测中,VOCs 对 NO$_3$ 贡献非常大,导致稳态方法几乎不可行。在这项研究中,我们仅获得一个有效的拟合结果。如图 13.10 所示,在下半夜的拟合 N$_2$O$_5$ 摄取系数为 0.041,k_{NO_3} 为 0.10 s^{-1}。Evans 和 Jacob 的参数化方案考虑了 RH 和温度对 N$_2$O$_5$ 吸收的影响,参数化得到的平均 N$_2$O$_5$ 摄取系数为 0.028±0.012。通过和其他已有的外场观测结果进行对比发现,夏季我国长三角地区的摄取系数值和华北地区水平相当,为 0.01~0.1,平均值在 0.04 左右,与欧美国家观测到的结果相比偏高,我国 N_2O_5 摄取系数偏高的主要原因可能是颗粒物中含水量相对较高。

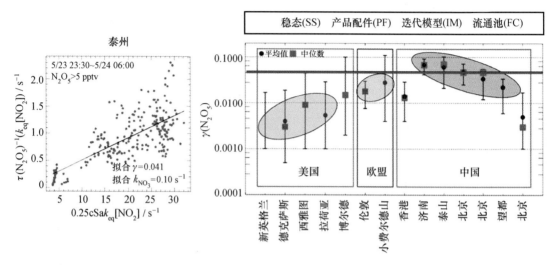

图 13.10　泰州观测期间 5 月 23 日至 24 日夜间 N_2O_5 寿命的拟合以及与其他地区观测结果的比对
(其中蓝色横线代表泰州观测的结果。)

13.4.3　自由基化学的收支分析

1. RO_x 自由基的来源和去除

RO_x 自由基的收支体现出不同化学反应通道对自由基化学来源和去除的贡献。如图 13.11 所示,泰州观测期间自由基的主要初级来源由 HONO 光解主导,在清晨几乎贡献了全部的自由基来源。上午 08:00 后随着光化学反应的推进,O_3、HCHO 和其他羰基类化合物的光解作用逐渐变强,在正午时达到峰值 5.7 ppb h^{-1},约贡献一半的自由基初级来源速率。从整个日间化学来看,HONO 光解约贡献了 47% 的自由基来源速率,O_3 光解约贡献了 19% 的自由基来源速率,HCHO 和羰基类化合物光解约贡献了 30% 的自由基来源速率,而 O_3 和烯烃反应则贡献了剩余 4% 的自由基来源速率。

自由基链终止反应则在一天内呈现不同的主导通道,在清晨和上午主要通过与 NO_x 反应完成,包括与 OH 自由基反应生成 HNO_3 以及与 RO_2 反应生成过氧酰基硝酸酯和有机硝酸盐。随着午后 NO_x 浓度降低,自由基碰并反应通道主导了午后的自由基去除过程,其中以 HO_2 与 RO_2 的交叉反应最为重要。从日间化学角度来看,过氧自由基自碰并反应共贡献了 48% 的自由基链终止速率,OH 自由基与 NO_x 反应贡献了 30% 的自由基去除速率,RO_2 与 NO_x 反应贡献了约 12% 的自由基链终止速率,其余 10% 则由 OH 自由基与 SO_2 等反应构成。

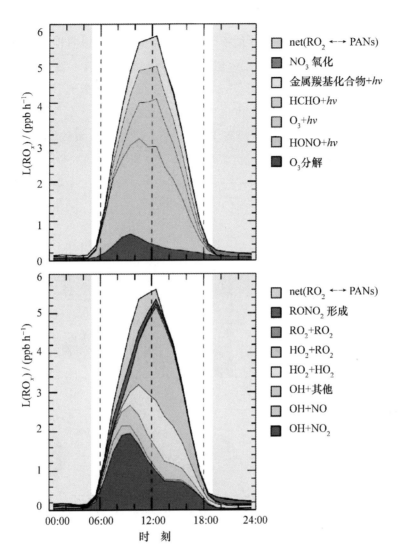

图 13.11 泰州夏季观测期间基于 RACM2-LIM1 机理的模型模拟自由基收支分析（见书末彩图）

2. NO_3 自由基的收支分析

图 13.12 所示的模型结果展示了夜间 NO_3 反应活性（k_{NO_3}），包括 NO_3-碳氢化合物 (HCs) 反应、NO_3-OVOCs 反应、非均相反应气溶胶表面 N_2O_5 的吸收及 NO_3 与 NO 和过氧自由基的反应。由于 VOCs 的贡献较少，城市地区的总 NO_3 反应活性较低，范围为 0.01～0.03 s^{-1}。N_2O_5 非均相水解占城市地区总 NO_3 反应活性的 50% 以上，这与郊区地区是不同的。在郊区站点，HCs 消耗了大部分 NO_3，特别是在绍兴（SX）站点中，VOCs 占据了 80% 以上的 k_{NO_3}，总 NO_3 反应活性为 0.03～0.05 s^{-1}。在其他农村田间测量和高空测量中，也观察到郊区站点 NO_3 损失频率的分布。在城市和郊区的夜间，苯乙烯和顺式-2-丁烯在 NO_3 的 VOCs 反应活性中占主导地位，其贡献保持稳定，而通常来自日间排放的异戊二烯在日落后

迅速下降。在这里,k_{NO_3}可能代表了NO_3损失速率的下限,因为在这些站点中有多种对NO_3活性高的碳氢化合物未测量。为了评估模型中缺少萜烯的输入敏感性,我们通过向城市和郊区添加 30 pptv 和 100 pptv API(RACM2 中的替代物种,代表 α-蒎烯)进行了敏感性分析。API 的输入直接导致k_{NO_3}增加 5%～27%,这对于城市地区最为明显。相应地,NO_3反应活性的增加使得NO_3和N_2O_5的浓度适度降低(15%～36%)。另一方面,N_2O_5摄取系数若设置为 0.1 直接将NO_3反应活性提高 1.5～2 倍,N_2O_5摄取系数设置为 0.005 能降低 60%～80% 的NO_3反应活性。

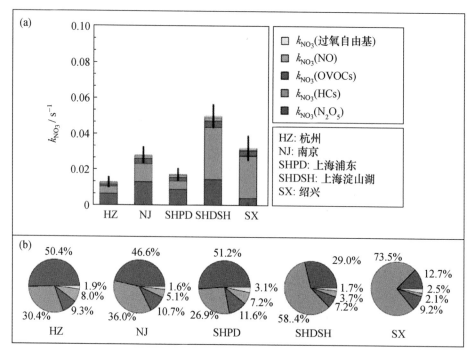

图 13.12 夜间 NO_3 去除速率的绝对值和占比(见书末彩图)

[其中图(a)表示各站点 NO_3 的反应活性;图(b)表示相对占比。]

通过公式(13.4)可以从NO_3、NO_2和O_3的浓度来估算NO_3的稳态寿命。该方法被广泛用于评估N_2O_5的摄取系数。在城市站点,计算得到的NO_3稳态寿命为 20～82 s,比郊区站点的 11～35 s 略长。在本研究选取的 5 个国控站的NO_3寿命均较短,这表明在长三角地区,夜间化学反应普遍活跃。

$$\tau_{ss} = \frac{[NO_3]}{k_1[NO_2][O_3]} \tag{13.4}$$

3. 有机/无机硝酸盐的生成占比分析

硝酸盐是NO_3-N_2O_5在大气中发生氧化反应的重要产物,分析这类产物不仅对解释颗粒物的生成来源有重要贡献,同时硝酸盐中有机与无机的占比更从去除的角度反映了夜间NO_3和O_3对 VOCs 氧化的作用。模型研究发现NO_3控制了夜间的氧化过程,硝酸盐的主

要生成来源于 N_2O_5 非均相摄取以及 NO_3 与 HCs 的反应。假设生成的 HNO_3 随后分配给颗粒态硝酸盐的比例设置为 100%。在 RACM2 中，两个单独的替代物质被分配给有机硝酸盐，其中 ISON 代表源自异戊二烯的有机硝酸盐，ONIT 代表源自其他 VOCs 的有机硝酸盐。由于 VOCs 的 NO_3 氧化产物和 N_2O_5 摄取的产物不同，我们可以简单地将其分类为有机硝酸盐(ON)和无机硝酸盐(InON)。图 13.13 显示随着 NO_x/k_{O_3}(HCs) 的增加，InON 占比急剧增加，产物从有机物为主转变为无机物为主。由于 HCs 的较高反应活性，郊区夜间化学反应产生的硝酸盐以 ON 为主，而城市地区的硝酸盐则以 InON 为主。

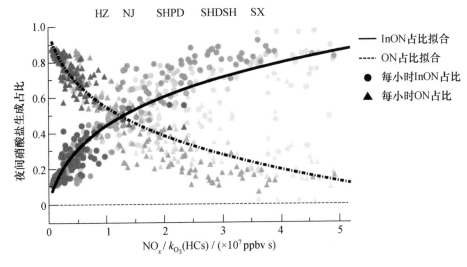

图 13.13　夜间 ON 与 InON 生成占比（见书末彩图）

ON 是 NO_y 的重要组成部分，它可以通过后续的反应或沉积除去 NO_x 和 HCs。在城市和郊区，模拟 ON 的浓度分别占 NO_y 的 2.9% 和 10.5%。在这项研究中，我们假设一个分子的 ON 去除一种 NO_x 和 HCs，该假设可以作为 NO_x 去除的下限，因为几种类型的 ON 包含一个以上的硝酸盐基团。在城市站点，ON 的平均 NO_x 去除率可达可溶性硝酸盐的 18%；而在郊区站点，一半的 NO_x 去除率是由 ON 贡献的。此外，据估计，HCs 的去除量为每晚 3.5~7.7 ppbv。在美国东南部的夏季，这种重要的 HCs 去除途径甚至可以延伸到白天。鉴于先前研究中观察到的 ON 的快速气态颗粒分配，结果表明 ON 可能主要是在 NO 浓度低且 HCs 高的农村地区生成，并导致 SOA 的形成。

尽管夜间化学对长三角地区硝酸盐的形成有很大贡献，但是日间的 $OH+NO_2$ 可能为硝酸盐生成的主要途径。图 13.14 描绘了日间和夜间硝酸盐生成的相对比例。通过 OH 自由基氧化将 NO_2 转化为 HNO_3 来估算日间的硝酸盐含量。研究表明在城市地区，硝酸盐主要通过夜间过程产生，与日间相比，夜间平均产生 62%±20% 的硝酸盐。相比之下，郊区日间光化学产生的硝酸盐超过 70%。郊区站点中较高的 HCs 反应活性有利于 ON 形成，而 InON 的形成在夜间受到限制。

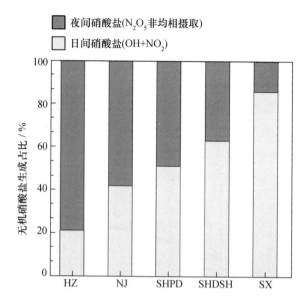

图 13.14　长三角地区 5 个国控站点日间无机硝酸盐和夜间有机硝酸盐生成占比

13.4.4　区域尺度大气氧化性的综合表征

1. 长三角大气 O_3 生成与前体物活性的非线性响应关系

长三角地区位于我国东部沿海,经济发达,人为源排放强,O_3 污染较严重。同时,在夏季风的作用下,O_3 区域污染显著。长三角地区的高浓度 O_3 污染一方面来自本地的局地 O_3 生成,另外很重要的一方面来自区域输送,上午来自区域传输的 O_3 贡献了 50% 以上的 O_3 浓度上升。在主导风向东南风与东风的影响下,下风向 O_3 浓度高于上风向,南京、宜兴、淀山湖的 O_3 污染较为严重,O_3 峰值浓度可高达 175 ppb。长三角观测期间恰逢 G20 峰会召开,观测期间分区域采取了不同的管控措施,研究时段涵盖了管控保障期(2016 年 8 月 28 日—9 月 6 日)与保障后(2016 年 9 月 7 日—10 日)。通过保障期与保障后模拟计算结果的比对,得到不同条件下 O_3 生成与前体物活性的非线性关系,可在一定程度上评估 G20 峰会期间管控措施的有效性。

长三角 5 个代表站点的 EKMA 曲线模拟计算研究时段为 2016 年 8 月 28 日—9 月 10 日,结果如图 13.15 所示。整体上看,由经验动力学模型计算所得到的 5 个代表站点的 O_3 生成速率等值线形状较相似,形状均比较对称,低 NO_x 区间每单位 $k(NO_x)$ 的增加与高 NO_x 区间每单位 $k(AHCs)$ 的增加所造成的 O_3 局地生成速率 $P(O_3)$ 的改变量大致相同。杭州、浦东、淀山湖、南京和绍兴 5 个站点 EKMA 图中脊线的截距分别为 0.76、0.79、1.25、0.99 和 0.64。由于计算 EKMA 时未考虑不可控的天然源排放因素,所以脊线的截距在一定程度上可以表征天然源对站点 O_3 局地生成的贡献大小。由此可见,淀山湖与南京的异戊二烯活性较高,大约是其他三个站点的 1.5 倍,这两个站点高浓度的异戊二烯大约能贡献 8 ppb h^{-1} 的 O_3 生成速率,在本地的 O_3 生成中的作用不可忽视。另外,杭州、浦东、淀山

第13章 长三角大气氧化性:定量表征与化学机理开发

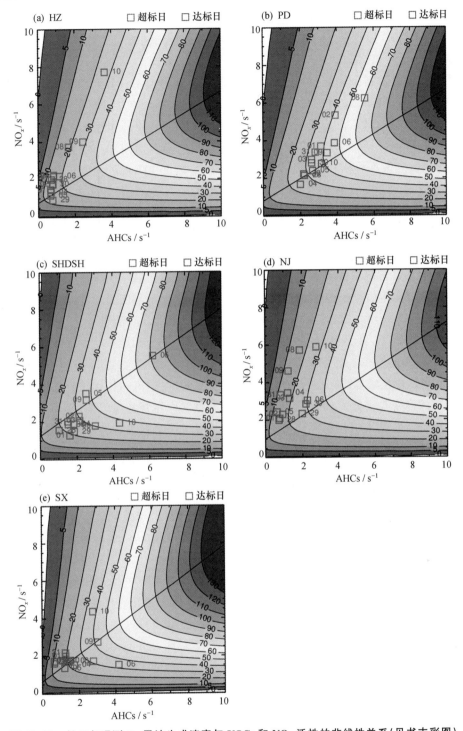

图 13.15 长三角观测 O_3 局地生成速率与 VOCs 和 NO_x 活性的非线性关系(见书末彩图)

[图(a)~(e)为杭州、浦东、淀山湖、南京、绍兴的经验动力学模型模拟结果(EKMA),横轴为 AHCs 的 OH 自由基反应活性,纵轴为 NO_x 的 OH 自由基反应活性;黑色直线为脊线,黑色等值线为局地 O_3 产生速率(ppb h^{-1});方块分别为 O_3 超标日(红色)与达标日(蓝色)逐日的 AHCs 和 NO_x 活性平均值,方块旁数字标注表示其对应的日期。]

湖、南京和绍兴5个站点EKMA图中脊线所对应的人为源VOCs与NO_x活性的比值$[k(AHCs)/k(NO_x)]$分别为1.69,1.69,1.48,1.61和1.38,对应的浓度比值分别为1.81, 1.68,1.64,2.95和1.56。

对实测浓度计算得到的逐日的AHCs和NO_x活性与模型计算得到的经验动力学结果进行综合分析,为保障G20峰会的顺利召开,杭州及周边区域在工业排放与机动车限行等方面采取了最为严格的措施。从观测结果上看,措施发挥了有效的作用,5个代表站点于峰会期间(2016年9月4—5日)均没有出现O_3超标。虽然峰会期间O_3浓度达标,但是各个站点的O_3生成敏感性不尽相同。而且,峰会前后的O_3浓度也出现较大变化。

杭州作为这次严防严控的核心区,在保障期内(8月28日—9月6日)NO_x和人为源VOCs都得到了有效的控制,其中$k(AHCs)$均值仅为$1.20\ s^{-1}$,为5个站点中最低;NO_x活性也远低于浦东、南京站点,与郊区淀山湖的活性水平基本持平。保障期内,O_3浓度几乎都达标,并且观测值分布在EKMA图的左下角,两类前体物的活性都很低,多分布在脊线附近。即使采取了非常严格的管控措施,在9月1—3日依然出现了大范围O_3超标现象,这一污染过程期间,O_3生成处于VOCs控制区,NO_x的滴定作用不明显。严格的管控措施停止实施后,9月8—10日杭州站点的前体物活性急剧上升,NO_x活性上升速度快于人为源VOCs,因此杭州的O_3生成逐渐偏离脊线,进入明显的NO_x滴定区。

5个站点中,浦东受人为源排放的影响最大,其中人为源VOCs的活性大约是杭州的2.5倍。浦东地理位置临海,且当地的人为源排放较强,在季风的作用下污染物在浦东区域可实现快速的混合与再分配,因此并没有像杭州站点那样在管控保障期后O_3生成敏感性出现迅速的转变。相反,在O_3超标日与达标日,浦东的O_3生成敏感性比较规律,主要表现为O_3达标日沿脊线分布,位于O_3生成过渡区;超标日分布在脊线上方,位于O_3生成的VOCs控制区。

淀山湖NO_x活性较低,个别天(9月6日、9月10日)AHCs活性较高。根据平均情况而言,淀山湖的观测值一般分布在EKMA脊线正文或附近,当地的O_3生成主要由NO_x控制。淀山湖作为一个区域站点,受到周边区域排放的共同影响,在保障期前后并没有出现明显的逐日变化规律。

南京经济发达,是典型的城市密集点,在本次长三角观测中属于相对内陆的下风向站点,O_3污染严重,O_3背景浓度与峰值浓度都很高。与沿海城市站点浦东相比,南京站NO_x活性相当,但人为源VOCs的活性仅为浦东的45%,使得南京站的观测值全部分布在EKMA脊线上方,保障措施停止实施后9月8—10日NO_x明显升高,在O_3生成过程中前体物NO_x的滴定作用更显著。

本研究所关注的长三角站点中,绍兴是上风向郊区站点,NO_x和人为源VOCs的活性都相对较低,观测值基本上都分布在脊线附近,当地的O_3生成处于NO_x与VOCs的协同控制区。其中两天的情况比较特别,9月6日绍兴$k(AHCs)$急剧升高,几乎是其他观测日的两倍,在这种低NO_x活性、高AHCs活性条件下,绍兴的O_3生成对NO_x活性的改变极其敏感,这种情况下应严防小幅度NO_x活性的上升带来的O_3局地生成速率的急剧上升。9月10日,G20管控措施已放开,NO_x活性翻倍,使得绍兴的O_3局地生成以AHCs控制为主,且

应注意控制过程中 NO_x 不利效应的影响。

2. 化学坐标系下表征夜间大气氧化性

通过将观测到的气团在化学坐标系内定位,可以得到观测区域的大气氧化特征和能力,同时氧化水平与化学坐标系中参数的变化关系进一步揭示了大气氧化性的来源。夜间大气氧化性可以通过对碳氢化合物的去除能力表示。基于长三角地区5个国控点位的夏季观测数据,可以较完整地描述该地区夜间大气氧化性。长三角地区夜间混合层中大量的 NO_3 生成使得 NO_3 化学性质对HCs的夜间氧化很重要。尽管如此,O_3 仍保持高值直至日出。与 NO_3 和 OH 自由基相比,O_3 占烯烃损失率的比例更大。在高的 O_3 混合比和显著的烯烃含量下,OH 自由基可能成为不可忽略的氧化性来源。长三角地区大气中的多种氧化剂可与HCs反应生成多功能官能团产物,这些产物倾向于分配为颗粒相。因此,区分夜间不同氧化剂氧化能力的占比是十分有意义的。如图 13.16 所示,根据盒子模型的结果,可以计算出夜间 NO_3、O_3 和 OH 自由基的 HCs 氧化占比,以及它们相对于 $NO_x/k_{O_3}(HCs)$ 的变化模式。这里,选择独立变量 $NO_x/k_{O_3}(HCs)$ 作为 NO_3 和 O_3 夜间相对氧化能力的指标是因为 NO_x 的浓度在一定程度上反映了 NO_3 自由基的产生潜力,并且 HCs 对 O_3 的反应活性直接代表了由 O_3 引起的 HCs 氧化水平。在某些情况下,气溶胶中 N_2O_5 的摄取可能造成 k_{NO_3} 升高,从而导致 NO_3 汇增加。在高 $k_{NO_3}(N_2O_5)$ 下,NO_3 氧化 HCs 受到抑制,因此我们排除了 $k_{NO_3}(N_2O_5)$ 高于 $0.005\ s^{-1}$ 的数据。

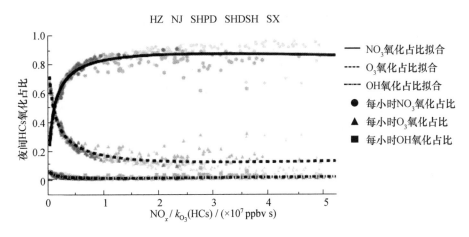

图 13.16　夜间 OH、NO_3、O_3 的 HCs 氧化占比(见书末彩图)

在低 $NO_x/k_{O_3}(HCs)$ 区间(小于 0.2×10^7 ppbv s)下,O_3 主导着氧化性,这可能会稍微促进 HCs 与 OH 自由基的反应。在较高水平的 NO_x 中,NO_3 的氧化占比迅速增加到 80%,并且随着 $NO_x/k_{O_3}(HCs)$ 的增加而趋近 100%。我们将其归因于从 NO_x 和 O_3 快速生成 NO_3 会消耗 HCs,并在某种程度上迅速达到饱和状态,而属于 NO_3 的部分会继续抑制其他污染物。对于 OH 自由基,在整个 $NO_x/k_{O_3}(HCs)$ 变化范围内产生的氧化作用微不足道。应该注意的是,尽管这些场所具有不同的环境条件,例如城市和郊区,但夜间一般的氧化剂占比模式与先前国外某小组在夜间边界层以上的观测结果非常吻合。在边界层下的结果与其他高空结果之间的一致性证实了这种夜间氧化能力分布变化的模式通常存在。虽然地面BVOCs的损失速率绝对值不等于高处,但不同氧化速率的相对重要性不会有太大的偏差。从这5个监测点得出的HCs氧化分数与NO_x/k_{O_3}(HCs)之间的关系揭示了一个事实,即夏季长三角地区中存在以NO_x为主的夜间化学行为,这暗示着与NO_x相关的氧化产物的重要作用。

3. 大气氧化性指数

本研究以江苏省泰州市气象雷达监测站(32.558°N,119.994°E)2018年5月18日至6月15日观测结果为数据来源,以醛类、OH、O_3、NO_3为氧化剂,以SO_2、CO、VOCs为还原剂,计算大气氧化能力指标$K_{por,T}$、AOC及大气氧化性指数(AOI)。

$K_{por,T}$、AOI及其他相关参数的平均日变化皆呈现单峰分布。$K_{por,T}$及AOI自05:00开始攀升,分别在11:00和10:00达到峰值$4.86×10^{-6}s^{-1}$及41,随后开始下降至20:00,并在夜间保持较低水平。$K_{por,T}$及AOI的日变化与太阳辐射及环境大气中氧化剂的浓度变化密切相关。由于中午太阳辐射最为强烈,由O_3、HONO和醛类物质光解生成的OH自由基浓度在11:00达到峰值,而O_3浓度峰值出现在13:00左右,因此大气氧化性在中午最强。对NO_3自由基而言,其在日间发生光解,并可与NO反应,因此难以形成浓度积累;但夜间NO_3自由基的去除途径仅为NO_3及N_2O_5的非均相摄取,其反应速率较慢,因此NO_3自由基浓度自15:00开始攀升,并在19:00达到峰值,随后浓度逐渐降低,日出之后浓度趋于零。因此,NO_3自由基在清晨至午间对大气氧化性的平均日变化影响较小。

不同物质的降解机制不尽相同,就CO、烷烃而言,OH自由基是其唯一的氧化去除途径;烯烃可同OH自由基、NO_3自由基及O_3反应;而芳香烃主要被OH自由基及NO_3自由基氧化去除。且即使同一VOCs也有多种氧化降解通道,而其反应速率可相差数个量级。其中,OH自由基氧化速率最快,而O_3氧化速率最慢,因此各氧化通道对AOC的贡献有所差异。如图13.17所示,OH自由基氧化通道对AOC的贡献占绝对比重(82%),醛类光解次之(10%),NO_3自由基氧化(5%)及O_3氧化通道(3%)所占比重较小。

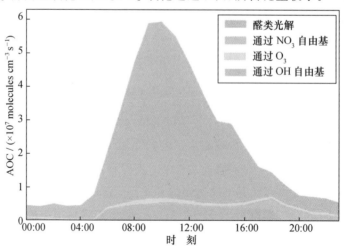

图13.17 各氧化通道对AOC的日均变化(见书末彩图)

空气质量指数(Air Quality Index, AQI)是定量描述空气质量状况的指标,用于大气环境质量评价以及污染控制和管理(HJ633—2012)。大气氧化性的增强会促进自由基链循环过程,加快气态污染物经过氧化向颗粒相转化、增长的过程,进而促进 O_3、细颗粒物等二次污染物的生成,加剧大气二次污染,因此 AOI 可以为重污染防治提供预警信息。如图 13.18 所示,当 AOI 明显上升(5月23日、5月25日、6月1日)那天的后一天或两天内会出现重污染现象,即 AQI 指数超过 150。因此当 AOI 水平明显提高,大气氧化性水平显著增强时应及时采取防控措施,避免重度污染现象的发生。

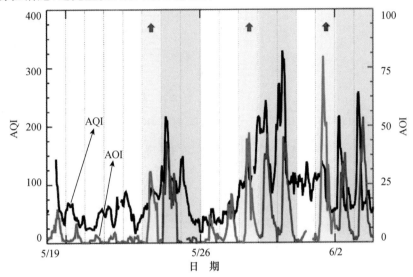

图 13.18 大气氧化性指数与空气质量指数的时序图

4. 我国的 MIR 研究

我国 O_3 污染呈逐年加重的趋势,已有研究显示我国大部分城市地区处于 O_3 生成的 VOCs 控制区,因此准确计算 VOCs 对臭氧生成潜势(OFP)的贡献是对于 O_3 污染采取科学有效防控措施的前提条件。通过使用基于二代区域大气化学机理的盒子模型,建立我国四大城市群(京津冀、长三角、珠三角以及成渝地区)的基准情景以及最大增量反应活性(MIR)情景,适用于我国大气复合污染条件下的 VOCs 最大增量反应活性(MIR_CHN)得以被首次计算。如图 13.19 所示,与 Carter 基于美国 39 个城市所计算的 MIR_USA 相比,高活性物质,如内烯烃、丁二烯、末端烯烃、异戊二烯、邻/间/对-二甲苯的 MIR_CHN 更高;而低活性物质,尤其是 HC5 和乙炔的 MIR_CHN 低于 MIR_USA。所使用的反应机理、模拟时长、臭氧前体物比例、VOCs 组成的不同是造成 MIR_CHN 与 MIR_USA 差异的最主要因素。

OFP 可反映各类 VOCs 对 O_3 生成的相对贡献,利用两种 MIR 值计算得到的四大城市群的 OFP 如图 13.20 所示。在 8 个站位采用 MIR_CHN 计算的 OFP 均显著高于根据 MIR_USA 计算的 OFP,前者是后者的 1.3 倍(广东鹤山)至 3.1 倍(成都玉林)。两种计算结果的差异说明,采用 MIR_USA 对我国 VOCs 的 OFP 进行计算会低估我国光化学过程中 O_3 生成的能力,同时会对 O_3 生成过程中关键 VOCs 物种的判定产生误导。因此,本研究计算得到的 MIR_CHN 能够更准确地评估我国大气条件下 VOCs 的 OFP,且对臭氧生成过程中关键 VOCs 物种的判定更为准确。

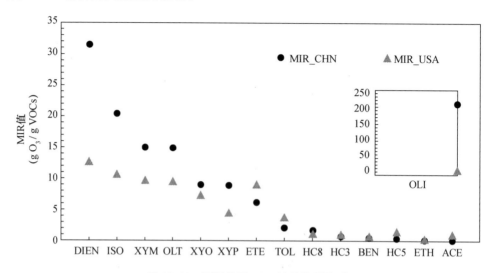

图 13.19　不同地区 MIR 计算结果比对

13.4.5　研究结论

1. 完善和优化了大气自由基化学研究平台,建立了长三角地区首个大气自由基化学外场观测数据库:建立了 OH 自由基化学滴定模块、OH 自由基总反应活性测量系统和 NO_3 自由基开放光程测量系统;构建了完善的大气自由基化学观测平台,针对长三角的典型污染季在典型区域站点开展了包括自由基,自由基来源、循环和转化参数测量的综合观测实验,获得了长三角典型 O_3 和二次颗粒物污染过程的全谱系自由基化学观测数据。

2. 获取了 HO_2 和 N_2O_5 非均相摄取系数的定量数据:搭建了国内首套 HO_2 非均相摄取测量系统,针对国际上的研究难点和缺失,系统地开展了 Cu^{2+} 对 HO_2 非均相摄取系数的影响实验,更新了 HO_2 液相化学机制,建立了可以拟合所有测量结果(本研究及国际上其他相关研究)的 HO_2 非均相摄取系数参数化方程。基于参数化方程对长三角地区 HO_2 非均相摄取系数进行模拟,发现其数值高于京津冀地区,达到 0.3 左右。结合 NO_3-N_2O_5 化学中关键参数的观测结果,定量长三角地区污染过程中 N_2O_5 非均相摄取系数(约为 0.04),与京津冀地区类似,但远高于发达国家城市地区的定量结果。

3. 系统地开展了 HO_x 和 NO_3 的自由基化学收支分析:长三角地区夏季 OH 自由基峰值浓度变化范围在 $4×10^6$~$15×10^6$ cm^{-3},相较于京津冀、珠三角和成渝地区的观测结果属于中等水平。对 RACM2、SAPRC99、SAPRC07、CB06 和 MCM3.2 五种化学机理进行对比分析发现,RACM2 机理最适合用于外场观测的自由基化学分析。在长三角地区的闭合分析表明,RACM2 模式总体可以较好地拟合 HO_x 的观测结果,但仍存在 10%~20% 的系统偏差,珠三角地区发现的 OH 自由基再生新机制是造成这种偏差的主要因素。OH 自由基初级来源主要为 HONO 光解,再生来源包括过氧自由基与 NO 的反应和再生新机制;去除通道主要包括 OH 自由基与 NO_x 反应、过氧自由基自碰并和非均相摄取。N_2O_5-NO_3 观测

第 13 章 长三角大气氧化性：定量表征与化学机理开发

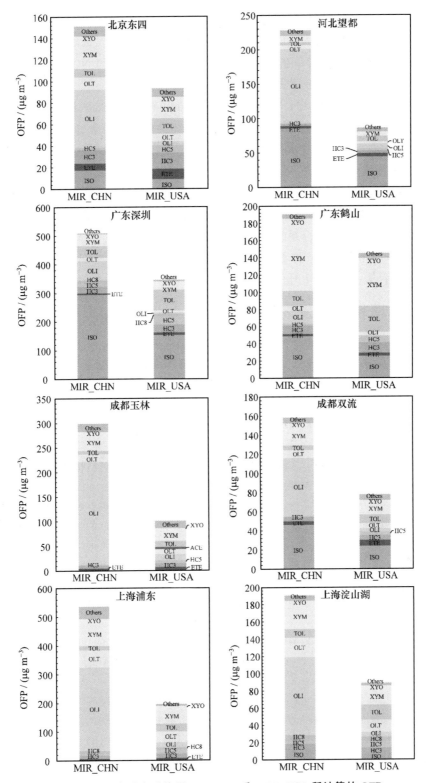

图 13.20 四大城市群使用 MIR_CHN 和 MIR_USA 所计算的 OFP

表明浓度低、寿命短是长三角地区夜间氧化剂的典型特征,其中 N_2O_5 非均相摄取和 NO_3 氧化单萜烯占据了夜间氧化剂去除的主导途径,同时促进了有机/无机硝酸盐的生成。反应活性的闭合分析发现,现有观测存在显著的 OH 自由基反应活性和 NO_3 反应活性缺失,这主要与单萜烯和 OVOCs 的精准测量和全谱测量有关。

4. 实现了大气氧化性的综合表征分析:基于自由基等实测数据对大气氧化性开展了综合评估,发现日间 OH 自由基及醛类光解是大气氧化性的主要贡献者,在夜间 OH 自由基及 NO_3 自由基是大气氧化性的主要贡献者。对长三角 5 个典型站点的 O_3 控制区开展系统解析发现,长三角各城市 O_3 处于 VOCs 控制区,郊区站点属于过渡区(VOCs 和 NO_x 的联合控制)。基于最新化学机制计算发现我国 VOCs 控制区 O_3 生成的 MIR 显著高于美国典型城市地区的解析结果,基于本土化计算 MIR 分析发现内烯烃和二甲苯是长三角区域主要的臭氧产生前体物。在化学坐标系的框架下,发现长三角地区大气 NO_x 的去除受 OH 自由基氧化和 N_2O_5 非均相摄取共同控制;夜间氧化性主要由 NO_3 贡献,低 NO_x 高 VOCs 活性的郊区环境处于由 O_3 向 NO_3 主导的过渡区。

13.4.6 本项目资助发表论文

[1] Zou Q, Lu K D, Wu Y S, et al. Ambient photolysis frequency of NO_2 determined using chemical actinometer and spectroradiometer at an urban site in Beijing. Front. Env. Sci. Eng. , 2016, 10: 9.

[2] Chen X R, Wang H C, Lu K D. Simulation of organic nitrates in Pearl River Delta in 2006 and the chemical impact on ozone production. Sci. China-Earth Sci. , 2017, 61: 228-238.

[3] Wang H, Lu K, Chen X, et al. High N_2O_5 concentrations observed in urban Beijing: Implications of a large nitrate formation pathway. Environ. Sci. Tech. Let. , 2017, 4: 416-420.

[4] Wang H C, Lu K D, Tan Z F, et al. Model simulation of NO_3, N_2O_5 and $ClNO_2$ at a rural site in Beijing during CAREBeijing-2006. Atmos. Res. 2017, 196: 97-107.

[5] Wang H C, Chen J, Lu K D. Development of a portable cavity-enhanced absorption spectrometer for the measurement of ambient NO_3 and N_2O_5: Experimental setup, lab characterizations, and field applications in a polluted urban environment. Atmospheric Measurement Techniques,2017, 10: 1465-1479.

[6] Wang H C, Lu K D, Guo S, et al. Efficient N_2O_5 uptake and NO_3 oxidation in the outflow of urban Beijing. Atmos. Chem. Phys. , 2018, 18: 9705-9721.

[7] Wang H C, Lu K D, Chen X R, et al. Fast particulate nitrate formation via N_2O_5 uptake aloft in winter in Beijing. Atmos. Chem. Phys. , 2018, 18: 10483-10495.

[8] Tan Z, Rohrer F, Lu K, et al. Wintertime photochemistry in Beijing: Observations of RO_x radical concentrations in the North China Plain during the BEST-ONE campaign. Atmos. Chem. Phys. , 2018, 18: 12391-12411.

[9] Lu K, Guo S, Tan Z, et al. Exploring atmospheric free-radical chemistry in China: The self-cleansing capacity and the formation of secondary air pollution. Natl. Sci. Rev. , 2019, 6: 579-594.

[10] Liu Y, Lu K, Li X, et al. A comprehensive model test of the HONO sources constrained to field measurements at rural North China Plain. Environmental Science & Technology, 2019, 53: 3517-3525.

[11] Chen X R, Wang H C, Liu Y H, et al. Spatial characteristics of the nighttime oxidation capacity in the

Yangtze River Delta, China. Atmos. Environ., 2019, 208: 150-157.

[12] Tan Z F, Lu K D, Jiang M Q, et al. Daytime atmospheric oxidation capacity in four Chinese megacities during the photochemically polluted season: A case study based on box model simulation. Atmos. Chem. Phys., 2019, 19: 3493-3513.

[13] Ma X, Tan Z, Lu K, et al. Winter photochemistry in Beijing: Observation and model simulation of OH and HO_2 radicals at an urban site. Sci. Total Environ., 2019, 685: 85-95.

[14] Tan Z F, Lu K D, Hofzumahaus A, et al. Experimental budgets of OH, HO_2, and RO_2 radicals and implications for ozone formation in the Pearl River Delta in China 2014. Atmos. Chem. Phys., 2019, 19: 7129-7150.

[15] Lu K, Fuchs H, Hofzumahaus A, et al. Fast photochemistry in wintertime haze: Consequences for pollution mitigation strategies. Environmental Science & Technology, 2019, 53: 10676-10684.

[16] Wang H, Lu K. Monitoring ambient nitrate radical by open-path cavity-enhanced absorption spectroscopy. Anal. Chem., 2019, 91: 10687-10693.

[17] Zou Q, Song H, Tang M, et al. Measurements of HO_2 uptake coefficient on aqueous $(NH_4)_2SO_4$ aerosol using aerosol flow tube with LIF system. Chin. Chem. Lett., 2019, 30: 2236-2240.

[18] Chen J, Fullam D P, Yu S, et al. Improving the accuracy and precision of broadband optical cavity measurements. Spectrochim Acta A Mol Biomol Spectrosc, 2019, 218: 178-183.

[19] Suhail K, George M, Chandran S, et al. Open path incoherent broadband cavity-enhanced measurements of NO_3 radical and aerosol extinction in the North China Plain. Spectrochim Acta, Part A 2019, 208: 24-31.

[20] Zhu H, Wang H, Jing S, et al. Characteristics and sources of atmospheric volatile organic compounds (VOCs) along the mid-lower Yangtze River in China. Atmos. Environ., 2018, 190: 232-240.

[21] Wang H, Chen X, Lu K, et al. NO_3 and N_2O_5 chemistry at a suburban site during the EXPLORE-YRD campaign in 2018. Atmos. Environ., 2020, 224: 117180.

[22] Chen S, Wang H, Lu K, et al. The trend of surface ozone in Beijing from 2013 to 2019: Indications of the persisting strong atmospheric oxidation capacity. Atmos. Environ., 2020, 242: 117801.

[23] Wang H, Chen X, Lu K, et al. Wintertime N_2O_5 uptake coefficients over the North China Plain. Science Bulletin, 2020, 65: 765-774.

[24] Wang H C, Lu K D. Determination and parameterization of the heterogeneous uptake coefficient of dinitrogen pentoxide (N_2O_5). Prog. Chem., 2016, 28: 917-933.

[25] 梁昱, 刘禹含, 王红丽, 等. 基于主成分分析的上海春季近地面臭氧污染区域性特征研究. 环境科学学报, 2018, 38: 3807-3815.

[26] 蒋美青, 陆克定, 苏榕, 等. 我国典型城市群O_3污染成因和关键VOCs活性解析. 科学通报, 2018: 1130-1141.

[27] Yang X P, et al. Observations of OH radical reactivity in field studies. Acta Chim. Sinica, 2019, 77: 613-624.

参考文献

[1] Ren X, Edwards G D, Cantrell C A, et al. Intercomparison of peroxy radical measurements at a rural site

using laser-induced fluorescence and Peroxy Radical Chemical Ionization Mass Spectrometer (PerCIMS) techniques. J. Geophys. Res. : Atmos, 2003, 108: 4605.

[2] Shirley T, Brune W, Ren X, et al. Atmospheric oxidation in the Mexico city metropolitan area (MCMA) during April 2003. Atmos. Chem. Phys. , 2006, 6: 2753-2765.

[3] Kanaya Y, Cao R, Akimoto H, et al. Urban photochemistry in central Tokyo: 1. Observed and modeled OH and HO_2 radical concentrations during the winter and summer of 2004. J. Geophys. Res. : Atmos. , 2007, 112: D21312.

[4] Lelieveld J, Butler T, Crowley J, et al. Atmospheric oxidation capacity sustained by a tropical forest. Nature, 2008, 452: 737-740.

[5] Dillon T J, Crowley J N. Direct detection of OH formation in the reactions of HO_2 with $CH_3C(O)O_2$ and other substituted peroxy radicals. Atmos. Chem. Phys. , 2008, 8: 4877-4889.

[6] Hofzumahaus A, Rohrer F, Lu K, et al. Amplified trace gas removal in the troposphere. Science, 2009, 324: 1702-1704.

[7] Lu K D, Rohrer F, Holland F, et al. Observation and modelling of OH and HO_2 concentrations in the Pearl River Delta 2006: A missing OH source in a VOC rich atmosphere. Atmos. Chem. Phys. , 2012, 12: 1541-1569.

[8] Peeters J, Nguyen T L, Vereecken L. HO_x radical regeneration in the oxidation of isoprene. PCCP, 2009, 11: 5935-5939.

[9] Peeters J, Müller J-F. HO_x radical regeneration in isoprene oxidation via peroxy radical isomerisations. II: Experimental evidence and global impact. PCCP, 2010, 12: 14227-14235.

[10] Peeters J, Müller J-F O, Stavrakou T, et al. Hydroxyl radical recycling in isoprene oxidation driven by hydrogen bonding and hydrogen tunneling: The upgraded LIM1 mechanism. The Journal of Physical Chemistry A, 2014, 118: 8625-8643.

[11] Griffin R J, Cocker III D R, Flagan R C, et al. Organic aerosol formation from the oxidation of biogenic hydrocarbons. J. Geophys. Res. : Atmos. , 1999, 104: 3555-3567.

[12] Hallquist M, Wängberg I, Ljungström E, et al. Aerosol and product yields from NO_3 radical-initiated oxidation of selected monoterpenes. Environmental science & technology, 1999, 33: 553-559.

[13] Fry J, Kiendler-Scharr A, Rollins A, et al. Organic nitrate and secondary organic aerosol yield from NO_3 oxidation of β-pinene evaluated using a gas-phase kinetics/aerosol partitioning model. Atmos. Chem. Phys. , 2009, 9: 1431-1449.

[14] Fry J, Kiendler-Scharr A, Rollins A, et al. SOA from limonene: Role of NO_3 in its generation and degradation. Atmos. Chem. Phys. , 2011, 11: 3879-3894.

[15] Ng N, Kwan A, Surratt J, et al. Secondary organic aerosol (SOA) formation from reaction of isoprene with nitrate radicals (NO_3). Atmos. Chem. Phys. , 2008, 8: 4117-4140.

[16] Rollins A W, Kiendler-Scharr A, Fry J, et al. Isoprene oxidation by nitrate radical: Alkyl nitrate and secondary organic aerosol yields. Atmos. Chem. Phys. , 2009, 9: 6685-6703.

[17] Hoyle C, Berntsen T, Myhre G, et al. Secondary organic aerosol in the global aerosol-chemical transport model Oslo CTM2. Atmos. Chem. Phys. , 2007, 7: 5675-5694.

[18] Pye H, Chan A, Barkley M, et al. Global modeling of organic aerosol: The importance of reactive nitrogen (NO_x and NO_3). Atmos. Chem. Phy. s, 2010, 10: 11261-11276.

[19] Cantrell C, Shetter R, Gilpin T, et al. Peroxy radical concentrations measured and calculated from trace

gas measurements in the Mauna Loa Observatory Photochemistry Experiment 2. J. Geophys. Res.: Atmos., 1996, 101: 14653-14664.

[20] Carslaw N, Jacobs P, Pilling M. Modeling OH, HO_2, and RO_2 radicals in the marine boundary layer: 2. Mechanism reduction and uncertainty analysis. J. Geophys. Res.: Atmos., 1999, 104: 30257-30273.

[21] Kanaya Y, Sadanaga Y, Matsumoto J, et al. Daytime HO_2 concentrations at Oki Island, Japan, in summer 1998: Comparison between measurement and theory. J. Geophys. Res.: Atmos., 2000, 105: 24205-24222.

[22] Jaeglé L, Jacob D J, Brune W, et al. Photochemistry of HO_x in the upper troposphere at northern mid-latitudes. J. Geophys. Res.: Atmos., 2000, 105: 3877-3892.

[23] Faloona I, Tan D, Brune W, et al. Nighttime observations of anomalously high levels of hydroxyl radicals above a deciduous forest canopy. J. Geophys. Res.: Atmos., 2001, 106: 24315-24333.

[24] Sommariva R, Bloss W J, Brough N, et al. OH and HO_2 chemistry during NAMBLEX: Roles of oxygenates, halogen oxides and heterogeneous uptake. Atmos. Chem. Phys., 2006, 6: 1135-1153.

[25] Tie X, Brasseur G, Emmons L, et al. Effects of aerosols on tropospheric oxidants: A global model study. J. Geophys. Res.: Atmos., 2001, 106: 22931-22964.

[26] Martin R V, Jacob D J, Chance K, et al. Global inventory of nitrogen oxide emissions constrained by space-based observations of NO_2 columns. J. Geophys. Res.: Atmos., 2003, 108: 4537.

[27] Thornton J A, Jaeglé L, McNeill V F. Assessing known pathways for HO_2 loss in aqueous atmospheric aerosols: Regional and global impacts on tropospheric oxidants. J. Geophys. Res.: Atmos., 2008, 113: D05303.

[28] Mao J, Fan S, Jacob D J, et al. Radical loss in the atmosphere from Cu-Fe redox coupling in aerosols. Atmos. Chem. Phys., 2013, 13: 509-519.

[29] Mozurkewich M, McMurry P H, Gupta A, et al. Mass accommodation coefficient for HO_2 radicals on aqueous particles. J. Geophys. Res.: Atmos., 1987, 92: 4163-4170.

[30] Hanson D R, Burkholder J B, Howard C J, et al. Measurement of hydroxyl and hydroperoxy radical uptake coefficients on water and sulfuric acid surfaces. The Journal of Physical Chemistry, 1992, 96: 4979-4985.

[31] Thornton J, Abbatt J P. Measurements of HO_2 uptake to aqueous aerosol: Mass accommodation coefficients and net reactive loss. J. Geophys. Res.: Atmos., 2005, 110: D08309.

[32] Taketani F, Kanaya Y, Akimoto H. Kinetics of heterogeneous reactions of HO_2 radical at ambient concentration levels with $(NH_4)_2SO_4$ and NaCl aerosol particles. The Journal of Physical Chemistry A, 2008, 112: 2370-2377.

[33] George I, Matthews P, Whalley L, et al. Measurements of uptake coefficients for heterogeneous loss of HO_2 onto submicron inorganic salt aerosols. PCCP, 2013, 15: 12829-12845.

[34] Taketani F, Kanaya Y, Akimoto H. Heterogeneous loss of HO_2 by KCl, synthetic sea salt, and natural seawater aerosol particles. Atmos. Environ., 2009, 43: 1660-1665.

[35] Taketani F, Kanaya Y, Pochanart P, et al. Measurement of overall uptake coefficients for HO_2 radicals by aerosol particles sampled from ambient air at Mts. Tai and Mang (China). Atmos. Chem. Phys., 2012, 12: 11907-11916.

[36] Dentener F J, Crutzen P J. Reaction of N_2O_5 on tropospheric aerosols: Impact on the global distribu-

tions of NO_x, O_3, and OH. J. Geophys. Res.: Atmos., 1993, 98: 7149-7163.

[37] Dentener F J, Carmichael G R, Zhang Y, et al. Role of mineral aerosol as a reactive surface in the global troposphere. J. Geophys. Res.: Atmos., 1996, 101: 22869-22889.

[38] Tie X, Emmons L, Horowitz L, et al. Effect of sulfate aerosol on tropospheric NO_x and ozone budgets: Model simulations and TOPSE evidence. J. Geophys. Res.: Atmos., 2003, 108: 8364.

[39] Tsai C, Wong C, Hurlock S, et al. Nocturnal loss of NO_x during the 2010 CalNex-LA study in the Los Angeles Basin. J. Geophys. Res.: Atmos., 2014, 119: 13004-13025.

[40] Mathur R, Yu S, Kang D, et al. Assessment of the wintertime performance of developmental particulate matter forecasts with the Eta-Community Multiscale Air Quality modeling system. J. Geophys. Res.: Atmos., 2008, 113: D02303.

[41] Riemer N, Vogel H, Vogel B, et al. Impact of the heterogeneous hydrolysis of N_2O_5 on chemistry and nitrate aerosol formation in the lower troposphere under photosmog conditions. J. Geophys. Res.: Atmos., 2003, 108: 4144.

[42] Osthoff H D, Roberts J M, Ravishankara A, et al. High levels of nitryl chloride in the polluted subtropical marine boundary layer. Nat. Geosci. 2008, 1: 324-328.

[43] Thornton J A, Kercher J P, Riedel T P, et al. A large atomic chlorine source inferred from mid-continental reactive nitrogen chemistry. Nature, 2010, 464: 271-274.

[44] Chan C K, Yao X. Air pollution in mega cities in China. Atmos. Environ., 2008, 42: 1-42.

[45] 周秀骥. 长江三角洲低层大气与生态系统相互作用研究. 北京:气象出版社,2004.

[46] 周敏,陈长虹,王红丽,等. 上海市秋季典型大气高污染过程中颗粒物的化学组成变化特征. 环境科学学报,2012,32:81-92.

[47] Mao J, Ren X, Zhang L, et al. Insights into hydroxyl measurements and atmospheric oxidation in a California forest. Atmos. Chem. Phys., 2012, 12: 8009-8020.

[48] Ding A J, Fu C B, Yang X Q, et al. Ozone and fine particle in the western Yangtze River Delta: An overview of 1 yr data at the SORPES station. Atmos. Chem. Phys., 2013, 13: 5813-5830.

[49] Fuchs H, Bohn B, Hofzumahaus A, et al. Detection of HO_2 by laser-induced fluorescence: Calibration and interferences from RO_2 radicals. Atmospheric Measurement Techniques, 2011, 4: 1209-1225.

[50] Moon D R. Heterogeneous reactions involving HO_2 radicals and atmospheric aerosols. PhD thesis, University of Leeds, 2018.

[51] Lakey P S J, George I J, Baeza-Romero, et al. Organics substantially reduce HO_2 uptake onto aerosols containing transition metal ions. Journal of Physical Chemistry A, 2018, 120: 1421-1430.

[52] Thornton J and Abbatt J P D. Measurements of HO_2 uptake to aqueous aerosol: Mass accommodation coefficients and net reactive loss. J. Geophys. Res., 2005, 110: D08309.

[53] Taketani F, Kanaya Y and Akimoto H. Kinetics of heterogeneous reactions of HO_2 radical at ambient concentration levels with $(NH_4)_2SO_4$ and NaCl aerosol particles. The Journal of Physical Chemistry A, 2008, 112: 2370-2377.

第14章 大气复合污染形成过程中的多相反应机制研究

葛茂发[1]，李杰[2]，佟胜睿[1]，王炜罡[1]，于晓琳[1]

[1] 中国科学院化学研究所，[2] 中国科学院大气物理研究所

多相化学转化过程在区域大气复合污染尤其是灰霾形成中具有关键作用，基于已有的外场观测结果，开展单一组分及无机/有机多组分在不同混合态、组分的颗粒物上进行多相反应的集成研究。通过控制环境相对湿度（RH）以及颗粒物粒径变化和混合状态，深入开展了对多相过程中产生的二次硫酸盐、硝酸盐形成影响机制的研究。研究结果发现了二次颗粒物多相反应的新机制，并获得一系列的动力学参数，为模式模拟提供关键数据，为外场观测现象提供解释；开展了典型挥发性有机物（VOCs）在颗粒物上的非均相反应研究，获得了一系列不同温度条件下的动力学参数；综合评估了颗粒物和水分等各种环境要素对多相反应过程所生成颗粒物的光学性质的影响，并首次定量了非均相反应和低聚物对于二次有机气溶胶（SOA）复折射率和消光效率的影响；发展了大气多相化学机制的数值表征方案，开展不同机制的三维数值模拟研究，将实验室获得的机制和参数化方案应用于实际并改进模型，显著提高了对我国无机气溶胶（IA）和有机气溶胶（OA）的模拟能力。研究结果构建了符合我国实际环境条件的大气多相化学新机制，从分子层面解析重要气态前体物多相转化的关键过程，并进一步量化不同气象条件下新机制对我国区域灰霾的影响。

14.1 研究背景

多相反应对全球大气循环具有重要影响，不仅直接改变气相物种的时空分布和化学组成，影响大气氧化能力，还能改变颗粒物的化学组成和表面理化性质，影响全球气候变化以及区域灰霾的形成。灰霾本质上是细颗粒物（$PM_{2.5}$）的污染，最新的外场研究显示二次颗粒物，包括SOA和二次无机气溶胶（SIA）对灰霾的形成具有重要贡献。在北京等大城市地区冬季的强霾观测中发现，二次颗粒物对$PM_{2.5}$的贡献高达30%～77%[1]。多相反应过程包括气相分子的扩散、界面吸附、溶解、表面反应，颗粒相或液相的扩散及反应等一系列复杂的物化过程，是二次颗粒物爆发性增长的主要驱动力之一。王跃思等[2]在京津冀地区外场观测中发现SO_2、NO_2等在大气颗粒物表面的气-液-固多相反应会不断促进一次排放的气态污染物向硫酸盐和硝酸盐转化，显著促进了重霾污染的形成。Shiraiwa等[3]通过实验室研究

证实多相反应对 SOA 的粒径分布和质量浓度有重要影响。Macintyre 和 Evans[4]发现模式中多相化学参数化方案的不确定性可导致我国氧化剂 25%～100% 的变化,极大影响了二次气溶胶的生成潜势。Wang 等[2]进一步指出,目前模式在多相化学过程处理的缺陷是造成灰霾模拟不准确的重要原因之一。

随着城市化进程的加快和机动车保有量的迅猛增加,我国燃煤型-机动车尾气型共存的复合污染的态势日益严峻。尤其在京津冀地区,人为污染物排放强度大,高浓度的大气颗粒物为大气痕量气体及光氧化剂等活性物种提供了多相反应的重要平台,这些物种之间的多相化学转化、相互耦合会进一步对区域环境造成影响。但是,污染物的多相物理化学过程以及不同相间的迁移转化规律还存在很大的不确定性,灰霾形成过程中污染物的气-液-固多相形成机制还不清楚。相关研究主要涉及以下三个方面:

(1) SIA 形成的多相反应研究

多相反应在硫酸盐和硝酸盐快速形成中起着重要作用,但会受到气态前体物、颗粒物的组分和粒径大小等多种环境要素的影响,同时反应机制相对气相反应更加复杂。京津冀地区的一系列外场观测结果都表明,$PM_{2.5}$ 质量浓度的快速增加常伴随着较高的 RH[1]。在高湿条件下,气溶胶粒子表面发生水的单层或多层吸附形成液膜,会使颗粒物本身发生相态的转变[5],液膜为多相反应提供了重要平台,促进二次气溶胶的快速生成,进而导致区域尺度内灰霾的形成。RH 对多相反应的影响体现在两个方面:① 影响反应的摄取系数,随着 RH 的提高,反应的摄取系数会快速增加;② 影响反应机制。对于气-液反应,常见的氧化剂有 H_2O_2、O_3、OH 自由基等,其中,H_2O_2 是将溶解的 SO_2 氧化成 S(Ⅵ)的最有效方式。此外,SO_2 还能被 Fe、Mn 等过渡金属的离子催化氧化。对于气-固反应,金属氧化物如 MgO、Fe_2O_3 等表面的活性氧和羟基有利于亚硫酸盐向硫酸盐的转化[6]。O_3 也能将颗粒物表面的亚硫酸盐氧化为硫酸盐[7,8],该反应对 RH 很敏感。此外,水的存在促进矿物颗粒表面产生更多的活性位点。然而,有关大气中存在的其他氧化剂对矿物颗粒物表面硫酸盐生成的影响的研究目前还很少涉及。关于 RH 对多相反应作用机制的研究还面临很多问题,RH 对多相反应的影响还受到颗粒物的表面性质、混合状态、粒径以及环境温度的影响,尤其是在高湿条件下(RH>80%)的作用机制还存在争议。这种不确定性极大影响了区域乃至全球尺度上 SIA 的数值模拟结果。空气质量模拟研究结果表明,将矿物颗粒物表面的多相化学过程考虑到模型中,能够提高模拟的硫酸盐和硝酸盐浓度。由此可见,对影响多相过程主要因素(溶解、表面反应和液相催化氧化等)进行合理数值表征是准确模拟 SIA 快速增长的关键和难点之一。目前,数值模式对多相过程中液态水的处理多基于云滴和雨滴等稀溶液的实验室和外场观测结果,对气溶胶表面液态水等浓溶液的处理采用简单的一级反应,缺乏考虑关键中间产物以及气溶胶液态水对摄取系数等反应动力学参数的影响[9]。因此,开展高湿条件下多相过程的实验室研究,获取与液态水相关的反应动力学参数以及关键中间产物,对准确模拟灰霾期间 SIA 的形成具有重要的作用。

颗粒物的组分及混合状态也是影响多相化学反应的关键因素。外场观测发现灰霾污染期间,71% 的颗粒物表面覆盖有机膜,30% 左右的颗粒物内混有硫酸盐、硝酸盐、黑碳及矿物颗粒物等[10]。由于实际大气中颗粒物的组分十分复杂,且共存成分之间相互影响会导致颗粒物的密度、光学性质、云凝结核活性等发生改变,灰霾期间气溶胶混合状态变化对多相化学中反应速率的影响还未在数值模式中充分表征[11]。现阶段,国内对混合气溶胶的多相反应研究主要集中在硝酸盐的混合和 SO_2 的多相反应,因此亟需开展更贴近真实大气的多组分混合气溶胶的多相反应研究。同时,外场观测表明气溶胶粒子的粒径对多相反应也有重要的影响,多相反应生成的硫酸盐和硝酸盐在颗粒物中的分布及粒径大小在霾污染和清洁时期均不相同。实验室研究也表明,黑碳的粒径对 NO_2 在其表面发生多相反应的摄取系数以及 HOHO 产率的影响可达几个数量级[12]。目前关于粒径对多相反应生成硫酸盐和硝酸盐的作用机制的研究还很匮乏,需要实验室研究对其作用机制展开更深入的探索。

(2) SOA 形成的多相反应研究

近年来,SOA 的模拟浓度与观测浓度相比仍存在一定低估,特别是模式的氧碳比(O/C)较中国东部观测值偏低,这与模式对多相反应的表征不充分有关。气相反应的产物多为低 O/C(0.4 左右)的有机物[13],液相反应生成的产物 O/C 为 $1\sim2$[14,15]。同时,有学者提出相当一部分的 SOA 可能来自多相过程[16,17]。与气态的均相氧化相比,VOCs 在大气颗粒物上的多相化学过程有一些特点,例如 OH 自由基、O_3 等氧化 VOCs 后很容易形成小分子化合物,而多相过程更倾向于形成高分子量(全称为相对分子质量)的化合物[18]。京津冀地区的重度灰霾常常伴随着高 RH,可为多相反应提供重要的表界面。例如,Du 等[19]在北京的观测结果表明,细颗粒物中的水溶性有机物(WSOCs)主要由液相反应产生;北京夏季存在的高酸度细颗粒物可能会摄取 VOCs,进一步生成 SOA[20]。此外,矿物颗粒物表面可发生非均相光催化反应,促进 VOCs 的非均相氧化,进一步诱发新粒子的生成和增长[21]。因此,结合我国京津冀地区的污染特点,对 VOCs 多相反应的研究需要综合考虑酸催化、聚合、光催化反应等方面。Jang 等[22]在 Science 杂志上首次明确提出酸催化 VOCs 多相反应会极大提高 SOA 的产率;随后,大量的研究都显示酸催化多相反应对 SOA 的形成具有重要贡献。本课题组前期研究发现即使在低酸度条件下(如 pH=3),环氧类化合物在酸性液面上仍具有稳态摄取[23],酸催化 H_2O_2 氧化脂肪醇会促进有机过氧化氢的产生[24],酸催化 H_2O_2 氧化甲基丙烯醛会导致多元羟基化合物的生成[25],表明酸催化反应对 SOA 形成具有潜在贡献。清华大学总结已有实验结果,改进了 CMAQ 模型中计算 SOA 的模块,加入了硫酸铵气溶胶浓度对部分 VOCs 前体物产量的影响,发现修正后京津冀地区 SOA 模拟增加了 $0\sim25\%$[26]。近年来,VOCs 通过多相聚合反应生成的棕色碳(BrC)引起了广泛关注。VOCs 通过多相聚合反应生成的颗粒相 BrC 能够显著促进 SOA 生长[27]。研究发现高浓度醛、酮等羰基化合物,可以发生一系列多相化学过程最终生成 BrC[28-30]。同时,光催化反应也能引发多相反应,进一步促进颗粒物的生成和增长。

基于实验室研究,众多学者开展了一系列 SOA 的模拟研究。郭晓霜等[31]利用 WRF-Chem 模式对我国珠三角地区 SOA 进行了模拟,发现基于挥发性分级的 VBS 模型对 SOA 的模拟有一定改善,但在污染严重的时段仍存在显著低估。Fu 等[32]在全球模式 GEOS-Chem 中加入了气溶胶和云滴不可逆吸收乙二醛和甲基乙二醛的反应过程,发现产生的 SOA 浓度可与气-粒分配理论得到的 SOA 浓度相当。Li 等[33]发现在 WRF-Chem 模式中加入气溶胶吸收乙二醛和甲基乙二醛的参数化方案,对墨西哥地区 SOA 的贡献最高可达

9.6%,但选取的吸收系数仍存在很大的不确定性。Im 等[34]在 UNIPAR 模式中考虑了芳香烃前体物的气相氧化产物的气-粒分配及多相反应过程,发现该模式在高湿条件下可以提高 SOA 的模拟值。Li 等[35]将酸催化环氧化合物的多相反应摄取系数加入 CMAQ-MCM-SOA 模型,提高了美国东南部区域 SOA 模拟的准确性。Gan 等[36]将 OA 的复折射率等参数应用到 WRF-CMAQ 模式中的光学模块,受到多相化学反应机制及其参数研究的限制,模拟的气溶胶光学厚度和单次散射反照率仍存在很大的不确定性[37]。

(3) 环境效应对多相反应的影响研究

大气无机和有机颗粒物经过多相反应之后会导致其粒径、成分及混合状态发生改变。随着老化过程的进行,颗粒物的理化性质(如光学和吸湿性)会相应改变。颗粒物的化学组成以及混合状态是决定其吸湿性质的重要因素,多相化学转化对颗粒物吸湿性质的影响不容忽视。无机颗粒物的潮解点虽然偏高,不利于大气颗粒物在低湿条件下摄取水汽,但是通过与多官能团的 WSOCs 的内混合可以降低无机颗粒物的潮解点。本课题组研究发现苯甲酸-硫酸铵内混合颗粒物在 RH 为 70% 时发生相态转变,表明混合物在相对较低的 RH 下就具有一定的吸湿生长[38]。大气颗粒物在低湿条件下的吸湿过程为其与大气中 SO_2、NO_2 以及 VOCs 等关键污染组分的多相反应提供表界面,促进二次颗粒物的形成。此外,大气颗粒物的吸湿性质还受到组分混合态及相态的影响。外场研究表明实际大气颗粒物的混合状态极为复杂[10],关于颗粒物吸湿性的研究多关注均匀内混合颗粒物,而对于非均匀混合颗粒物的吸湿性研究相对较少。同时,研究发现作为有机质的重要老化产物,BrC 在低湿条件下也能摄取一定量的水分[29],这对于解释低湿成霾具有重要意义。多相反应会影响颗粒物的混合状态,因此加强对非均匀混合颗粒物的吸湿性质的研究非常重要。但相关研究还非常匮乏,目前多相反应过程对颗粒物相态的影响仍不清楚。

关于气相氧化形成的 OA 的光学性质已开展了较多研究,但有关吸湿过程以及多相过程对颗粒物光学性质的研究相对缺乏。在北京地区的观测中,发现吸湿过程可以明显降低能见度。同时,相对于清洁时段,污染过程中不仅干态颗粒物的量会增加,吸湿性也会增加,吸湿增长对总消光的贡献可达 30%[39]。此外,有机物组分与无机物组分的相互作用可能会影响颗粒物的吸湿性以及光学特性[40]。实验室研究发现,不同有机物与硫酸铵混合后的颗粒物的吸湿性和光学特性有明显的区别[41]。更重要的是,老化过程可以使颗粒物消光系数增大以及吸收波段向可见光方向发生位移,对区域大气能见度和全球辐射平衡产生影响。研究表明,不同种子气溶胶的多相反应过程会造成所生成颗粒物的光学性质存在明显差异,但是其混合状态、消光散射系数以及两者之间的定量关系仍不清楚。乙二醛、甲基乙二醛、丙酮醛等化合物在多相反应过程中可以生成具有吸光特性的 SOA[42]。酚类及其衍生物在液相中的光化学反应可以使其吸收带由紫外波段向可见波段方向移动[43,44],这种演变是由多相反应生成了与黑碳结构类似的共轭低聚物所致,这种化合物在气相中很难生成[18]。Scott 等[10]利用全球模式定量评估得出目前生物源 SOA 的直接辐射强迫全球平均为 $-0.78 \sim -0.08$ W m^{-2},第一类间接效应影响可达 -0.77 W m^{-2},而且辐射效应对人为源前体物的排放较为敏感。因此,在高湿条件下多相反应生成多种吸光性有机物的机制以及环境效应亟待进一步深入研究。

14.2 研究目标与研究内容

14.2.1 研究目标

基于已有的外场观测结果,开展单一组分及无机/有机多组分在不同混合态、组分的颗粒物上进行多相反应的集成研究,构建符合我国实际环境条件的新的大气多相化学反应机制。从分子层面解析重要气态前体物多相转化过程的关键步骤,加深对灰霾颗粒物的相关物化性质在大气环境中的演变以及由此引发的环境效应的理解,为掌握多相过程对灰霾形成贡献的评估提供科学基础。发展大气多相化学机制的数值表征方案,开展不同机制的三维数值模拟研究,量化不同气象条件下新机制对我国区域灰霾的影响。基于此研究目标,研究团队拟解决如下科学问题:

1. SIA 的快速增长机制

针对灰霾污染过程中无机盐的快速增长现象,从分子水平上探索对二次硫酸盐和硝酸盐的形成贡献较高的反应机制。同时,深入研究大气环境湿度、温度变化,液相催化过程,不同的种子气溶胶等因素的影响机制,并通过归纳总结参数化方案给出反应动力学上的定量评估。

2. VOCs 多相化学反应机制

寻找控制 VOCs 快速转化和摄取并促使颗粒物快速增长的核心步骤,获取多种 VOCs 多相反应相关参数,为制订 VOCs 排放的污染治理政策提供科学依据。

3. 多元污染物的耦合机制

针对我国复合污染的现状,研究在多种污染气体共存以及多种气溶胶混合条件下的多相转化机制,探究人为源排放和天然源排放的污染物之间的相互作用并评估其贡献,发现新的化学反应途径,为外场观测和数值模拟提供准确合理的理论支持。

4. 多相化学反应成霾潜势

模拟真实大气环境,综合评估初始颗粒物和水分等各种环境要素对多相反应过程所生成颗粒物的光学性质的影响。探究由多相反应造成的气溶胶老化过程对颗粒物吸湿特性产生影响的关键条件及因素。对于组分、混合状态等因素的影响,拟通过实验室模拟与气溶胶热力学模型预测相结合来研究颗粒物老化后的吸湿性质与相态特征。通过定量研究混合态与吸湿增长之间的关联,改进和完善相关热力学模型。

5. 区域尺度上关键多相化学过程影响的量化评估

将实验室研究获得的 IA 的多相化学机制(特别是不同 RH、不同前体物在气溶胶表面化学过程中的相互竞争机制)以及影响重要 SOA 物种生成的关键参数提供给模型,完善重要前体物通过多相化学反应形成二次气溶胶的数值模拟表征方案,对比外场观测结果评估不同气象条件下不同机制对区域灰霾的贡献。

14.2.2 研究内容

1. SIA 多相化学转化机制研究

拟通过实验室研究获得气态前体物多相转化形成 SIA 的机理及贡献，确定动力学参数，识别不同气态前体物下 RH、氧化剂的浓度水平、颗粒物的组分和粒径大小等条件对多相反应的影响，为数值模拟提供关键参数。因此，将重点开展以下两个方面的研究：

（1）SIA 多相形成中湿度效应的识别

基于关键气态前体物与矿物颗粒物的反应体系，探究 RH 对多相化学转化的影响机制，获取不同 RH 下多相转化的反应摄取系数以及动力学参数，从分子水平上认识反应机制。研究 RH 对多相转化的影响，重点揭示霾污染时期高湿条件下不同气态前体物和不同矿物颗粒物的多相转化过程的作用规律。

（2）多种颗粒物混合对二次气溶胶多相生成的分析与评估

真实大气中不同种类的颗粒物同时存在，它们之间存在复杂的相互作用，因此对混合颗粒物表面的多相转化进行研究将有助于认识污染气体气-粒转化和气溶胶老化过程中的耦合机制。本研究拟针对多种颗粒物共存的多元体系，通过 RH 等环境因素的改变和控制，实现对真实大气环境条件下多相反应过程的模拟，深入研究复合污染下混合颗粒物对多相反应的耦合机制及其对灰霾形成和变化过程的影响。

2. SOA 多相化学转化机制研究

SOA 的成分极为复杂，重点考察京津冀地区典型 VOCs 的多相化学转化过程，主要针对以下两方面开展研究：

（1）VOCs 在矿尘气溶胶表面的多相反应研究

开展典型大气 VOCs 在矿尘气溶胶表面的多相反应研究，探索在不同大气环境条件下（RH、光照等）不同种类的 VOCs 在颗粒物气-液和气-固-液界面上的迁移转化过程，明确 VOCs 多相过程对颗粒物生长的贡献，获取关键动力学参数（如摄取系数），并推测反应机理，分析多相化学过程对 VOCs 大气寿命的影响。

（2）VOCs 多相聚合反应的研究

小分子 VOCs 经过多相聚合反应能形成 BrC 类物种，研究团队拟开展不同 VOCs 经过多相氧化形成 BrC 的研究，结合质谱学和光谱学手段对颗粒物组分进行分析，从分子层面解析中间产物，推导 VOCs 经多相反应生成 BrC 的机制。

3. 多相化学转化的环境效应

为准确评估多相反应对灰霾的影响，拟开展大气多相氧化过程中粒子光学性质的深入研究。研究二次粒子的生成和对初始粒子的包覆对大气中气溶胶粒子光学性质的影响，并深入研究二次粒子形貌、相态等关键理化参数，从而探索并模拟大气多相氧化过程的成霾潜势。此外，灰霾过程往往伴随着较高的 RH，因此研究高湿条件下气溶胶液相老化后的光学性质有广泛的环境意义。研究团队拟综合考虑不同的温度、RH 条件，模拟不同季节时二次粒子的老化过程，评估 RH 对复折射率及总体消光的影响，考察其对大气能见度衰减的贡献，找寻对光学性质影响最大的物理化学参数。

4. 多相化学机制在数值模式中的表征及其对区域灰霾影响的量化研究

(1) SIA 多相化学转化机制的数值表征

经典化学机制难以完全解释 SIA 在灰霾过程中的快速增长,因此多相化学机制的合理表征被认为是提高灰霾数值模拟能力的关键过程之一。研究团队拟通过数值表征实验室结果,探讨在实际大气条件下,SIA 的转化途径和速率,并探究转化过程中关键中间产物的变化及影响,提高目前数值模式在灰霾期间对 SIA 的模拟能力。

(2) SOA 气相化学转化机制的数值表征

中国地区人为污染物排放量大,区域污染发生时不同 VOCs 的光氧化反应对 SOA 浓度的贡献不容忽视。基于有机物挥发性分级的光氧化反应机制建立数值模拟表征方案,并基于实验室研究获取的关键动力学参数和机理,提高数值模式对于中国地区前体物高排放条件下 SOA 形成演变特征的模拟能力。

(3) 多相化学机制对区域灰霾影响的量化研究

在大气物理研究所自主发展的三维嵌套网格空气质量模式(NAQPMS)基础上,耦合本研究发展的 SIA、SOA 多相化学机制的数值表征方法,提高对灰霾期间气溶胶的模拟能力。利用三维模式开展数值模拟,探讨不同 SIA、SOA 化学生成机制对我国典型区域灰霾形成的现实意义,评估不同机制在不同的气象条件下,对大气气溶胶物理化学属性的贡献。

14.3 研究方案

本研究以大气多相反应为主线,紧密结合外场观测、数值模拟和实验室研究三个方面,开展系统的无机、有机污染物参与的复合多相化学研究,获取多相化学转化的反应动力学、微观机制、环境效应等关键信息,探索多相反应在颗粒物演化过程中的作用。基于观测约束的一维箱模式,综合考虑多相化学、气象过程及辐射过程等的影响,评估并识别其中的核心步骤以及重要的环境影响要素,为灰霾污染的治理工作提供科学依据。

1. SIA 生成的多相化学过程

应用漫反射傅立叶变换红外光谱(DRIFTS)、显微共聚焦拉曼光谱,结合努森池、流动管以及多种检测手段(扫描电子显微镜、傅立叶变换红外光谱仪、离子色谱仪、高效液相色谱-质谱联用仪等),通过改变和控制 RH 等环境因素,实现对真实大气环境的模拟,研究 SIA 多相生成过程,重点关注复合污染下硫酸盐和硝酸盐快速形成的过程,推测多相反应机制,研究环境因素、共存气体、颗粒物不同组分和粒径对多相反应过程的影响。应用高分辨率和高灵敏度的谱学分析检测手段(气相色谱-质谱联用仪、气相色谱仪、气体分析仪、瞬变能谱-质谱、激光光电离质谱、四级杆质谱等)检测低浓度、短寿命、高反应活性气态中间体及产物,结合理论计算研究多相化学反应的机制和演变过程,研究不同种类气溶胶以及混合气溶胶对多相反应的影响。

2. VOCs 的多相化学转化

应用可精确控湿、控温的孪生烟雾箱模拟系统,并结合各种气相分析设备包括质子转移反应质谱(PTR-MS)、热解析气相色谱、O_3、SO_2、NO_x等气体分析仪，以及颗粒相检测设备包括扫描电迁移率粒径谱仪(SMPS)、粒子质量分析仪(CPMA)等，模拟不同环境条件下（温度、RH、氧化剂、种子气溶胶）的多相反应过程，获得关键动力学参数，探究深层反应机理。采用在线反应实时监测和离线颗粒物样品表征分析相结合的方法，通过质谱、色谱等手段采集气相产物的质谱学、光谱学信息，测定不同反应条件下（温度、RH等）VOCs在颗粒物表面的摄取系数，结合扫描电子显微镜、透射电子显微镜、X射线光电子能谱等仪器对反应后颗粒物的理化性质进行表征，分析VOCs的多相反应通道，总结VOCs在颗粒相间的迁移转化规律。

3. 多相反应后的光学性质研究

利用光腔衰荡光谱(CRDS)、浊度仪等，结合烟雾箱模拟系统，研究多相反应过程后二次颗粒物的粒径分布、消光散射系数等关键参数，结合原子力显微镜，分析二次颗粒物的形貌和相态变化，探究颗粒物理化性质间的相互关系。通过分析预先存在的气溶胶颗粒以及气溶胶水分对多相反应后气溶胶光学辐射特性的定量影响，评估大气复合污染条件下多相反应对能见度衰减的影响以及对灰霾的贡献。

4. 混合气溶胶的吸湿性质研究

采用吸湿串联差分电迁移率分析仪(HTDMA)测量不同混合态颗粒物的粒子数以及粒径分布，通过测定颗粒物吸湿前后的粒径得到吸湿增长因子。结合多种表征手段探究不同颗粒物成分对气溶胶相态的影响，以及RH在气溶胶的相态及形貌演变中的作用。

5. 实验室成果的数值化表征及其对区域灰霾影响的数值模拟研究

发展气溶胶表面多相化学过程的数值表征方法，考虑摄取系数、气溶胶表面积、气溶胶表面化学属性以及气溶胶液态水含量等因素，以及能够体现中国复合污染特征的污染物的相互作用机制，使之能够表征实验室对IA和OA的研究结果。在此基础上，构建包括气相化学、气溶胶化学、多相化学、辐射过程等在内的一维箱模式，利用外场观测结果进行约束，分析实际大气环境下典型污染物的演变特点，评估不同多相化学机制对灰霾的影响，确定关键机制。在实施过程中，与实验室烟雾箱研究实时交流、相互反馈、共同设计实验方案。基于最新实验室研究成果，将发展的多相化学数值表征方案耦合入中国科学院大气物理研究所自主发展的三维空气质量数值模式，开展不同气象条件下的数值模拟，量化多相过程对区域灰霾的影响，评估不同机制对区域灰霾的现实意义。

14.4 主要进展与成果

14.4.1 SIA多相化学转化机制研究

1. RH对硫酸盐形成的影响机制

由于我国工业的迅速发展和居民供暖活动，近年来大量的化石燃料燃烧导致大气中的SO_2浓度很高。SO_2作为大气中主要的气相污染物，大部分最终会转化为硫酸盐。霾污染

第 14 章 大气复合污染形成过程中的多相反应机制研究

形成时通常是静稳天气,伴随着较高 RH,这有利于气态污染物浓度的升高和硫酸盐的快速形成,进一步快速形成的硫酸盐能促进和加速灰霾污染的形成。然而,目前仍缺乏关于高湿条件下硫酸盐形成机理的研究,导致重霾期间硫酸盐模型模拟结果的低估。

RH 是表征大气中水蒸气含量的重要参数。先前的研究表明,RH 会影响非均相反应过程中硫酸盐的形成,可通过控制表面吸附水层(SAW)的量来影响 SO_2 在颗粒物上的吸附。如果 SAW 干扰颗粒上的反应位点,则吸收系数会随 RH 的增加而降低。当 SAW 改善 $CaCO_3$ 等颗粒的离子迁移率时,吸收系数会随 RH 的增加而增加。此外,RH 可以改变吸附气体种类和产物的稳定性。迄今为止,由于实验设备的限制,关于高湿条件对硫酸盐形成影响的速率理论和机理研究的报道很少。最近的研究表明,在 RH 高于 90% 的条件下,通过 O_3 或 NO_2 可以显著提高 SO_2 在 Al_2O_3 颗粒上氧化形成硫酸盐的速率。但是,在高湿的严重雾霾下,促进硫酸盐爆发式增长的主要机理尚有争议。迫切需要进一步的研究,以更好地理解 RH 影响异相反应形成硫酸盐的机理和速率理论。

本研究首次考察了不同 RH(1%~90%)条件对发生在 $CaCO_3$ 颗粒上的 O_3 氧化 SO_2 生成硫酸盐非均相反应的影响。结果证明,提高 RH 能显著促进硫酸根的形成,其浓度(反应 200 min)、初始和稳定阶段的生成速率分别是 RH=1% 时的 14 倍,1.5 倍和 43 倍。研究发现,随着 RH 的增加,$CaCO_3$ 颗粒表面的 SAW 数量增加,从而影响硫酸盐的形成。SAW 可能影响三个反应。首先,SAW 可以提供更多的 $Ca(OH)(HCO_3)$,加速吸附的 H_2CO_3 分解,从而促进对 SO_2 的吸附。第二,SAW 可以提高亚硫酸盐和硫酸盐中水合物的含量。SO_2 首先与 $CaCO_3$ 反应生成 $CaSO_3$,然后氧化成硬石膏。$CaSO_3 \cdot 0.5H_2O$ 在水分子多层覆盖的 $CaCO_3$ 颗粒表面形成,氧化成钡石。石膏也可以通过 $CaSO_3 \cdot 0.5H_2O$ 的氧化生成,但需要更多的 SAW 存在。第三,当水分子的多层覆盖形成液体状水层时,SAW 可以增强离子的迁移率,导致 $CaSO_4$ 水合物的聚集,从而暴露出更多的反应活性位点,进一步促进对 SO_2 吸附。因此,RH 促进了 SO_2 的吸附导致硫酸盐的极大增加,高 RH 对硫酸盐的生成有显著的促进作用,这与外场观测研究中观测到的硫酸盐与 SO_2 比值随 RH 增加而迅速增加的结果相一致。这个发现可以用于解释严重灰霾污染期间硫酸盐的爆发式增长通常伴随高湿条件。在严重污染天气下,SO_2 和多种气相氧化物以高浓度同时存在于大气中,高湿条件促进了 SO_2 在大气颗粒物上的吸附以及随后形成亚硫酸盐,大气中存在的多种气态氧化物都可以在很短的时间将亚硫酸盐氧化为硫酸盐,导致硫酸盐在很短时间里的快速增加。生成的硫酸盐在 SAW 的作用下发生凝聚,提供新的活性位点,进一步加速了硫酸盐的增加。本研究给出了用于表示 SO_2 摄取对 RH 依赖关系的更准确的分段函数[公式(14.1)和(14.2)],模型模拟可以直接参考并用于提高硫酸盐浓度模拟的重现性[45]。

$$\gamma_O = \begin{cases} 7.00 \times 10^{-4} \times RH + 3.84 \times 10^{-4} & (0\% < RH \leqslant 40\%) \\ 6.55 \times 10^{-4} \pm 1.05 \times 10^{-5} & (40\% < RH \leqslant 90\%) \end{cases} \quad (14.1)^{[45]}$$

$$\gamma_{ss} = \begin{cases} 1.14 \times 10^{-4} \times RH + 4.08 \times 10^{-6} & (0\% < RH \leqslant 40\%) \\ 4.72 \times 10^{-4} \times RH - 1.50 \times 10^{-4} & (40\% < RH \leqslant 80\%) \\ 2.28 \times 10^{-4} \pm 6.32 \times 10^{-6} & (80\% < RH \leqslant 90\%) \end{cases} \quad (14.2)^{[45]}$$

2. 颗粒物粒径对硫酸盐多相形成的影响

现有研究表明,气溶胶的物理化学性质,例如相分离性质[46,47]和气体摄取性质[48,49],都与颗粒的粒径分布有关。大气中颗粒表面的 SO_2 吸收过程也受粒径影响,这会影响大气中硫酸盐的形成。已有研究证明,SO_2 在 ZnO 和 TiO_2 纳米颗粒上的吸附效果会受粒径的影响,并且在不同 RH 下水在颗粒表面的吸附因粒径的不同而产生吸附量的差异。然而,有关粒径大小对颗粒表面 SO_2 吸附和硫酸盐非均相形成的影响的研究仍然不足,特别是在不同的 RH 下。因此,本研究以 $CaCO_3$ 颗粒表面的 SO_2 和 O_3 的异质反应为典型反应,并结合 DRIFTS 分析在各种 RH 条件下产品和矿物粉尘粒径的影响[50]。

我们选取三种粒径的 $CaCO_3$ 颗粒物,大小为 (65 ± 10) nm、(270 ± 50) nm 和 (1000 ± 300) nm,分别记作 65 nm、270 nm 和 1 μm $CaCO_3$ 颗粒物。结果表明,在相同的 RH 下,颗粒表面上形成的产物类型不受 $CaCO_3$ 颗粒粒径变化的影响。对由混合法产生的硫酸盐的动力学过程进行分析,发现 $CaCO_3$ 颗粒的粒径对硫酸盐形成速率有影响,如图 14.1 所示。在相同的 RH 下,硫酸盐的形成浓度和速率随粒径的增加而降低。由于较高的比表面积和更多的活性位,较小的颗粒可以吸收更多的水和 SO_2。随着 $CaCO_3$ 粒径的增加,SO_4^{2-} 离子产生的浓度和速率会降低。不同粒径产生浓度的比例在不同 RH 下有所不同,这主要是由于在相同条件下,粒径变化对 SO_2 的吸附和反应气体向颗粒相中扩散的影响不同。此外,基于 BET 数据,随着 $CaCO_3$ 颗粒表面积的增加,SO_2 吸收系数也随之增加,这主要与较小颗粒的 BET 表面积更大有关。吸收系数受干燥状态下的粒径的影响较小,而粒径对湿润状态下的吸收系数有较大的影响。

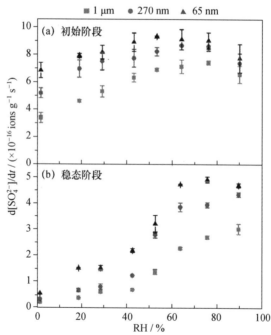

图 14.1 SO_2 和 O_3 分别在 **65 nm、270 nm 和 1 μm** $CaCO_3$ 上反应的初始阶段(a)和稳态阶段(b)硫酸盐生成速率随 **RH** 的变化[50]

有关大多数外场收集到的大气颗粒的研究表明,棒状形态是硫酸钙晶体的典型特征,这是通过本研究中非均相反应的实验室模拟获得的硫酸钙的形态特征。但是,Guo 等[51]发现,从燃煤飞灰获得的硫酸钙是自形晶体或球形颗粒。Pan 等[52]发现,湿法脱硫后燃煤电厂排放的气体中的硫酸钙呈棱柱形或板状,颗粒尺寸约为 0.2 μm。不同来源的硫酸钙具有不同的形态,在外场中观察到的棒状硫酸钙可能不是直接来自燃煤飞灰和燃煤发电的一次排放物。根据我们的结果,非均相反应途径可能是大气中硫酸钙棒状晶体的重要来源。由于大气中硫酸钙晶体的形态特征不同,通过颗粒形态识别硫酸盐的不同来源和途径是一种可行的方法[50]。

3. 混合颗粒物对二次硝酸盐形成的影响

近年来,由于交通方式的转变和工业过程的污染,大气中的 NO_2 浓度持续上升。作为主要的气态污染物之一,NO_2 在大气气溶胶表面的异相反应与大气氧化、城市光化学烟雾和局部酸雨有关。NO_2 的非均相反应也是大气中氮氧化物重要的汇,并影响氮的生物地球化学循环。大气中的颗粒通常是一次气溶胶(矿物尘、海盐等)和二次气溶胶(硫酸盐、硝酸盐等)的复杂混合物。在 RH 为 20%~90% 下,以 $CaCO_3$-Na_2SO_4 混合颗粒物作为代表,开展了 NO_2 在大气混合颗粒物表面的非均相反应研究。

干态条件下,$CaCO_3$-Na_2SO_4 混合气溶胶颗粒与 NO_2 的反应活性具有纯组分反应活性的加和性;湿态条件下,混合颗粒物与 NO_2 的反应活性大于纯组分颗粒分别与 NO_2 反应活性的加和,存在"1+1>2"的现象。从产物表征的结果来看,干态混合颗粒表面上 NO_2 的非均相反应分别相当于 NO_2 与 $CaCO_3$ 和 Na_2SO_4 颗粒的反应,并且在共存组分之间没有明显的干扰。与干态反应不同,湿态 $Ca(NO_3)_2$ 产物在潮解为溶液后可以继续与 Na_2SO_4 颗粒反应。$Ca(NO_3)_2$ 和 Na_2SO_4 溶液在 RH 为 30% 下的相互作用增加了颗粒表面离子的迁移率。同时,$CaSO_4 \cdot 0.5H_2O$ 和 $NaNO_3$ 晶体的形成使 $CaCO_3$ 表面的反应位点从 $Ca(NO_3)_2$ 溶液的覆盖层重新暴露出来,从而增加了反应活性和持续时间,促进 $CaCO_3$ 表面形成 $Ca(NO_3)_2$。当混合物中的 $CaCO_3$ 含量少而 Na_2SO_4 含量高时,由于产物 $Ca(NO_3)_2$ 与 Na_2SO_4 接触,反应的可能性增加。在 RH 为 80% 下,混合颗粒表面上硝酸盐产物的吸湿和潮解会导致液态水膜的出现,并不断累积形成硝酸盐。在反应的初始阶段,表面上形成的液膜有利于 $Ca(NO_3)_2$ 溶液与 Na_2SO_4 颗粒之间相互作用。随着液膜在表面上的积累,阻碍了 NO_2 气体吸附到表面活性位点。同时,液态水膜为表面物质的离解和离子的聚集提供了一种介质。液膜中的 Ca^{2+} 和 SO_4^{2-} 以 $CaSO_4 \cdot 2H_2O$ 的形式沉积。此时,物质之间的相互作用主要发生在表面液膜中。

随着混合物中 $CaCO_3$ 含量的降低,在所有湿度条件下 NO_3^- 的生成速率均降低,并且降低程度在每种湿度下均不同。干态条件,混合颗粒物表面的 NO_3^- 生成速率主要取决于 $CaCO_3$ 组分的含量。RH 为 30% 时,随着 $CaCO_3$ 质量分数的降低,NO_3^- 生成速率的降低明显小于干态条件下。因此,在 RH 为 30% 的条件下,混合颗粒物表面上的 NO_3^- 产率明显高于由混合物中的组分确定的 NO_3^- 产率。在 RH 为 80% 的条件下,对于具有较高 $CaCO_3$ 含量的混合物,NO_3^- 生成速率接近于混合物中 $CaCO_3$ 和 Na_2SO_4 组分的 NO_3^- 生成速率的线性叠加。结果表明,在非均相反应中,在 RH 为 30% 时混合物对 NO_3^- 生成速率的影响比 RH 为 80% 时更大。结果表明,在 $CaCO_3$-Na_2SO_4 混合颗粒表面,NO_2 发生非均相反应的过程中,$CaCO_3$ 表面上的产物 $Ca(NO_3)_2$ 与 Na_2SO_4 的相互作用对产物的产率和产量有促进作用。

以上分析结果表明,RH 影响 NO_2 在 $CaCO_3$-Na_2SO_4 混合物表面发生非均相反应的产物生成及其形貌变化。根据以上的分析结果可以推断不同 RH 下可能的反应机理[53]。NO_2 和 $CaCO_3$-Na_2SO_4 混合颗粒在干态下的非均相反应产物与纯 $CaCO_3$、纯 Na_2SO_4 颗粒和 NO_2 反应得到的产物的类型一致,且反应持续一定时间后混合颗粒物表面所生成的 NO_3^- 离子数符合基于 NO_2 在纯组分表面生成的 NO_3^- 离子数的线性叠加。混合颗粒表面 NO_3^- 的生成速率与 $CaCO_3$ 的质量分数具有良好的线性关系,混合物的反应活性主要取决于混合物中的 $CaCO_3$ 组分。在湿态条件下,在 NO_2 和 $CaCO_3$-Na_2SO_4 混合物发生非均相反应期间,$CaCO_3$ 颗粒表面的 $Ca(NO_3)_2$ 产物可以继续与 Na_2SO_4 相互作用形成 $NaNO_3$ 和 $CaSO_4 \cdot nH_2O$ 晶体。由于 $Ca(NO_3)_2$ 和 Na_2SO_4 相互作用期间颗粒形态和表面离子迁移率的变化,它对混合颗粒表面的 NO_3^- 生成速率具有促进作用,并且在 RH 为 30%~80% 时的促进作用更明显[53]。

进一步,我们探究了 NO_2 与 $(NH_4)_2SO_4$-$CaCO_3$ 混合颗粒物的多相反应过程,有利于了解大气混合颗粒物的非均相化学反应性质,以及混合气溶胶共存物种之间的相互作用对于二次颗粒物非均相生成途径的影响。为了探讨混合颗粒物中 $CaCO_3$ 与 $(NH_4)_2SO_4$ 之间的相互作用,将混合物置于未混入 NO_2 反应气体的 N_2 氛围,得到混合物的傅立叶变换红外吸收光谱图,如图 14.2 所示。干态下几乎没有任何反应。RH 为 40% 下出现了属于 HSO_4^- 的吸收峰以及强度较弱的表面吸附水的吸收峰。RH 为 60% 和 85% 下,明显观察到一系列属于 $CaSO_4 \cdot 0.5H_2O$,$CaSO_4 \cdot 2H_2O$ 和 $(NH_4)_2Ca(SO_4)_2 \cdot H_2O$ 的吸收峰。从拉曼吸收光谱也可以看出相应产物。这些结果表明,干态下 $CaCO_3$ 与 $(NH_4)_2SO_4$ 之间不发生反应,随着 RH 的增加,$CaCO_3$ 与 $(NH_4)_2SO_4$ 之间可以发生固态反应或者以水为介质的离子聚集,生成 $CaSO_4 \cdot nH_2O$ 或 $(NH_4)_2Ca(SO_4)_2 \cdot H_2O$。

通过本研究可以推断出:(1)混合气溶胶中 $CaCO_3$ 和 $(NH_4)_2SO_4$ 成分在干燥的大气条件下,反应非常缓慢,在高湿条件下更容易生成 $CaSO_4 \cdot nH_2O$。因此,大气传输过程中矿尘气溶胶与含 $(NH_4)_2SO_4$ 的云颗粒的碰撞和结合可能是颗粒相 $CaSO_4 \cdot nH_2O$ 的来源之一。(2)大气混合气溶胶中 $CaCO_3$ 和 $(NH_4)_2SO_4$ 的共存可促进混合物颗粒表面 NO_2 的转化和硝酸盐的形成。这是首次关于混合气溶胶系统对次生硝酸盐非均相反应形成的实验室研究,从一个新的角度解释大气颗粒物中硫酸盐和硝酸盐之间的相关性。因此,研究大气混合气溶胶中共存组分之间的相互作用对非均相反应和二次粒子形成的影响具有重要的意义。(3)硝酸盐的形成将颗粒相可溶性硫酸盐组分(SO_4^{2-})转化为稳定且不溶的 $CaSO_4 \cdot nH_2O$ 组分。$CaSO_4 \cdot nH_2O$ 通常以稳定的晶体形式存在,其潮解点通常高于 90%RH。因此,混合颗粒物的非均相反应可改变颗粒物的组成、吸湿性、云凝结核活性等性质。(4)混合颗粒共存组分之间的相互作用会影响 NH_4^+/NH_3 的气-粒分配。大气中的 NH_3 主要来自农田施肥和畜牧业等农业活动,但实际田间经常还可以检测到城市地区较高的 NH_3 浓度。

因此，农村农业活动中释放的 NH_3 通过成核和非均相反应等过程进入颗粒相，随气流进入城市地区后，混合颗粒之间的相互作用可能导致颗粒相中的 NH_4^+ 从 $(NH_4)_2SO_4$ 变为 $(NH_4)_2CO_3$ 或 NH_4NO_3 等，这些铵盐很容易分解并使 NH_3 再次挥发进入气相。因此，混合气溶胶系统的大气化学过程可能是 NH_3 区域性传输的一种方式[54]。

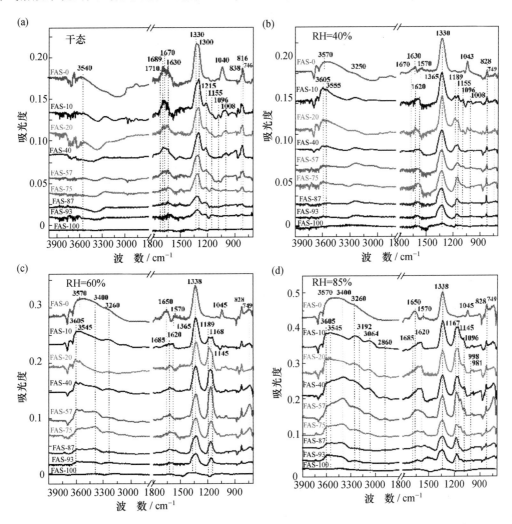

图 14.2 NO_2 与不同质量比的 $CaCO_3$-$(NH_4)_2SO_4$ 混合颗粒物以及纯 $CaCO_3$、纯 $(NH_4)_2SO_4$ 颗粒非均相反应 120 min 后的红外光谱[54]

14.4.2 多相反应后的吸湿性质研究

1. 水溶性有机酸对硝酸盐吸湿性的影响

硝酸盐和 SOA 是大气气溶胶的重要组分，二者之间的相互作用对气溶胶吸湿性的影响仍然不清楚。我们通过自行搭建的 HTDMA 系统探究了硝酸盐/丙二酸混合颗粒的吸湿性，如图 14.3 所示。研究表明纯硝酸钙干颗粒显示类液形态，含丙二酸的硝酸钙干颗粒显示出了凝胶态特征,在中低湿度下对水的吸收存在阻碍,发现了在高度黏稠的混合颗粒中有潜在的传质受阻现象。硝酸钙/丙二酸体系中,丙二酸可以影响硝酸钙的颗粒结构,抑制混合颗粒在中低湿度下的水分吸收。使用透射电子显微镜观察到硝酸钙和丙二酸的混合颗粒从RH=5%(凝胶态)到RH=30%(紧实的球体)的过程中出现了明显收缩现象。而硝酸钠的混合体系则表现出连续吸湿,表明硝酸钠颗粒的相态受到共存有机酸的影响较弱[55]。

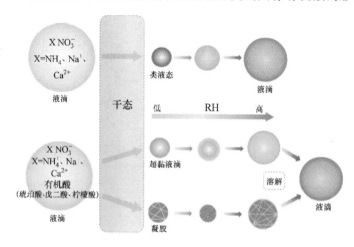

图14.3　有机酸对硝酸盐吸湿行为的影响[55]

进一步,利用HTDMA测定硝酸盐气溶胶与水溶性有机酸(琥珀酸、戊二酸和柠檬酸)混合后的吸湿生长曲线,研究水溶性有机酸对硝酸盐吸湿过程中相态变化的影响。发现硝酸铵/琥珀酸混合颗粒中,有机酸含量对硝酸铵相态有重要影响,混合颗粒中微量琥珀酸(小于质量的50%)不能促进亚微米混合颗粒中硝酸铵的结晶,对硝酸铵颗粒的相态影响不大。在低湿条件下,硝酸钠或硝酸钙颗粒与柠檬酸混合后,随着RH的增加,颗粒粒径出现明显收缩,说明柠檬酸影响了硝酸盐颗粒的结构,混合颗粒相态类似于类凝胶颗粒。研究结果突出了水溶性有机酸在硝酸盐吸水行为中的重要性,进一步加深了对大气气溶胶中硝酸盐的相态转变行为和吸湿性的认识[56]。

戊二酸和柠檬酸粒子粒径显示持续增长特性,而潮解过程发生在整个湿度范围内。在硝酸铵/琥珀酸混合颗粒吸湿过程中,硝酸铵/琥珀酸(比例为1∶3)混合颗粒发生潮解延迟,说明在干态硝酸铵/琥珀酸混合颗粒的条件下有结晶存在。当琥珀酸质量分数较小时(低于50%),则混合颗粒在形成干颗粒的过程中不会诱导硝酸铵的结晶。硝酸钠/戊二酸混合颗粒随着RH的持续增加表现出连续吸水现象。硝酸钠/柠檬酸和硝酸钙/柠檬酸的混合颗粒在低湿条件下发生粒径收缩现象,这可以归因于湿度诱导混合颗粒发生微观结构重排,从多孔疏松结构转变为紧凑、紧密的球状颗粒。研究结果表明,在不同RH条件下多元羧酸对大气中硝酸盐气溶胶颗粒的相态以及吸湿性产生影响,如多羧酸的羧基基团络合一些水溶性硝酸钙粒子,结构近似液态胶状网络结构,使随后的显微结构在低RH下吸收水,从而造成结构重排和动力学阻碍。研究结果揭示了重要的水溶性有机酸对大气气溶胶中硝酸盐吸湿性的重要影响。

2. 生物质燃烧产生的相关水溶性有机物与硫酸铵混合体系的吸湿性研究

生物质燃烧排放大量的大气气溶胶,具有较强的气候效应。然而,到目前为止,我们对于来自生物质燃烧的大量有机化合物对气溶胶-云-气候影响的了解相当有限。生物质燃烧释放的代表有机物和无机/有机气溶胶混合颗粒的吸湿生长因子在风化实验过程中表现出差异,主要原因为化学组成的不同。本研究使用 HTDMA 研究了硫酸铵与生物质燃烧释放的水溶性有机组分(如左旋葡萄糖、4-羟基苯甲酸和腐殖酸)亚微米混合颗粒物的吸湿行为。结果如下:(1) 4-羟基苯甲酸颗粒即使在较高的 RH 下仍保持结晶状态。风化过程中粒径明显增加,可能由于颗粒(多晶)在干燥条件下不是球形的,但在较高的 RH 下变得更像球形。(2) 腐殖酸气溶胶在潮解和风化过程中的吸湿增长曲线并不完全一致。特别是在 RH 为 70% 以上的差别更明显。例如,RH 为 80% 下风化实验中腐殖酸气溶胶颗粒的生长因子为 1.2,高于相同 RH 下潮解实验中相应的生长因子。由于含水量的损失,腐殖酸气溶胶颗粒在 RH 为 90%~100% 时不断缩小。已有研究表明,腐殖酸和结构相似的化合物在仪器所能达到的最低 RH 时保留了一些水,即粒子在仪器中停留期间不完全干燥[57]。此外,将一个三参数方程式与测量值拟合,可以较好地表征腐殖酸气溶胶粒子风化过程中的实验生长因子。(3) 含有左旋葡萄糖的混合气溶胶颗粒的增长因子随着左旋葡萄糖质量分数的增加而减少,这与 ZSR 模型所预期的一致。当左旋葡萄糖的浓度较低(25%)时,在相对于纯硫酸铵的风化点相对湿度(ERH)(RH=33%~35%)向相对较高的 RH(40%~45%)转变的过程中,可以发现硫酸铵呈现明显的结晶状态[58]。随着左旋葡萄糖质量分数的增加,混合物释放的水逐渐增多且不能看到混合物结晶。因此,含有左旋葡萄糖的溶液黏度较高,预计其对 RH 的影响较大。

在一定的 RH 条件下,对于不同质量分数(25%、50%、75%)的 4-羟基苯甲酸和硫酸铵的混合物,随着硫酸铵质量分数的降低呈现出含水量减少的现象。随着 4-羟基苯甲酸质量分数的增加,混合物风化曲线在相应的 ERH 处没有明显的溶解现象。这表明 4-羟基苯甲酸在混合颗粒中延缓或抵消了硫酸铵的结晶。同样地,某些水溶性较弱的混合有机酸颗粒中也具有类似的行为。

在 RH>35% 处,质量比为 1:3、1:1 或 3:1 的腐殖酸和硫酸铵混合颗粒的吸湿增长因子(HGF)随着腐殖酸质量分数的增加而减小。例如,RH=35%,由 25%、50% 和 75% 的腐殖酸组成的颗粒的 HGF 分别为 1.1、1.05 和 1.05。相比之下,潮解的硫酸铵颗粒的 HGF 为 1.13,高于硫酸铵风化的生长因子。与左旋葡萄糖和 4-羟基苯甲酸气溶胶颗粒不同,腐殖酸对混合气溶胶颗粒中硫酸铵的风化点没有明显影响。在实验误差范围内,ZSR 模型的预测值与实测值吻合较好,这表明有机分子与硫酸铵中离子在水溶液中的相互作用对腐殖酸和硫酸铵混合物的 HGF 只有轻微的影响。

通过混合两类不同的有机化合物(包括左旋葡萄糖、4-羟基苯甲酸和腐殖酸等)来模拟在亚马孙河流域中部干季和湿季水溶性有机酸的平均碳分数。实验室研究发现模拟混合物有机部分的吸湿参数(κ)与雨季的亚马孙河流域的水溶性有机酸的观测数据有很好的一致性,如实验室中,RH 从 90% 到 40%,κ 的变化范围为 0.12~0.15,亚马孙河流域雨季时 RH

高达 90%，κ 为 0.14 ± 0.06。这表明可用代表性有机物和硫酸铵的混合物来简化模拟亚马孙盆地环境气溶胶的化学组成，以此进行吸湿性研究[58]。

14.4.3 典型 VOCs 多相转化机制

1. 乙酸在典型矿尘气溶胶表面的多相反应过程

乙酸是大气中重要的有机酸，对酸雨的形成和大气氧化能力有重要的影响。有机酸与矿尘气溶胶的非均相反应受温度影响明显。地球上大气的温度随着经纬度、海拔、季节等变化而发生变化，重要大气反应速率常数的测量以及这些速率常数与温度之间的关系是目前大气科学的重要组成部分。因此，研究不同温度下乙酸与典型的矿尘气溶胶的非均相反应对于理解大气非均相化学具有重要的意义。通过实验探究不同温度下乙酸与 α-Al_2O_3 之间的非均相反应，利用红外光谱仪原位在线检测，并对在 248~298 K 条件下获得的非均相反应的红外谱图进行分析。

在 298 K 下，α-Al_2O_3 表面伴随羟基的消耗，逐渐产生乙酸盐。随着反应温度的降低，当反应温度低于 285 K 时表面形成了乙酸晶体。其次，随着温度的降低，乙酸盐的吸收峰出现了位移。一般来说，两个乙酸单体在气相中可以聚集形成环状的二聚体，这会导致长链团聚在一起的晶体出现。因此 C=O 吸收峰的位移表明相态发生了转变，而形成的晶体会覆盖表面活性位点从而抑制乙酸盐的进一步形成。

反应过程中乙酸盐的浓度随温度变化的结果：不同温度条件下(248~298 K)产生的乙酸盐浓度几乎一致。这说明温度对于乙酸盐的生成几乎没有影响。从乙酸盐和乙酸晶体的吸收峰峰面积随温度的变化可以明显看出有两个过程产生乙酸盐。一方面，当乙酸参与反应时马上会产生乙酸盐；乙酸盐生成速率随着温度的降低也逐渐降低，表明温度降低会减少乙酸盐的形成，更容易使表面达到饱和状态。另一方面，形成的结晶态的乙酸也受温度影响，结晶态乙酸的吸收峰在达到稳态以后才逐渐出现，表明形成的乙酸晶体会抑制乙酸盐的形成。为了验证乙酸盐晶体会进一步与颗粒物反应形成乙酸盐。我们又进行了一系列实验来证实。首先，保持温度在 248 K，然后停止通入乙酸反应 200 min，再通入合成空气 60 min。实验结果发现，结晶态的乙酸吸收峰逐渐降低，乙酸盐的吸收峰逐渐升高，而表面结晶态的乙酸会在 180 min 内消耗掉。这表明乙酸晶体会与颗粒物进一步反应生成乙酸盐。

实验研究结果表明，研究的温度范围内(248~298 K)都会产生乙酸盐，而且随着温度的降低乙酸盐的生成减缓，乙酸晶体逐渐累积。当温度降低到一定程度时，表面开始出现结晶态乙酸，并且结晶态乙酸可以继续与矿尘气溶胶发生反应产生乙酸盐。这表明低温下乙酸与 α-Al_2O_3 不但存在气-固非均相反应，而且存在一个固-固均相反应过程。结合离子色谱离线定量检测，首次获取了一系列低温下的反应摄取系数。乙酸与矿尘气溶胶的非均相反应研究表明这一非均相过程是乙酸的一个重要汇，而在高对流层中温度越低其寿命会越短[59]。

2. 不饱和有机酸在矿尘气溶胶表面的非均相反应

矿尘气溶胶与饱和有机酸的非均相反应受到了广泛关注，但有关不饱和有机酸在矿尘气溶胶上的非均相反应的研究仍然缺乏,限制了对不饱和有机酸非均相大气转化的认识。因此,研究典型的不饱和有机酸与矿尘气溶胶的非均相大气化学过程有助于厘清大气污染的形成。本研究开展了两种典型大气不饱和有机酸(丙烯酸、甲基丙烯酸)在 $\alpha\text{-}Al_2O_3$ 和 $CaCO_3$ 颗粒物上的非均相反应研究,并进一步探索了丙烯酸在真实矿尘(亚利桑那土)上非均相摄取的温度效应。应用努森池-质谱系统和漫反射傅立叶变换红外光谱对丙烯酸和甲基丙烯酸在 $\alpha\text{-}Al_2O_3$ 和 $CaCO_3$ 颗粒物上的非均相摄取动力学和机理进行研究。

获得了丙烯酸和甲基丙烯酸在 $\alpha\text{-}Al_2O_3$ 和 $CaCO_3$ 上的表观摄取系数(γ_{obs})和真实摄取系数(γ_t)。γ_{obs} 数值为 $2\times10^{-3}\sim2\times10^{-2}$,取决于反应体系和样品质量。对于相同的矿尘气溶胶,丙烯酸的 γ_{obs} 和 γ_t 都强于甲基丙烯酸,这可能是由两者的酸度差异造成的。丙烯酸和甲基丙烯酸的 pK_a 分别为 4.08 和 4.66,因此,在相同的实验条件下,具有更高酸度的有机酸可能拥有更高的反应活性。通过进一步的计算得到丙烯酸和甲基丙烯酸在 7.3 mg $\alpha\text{-}Al_2O_3$ 上的摄取数目分别约为 8.17×10^{-8} mol 和 4.02×10^{-8} mol,而在约 9.3 mg $CaCO_3$ 上的摄取数目分别约为 4.39×10^{-8} mol 和 3.85×10^{-8} mol。这一系列数值可以代表在我们的实验条件下有机酸在 $\alpha\text{-}Al_2O_3$ 和 $CaCO_3$ 上的吸附能力。通过这些数值可以很明显地看出,对于相同的矿尘气溶胶,丙烯酸比甲基丙烯酸表现出更强的反应活性,这与二者摄取系数的大小比较结果一致。进一步分析表面产物从而阐明反应机理。当气态(甲基)丙烯酸暴露于 $\alpha\text{-}Al_2O_3$ 样品上,表面会产生(甲基)丙烯酸盐。在非均相反应的前 80 min,羧酸盐和 OH 基团的损耗近似线性增加,表明在反应的初始阶段羧酸盐的生成速率和 OH 基团的损耗速率具有一个稳定的值。值得注意的是,碱性 OH 基团的损耗速率在这两种不饱和有机酸的反应过程中是不同的,丙烯酸非均相反应的过程中碱性 OH 基团的消耗速率要快一些。换句话说,相同的反应时间内,丙烯酸比甲基丙烯酸会损耗更多的 OH 基团,这一结果与测定的摄取系数的大小对比结果一致。

不饱和有机酸在 $CaCO_3$ 矿尘气溶胶表面的非均相实验表明:在干态条件下(RH<1%),丙烯酸在 $CaCO_3$ 上非均相产生吸附态丙烯酸盐和碳酸(H_2CO_3)。当甲基丙烯酸暴露于 $CaCO_3$ 样品上时,同样观察到甲基丙烯酸盐和 H_2CO_3 的特征峰。根据本实验中测定的摄取系数,估算由 $\alpha\text{-}Al_2O_3$ 非均相摄取导致的丙烯酸和甲基丙烯酸的大气损耗寿命分别为 8.8 h~44.2 d 和 11.1 h~55.8 d,由 $CaCO_3$ 导致的大气损耗寿命分别为 4.6 h~22.9 d 和 5.4 h~26.9 d。矿尘气溶胶与挥发性有机物之间可以发生非均相反应,这一过程为有机物提供了潜在的汇[60,61]。

3. TiO_2 对间二甲苯与 NO_x 光氧化过程的影响

TiO_2 具有较好的降解污染物的性能和一定的自清洁能力,近年来应用于道路表层、建筑外层以及玻璃和室内喷涂等方面。在太阳光(主要是紫外波段)照射下能够产生表面活性氧物种,而这些表面活性物种可参与大气非均相氧化过程。在城市大气中,人类活动排放的 VOCs 中芳香烃占 70%~90%。而芳香烃在大气中的光氧化过程对城市中 SOA 的贡献为 20%~70%。苯、甲苯、乙苯、二甲苯是大气中芳香烃的主要代表性物种。其中,二甲苯与

OH自由基的反应速率最快,在相同的反应时间能形成更多的SOA。同时,机动车尾气排放产生大量的NO_x,会进一步加剧光化学污染过程。因此,二甲苯与NO_x的光氧化过程对实际大气SOA的形成有重要意义。基于此,我们选择间二甲苯(m-xylene)作为典型的城市地区污染物,探究TiO_2对间二甲苯与NO_x光氧化过程形成SOA的影响。

利用烟雾箱模拟系统,开展了一系列光化学反应实验研究,设计了TiO_2同时光催化降解NO_x与间二甲苯的三元体系($TiO_2+NO_x+m\text{-xylene}$)实验。此外,考虑到实际大气中颗粒物的存在,为更好地探究在真实大气条件下TiO_2对SOA形成的影响,所研究的体系包含了有种子和无种子实验,如图14.4所示。

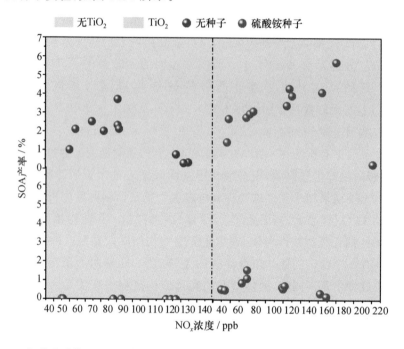

图14.4 经典实验体系、TiO_2光催化体系在有无种子条件下SOA的产率[62](见书末彩图)

在TiO_2光催化降解NO_x与间二甲苯体系中:由于反应的复杂性,反应过程中的动力学参数量化分析较难。为了研究反应过程中间二甲苯和NO_x的消耗变化,通过对间二甲苯和NO_x的浓度变化数值[即$\ln([\text{反应物}]_0/[\text{反应物}]_t)$]随时间的变化进行分析,发现三元体系中间二甲苯和$NO_x$的消耗不能通过下列任何一个单独的反应[式(14.3)、(14.4)、(14.5)]进行解释,而是式(14.3)、(14.4)和(14.5)同时存在于三元体系才能解释该实验现象。

$$m\text{-xylene} \xrightarrow{TiO_2} 产物 \tag{14.3}$$

$$NO_x \xrightarrow{TiO_2} 产物 \tag{14.4}$$

$$NO_x + m\text{-xylene} \rightarrow 产物 \tag{14.5}$$

在反应体系中,NO_x浓度降低同时会伴随着NO与O_3的形成,而NO_x和O_3随着反应的进行会被TiO_2光催化降解。同时,三元体系中会形成羰基化合物(RCCs),相比于前4h,

反应后4 h的乙二醛和甲基乙二醛的浓度在三元体系中大约降低了70%,表明TiO_2会进一步光催化降解体系中形成的RCCs,随反应的进行它们的浓度变化结果也暗示了反应式(14.3)、(14.4)和(14.5)应同时存在于三元体系中。

利用漫反射傅立叶变换红外光谱仪和气相色谱-质谱联用仪检测三元体系中TiO_2表面的吸附产物,结果表明NO_3^-和间甲基苯甲醛是体系中主要的吸附产物,随着反应时间的推移而逐渐增加,最终达到稳定值。除此之外,在三元体系中还检测到硝酸-3-甲基苄基酯的形成,根据三元体系吸附产物的检测结果分析推断,应该存在一条新的反应通道导致硝酸-3-甲基苄基酯的形成。

在无种子和硫酸铵作种子的情况下,对三元体系中NO_x、O_3、间二甲苯(ΔCH)和SOA(ΔM)的演变过程进行分析,发现在没有种子气溶胶加入的情况下,三元体系中形成的SOA几乎可以忽略不计,这说明TiO_2可以显著地降低三元体系中SOA的形成。在有种子体系中,在所研究的NO_x浓度范围内,SOA的生成量为0.3%~1.6%。此外,随着NO_x浓度的升高,SOA的产率先增加后降低。有种子条件下SOA形成应与NO_x的加入相关,即间二甲苯与NO_x之间的反应[式(14.5)]。在三元体系中NO_x光解产生的NO和OH自由基会影响SOA的形成。此外,TiO_2的光催化作用也同样会对反应过程中SOA的形成造成影响:TiO_2对NO_x和间二甲苯的吸附以及光催化降解作用会降低体系中形成的NO和RCCs,还会影响体系中气相OH自由基的形成;反应过程中生成的RCCs会被TiO_2吸附和降解,进而抑制体系中SOA的形成;由RCCs的降低而抑制SOA的形成,有一部分会被因NO的降低而促进SOA的形成所抵消。另外,TiO_2的存在会导致气相中形成的OH自由基最大浓度所对应的NO_x浓度发生改变。因此,该反应中SOA的形成受到抑制是由光催化引起的OH自由基、NO以及RCCs的改变的共同作用,并且SOA最大值所对应的间二甲苯与NO_x的比值也发生了变化[62]。

14.4.4 多相反应对SOA光学性质的影响

1. 相对湿度对SOA光学性质的影响

苯系物是城市地区VOCs的重要组成部分,然而有关它们光氧化生成SOA的光散射和光吸收的研究相对匮乏。水在大气中无处不在,并且在大气化学反应过程中起着重要的作用,因此本研究拟在三种湿度条件(干燥、高湿和加湿)下进行实验。在干燥和加湿条件下,反应器内的RH保持在0~5%,在高湿条件下反应器内的RH在80%~83%。在加湿条件下,干态下产生的SOA通过一个Nafion管加湿到80% RH。气溶胶在加湿管内的停留时间在15 s以上。在每一种湿度条件下均进行带种子和不带种子的实验,即共有6种条件的实验进行。实验过程中,间二甲苯及其气相产物甲基乙二醛的浓度通过PTR-MS来检测。水分对SOA的复折射率的影响主要有两个方面:一是水分的摄取导致吸湿增长,从而与水混合;二是水分参与的反应导致化学成分和理化性质的变化。通过对比干燥条件和加湿条件,可以得到吸湿增长的效应;通过对比加湿条件和高湿条件,可以得到水所参与的反应对复折射率的影响。

以无种子条件为例,来对比这两种效应。无种子干态(ND)条件下,拟合得到的复折射率为 1.492 ± 0.005 和 1.496 ± 0.005,与实验值相吻合。无种子加湿(NH)条件下,使用体积混合定律和吸湿增长因子计算得到的复折射率为 1.09 ± 0.02,RI_{water} 的值为 1.335。NH 条件下的实验值与计算得到的消光曲线吻合得很好,这表明,加湿过程是一种简单的混合过程,复折射率的降低(从 1.494 ± 0.007 到 1.457 ± 0.012)主要是因为与水的混合。

无种子高湿(NW)条件下的实验结果与 NH 条件下的结果完全不同。NW 条件下,SOA 的复折射率为 1.58~1.635,平均值为 1.608,与 ND(1.494)和 NH(1.457)相比都有非常明显的提升。这说明水分子可能参与了某些反应,从而改变了 SOA 的化学成分。为了进一步验证我们的假设,使用电喷雾飞行时间质谱(ESI-TOF-MS)测定了 ND 和 NW 条件下 SOA 的化学组成。虽然 SOA 的组成非常复杂,但在 NW 条件下,存在着很多一簇簇的峰,它们之间的差值为 14~16。通过对比两种条件,发现高湿条件增大了 120~350 amu 和 400~600 amu 产物的比例。推测这些分子量较大的产物包含间二甲苯中间产物乙二醛、甲基乙二醛,以及它们的氧化产物乙醛酸和丙酮酸所聚合而成的低聚物,发现大部分的峰可以用上述产物进行解释。

此外,当种子存在时,水分对 SOA 复折射率的影响作用与无种子时非常类似:加湿过程稍稍降低复折射率,而高湿环境则会明显增大复折射率。这说明,种子影响较小。但是发现种子高湿(SW)条件相对种子加湿(SH)条件的增加量(0.09)小于 NW 条件相对 NH 条件的增加量(0.15)。另外一个可能的解释是 SW 条件下水溶性有机物摄取的增强。硫酸铵种子在 RH 为 80% 时会发生潮解变为液滴,在这种情况下,水溶性有机物(大部分是有机酸)会更多地溶解在颗粒相,这些物质的复折射率相对低聚物要小,因此导致了复折射率的减小。

实验过程中检测到一系列低聚物并计算出复折射率,发现大多数低聚物的复折射率高于小分子化合物,尤其是分子量较大的低聚物。为了探究质谱信息(质量数)与 SOA 的复折射率之间的关联,选择甲基乙二醛的聚合作为典型体系来进行研究。甲基乙二醛主要通过水解生成四醇,或者异构化生成丙酮酸和羟基丙酮,然后通过羟醛缩合和缩醛反应生成低聚物。研究发现随着甲基乙二醛单体数的增加,聚合物的复折射率上升。当单体数增大时,分子量增大,分子内的双键和环的个数也可能会增加,所以不饱和度的上限和下限也会增大。同时还发现如果单体数为 n,则不饱和度上限为 $2n$,下限为 $n-1$,饱和度再小的物质结构较不稳定。但当不饱和度相同而分子量增大时,复折射率稍稍上升;而当分子量相同而不饱和度增大时,复折射率增大非常明显。在该体系中,分子量可以成为评估复折射率的最重要参数。但在我们的体系中,分子量的增大也会带来不饱和度的变大趋势。因为在高湿条件下的产物是聚合度最高的,所以它们应该具有最大的复折射率,这解释了本研究结果的内在原因。

通过实验研究表明,高湿环境下的多相过程所生成 SOA 的散射会明显升高,单纯的考虑吸湿增长过程会明显低估所生成 SOA 的散射效率。颗粒物较强的散射也会加速大气光化学过程,从而促进二次物种的产生,加速灰霾的形成[63]。

2. 不同环境条件下甲苯光氧化生成 SOA 的光学特性

芳香族化合物是最具有代表性的人为排放的 VOCs 之一,体积占比为挥发汽油燃料的 20%~40%,对对流层 SOA 和 O_3 的生成有重要影响。在所有芳香族化合物中,甲苯来源广泛、排放量大、SOA 及 O_3 生成潜势大,被认为是最重要的 SOA 前体物之一。关于甲苯对 SOA 贡献的研究已有很多,然而由于实际大气条件复杂多变,不同环境条件对甲苯生成 SOA 的光学性质的影响不同。

中国地区大气灰霾污染严重时,SO_2 的大气浓度高达 50 ppb,重污染时期气溶胶中 SOA 和硫酸盐的生成和增长速度快,进一步加剧了灰霾污染。SO_2 能提高生物源 SOA 的产量的原因有两个:一是 SO_2 的存在使颗粒物的酸性增加,酸性颗粒物的催化作用使得 SOA 的产量增加;二是 SO_2 的存在能促进新粒子的形成,气溶胶表面积的增加使得气态产物更容易分配进入颗粒相,从而使得 SOA 的产量增加。外场观测实验研究表明,灰霾事件爆发时通常伴随着较高的 RH,而且灰霾期间大部分有机气溶胶是以液体形式存在的。多相反应在 SOA 的生成过程中也有着重要的作用,研究发现多相反应能大大增强间二甲苯 SOA 的光散射系数和辐射强迫。

基于以上情况,为了更好地了解实际复杂大气条件对 SOA 生成及光学性质的影响,且可以更好地预测、评估和控制中国地区的灰霾污染,开展了不同 RH、SO_2 浓度下甲苯生成 SOA 光氧化过程的实验。实验分为 4 种条件:干态(D)条件,为 RH 小于 5% 且 SO_2 的浓度小于 1 ppb;干态加 SO_2(DS)条件,为 RH 小于 5% 且 SO_2 的浓度为 30~50 ppb;高湿(W)条件,为 RH 大于 80% 且 SO_2 的浓度小于 1 ppb;高湿加 SO_2(WS)条件,为 RH 大于 80% 且 SO_2 的浓度为 30~50 ppb。

对比 4 组实验中甲苯 SOA 的最大数浓度得出结论:在加入 SO_2 气体的条件下甲苯 SOA 的最大数浓度几乎翻了一倍,由此我们可以推测加入 SO_2 气体可以促使新粒子生成。此外,在高湿条件下的颗粒物的总表面积浓度高于干态,产生这种现象的原因可能是水溶性产物浓度增加导致颗粒物总表面积增加。

分析 4 组实验中甲苯 SOA 在 375 nm 和 532 nm 处的消光效率得到:在 532 nm 处 D、DS、W 和 WS 条件下甲苯 SOA 的复折射率的实部[$RI(n)$]平均值分别为 1.412、1.348、1.504 和 1.468;在 375 nm 处 D、DS、W 和 WS 条件下甲苯 SOA 的复折射率分别为 1.450、1.370+0.014i、1.456+0.022i 和 1.510+0.012i。

高湿会导致甲苯 SOA 的 RI 值大幅增加:在不加 SO_2 的条件下,RH 增加使甲苯 SOA 在 375 nm 处 $RI(n)$ 的平均值从 1.450 增加到 1.566,在 532 nm 处 $RI(n)$ 的平均值从 1.412 增加到 1.504,很可能是受到多相反应的影响。与干态条件相比高湿条件会使甲苯 SOA 的 $RI(n)$ 升高,并且能诱导低聚物的形成。分子量大于 500 的聚合物的质谱峰在高湿条件下相对强度较高,其 RI 的估算结果表明这些产物具有较高的 RI。产生这种现象的原因可能是液态水存在下的多相反应可以导致乙二醛和甲基乙二醛等中间产物发生聚合反应生成低聚物,导致 $RI(n)$ 的大幅提高。

甲苯 SOA 的质谱结果表明,在 W 条件下(特别是在正离子模式下)由多相反应(如酸催化的羟醛缩合)产生的聚合物质谱峰相对强度较高,而这些聚合物吸收太阳光的波长范围更广。WS 条件下甲苯 SOA 的平均 RI(n) 在 375 nm 处为 1.510,在 532 nm 处为 1.468,高于 DS,低于 W;WS 条件下的平均 RI(k)[RI(k)为复折射率的虚部]低于 W,与 DS 相当。

DS 条件和 W 条件减去 WS 条件甲苯 SOA 的质谱差异图反映,WS 条件下生成的甲苯 SOA 中低氧化态的有机物和聚合物共同存在。WS 条件下分子量大于 400 的产物(聚合物)的相对强度高于 DS 条件下的相对强度(负值),表明高湿条件下生成了更多种聚合物。与 W 条件下相比,SO_2 的加入使甲苯 SOA 低氧化态的有机物的种类、含量增加。在这些产物的共同作用下,WS 条件下甲苯 SOA 的 RI(n) 的平均值低于 W 条件下的平均值,而高于 DS 条件下的平均值。对于甲苯 SOA 的光吸收性质而言,WS 条件下的 RI(k) 的平均值几乎等于 DS 条件下的平均值,低于 W 条件下的平均值,SO_2 的加入使低氧化态且低共轭的产物增多可能是造成这种现象的原因。WS 条件下生成的供体基团浓度低于 DS 条件下供体基团的浓度,导致电荷转移复合物浓度降低,可能是 RI(k) 的平均值降低的另一个原因。

通过研究在不同 RH 下 SO_2 对甲苯光氧化生成 SOA 光学性质的影响发现:在 RH 大于 80% 的实验条件下,RH 的增加使甲苯 SOA 复折射率的实部值升高,532 nm 处从 1.412 增长到 1.504,375 nm 处从 1.45 增长到 1.566。复折射率的虚部值也得到了大大提高,这可能是因为多相反应促使聚合物的形成。无论在低湿还是高湿下,加入 SO_2 都可以降低 375 nm 和 532 nm 处甲苯 SOA 的 RI(n):在 DS 条件下,甲苯 SOA 的 RI(n) 值在 375 nm 处为 1.37,在 532 nm 处为 1.348;在 D 条件下的 RI(n) 值在 375 nm 处为 1.45,在 532 nm 处为 1.412。引起这种现象的可能原因是 SO_2 的加入会导致大量新粒子生成以及较高的质量、表面积浓度,表面积浓度的增加会将挥发性较高的分子吸附到颗粒相中,挥发性较高的分子通常具有较低的氧化态和较低的 RI(n),从而导致甲苯 SOA 的 RI(n) 降低。RI(k) 的增加可能与酸性颗粒物的产生及酸催化反应有关。WS 条件下甲苯 SOA 的 RI(n) 高于 DS 条件下的 RI(n),其 RI(k) 低于 W 条件下的 RI(k),其可能的原因是 WS 条件下生成的聚合物较少。WS 条件下的消光效率比 D 条件下高约 30%,SO_2 和高湿的综合作用可以大大提高甲苯以及其他前体物生成的 SOA 的散射、吸收、消光和直接辐射强迫[64]。

3. 中等挥发性有机物光氧化生成 SOA

中等挥发性有机物(IVOCs)是大气中 VOCs 的一个重要组成,而长链烷烃是 IVOCs 的重要代表性物质。在我国经济快速发展的同时,机动车、柴油车等的使用也急剧增加,其排放的尾气是我国大气污染的重要来源之一,其中柴油车排放的尾气中的代表性污染物包含长链烷烃。目前,关于长链烷烃的研究较少,但是其对 SOA 的贡献以及环境效应是不可忽视的。但是由于 SOA 成分的复杂性及检测手段的限制,目前关于 SOA 光学特性的认识仍然很贫乏。基于此,我们选取了不同结构的碳数为 12(C12) 的烷烃作为 IVOCs 的代表性物质进行不同温度下光氧化过程的研究。利用烟雾箱模拟系统进行实验研究,研究结果将有助于评估 C12 烷烃生成的 SOA 对能见度及气候的影响。

实验过程发现:十二烷在常温下(298 K)反应达到稳定的时间明显短于低温下的时间(278 K)。当等剂量差不多相同的烷烃与氧化剂加入烟雾箱,在常温条件下烷烃一般反应

4～5 h 会被消耗完,而在低温条件下则经过 8～9 h 才会被消耗掉,引起这个现象的原因应该是低温下烷烃与 OH 自由基的反应速率低于常温。在两种温度条件下,反应开始后会立即有颗粒物的生成,同时伴随 O_3 的生成,刚开始颗粒物的数浓度非常高,随着反应的进行数浓度慢慢降低,粒径慢慢变大;颗粒物的质量浓度随着反应的进行缓慢增长,一定程度后又会呈现稍下降的趋势,此现象是由颗粒物在烟雾箱内的壁损失造成的。

为评估不同结构的 C12 烷烃在不同温度下所生成的 SOA 的光学性质,在整个实验过程中接入光腔衰荡光谱对其生成的 SOA 的光学性质进行检测,最后选取质量达到最大值的一段进行分析。将不同结构的 C12 烷烃于不同温度下所生成的 SOA 在 532 nm 处的复折射率进行对比,发现在最后质量基本不再增长的时间段,颗粒物的复折射率也趋于稳定。C12 烷烃在 532 nm 处没有明显的吸收。

首先分析不同结构对生成 SOA 光学性质的影响。298 K 下,4 种结构 C12 烷烃生成的 SOA 其复折射率稍有差异,正十二烷和 2-甲基十一烷的复折射率为 1.48～1.485,而己基环己烷和环十二烷的复折射率为 1.460～1.465,带有环的 C12 烷烃的复折射率要稍低于正十二烷和 2-甲基十一烷;278 K 下,4 种结构的长链烷烃同样呈现相同的差异,正十二烷与 2-甲基十一烷的复折射率为 1.51～1.52,而己基环己烷和环十二烷的复折射率为 1.48～1.49,正十二烷与 2-甲基十一烷的复折射率要稍高于环十二烷与己基环己烷。两种温度下的复折射率现象说明在同等碳数的情况下,烷烃的结构会对最终生成的 SOA 的复折射率有一定的影响。

研究结果还表明:低温下生成的 SOA 的复折射率要高于常温下生成的 SOA 的复折射率。在 298 K 温度条件下生成 SOA 的光学性质,其复折射率趋于稳定的数值,范围基本在 1.45～1.485,如图 14.5 所示。4 种结构的烷烃数值分别为:正十二烷-1.482,2-甲基十一烷-1.483,己基环己烷-1.465,环十二烷-1.460。在 278 K 温度条件下生成 SOA 的光学性质,其复折射率趋于稳定的数值,范围基本在 1.485～1.53,4 种结构的烷烃数值分别为:正十二烷-1.515,2-甲基十一烷-1.520,己基环己烷-1.490,环十二烷-1.486。同一个物质生成的 SOA 的复折射率在 278 K 下要比 298 K 下高,差值基本在 0.03～0.04。此现象说明温度对最终生成 SOA 的复折射率有一定的影响。综上对比可见,同样碳数的烷烃由于结构的不同会使得最终生成的 SOA 的复折射率有所差异;在同等条件下,温度也会使得最终生成 SOA 的复折射率有所差异。这说明在相同的前提条件下(氧化剂相同-低 NO_x 氧化条件,相同剂量的反应性有机物),反应性有机物的结构及反应温度对最终生成的 SOA 的复折射率有一定的影响。

不同结构的 C12 烷烃在不同的温度条件下呈现不同的变化趋势:常温条件下,C12 烷烃的结构对最终生成 SOA 的复折射率有不同程度的影响,RI(正十二烷、2-甲基十一烷)>RI(环十二烷、己基环己烷);低温条件会促使 C12 烷烃最终生成的 SOA 的复折射率整体抬升,即 $RI_{278\ K} > RI_{298\ K}$。在常温条件下,同样碳数的烷烃,由于环状结构的存在,会促使发生分子间反应,生成过氧半缩醛的低聚物,而链状结构的烷烃则倾向于发生分子内的环化反应。在低温条件下,4 种结构的 C12 烷烃倾向于发生聚合反应,且生成产物的聚合度要高于常温下产物的聚合度。若将 SOA 生成时反应前体物的结构、温度条件(模仿不同的季节温度)等都考虑到模式中,模式的准确度将会有一定程度的提升[65]。

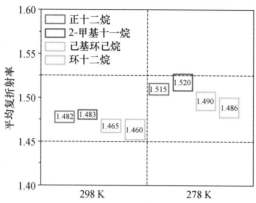

图 14.5 不同结构的 C12 烷烃在不同温度条件下生成的 SOA 的复折射率[65](见书末彩图)

14.4.5 多相反应机制在空气质量模型中的应用

1. 完善 IA 非均相化学参数化方案

IA 非均相化学数值模拟技术不仅依赖于环境温度、湿度、气溶胶类型和气溶胶表面积,还与气溶胶混合状态和气溶胶液态水含量等因素有关。在传统的模拟方案中,非均相化学反应速率依赖于气溶胶类型(硫酸盐、硝酸盐、沙尘、黑碳等)和大气相对湿度等因素,并对气溶胶质量浓度产生影响。本研究在传统非均相化学模块的基础上,发展了与气溶胶混合状态及气溶胶液态水含量有关的动态非均相化学模块,实现了非均相化学反应速率与气溶胶浓度的正向反馈。而且原有 IA 非均相模块假设污染物可充分在不同类型气溶胶表面发生界面反应,仅考虑外部混合或者均匀内部混合。而本研究发展的非均相化学模块考虑了核-壳混合,即核表面可附着其他污染物,核-壳两者的气溶胶组分差异会改变气溶胶表面的非均相过程。此外,本研究中 SO_2 摄取系数计算方案采用中国科学院化学研究所最新的实验室研究成果,与 RH 的依赖关系为连续的分段函数。

基于发展的非均相化学模块,本研究开展了三维空气质量数值模拟。结果表明,改进后的非均相化学模块提高了数值模式对于 IA 尤其是硫酸盐的模拟能力[66,67]。如图 14.6 所示,不同方案中 SO_2 在气溶胶表面的非均相过程摄取系数与气溶胶质量浓度的关系有所不同。经典方案中未考虑非均相反应,基于 RH 的非均相化学方案中摄取系数在分段的 RH 范围内基本为固定值,而本研究发展的动态计算方案则采用了中国科学院化学研究所最新研究得到的摄取系数与 RH 的连续性关系。结果表明,本研究与基于 RH 的非均相化学方案均能增加 IA 的模拟浓度,但是基于 RH 的非均相化学方案在提高重污染期间硫酸盐浓度的同时,模拟显著高估了较为清洁时段和地区观测得到的硫酸盐浓度。2013 年 1 月期间,我国华北地区发生了持续时间较长、影响范围较广的灰霾污染事件,北京地区在此次重污染过程期间,观测到的硫酸盐浓度可以高达 30~40 $\mu g\ m^{-3}$。如果不考虑非均相过程,模拟得到的硫酸盐浓度在重污染期间仅为 15 $\mu g\ m^{-3}$,大大低于观测结果。而采用本研究最新发展的非均相模拟方案后,模式很好地再现了这一污染过程,模拟得到的硫酸盐最高浓度达到 30 $\mu g\ m^{-3}$;此外,本研究计算得到的硫酸盐小时生成速率很好地刻画了 $PM_{2.5}$ 浓度在 $50\sim 250\ \mu g\ m^{-3}$ 基于观测数据测算得到的硫酸盐生成速率的缺失来源,本研究得到发展的 IA 非均相方案能更好地再现我国高浓度气溶胶背景下硫酸盐的形成。

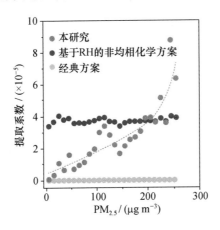

图 14.6　不同 $PM_{2.5}$ 浓度下本研究发展的新方案与其他方案中 SO_2 在气溶胶表面的摄取系数

2. 基于实验室最新结果更新 SOA 的数值模拟方案

本研究对于 SOA 的数值模拟,将原有的两产物方法更新为基于挥发性分级方法,模型中半挥发性物种的饱和蒸气浓度分为 4 档,即 $C^* = 1\sim 1000\ \mu g\ m^{-3}$。传统模型中仅考虑 VOCs 氧化形成 SOA 的机制,并且认为直接排放的一次有机气溶胶(POA)不具有挥发性。更新后的模型中增加了 IVOCs 和具有半挥发性的 POA 氧化形成 SOA 的机制。本研究中还更新了 IVOCs 的产率,采用中国科学院化学研究所烟雾箱实验得到的正十二烷在不同氧化条件下的产率开展了数值模拟,并基于不同参数进行了不确定性分析[68]。

本研究利用加入了最新 SOA 形成机制的基于观测约束的一维箱模式,结合北京地区外场观测结果,评估了不同氧化机制对于 SOA 形成的贡献。结果发现,IVOCs 氧化机制对于 SOA 的贡献最为重要,该机制的引入一定程度上可以改善数值模式对北京地区 SOA 的模拟能力。基于更新后的 OA 模拟方案,本研究开展了中国中东部地区的数值模拟,结果显示,更新后的模拟方案显著提高了数值模式对于 POA 和 SOA 的再现能力,尤其在冬季,IVOCs 氧化机制的引入改善了冬季 SOA 模拟偏低的现状。在数值模拟中采用中国科学院化学研究所最新研究得到的 IVOCs 产率,结果表明,IVOCs 的高产率对于中国中东部地区地面 SOA 模拟浓度的增加影响显著,在排放速率较高的源区附近,冬季 SOA 浓度的增加量最高可达 20 $\mu g\ m^{-3}$,中国中东部大部分地区 SOA:OA 的值也增加 2%～10%。

14.4.6　本项目资助发表论文

[1] Chen Y, Wang J, Zhao S, Tong S, Ge M. An experimental kinetic study and products research of the reactions of O_3 with a series of unsaturated alcohols. Atmospheric Environment, 2016, 145: 455-467.

[2] Tan F, Jing B, Tong S, Ge M. The effects of coexisting Na$_2$SO$_4$ on heterogeneous uptake of NO$_2$ on CaCO$_3$ particles at various RHs. Science of the Total Environment, 2017, 586: 930-938.

[3] Zhang Y, Tong S, Ge M, Jing B, Hou S, Tan F, Chen Y, Guo Y, Wu L. The formation and growth of calcium sulfate crystals through oxidation of SO$_2$ by O$_3$ on size-resolved calcium carbonate. RSC Advances, 2018, 8: 16285-16293.

[4] Lin M, Yu X, Yang X, Ma X, Ge M. Exploration of the active phase of the hydrotalcite-derived cobalt catalyst for HCHO oxidation. Chinese Journal of Catalysis, 2019, 40: 703-712.

[5] Ma X, Yu X, Yang X, Lin M, Ge M. Hydrothermal synthesis of a novel double-sided nanobrush Co$_3$O$_4$ catalyst and its catalytic performance for benzene oxidation. Chemcatchem, 2019, 11: 1214-1221.

[6] Yang X, Yu X, Jing M, Song W, Liu J, Ge M. Defective Mn$_x$Zr$_{1-x}$O$_2$ solid solution for the catalytic oxidation of toluene: Insights into the oxygen vacancy contribution. Acs Applied Materials & Interfaces, 2019, 11: 730-739.

[7] Wang F, Yu X, Ge M, Wu S, Guan J, Tang J, Wu X, Ritchie R O. Facile self-assembly synthesis of gamma-Fe$_2$O$_3$/graphene oxide for enhanced photo-Fenton reaction. Environmental Pollution, 2019, 248: 229-237.

[8] Yang X, Ma X, Yu X, Ge M. Exploration of strong metal-support interaction in zirconia supported catalysts for toluene oxidation. Applied Catalysis B-Environmental, 2020, 263: 118355-118365.

[9] Wang F, Yu X, Ge M, Wu S. One-step synthesis of TiO$_2$/γ-Fe$_2$O$_3$/GO nanocomposites for visible light-driven degradation of ciprofloxacin. Chemical Engineering Journal, 2020, 384: 123381-123389.

[10] Liu Q, Wang Y, Wu L, Jing B, Tong S, Wang W, Ge M. Temperature dependence of the heterogeneous uptake of acrylic acid on Arizona test dust. Journal of Environmental Sciences, 2017, 53: 107-112.

[11] Li K, Li J, Wang W, Tong S, Liggio J, Ge M. Evaluating the effectiveness of joint emission control policies on the reduction of ambient VOCs: Implications from observation during the 2014 APEC summit in suburban Beijing. Atmospheric Environment, 2017, 164: 117-127.

[12] Li K, Li J, Wang W, Li J, Peng C, Wnag D, Ge M. Effects of gas-particle partitioning on refractive index and chemical composition of m-xylene secondary organic aerosol. Journal of Physical Chemistry A, 2018, 122: 3250-3260.

[13] Peng C, Wang W, Li K, Li J, Zhou L, Wang L, Ge M. The optical properties of limonene secondary organic aerosols: The role of NO$_3$, OH, and O$_3$ in the oxidation processes. Journal of Geophysical Research: Atmospheres, 2018, 123: 3292-3303.

[14] Jing B, Wang Z, Tan F, Guo Y, Tong S, Wang W, Zhang Y, Ge M. Hygroscopic behavior of atmospheric aerosols containing nitrate salts and water-soluble organic acids. Atmospheric Chemistry and Physics, 2018, 18: 5115-5127.

[15] Zhang Y, Tong S, Ge M, Jing B, Hou S, Tan F, Chen Y, Guo Y, Wu L. The influence of relative humidity on the heterogeneous oxidation of sulfur dioxide by ozone on calcium carbonate particles. Science of the Total Environment, 2018, 633: 1253-1262.

[16] Wang Z, Jing B, Shi X, Tong S, Wang W, Ge M. Importance of water-soluble organic acid on the hygroscopicity of nitrate. Atmospheric Environment, 2018, 190: 65-73.

[17] Li H, Kupiainen-Maatta O, Zhang H, Zhang X, Ge M. A molecular-scale study on the role of lactic acid in new particle formation: Influence of relative humidity and temperature. Atmospheric Environment, 2017, 166: 479-487.

[18] Du H, Li J, Chen X, Wang Z, Sun Y, Fu P, Li J, Gao J, Wei Y. Modeling of aerosol property evolution during winter haze episodes over a megacity cluster in northern China: Roles of regional transport and heterogeneous reactions of SO_2. Atmospheric Chemistry and Physics, 2019, 19: 9351-9370.

[19] Wang Y, Zhou L, Wang W, Ge M. Heterogeneous uptake of formic acid and acetic acid on mineral dust and coal fly ash. ACS Earth and Space Chemistry, 2020, 4: 202-210.

[20] Hou S, Tong S, Zhang Y, Tan F, Guo Y, Ge M. Heterogeneous uptake of gas-phase acetic acid on the surface of α-Al_2O_3 Particles: Temperature effects. Chemistry-An Asian Journal, 2016, 11: 2749-2755.

[21] Tan F, Tong S, Jing B, Hou S, Liu Q, Li K, Zhang Y, Ge M. Heterogeneous reactions of NO with $CaCO_3$-$(NH_4)_2SO_4$ mixtures at different relative humidities. Atmospheric Chemistry and Physics, 2016, 16: 8081-8093.

[22] Wu L, Liu Q, Tong S, Jing B, Wang W, Guo Y, Ge M. Mechanism and kinetics of heterogeneous reactions of unsaturated organic acids on α-Al_2O_3 and $CaCO_3$. Chemphyschem, 2016, 17: 3515-3523.

[23] Lei T, Zuend A, Cheng Y, Su H, Wang W, Ge M. Hygroscopicity of organic surrogate compounds from biomass burning and their effect on the efflorescence of ammonium sulfate in mixed aerosol particles. Atmospheric Chemistry and Physics, 2018, 18: 1045-1064.

[24] Chen Y, Tong S, Wang J, Peng C, Ge M, Xie X, Sun J. Effect of titanium dioxide on secondary organic aerosol formation. Environmental Science & Technology, 2018, 52: 11612-11620.

[25] Li K, Li J, Tong S, Wang W, Huang R, Ge M. Characteristics of wintertime VOCs in suburban and urban Beijing: Concentrations, emission ratios, and festival effects. Atmospheric Chemistry and Physics, 2019, 19: 8021-8036.

[26] Yang W, Li J, Wang M, Sun Y, Wang Z. A case study of investigating secondary organic aerosol formation pathways in Beijing using an observation-based SOA box model. Aerosol and Air Quality Research, 2018, 18: 1606-1616.

[27] Yang W, Li J, Wang W, Li J, Ge M, Sun Y, Chen X, Ge B, Tong S, Wang Q, Wang Z. Investigating secondary organic aerosol formation pathways in China during 2014. Atmospheric Environment, 2019, 213: 133-147.

[28] Ning A, Zhang H, Zhang X, Li Z, Zhang Y, Xu Y, Ge M. A molecular-scale study on the role of methanesulfinic acid in marine new particle formation. Atmospheric Environment, 2020, 227: 117378-117389.

[29] Zhang W, Wang W, Li J, Peng C, Li K, Zhou L, Shi B, Chen Y, Liu M, Ge M. Effects of SO_2 on optical properties of secondary organic aerosol generated from photooxidation of toluene under different relative humidity conditions. Atmospheric Chemistry and Physics, 2020, 20: 4477-4492.

[30] Li W, Chen M, Chen Y, Tong S, Ge M, Guo Y, Zhang Y. Kinetic and mechanism studies of the ozonolysis of three unsaturated ketones. Journal of Environmental Sciences, 2020, 95: 23-32.

[31] Li J, Li K, Wang W, Wang J, Peng C, Ge M. Optical properties of secondary organic aerosols derived from long-chain alkanes under various NO_x and seed conditions. Science of the Total Environment, 2017, 579: 1699-1705.

[32] Li K, Li J, Liggio J, Wang W, Ge M, Liu Q, Guo Y, Tong S, Li J, Peng C, Jing B, Wang D, Fu P. Enhanced light scattering of secondary organic aerosols by multiphase reactions. Environmental Science & Technology, 2017, 51: 1285-1292.

[33] Jing B, Peng C, Wang Y, Liu Q, Tong S, Zhang Y, Ge M. Hygroscopic properties of potassium chlo-

ride and its internal mixtures with organic compounds relevant to biomass burning aerosol particles. Scientific Reports, 2017, 7, 43572.

[34] Li J, Chen X, Wang Z, Du H, Yang W, Sun Y, Hu B, Li J, Wang W, Wang T, Fu P, Huang H. Radiative and heterogeneous chemical effects of aerosols on ozone and inorganic aerosols over East Asia. Science of the Total Environment, 2018, 622: 1327-1342.

参考文献

[1] Huang R, Zhang Y, Bozzetti C, Ho K, Cao J, Han Y, Daellenbach K, Slowik J, Platt S, Canonaco F, Zotter P, Wolf R, Pieber S, Bruns E, Crippa M, Ciarelli G, Piazzalunga A, Schwikowski M, Abbaszade G, Schnelle-Kreis J, Zimmermann R, An Z, Szidat S, Baltensperger U, El Haddad I, Prevot A. High secondary aerosol contribution to particulate pollution during haze events in China. Nature, 2014, 514: 218-222.

[2] Wang Y, Yao L, Wang L, Liu Z, Ji D, Tang G, Zhang J, Sun Y, Hu B, Xin J. Mechanism for the formation of the January 2013 heavy haze pollution episode over central and Eastern China. Science China-Earth Sciences, 2014, 57: 14-25.

[3] Shiraiwa M, Yee L, Schilling K, Loza C, Craven J, Zuend A, Ziemann P, Seinfeld J. Size distribution dynamics reveal particle-phase chemistry in organic aerosol formation. Proceedings of the National Academy of ences of the United States of America, 2013, 110: 11746-11750.

[4] Macintyre H, Evans M. Parameterisation and impact of aerosol uptake of HO_2 on a global tropospheric model. Atmospheric Chemistry and Physics, 2011, 11: 10965-10974.

[5] Rubasinghege G, Grassian V. Role(s) of adsorbed water in the surface chemistry of environmental interfaces. Chemical Communications, 2013, 49: 3071-3094.

[6] Zhang Q, Wang X, Chen J, Zhuang G. Formation of Fe(Ⅱ)(aq) and sulfate via heterogeneous reaction of SO_2 with Fe_2O_3. Chemical Journal of Chinese Universities-Chinese, 2006, 27: 1347-1350.

[7] Yoichi H, Kazuhiko S. Influence of nitrogen oxides on heterogeneous uptake and oxidation of sulfur dioxide on yellow sand particles. 环境科学与技术国际会议, 2007.

[8] Li L, Chen Z, Zhang Y, Zhu T. Heterogeneous oxidation of sulfur dioxide by ozone on the surface of sodium chloride and its mixtures with other components. Journal of Geophysical Research, 2007, 112: 1-13.

[9] Pozzoli L, Bey I, Rast S, Schultz M, Stier P, Feichter J. Trace gas and aerosol interactions in the fully coupled model of aerosol-chemistry-climate ECHAM5-HAMMOZ: 2. Impact of heterogeneous chemistry on the global aerosol distributions. Journal of Geophysical Research-Atmospheres, 2008, 113: 1-15.

[10] Scott C, Rap A, Spracklen D, Forster P, Carslaw K, Mann G, Pringle K, Kivek S, Kulmala M, Lihavainen H. The direct and indirect radiative effects of biogenic secondary organic aerosol. Atmospheric Chemistry and Physics, 2014, 14: 447-470.

[11] Liu Y, Zhu T, Zhao D, Zhang Z. Investigation of the hygroscopic properties of $Ca(NO_3)_2$ and internally mixed $Ca(NO_3)_2/CaCO_3$ particles by micro-Raman spectrometry. Atmospheric Chemistry & Physics, 2008, 8: 7205-7215.

[12] Wang L, Wang W, Ge M. Heterogeneous uptake of NO_2 on soils under variable temperature and relative

humidity conditions. Journal of Environmental Sciences, 2012, 24: 1759-1766.

[13] Hu W, Hu M, Yuan B, Jimenez J, Tang Q, Peng J, Hu W, Shao M, Wang M, Zeng L, Wu Y, Gong Z, Huang X, He L. Insights on organic aerosol aging and the influence of coal combustion at a regional receptor site of central eastern China. Atmospheric Chemistry and Physics, 2013, 13: 10095-10112.

[14] Aiken A, Decarlo P, Kroll J, Worsnop D, Huffman J, Docherty K, Ulbrich I, Mohr C, Kimmel J, Sueper D, Sun Y, Zhang Q, Trimborn A, Northway M, Ziemann P, Canagaratna M, Onasch T, Alfarra M, Prevot A, Dommen J, Duplissy J, Metzger A, Baltensperger U, Jimenez J. O/C and OM/OC ratios of primary, secondary, and ambient organic aerosols with high-resolution time-of-flight aerosol mass spectrometry. Environmental Science & Technology, 2008, 42: 4478-4485.

[15] Perri M, Seitzinger S, Turpin B. Secondary organic aerosol production from aqueous photooxidation of glycolaldehyde: Laboratory experiments. Atmospheric Environment, 2009, 43: 1487-1497.

[16] Lim Y, Tan Y, Perri M, Seitzinger S, Turpin B. Aqueous chemistry and its role in secondary organic aerosol (SOA) formation. Atmospheric Chemistry and Physics, 2010, 10: 10521-10539.

[17] Volkamer R, San Martini F, Molina L, Salcedo D, Jimenez J, Molina M. A missing sink for gas-phase glyoxal in Mexico City: Formation of secondary organic aerosol. Geophysical Research Letters, 2007, 34: 255-268.

[18] Ervens B, Turpin B, Weber R. Secondary organic aerosol formation in cloud droplets and aqueous particles (aqSOA): A review of laboratory, field and model studies. Atmospheric Chemistry and Physics, 2011, 11: 22301-22383.

[19] Du Z, He K, Cheng Y, Duan F, Ma Y, liu J, Zhang X, Zhang X, Zheng M, Weber R. A yearlong study of water-soluble organic carbon in Beijing I: Sources and its primary vs. secondary nature. Atmospheric Environment, 2014, 92: 514-521.

[20] Pathak R, Wu W, Wang T. Summertime $PM_{2.5}$ ionic species in four major cities of China: Nitrate formation in an ammonia-deficient atmosphere. Atmospheric Chemistry & Physics, 2008, 9: 1711-1722.

[21] George C, Ammann M, D'Anna B, Donaldson D, Nizkorodov S. Heterogeneous photochemistry in the atmosphere. Chemical Reviews, 2015, 115: 4218-4258.

[22] Myoseon J, Nadine M, Sangdon L, Richard M. Heterogeneous atmospheric aerosol production by acid-catalyzed particle-phase reactions. Science, 2002, 298: 814-817.

[23] Wang T, Liu Z, Wang W, Ge M. Uptake kinetics of three epoxides into sulfuric acid solution. Atmospheric Environment, 2012, 56: 58-64.

[24] Liu Q, Wang W, Liu Z, Wang T, Wu L, Ge M. Organic hydroperoxide formation in the acid-catalyzed heterogeneous oxidation of aliphatic alcohols with hydrogen peroxide. Rsc Advances, 2014, 4: 19716-19724.

[25] Liu Z, Wu L Y, Wang T, Ge M, Wang W. Uptake of methacrolein into aqueous solutions of sulfuric acid and hydrogen peroxide. Journal of Physical Chemistry A, 2012, 116: 437-442.

[26] 郝吉明. 大气二次有机气溶胶污染特征及模拟研究. 北京:科学出版社, 2015.

[27] Laskin A, Laskin J, Nizkorodov S. Chemistry of atmospheric brown carbon. Chemical Reviews, 2015, 115: 4335-4382.

[28] Liu Y, Shao M, Kuster W, Goldan P, Li X, Lu S, Gouw J. Source identification of reactive hydrocarbons and oxygenated VOCs in the summertime in Beijing. Environmental Science & Technology, 2009, 43: 75-81.

[29] Hawkins L, Baril M, Sedehi N, Galloway M, De Haan D, Schill G, Tolbert M. Formation of semisolid, oligomerized aqueous SOA: Lab simulations of cloud processing. Environmental Science & Technology, 2014, 8: 2273-2280.

[30] Chan K, Huang D, Li Y, Chan M, Seinfeld J, Chan C. Oligomeric products and formation mechanisms from acid-catalyzed reactions of methyl vinyl ketone on acidic sulfate particles. Journal of Atmospheric Chemistry, 2013, 70: 1-18.

[31] 郭晓霜, 司徒淑娉, 王雪梅, 丁翔, 王新明, 闫才青, 李小滢, 郑玫. 结合外场观测分析珠三角二次有机气溶胶的数值模拟. 环境科学, 2014, 35(05).

[32] Fu T, Jacob D, Wittrock F, Burrows J, Vrekoussis M, Henze D. Global budgets of atmospheric glyoxal and methylglyoxal, and implications for formation of secondary organic aerosols. Journal of Geophysical Research-Atmospheres, 2008, 113: D15303.

[33] Li G, Zavala M, Lei W, Tsimpidi A, Karydis V, Pandis S, Canagaratna M, Molina L. Simulations of organic aerosol concentrations in Mexico City using the WRF-CHEM model during the MCMA-2006/MILAGRO campaign. Atmospheric Chemistry and Physics, 2011, 11: 1-17.

[34] Im Y, Jang M, Beardsley R. Simulation of aromatic SOA formation using the lumping model integrated with explicit gas-phase kinetic mechanisms and aerosol-phase reactions. Atmospheric Chemistry and Physics, 2014, 14: 4013-4027.

[35] Li J, Cleveland M, Ziemba L, Griffin R, Barsanti K, Pankow J, Ying Q. Modeling regional secondary organic aerosol using the Master Chemical Mechanism. Atmospheric Environment, 2015, 102: 52-61.

[36] Gan C, Binkowski F, Pleim J, Xing J, Wong D, Mathur R, Gilliam R. Assessment of the aerosol optics component of the coupled WRF-CMAQ model using CARES field campaign data and a single column model. Atmospheric Environment, 2015, 115: 670-682.

[37] Knote C, Hodzic A, Jimenez J, Volkamer R, Orlando J, Baidar S, Brioude J, Fast J, Gentner D, Goldstein A, Hayes P, Knighton W, Oetjen H, Setyan A, Stark H, Thalman R, Tyndall G, Washenfelder R, Waxman E, Zhang Q. Simulation of semi-explicit mechanisms of SOA formation from glyoxal in aerosol in a 3-D model. Atmospheric Chemistry and Physics, 2014, 14: 6213-6239.

[38] Shi Y, Ge M, Wang W. Hygroscopicity of internally mixed aerosol particles containing benzoic acid and inorganic salts. Atmospheric Environment, 2012, 60: 9-17.

[39] Xue M, Ma J, Yan P, Pan X. Impacts of pollution and dust aerosols on the atmospheric optical properties over a polluted rural area near Beijing city. Atmospheric Research, 2011, 101: 835-843.

[40] Pan X, Yan P, Tang J, Ma J, Wang Z, Gbaguidi A, Sun Y. Observational study of influence of aerosol hygroscopic growth on scattering coefficient over rural area near Beijing mega-city. Atmospheric Chemistry and Physics, 2009, 9: 7519-7530.

[41] Michel Flores J, Bar-Or R, Bluvshtein N, Abo-Riziq A, Kostinski A, Borrmann S, Koren I, Koren I, Rudich Y. Absorbing aerosols at high relative humidity: Linking hygroscopic growth to optical properties. Atmospheric Chemistry and Physics, 2012, 12: 5511-5521.

[42] Sareen N, Schwier A, Shapiro E, Mitroo D, McNeill V. Secondary organic material formed by methylglyoxal in aqueous aerosol mimics. Atmospheric Chemistry and Physics, 2010, 10: 997-1016.

[43] Chang J, Thompson J. Characterization of colored products formed during irradiation of aqueous solutions containing H_2O_2 and phenolic compounds. Atmospheric Environment, 2010, 44: 541-551.

[44] Gelencser A, Hoffer A, Kiss G, Tombacz E, Kurdi R, Bencze L. In-situ formation of light-absorbing

organic matter in cloud water. Journal of Atmospheric Chemistry, 2003, 45: 25-33.

[45] Zhang Y, Tong S, Ge M, Jing B, Hou S, Tan F, Chen Y, Guo Y, Wu L. The influence of relative humidity on the heterogeneous oxidation of sulfur dioxide by ozone on calcium carbonate particles. Science of the Total Environment, 2018, 633: 1253-1262.

[46] Veghte D, Altaf M, Freedman M. Sizedependence of the structure of organic aerosol. Journal of the American Chemical Society, 2013, 135: 16046-16049.

[47] Cheng Y, Su H, Koop T, Mikhailov E, Poschl U. Size dependence of phase transitions in aerosol nanoparticles. Nature Communication, 2015, 6: 5923.

[48] Wu Y, Johnston M. Aerosolformation from OH oxidation of the volatile cyclic methyl siloxane (cVMS) decamethylcyclopentasiloxane. Environmental Science & Technology, 2017, 51: 4445-4451.

[49] Tu P, Johnston M. Particle size dependence of biogenic secondary organic aerosol molecular composition. Atmospheric Chemistry and Physics, 2017, 17: 7593-7603.

[50] Zhang Y, Tong S, Ge M, Jing B, Hou S, Tan F, Chen Y, Guo Y, Wu L. The formation and growth of calcium sulfate crystals through oxidation of SO_2 by O_3 on size-resolved calcium carbonate. Rsc Advances, 2018, 8: 16285-16293.

[51] Guo Z, Li Z, Farquhar J, Kaufman A, Wu N, Li C, Dickerson R, Wang P. Identification of sources and formation processes of atmospheric sulfate by sulfur isotope and scanning electron microscope measurements. Journal of Geophysical Research-Atmospheres, 2010, 115: D00K07.

[52] Pan D, Wu H, Yang L. Investigation on the relationship between the fine particle emission and crystallization characteristics of gypsum during wet flue gas desulfurization process. Journal of Environmental Sciences, 2017, 55: 303-310.

[53] Tan F, Jing B, Tong S, Ge M. The effects of coexisting Na_2SO_4 on heterogeneous uptake of NO_2 on $CaCO_3$ particles at various RHs. Science of the Total Environment, 2017, 586: 930-938.

[54] Tan F, Tong S, Jing B, Hou S, Liu Q, Li K, Zhang Y, Ge M. Heterogeneous reactions of NO_2 with $CaCO_3$-$(NH_4)_2SO_4$ mixtures at different relative humidities. Atmospheric Chemistry and Physics, 2016, 16: 8081-8093.

[55] Jing B, Wang Z, Tan F, Guo Y, Tong S, Wang W, Zhang Y, Ge M. Hygroscopic behavior of atmospheric aerosols containing nitrate salts and water-soluble organic acids. Atmospheric Chemistry and Physics, 2018, 18: 5115-5127.

[56] Wang Z, Jing B, Shi X, Tong S, Wang W, Ge M. Importance of water-soluble organic acid on the hygroscopicity of nitrate. Atmospheric Environment, 2018, 190: 65-73.

[57] Lei T, Zuend A, Cheng Y, Su H, Wang W, Ge M. Hygroscopicity of organic surrogate compounds from biomass burning and their effect on the efflorescence of ammonium sulfate in mixed aerosol particles. Atmospheric Chemistry and Physics, 2018, 18: 1045-1064.

[58] Jing B, Tong S, Liu Q, Li K, Wang W, Zhang Y, Ge M. Hygroscopic behavior of multicomponent organic aerosols and their internal mixtures with ammonium sulfate. Atmospheric Chemistry and Physics, 2016, 16: 4101-4118.

[59] Hou S, Tong S, Zhang Y, Tan F, Guo Y, Ge M. Heterogeneous uptake of gas-phase acetic acid on the surface of α-Al_2O_3 particles: Temperature effects. Chemistry-an Asian Journal, 2016, 11: 2749-2755.

[60] Liu Q, Wang Y, Wu L, Jing B, Tong S, Wang W, Ge M. Temperature dependence of theheterogeneous uptake of acrylic acid on Arizona test dust. Journal of Environmental Sciences, 2017, 53: 107-112.

[61] Wu L, Liu Q, Tong S, Jing B, Wang W, Guo Y, Ge M. Mechanism andkinetics of heterogeneous reactions of unsaturated organic acids on α-Al_2O_3 and $CaCO_3$. ChemPhysChem, 2016, 17: 3515-3523.

[62] Chen Y, Tong S, Wang J, Peng C, Ge M, Xie X, Sun J. Effect oftitanium dioxide on secondary organic aerosol formation. Environmental Science & Technology, 2018, 52: 11612-11620.

[63] Li K, Li J, Liggio J, Wang W, Ge M, Liu Q, Guo Y, Tong S, Li J, Peng C, Jing B, Wang D, Fu P. Enhancedlight scattering of secondary organic aerosols by multiphase reactions. Environmental Science & Technology, 2017, 51: 1285-1292.

[64] Zhang W, Wang W, Li J, Peng C, Li K, Zhou L, Shi B, Chen Y, Liu M, Ge M. Effects of SO_2 on optical properties of secondary organic aerosol generated from photooxidation of toluene under different relative humidity conditions. Atmospheric Chemistry and Physics, 2020, 20: 4477-4492.

[65] Li J, Wang W, Li K, Zhang W, Peng C, Liu M, Chen Y, Zhou L, Li H, Ge M. Effect of chemical structure on optical properties of secondary organic aerosols derived from C12 alkanes. The Science of the total environment, 2021, 751: 141620-141620.

[66] Li J, Chen X, Wang Z, Du H, Yang W, Sun Y, Hu B, Li J, Wang W, Wang T, Fu P, Huang H. Radiative and heterogeneous chemical effects of aerosols on ozone and inorganic aerosols over East Asia. Science of the Total Environment, 2018, 622: 1327-1342.

[67] Du H, Li J, Chen X, Wang Z, Sun Y, Fu P, Li J, Gao J, Wei Y. Modeling of aerosol property evolution during winter haze episodes over a megacity cluster in northern China: Roles of regional transport and heterogeneous reactions of SO_2. Atmospheric Chemistry and Physics, 2019, 19: 9351-9370.

[68] Yang W, Li J, Wang W, Li J, Ge M, Sun Y, Chen X, Ge B, Tong S, Wang Q, Wang Z. Investigating secondary organic aerosol formation pathways in China during 2014. Atmospheric Environment, 2019, 213: 133-147.

第 15 章　过氧自由基关键化学过程及其对大气氧化性和细粒子生成的影响研究

张为俊，赵卫雄，林晓晓，唐小锋，方波，盖艳波，胡长进

中国科学院合肥物质科学研究院

过氧自由基（RO_2）是大气化学过程中的重要中间体，在自由基链的传递和循环过程中起着承上启下的作用，对大气氧化性和细粒子生成具有重要的影响，对其关键化学过程的研究是认识大气复合污染形成机理的核心内容。本项目旨在发展和应用一系列关键自由基光谱、质谱在线测量技术，结合量化计算和模式模拟，从反应动力学实验和烟雾箱模拟研究两个方面，对关键化学反应过程开展研究，分析其对大气氧化性和细粒子生成的影响，为模式的完善和大气复合污染成因的研究提供科学依据。本章将从 RO_2 化学反应动力学测量装置的建立、烟雾箱模拟系统的完善与优化、RO_2 关键化学过程对大气氧化性的影响以及 RO_2 关键化学过程对细粒子生成的影响四个方面介绍研究取得的主要进展与成果。

15.1　研究背景

15.1.1　研究意义

近年来我国空气污染呈现出明显的复合污染特征，多种污染源排放的气态和颗粒态一次污染物，与经过一系列物理、化学过程形成的二次污染物共存并相互作用，对人体健康、生态环境和气候变化产生重要影响。揭示大气复合污染的成因，发展大气复合污染的应对机制是我国可持续发展迫切需要解决的重大科学和社会问题。其中，深入系统地研究大气复合污染的关键化学过程，从分子层面上认识大气复合污染的形成机理是关键。

如图 15.1 所示，在大气氧化过程中，挥发性有机化合物（VOCs）与 OH 自由基等氧化剂发生加成或夺氢反应，生成的 R 自由基与氧气进一步反应生成 RO_2。这些 RO_2 具有高反应活性，能够与大气中的自由基、NO_x（NO 和 NO_2）等众多组分进一步发生化学反应[1,2]。

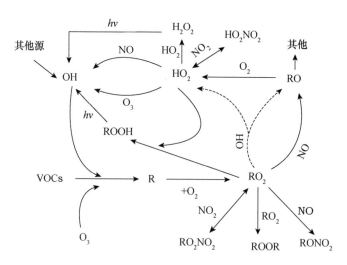

图 15.1　VOCs 光氧化反应过程中的 RO_x 循环[1,2]

在 NO_x 存在的条件下，RO_2 主要与 NO 反应，生成 RO[反应(15.1)]，导致自由基链传递产生 HO_2[反应(15.2)]，并通过反应(15.3)生成 OH 自由基（OH 的源）。同时 NO 转化成 NO_2[反应(15.1)和(15.3)]，NO_2 光解进一步导致 O_3 累积[反应(15.4)和(15.5)]，是造成对流层 O_3 浓度升高的主要原因[3]。在低 NO_x 条件下，RO_2 主要与 HO_2、RO_2 等自由基反应，导致自由基链终止，同时生成的低挥发性有机过氧化物可以促进二次有机气溶胶（SOA）的生成[4,5]。

$$RO_2 + NO \longrightarrow RO + NO_2 \qquad (15.1)$$

$$RO + O_2 \longrightarrow R'O + HO_2 \qquad (15.2)$$

$$HO_2 + NO \longrightarrow OH + NO_2 \qquad (15.3)$$

$$NO_2 \xrightarrow{h\nu} NO + O(^3P) \qquad (15.4)$$

$$O_2 + O(^3P) \xrightarrow{M} O_3 \qquad (15.5)$$

因此，RO_2 的大气化学反应不仅决定着大气中 O_3 的形成和自由基链循环，对大气氧化性产生非常重要的影响，还影响着细粒子生成，是大气复合污染形成过程中非常关键的化学反应之一。开展 RO_2 关键化学过程的研究对于我国大气复合污染的成因与控制研究具有重要意义。

15.1.2　国内外研究现状及存在问题

1. RO_2 的大气化学反应对大气氧化性的影响

OH 自由基是大气中最为重要的氧化剂，决定着大气中主要污染物的生成和去除，其浓度代表着大气氧化水平，由它引发的自由基反应链循环是大气氧化性研究的核心内容。近年来的研究表明，RO_2 的一些关键反应在 OH 自由基源和汇的过程中发挥着重要作用。

2008 年，Lelieveld 等人[6]在 *Nature* 上报道了亚马孙雨林观测到的 OH 自由基浓度要比传统化学模型模拟的结果高 2～10 倍，并结合模式模拟，推测 RO_2 与 HO_2 的反应可能是一个重要的OH自由基源。同年,Dillon等人[7]用激光诱导荧光(LIF)技术直接检测到了几种RO_2与HO_2反应的过程中OH自由基的生成,产额约占50%,证实了这个反应的存在。Kwan等人[8]在研究异戊二烯相关反应时,通过模型分析发现RO_2与HO_2反应是重要的OH自由基源。北京大学张远航等人[9]在北京和珠三角地区的夜间观测和模式模拟研究中发现,RO_2与HO_2的循环反应对OH自由基浓度具有重要贡献。

另一方面,2014年,Fittschen研究小组[12]首次将LIF技术和光腔衰荡光谱仪(CRDS)相结合,直接测量了最简单的RO_2(CH_3O_2)和OH自由基的反应速率常数,发现其反应速率高达10^{-10} cm^3 $molecule^{-1}$ s^{-1}量级。根据2007年佛得角大气观测站的观测数据,他们通过模式模拟了该反应在CH_3O_2后续反应过程中所占的比例。结果表明,CH_3O_2+OH自由基反应在CH_3O_2所有反应中约占25%,较其他反应具有很强的竞争性,不能被忽略[13]。

目前,受限于检测方法以及RO_2的复杂性,对于RO_2与HO_x(OH和HO_2)的反应,只是针对几个简单的体系进行了初步的研究,相关的反应产物、反应机理大多未知。亟需系统地开展不同种类和结构的RO_2的反应过程研究,获得反应对大气氧化性影响的认识。

2. RO_2的大气化学反应对细粒子生成的影响

RO_2的反应在大气细粒子生成过程中具有重要作用,如图15.2所示。RO_2+NO_x与RO_2+HO_2、RO_2+RO_2之间存在竞争反应,在NO_x浓度较低时,RO_2与HO_x或RO_2等反应生成的低挥发性过氧化物,可以促进SOA的生成;而NO_x浓度较高时,RO_2与NO_x反应产生的有机硝酸酯的产率和挥发性大小将决定着反应对SOA的贡献大小。开展RO_2与NO_x、HO_2和RO_2反应过程的研究是深入了解这些竞争反应对SOA生成影响的重要内容。

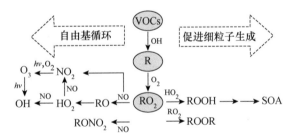

图15.2 RO_2关键化学过程对细粒子生成的影响

在低NO_x情况下,RO_2与HO_2的反应对于理解大气SOA的形成过程具有重要作用。一般认为,分子量较大的RO_2与HO_2形成的低挥发性过氧化物,可能会促进SOA的生成。Wyche等人[14]开展了1,3,5-三甲基苯的光氧化实验,结果发现低NO_x条件更有利于SOA的快速生成且具有更高的SOA产额,并推测RO_2与HO_2反应生成的低挥发性有机过氧化物在SOA的形成和生长中起关键作用。因此,对于人为源芳香烃化合物以及生物源萜烯类化合物,深入研究RO_2与HO_2的化学反应机理对于认识SOA的生成机制十分重要。

对于RO_2与RO_2自反应,早期分子量较小的RO_2的研究表明,自反应主要生成RO和ROH醇类化合物。但最新的研究表明,对于分子量较大的RO_2,会发生第3个ROOR产物通道,其反应速率快,高达 $10^{-11} \sim 10^{-10}$ cm^3 molecule^{-1} s^{-1},产物的饱和蒸气压低,是大气中 SOA 的重要来源。然而,由于研究难度大,目前大多数 RO$_2$ 自反应生成 ROOR 的速率未知,且其反应产物的结构难以确定,限制了对该类反应的深入理解。

RO$_2$ 与 NO 的化学反应研究在最近十几年才开始逐渐增多,目前报道的仍以小分子 RO$_2$ 为主(碳原子数小于 5)[15]。Atkinson 课题组[16,17]总结了关于 RO$_2$ 与 NO 反应的硝酸酯产率经验公式,但该公式仅适用于小分子量的烷烃体系,并不能用于较大分子量的烷烃分子和烷烃以外的其他 VOCs[15]。基于不同种类 VOCs 产生的 RO$_2$ 与 NO 的反应仍需要进一步开展研究。

RO$_2$ 与 NO$_2$ 反应产生的有机硝酸酯在通常大气条件下很不稳定而极易分解,因此 RO$_2$ 与 NO$_2$ 的反应对 SOA 的贡献一直都认为不重要[15]。但是,Chan 等人[18]发现,在 NO$_2$ 浓度较高的情况下,RO$_2$ 与 NO$_2$ 的反应明显超过 RO$_2$ 与 HO$_2$ 的反应对 SOA 的贡献,说明在高 NO$_x$ 浓度条件下光氧化反应过程中 RO$_2$ 和 NO$_2$ 的反应也可能是产生 SOA 的重要反应通道。

烟雾箱模拟研究表明,对于分子量较小的 VOCs,光氧化过程中 NO$_x$ 浓度升高会使 SOA 产率降低[19-25];而对于分子量较大的 VOCs(如碳原子数大于 10 的 VOCs),高浓度 NO$_x$ 却使 SOA 产率更高[22]。这些烟雾箱实验都是从表观上研究不同 NO$_x$ 浓度条件下,VOCs 氧化过程中 SOA 的生成,将 RO$_2$ 的不同反应机制作为所得实验现象的一种解释。但这些解释仍存在疑问,他们并没有直接探究反应中 RO$_2$ 与何种物质反应会促进或者抑制 SOA 的生成,以及哪些结构类型的 RO$_2$ 经过后续反应能够生成 SOA。

因此,需要开展不同种类和结构的 RO$_2$ 与 NO$_x$ 的反应研究,获得反应的动力学参数、产物及机理信息。在我国典型复合污染条件下,NO$_x$ 浓度普遍较高,开展 RO$_2$ 与 NO$_x$ 的反应研究,对于深入认识我国复合污染条件下细粒子的形成具有重要的意义。

3. 模型模拟研究现状

目前模式模型中关于 RO$_2$ 反应的关键参数还十分缺乏,已有的参数也绝大多数是通过理论获得,使得多数情况下模型模拟的结果与实际观测结果存在较大的偏差。例如,Mihelcic 等人[26]发现,在 NO$_x$ 浓度较高的情况下,RO$_2$ 浓度较低,模拟结果与实测值偏差不大;但在 NO$_x$ 浓度较低的情况下,MCM 模型模拟的 HO$_2$ 和 RO$_2$ 等浓度都远高于实测值。这说明,模型中低估了 RO$_2$ 的其他反应途径的重要性,比如在 NO$_x$ 浓度较低的情况下 RO$_2$ 与 OH、HO$_2$ 等自由基的反应。Kanaya 等人[27]的研究结果也表明,HO$_2$ 的模拟结果比实测值高了 89%,认为模式中缺少了关于 HO$_2$ 的一个重要的汇。

由此可见,模式模型的进一步完善和模拟结果的准确性迫切需要 RO$_2$ 的关键大气化学反应过程中准确的动力学参数和反应机理信息,这对模式的应用极为重要。

4. 我国 RO$_2$ 研究现状

国内在大气 RO$_2$ 的研究方面开展较晚,以外场观测和理论研究为主,尚未系统开展关于 RO$_2$ 反应的实验室研究。北京大学张远航团队等[28]从 2006 年起在珠江三角洲地区主要开展了 HO$_x$ 自由基综合外场测量和模式模拟研究,发现已知的大气光化学机制缺少了一个主要的反应过程,从而严重低估了大气 OH 自由基的浓度,并认为 RO_2 在其中起了重要作用。陕西师范大学齐斌课题组[29]近些年来开展了 RO_2 化学放大测量方法中的水效应研究。王文亮、张田雷、王竹青等在小分子 RO_2 之间的交互反应及水效应影响方面开展了部分理论研究工作,如 HO_2 与 CH_3O_2、CH_2FO_2 等的反应[30-32]以及 $C_2H_5O_2$ 的交互反应[33]等。东北师范大学王荣顺、青岛理工大学唐沂珍[34,35]、苏州大学李淑瑾[36,37]、武汉大学王宝山[38,39]、四川大学王繁[40]、中国科技大学韦文美[41]等课题组也分别用量化计算的方法研究了一些小分子 RO_2 如 CH_2ClO_2、CH_2BrO_2、CF_3CHFO_2、CH_3O_2 等与 NO、HO_2 等的反应。另外,本项目组[42]也对苯和 OH 自由基反应产生的 RO_2 结构进行了理论表征。这些研究仅是针对少数小分子 RO_2 的理论研究,并不能得到对典型 RO_2 的大气化学行为的规律性认识。

5. 本项目拟开展的工作

综上所述,RO_2 与 HO_x 以及 NO_x 的关键化学反应过程对大气氧化性和细粒子生成具有重要的影响。然而,受限于检测技术等,反应的动力学参数和机理等信息还十分缺乏,造成模式模拟的结果与实际观测存在很大差异,需要进一步开展深入且系统的研究。尤其在我国特殊的复合污染条件下,多种污染物如 VOCs、NO_x、氧化剂以及气溶胶颗粒物等同时以高浓度存在,并且协同相互作用,国外的传统理论和模型难以准确地描述我国大气污染的实际情况,获取这些关键反应的动力学参数和机理,对于完善我国的大气化学模式、理解复合污染的成因尤为重要。

自由基的直接测量是研究 RO_2 的关键反应过程的瓶颈。本项目将在前期工作的基础上,发展和应用一系列自由基光谱、质谱检测手段,结合理论、实验和模式模拟,研究和分析 RO_2 的这些关键化学反应对大气氧化性和细粒子生成的影响,为完善模式模型提供基础数据,进而为揭示我国大气复合污染的成因提供科学依据。

15.2 研究目标与研究内容

15.2.1 研究目标

建立并完善高灵敏度光谱、质谱检测手段联用的自由基反应动力学实验装置以及烟雾箱模拟系统,获取典型 RO_2 关键化学反应速率和机理,加深其对大气氧化性和细粒子生成影响的认识,为模式完善和大气复合污染成因的研究提供科学依据。

15.2.2 研究内容

本项目以 RO_2 的关键大气化学反应过程研究为核心,发展和应用 RO_2、OH 以及 HO_2 自由基的在线检测方法,开展不同来源和结构的 RO_2 与 NO_x(NO、NO_2)和 HO_x(OH、HO_2)的反应研究;动力学实验和量子化学计算相结合,获得对反应动力学、产物、反应机理的系统性认识，进而分析 RO_2 的关键大气化学反应过程对大气氧化性和细粒子生成的影响；并结合烟雾箱实验和数值模拟验证，为模式模型提供关键参数。

具体研究内容包括：

(1) RO_2 化学反应动力学测量装置和烟雾箱模拟系统的建立

建立多种高灵敏度光谱、质谱检测手段联用的流动化学反应系统，发展和应用磁旋转吸收光谱仪(FRS)、CRDS、宽带腔增强吸收光谱仪(BBCEAS)以及真空紫外光电离质谱技术。通过微波放电和激光光解产生关键自由基，实现流动反应系统 OH、HO_2 自由基等反应物和产物的在线检测。同时，充分发挥同步辐射真空紫外光电离质谱技术在同分异构体区分方面的优势，对反应过程中的关键中间体和同分异构体进行检测。

优化和改进光化学烟雾箱模拟反应系统中的 OH 自由基探测装置及总过氧自由基($RO_2^* = HO_2 + RO_2$)测量装置，实现烟雾箱内 OH 自由基和 RO_2^* 的原位、实时、在线、准确测量。

(2) RO_2 关键化学反应动力学和机理研究

围绕典型人为源和生物源 VOCs，针对不同种类和结构的 RO_2，开展 RO_2 与 HO_x、NO_x 的关键化学反应动力学和机理研究。利用化学反应动力学测量装置，产生相关自由基，通过反应物和反应产物实时、在线检测，获得反应速率常数，解析反应的主要产物和生成机理，确定反应通道分支比。

利用量子化学理论计算方法，对反应的反应物、过渡态、中间体及可能产物进行优化计算。通过反应热力学数据，如反应能垒、焓变等，分析反应的主要通道，并计算各个通道的速率常数，理论和实验对比分析，加深对 RO_2 反应动力学和反应机理的认识。

(3) RO_2 关键反应的烟雾箱和模型模拟研究

选择典型人为源苯系物和生物源萜烯类 VOCs 为前体物，模拟由 OH 自由基等氧化剂启动的大气光氧化反应过程。利用光化学反应池和烟雾箱模拟反应系统，分别测量反应过程中气相和颗粒相的浓度及成分、关键自由基等氧化剂的浓度以及 RO_2 总量的变化，获取不同实验条件下反应过程中 RO_2 浓度和 SOA 生成的关系。

同时，利用 MCM(Master Chemical Mechanism)的数值模拟，结合动力学研究结果，模拟反应过程中各物质的浓度变化。通过烟雾箱实验对比分析和特征产物的测定，验证关键动力学参数和机理，揭示 RO_2 关键反应对大气氧化性和细粒子生成的影响，为模式提供基础的关键数据。

15.3 研究方案

15.3.1 总体技术路线

本项目采用实验和理论相结合的总体研究方案，如图 15.3 所示。在实验研究方面，将采用流动反应系统和烟雾箱模拟系统相结合，利用多种光谱和质谱学探测手段开展大气

RO$_2$ 的化学反应实验研究;在理论研究方面,采用量子化学计算和 MCM 数值模拟,计算和模拟反应发生的过程,与实验结果相结合,深入认识反应的详细机理。

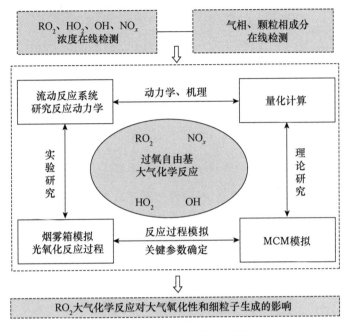

图 15.3　总体研究技术路线

15.3.2　具体方案

1. 流动反应系统研究 RO$_2$ 化学反应动力学

RO$_2$ 动力学反应实验将通过流动反应系统来开展,示意图如图 15.4 所示,该系统包括进样区、反应区以及检测区。反应器由石英管制成,内径为 4 cm,套管长度约 100 cm,最大反应区长度为 50 cm。反应器内壁涂一层卤代烃以减少自由基损失。

针对不同的反应体系,流动管检测区配有不同的光谱学检测手段,如 CRDS(HO$_2$ 浓度测量)、FRS(OH 自由基浓度测量)、BBCEAS(NO$_2$ 浓度测量),以及过氧自由基化学放大法-双通道宽带腔增强吸收光谱仪(PERCA-BBCEAS)。这些光谱学检测装置与流动管成直角分布,光路经过流动管的特定位置,检测此位置的目标自由基的浓度变化。

实验时,一般使一种反应物的浓度远远大于另外一种反应物浓度,高浓度的物质从流动管侧面加入,低浓度的物质由可前后移动的中心移动管加入。通过控制中心管的位置来控制反应时间,对较低浓度物质的浓度变化进行检测,获得反应的速率常数等动力学信息。为尽量减少其他反应干扰,RO$_2$ 与 NO$_x$ 的反应中,NO$_x$ 浓度过量;与其他自由基的反应中,RO$_2$ 浓度过量。

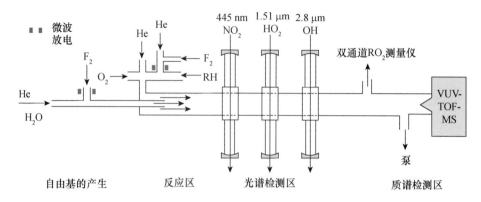

图 15.4 流动反应系统

RO_2 经微波放电化学反应产生。F_2/He 经过微波放电装置产生 F 原子,然后与前体有机物(R—H)混合,产生 R 自由基,进而与 O_2 结合产生 RO_2,反应如下:

$$F + R-H \longrightarrow R + HF \tag{15.6}$$

$$R + O_2 + M \longrightarrow RO_2 + M \tag{15.7}$$

OH 自由基由 F 原子与 H_2O 产生:

$$F + H_2O \longrightarrow HF + OH \tag{15.8}$$

HO_2 自由基由 H_2/He 经过微波放电装置产生的 H 原子与 O_2 反应生成:

$$H + O_2 + M \longrightarrow HO_2 + M \tag{15.9}$$

流动反应系统后端还与用于气相成分检测的真空紫外光电离飞行时间质谱仪(VUV-TOF-MS)相连接。相对于传统质谱而言,真空紫外光电离质谱技术属于"软电离",电离碎片较少,对反应物和产物的探测能力和效率都大大提高。光谱和质谱相结合,能够更好地对 RO_2 的大气化学反应动力学进行研究。

2. 烟雾箱模拟光氧化反应过程

如图 15.5 所示为烟雾箱模拟反应系统示意图。图 15.5(a)是一套石英材质的光化学反应池,总体积约为 80 L,沿池内表面均匀嵌入 6 根细石英管,内置紫外灯作为辐照光源,外置超导磁线圈,利用磁旋转吸收光谱测量反应池中的 OH 自由基浓度。同时还配有一套 CRDS 和一套 BBCEAS 系统,分别测量反应过程中的 HO_2 浓度和 NO_2 浓度。利用该石英反应腔系统,可以实时、在线测量不同 VOCs 前体物光氧化反应过程中 RO_2 的浓度与可能产生的 OH、HO_2 自由基及 NO_2 等的浓度之间的变化关系,从而分析 RO_2 的反应对大气氧化性的影响。

图 15.5(b)是可塌缩式双反应器烟雾箱模拟系统,包括进样系统、反应系统、检测系统以及控制系统。该烟雾箱设计有两个特氟龙膜材料制成的反应器,每个体积为 6 m^3。可做平行实验,也可做条件对比实验。实验时,可分别设定不同 VOCs 浓度、不同氧化剂浓度(O_3 或 OH 自由基)、NO_x 浓度,以及温度、相对湿度(RH)、光强等不同条件,模拟苯系物等典型人为源 VOCs 和萜烯类等典型生物源 VOCs 的大气光氧化反应过程,获得反应过程中 RO_2 总浓度、氧化剂浓度及产生的 SOA 浓度的变化关系。同时通过配备的光谱和质谱检测手

段,检测光氧化反应的气相和颗粒相产物,分析反应发生的机理,进而评估光氧化反应过程中 RO_2 的反应对颗粒相生成的影响。

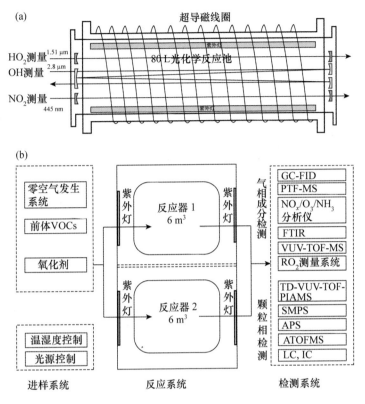

图 15.5　烟雾箱实验系统

[图(a)为石英腔光化学反应池;图(b)为双反应器烟雾箱模拟实验系统。]

烟雾箱实验中,反应物 VOCs 浓度由气相色谱的氢火焰离子化检测器(GC-FID)测定;NO_x、O_3 等浓度可直接通过相应气体分析仪测定(NO_x 分析仪、O_3 分析仪);RO_2 浓度由 PERCA-BBCEAS 测量;主要气相产物利用质子转移反应质谱仪(PTR-MS)检测。

采用 TSI 系列扫描电迁移率颗粒物粒径谱仪(SMPS)测量反应中颗粒相的粒子数量、质量浓度和尺寸分布。颗粒相产物的在线检测利用自行研制的气溶胶飞行时间质谱仪(ATOFMS)和热解析真空紫外光电离飞行时间气溶胶质谱仪(TD-VUV-TOF-PIAMS)来完成。另外,进一步通过石英纤维滤膜采样,溶剂化处理后用离子色谱(IC)、傅立叶变换红外光谱仪(FTIR)等离线分析颗粒相成分。

3. 理论和模型研究

利用高精度的量子化学计算,从理论上预测各种 RO_2 的空间构型、电离能等,优化计算气相条件下各反应物、中间体、过渡态和产物的几何构型;并在计算高精度量子化学势能面的基础上,计算各反应路径的速率常数;通过理论和实验数据的对比分析,相互验证,加深对 RO_2 结构和反应机理的认识。

采用的量化计算方法为:基于 Gaussian、Molpro 等程序,采用密度泛函理论(DFT)中的几种常见的泛函如 M08-HX 和 B3LYP,结合 6-311+G(2df,2p)、aug-cc-pVDZ 等基组,采用多种方法和基组对 RO_2 进行优化和频率计算,在测试对比的基础上选择合适的计算方法和基组。经过测试选定的密度泛函方法和基组将被用于获得最优的自由基的构型和振动频率,并采用高精度的 CCSD(T)、G3 等方法对最优构型进行单点能计算。

烟雾箱实验还将结合 MCM 数值模拟,有助于深入认识反应过程中 VOCs 浓度、氧化剂浓度、RO_2 浓度等的变化关系和反应发生机制,通过对比分析,可以确定对机理和模式完善具有重要作用的关键参数。

15.4 主要进展与成果

以下将从 RO_2 化学反应动力学测量装置的建立(包括流动反应测量装置和闪光光解测量装置两类)、烟雾箱模拟系统的完善与优化、RO_2 关键化学过程对大气氧化性的影响以及 RO_2 关键化学过程对细粒子生成的影响四个方面介绍项目取得的主要进展与成果。

15.4.1 流动反应系统及动力学实验

1. 流动反应系统

针对不同的反应体系,流动管检测区配备了不同的光谱、质谱检测手段,如:BBCEAS、CRDS、FRS、PERCA-BBCEAS、真空紫外光电离质谱以及同步辐射真空紫外光电离质谱等,光学仪器性能见表 15-1。

表 15-1 流动反应系统配备的光学仪器性能列表

探测分子	测量方法	探测极限/(molecules cm^{-3})
NO_2	BBCEAS	10^9
HO_2	CRDS	10^9
OH	FRS	10^8
RO_2^*(HO_2+RO_2)	PERCA-BBCEAS	10^7

2. 动力学测试

选用 O_3 和一系列不饱和酯类物质的反应对流动反应系统进行了测试,并针对系统内可能的轴向扩散和径向扩散对反应动力学参数测量的影响进行了校正。O_3 与不饱和酯分别以一定的流速由流动管的内管和外管通入反应器内,通过控制中心管的位置来控制反应时间,在反应器末端测量 O_3 浓度变化,获得反应的速率常数信息。实验结果与文献报道值一致,证明了流动反应系统的可靠性。

3. RO_2 的产生及条件优化

实验中,RO_2 通过微波放电装置产生。F_2/He 经过微波放电装置产生 F 原子,与前体有机物(R—H)混合,产生 R 自由基(R 代表烃基或烷基),进而与 O_2 结合产生 RO_2。以甲基过氧自由基(CH_3O_2)为例,其制备的基本原理为:F_2+微波(MW)$\longrightarrow$ F+F,F+CH_4 $\longrightarrow$ CH_3+HF,CH_3+O_2 $\longrightarrow$ CH_3O_2。分别测试了 F_2、He、CH_4、O_2 等气体流量以及微波放电功率等因素对 RO_2 生成浓度的影响,对其产生条件进行了优化。

4. CRDS HO_2 测量装置

CRDS HO_2 测量装置使用 1.51 μm 分布反馈(DFB)式二极管激光器作为探测光源,腔长 20 cm,自由基探测的有效吸收光程约为 833 m,HO_2 的检测限约为 10^9 molecules cm^{-3},满足实验的要求。

5. 真空紫外光电离质谱

真空紫外光电离质谱微波放电流动管反应装置的工作原理如图 15.6 所示。该装置主要包括三部分:微波放电流动反应管、VUV 电离光源、反射式飞行时间质谱仪。其中 VUV 电离光源有两种配置,分别是商品化的氪放电灯和合肥同步辐射光源。该装置通过巧妙设计新型离子导入器,结合自主研制的高分辨率、高灵敏度小型反射式飞行时间质谱仪,实现流动反应系统中自由基的高灵敏质谱检测。例如,利用甲基自由基的自反应得到该装置对甲基自由基的检测限(1.3 ppb),达到国际先进水平。

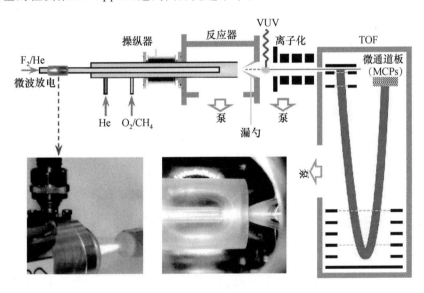

图 15.6 用于自由基反应研究的高灵敏度质谱仪装置

6. 同步辐射真空紫外光电离质谱

项目组与法国 SOLEIL 国家实验室合作,结合法国同步辐射光源开展了 CH_3O_2 的光电离质谱研究。通过高分辨阈值光电子谱(图 15.7)的精确测量获得了 CH_3O_2 的电离能和结构信息。

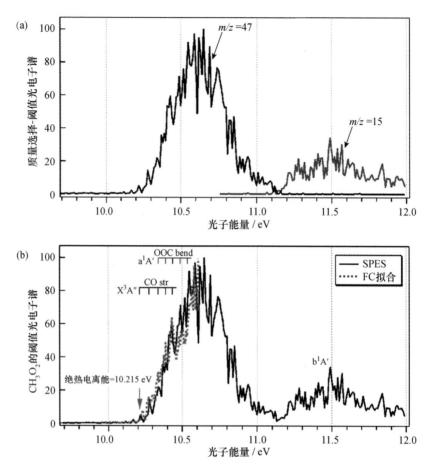

图 15.7　具有质量选择的 CH_3O_2 高分辨阈值光电子光谱

(FC 为 Franck-Condan,弗兰克-康登。)

7. CH_3O_2 动力学研究

图 15.8(a)是光子能量为 9~12 eV 时 CH_3+O_2 反应总的同步辐射真空紫外光电离质谱图,15.8(b)是光子能量为 12 eV 时的同步辐射真空紫外光电离质谱图,其中 $m/z=15$ 和 $m/z=47$ 两个质谱峰分别对应于上述反应中 CH_3 和 CH_3O_2。结合同步辐射真空紫外光电离效率谱 15.8(c)~(e),可以精确测量各个产物的电离能,并实现同分异构体的区分,图 15.8(d)中 $m/z=46$ 明显存在两个同分异构体,分别对应着甲醚(CH_3OCH_3)和乙醇(C_2H_5OH)二次反应产物。

15.4.2　激光闪光光解-磁旋转吸收光谱自由基反应动力学测量装置

作为流动反应系统的重要扩充,发展了激光闪光光解-磁旋转吸收光谱仪(LFP-FRS)自由基动力学测量装置,其工作原理及实物照片如图 15.9 所示。利用 2.8 μm DFB 二极管激光作为探测光源,利用 Herriot 多通池增加吸收光程,以提高探测灵敏度。2.8 μm 的激光准直后,经第一个偏振片建立起光的偏振,耦合到光学多通池,光斑分布如图 15.9 所示。出射光经过一个检偏器,进入探测器探测。

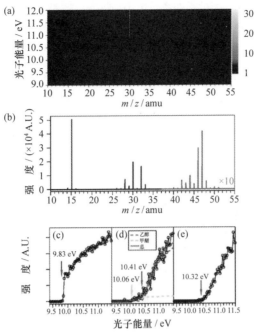

图 15.8 光子能量为 9～12 eV(a)和光子能量为 12 eV 时(b)CH_3 和 O_2 反应的同步辐射真空紫外光电离质谱图及 $m/z=15$(c),$m/z=46$(d)和 $m/z=47$(e)的同步辐射真空紫外光电离效率谱(见书末彩图)

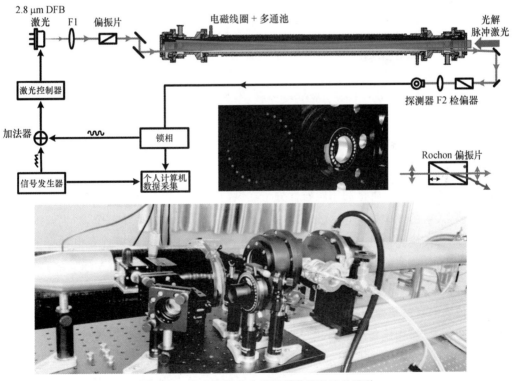

图 15.9 闪光光解动力学测量装置及实物照片

利用 266 nm 的脉冲激光闪光光解产生自由基(可根据产生自由基的不同选择不同的闪光波长),闪光光解数据采集方案如图 15.10 所示。吸收池基长为 1.22 m,吸收光程为 60 m,闪光激光与探测激光重叠部分光程为 25 m。OH 自由基浓度和准一级速率常数的探测极限分别为 4×10^6 molecules cm^{-3}(1σ,56 s)和 0.09 s^{-1}(1σ,112 s)。测量得到 OH 自由基与 CO 及 NO 反应的速率常数与文献报道值一致(图 15.11),验证了系统测量的准确性。

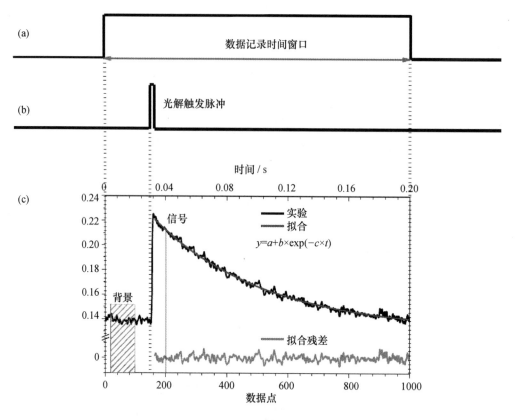

图 15.10 闪光光解数据采集处理

LFP-FRS 技术的本质是利用顺磁性分子在纵向磁场中发生的法拉第效应,分子能级发生塞曼分裂,入射的线偏振光(P_0)分成左旋($n-$)和右旋($n+$)两个部分,产生偏振面的旋转,通过调制解调旋光信号,从而获得磁旋转吸收光谱。该技术对顺磁性自由基分子信号有显著的增强作用,同时能够排除其他抗磁性分子(如大气中常见的水和 VOCs 等)吸收的干扰,具有很高的探测灵敏度。

相比传统的自由基检测方法,LFP-FRS 具有如下优点:① 灵敏度高:LFP-FRS 利用法拉第磁致旋光效应,相比传统的直接吸收光谱,相同吸收光程下,探测灵敏度要高 2~4 个数量级;② 准确性高:光谱直接测量,通过磁场参数、谱线强度、吸收光程等参数可以直接获得 OH 自由基的浓度,无需复杂的标校过程;③ 选择性好:中红外探测,光谱分辨高,吸收线宽

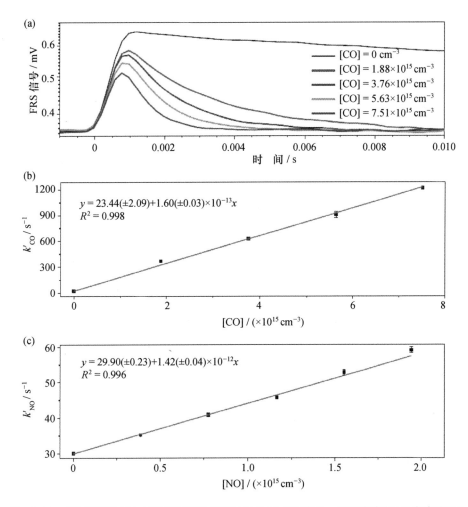

图 15.11 OH 衰减信号(a)及不同浓度 CO(b)和 NO(c)下的准一级速率常数(见书末彩图)

窄,不受大气背景分子吸收的影响;④ 无化学干扰:中红外直接测量,避免了紫外激光光解致自由基的生成,测量过程不会产生额外的自由基,从根本上避免了次生自由基的影响;⑤ 由于测量的是旋光信号,不存在荧光探测方法中荧光淬灭的现象,工作压力不受限制。这些特性使得 LFP-FRS 非常适用于大气中 OH 自由基的实时、在线、准确测量,具有很好的应用前景。

利用该装置,以烷烃为例,研究了 OH 自由基反应动力学。通过直接测量反应腔中 OH 自由基浓度的衰减,在准一级近似反应条件下获得了 CH_4、C_2H_6 和 C_3H_8 与 OH 自由基反应的速率常数,并对比了不同压力条件下反应速率常数的变化(图 15.12)。实验结果与文献报道值一致,证明了该装置的可靠性,为 OH 自由基相关的重要大气化学机制及反应过程研究奠定了基础。

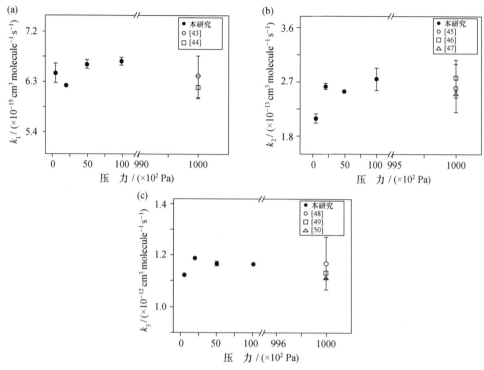

图 15.12 不同压力下,OH 自由基与 CH_4(a)、C_2H_6(b)及 C_3H_8(c)的反应速率常数及其与文献值的比较

15.4.3 烟雾箱系统的完善和优化

1. 超导磁体光化学反应池 OH 自由基探测装置

基于 LFP-FRS 技术,采用大口径传导冷却超导磁体与光学多通池相结合,实现了烟雾箱内 OH 自由基[检测限为 1.6×10^6 molecules cm^{-3} (1σ, 4 s)]的原位、实时、在线测量(图 15.13)。

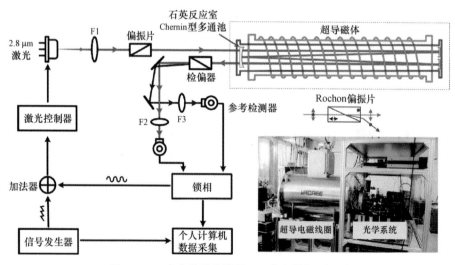

图 15.13 光化学反应池及 OH 自由基探测系统

该装置利用Chernin型光学多通池来增加吸收光程,提高探测灵敏度。3块物镜的直径为45 mm,场镜的尺寸分别为:75 mm(长)×15 mm(宽),105 mm(长)×90 mm(宽),表面镀保护银膜。Chernin型光学多通池可以在场镜上形成任意行×偶数列的光斑分布,形成矩形光斑排列,与传统的White型多通池相比,该设计大大提高了腔镜的有效利用面积,可以在相同的腔镜尺寸上排列更多的光斑,可实现光程3~192 m范围调节,如图15.14所示。

图15.14 Chernin型光学多通池可以实现任意行×偶数列的光斑分布(见书末彩图)

(8行×8列对应着192 m的吸收光程。)

低温超导磁体由三部分组成:① 0~1000高斯超导线圈(含电源及高温电流引线等,利用低温超导材料绕制而成,工作在液氦温区);② 磁体杜瓦(含冷屏组件、吊杆组件以及传导部件等);③ 1.5 W@4.2 K双级制冷机(含冷头、压缩机及单根长度为20 m的氦气管道两根等,对磁体进行冷却降温,使磁体线圈处于超导状态)。采用固体传导冷却螺线管线圈式超导磁体,可实现冷接触面≤5.2 K。磁体系统总体外径为760 mm,最大外径为900 mm;系统高度为1462 mm,最大高度为1600 mm。系统总质量约为1300 kg(不含氦压缩机、氦管等),其中磁体质量约为700 kg。利用霍尔探头对磁体性能进行了测试。该系统中超导线圈提供的磁场强度可调,最大场强可达1000高斯;磁场分辨率为2高斯;在半径为20 cm且轴向中间长度约1 m的柱面上,磁场均匀度好于3%。

2. 烟雾箱系统 RO_2^* 在线测量

RO_2^* 可以通过吸收光谱方法直接测量,但受限于灵敏度,只能够用于实验室研究,MIESR(基体分离电子自旋共振)方法由于其耗时长,目前已不常用。目前应用最广泛的是化学转化方法,包括:将 RO_2 转化为 OH 自由基,利用激光诱导荧光(LIF)方法测量OH自由基;将 RO_2 转化为 H_2SO_4,通过化学电离质谱(CIMS)测量;以及将 RO_2 转化为 NO_2 进行测量,又称之为PERCA。在这些方法中,PERCA由于其便携性及易维护特性被广泛应用。

PERCA技术中,加入NO和CO时,发生如下链式循环反应:

$$HO_2 + NO \longrightarrow OH + NO_2 \tag{15.10}$$

$$RO_2 + NO \longrightarrow RO + NO_2 \tag{15.11}$$

$$OH + CO + O_2 \xrightarrow{M} CO_2 + HO_2 \tag{15.12}$$

$$RO + O_2 \longrightarrow HO_2 + 有机物 \tag{15.13}$$

循环反应能够发生的次数称之为反应链长(CL),化学放大产生的 NO_2 浓度除以 CL,即可得到要测量的 RO_2^* 的浓度:

$$RO_2^* = \Delta[NO_2]/CL \tag{15.14}$$

本项目选择 BBCEAS 方法测量化学放大产生的 NO_2。测量装置的原理如图 15.15 所示,采用双通道同时测量反应通道(同时加入 NO 和 CO,有化学放大过程)和参考通道(只加入 NO,大气背景 NO_2 及 O_3 产生的 NO_2,无化学放大发生)的 NO_2,其差值除以 CL 即为 RO_2^* 的浓度。CL 通过实验室 HO_2 标准源标校得到。NO_2 的拟合谱如图 15.16 所示,在 21 s 采样时间下,可实现 40 pptv 的探测极限。这一双通道测量方法能够有效排除大气背景中污染气体对测量的影响。

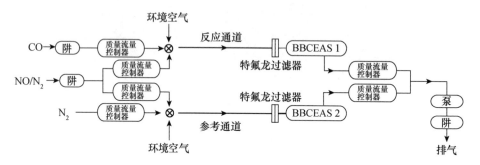

图 15.15 RO_2^* PERCA 测量装置原理

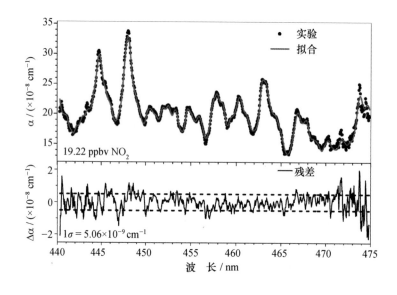

图 15.16 BBCEAS 测量 NO_2 的光谱示例

RH 会显著改变 CL,CL 随 RH 增加会变小,这一影响机制复杂且为非线性,与反应腔的物理结构及实验条件相关。为了能够在不同环境条件下准确测量 RO_2^* 的浓度,本项目创新性地将 Nafion 管作为反应腔和放大腔(图 15.17),有效地解决了 RH 对 CL 的影响,使得 PERCA 方法完全适用于高相对湿度环境(RH 为 87%时,相比干状态,CL 仅损失 10%)。

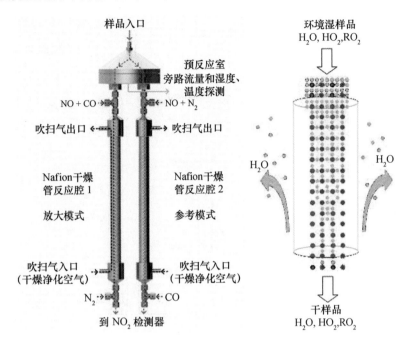

图 15.17 基于 Nafion 干燥管反应腔的 PERCA 装置及干燥管工作原理

所使用的 Nafion 管为 MD-700 型号,总长为 70 cm,干燥管长为 60 cm,内径为 18 mm。该材料的干燥管可以快速将样品中的水汽去除,对样品影响很小,且不受样品湿度影响。相比特氟龙反应放大腔,可获得更高的 CL(提高 1.6 倍),灵敏度更高(图 15.18)。仪器总的测量误差减小到 10%(其中 NO_2 测量误差约为 5%;CL 误差约为 4%;不同种类 RO_2 影响约为 8%),较其他 PERCA 装置小 2~3 倍,21 s 采样时间下的探测极限为 0.4 pptv(1σ)。

15.4.4　RO_2 关键化学反应过程对大气氧化性的影响

1. RO_2 与 OH 自由基反应对 OH 自由基汇的影响研究

RO_2 与 OH 自由基的反应是大气中 OH 自由基的一个新的重要的汇,对其化学机制的研究对深入认识大气氧化性具有重要意义。已有研究表明,简单烷基过氧自由基与 OH 自由基的反应速率快,其可能的反应通道包括:摘氢生成 Criegee 中间体和加成反应生成三氧化物(ROOOH)。在简单体系中,生成 Criegee 中间体通道占比小于 5%,认为不重要。对于复杂结构 RO_2 参与的反应,特别是人为源及生物源 VOCs 产生的 RO_2 与 OH 自由基的反应还需深入研究。针对这一问题,以 1,3,5-三甲基苯(1,3,5-TMB)为人为源 VOCs 代表,研究了 1,3,5-TMB 氧化产生的双环过氧自由基(1,3,5-$TMBPRO_2$)与 OH 自由基的反应机理(图 15.19)。

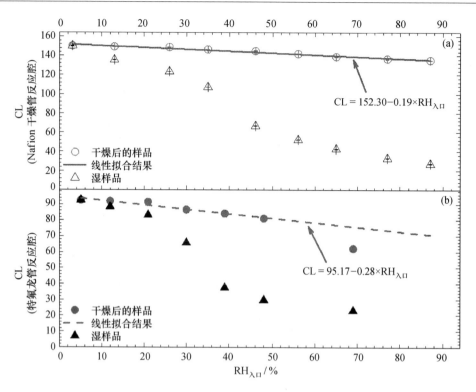

图 15.18 Nafion 干燥管反应腔样品有无干燥情况下 CL 的比较(a)及
特氟龙管反应腔样品有无干燥情况下 CL 的比较(b)

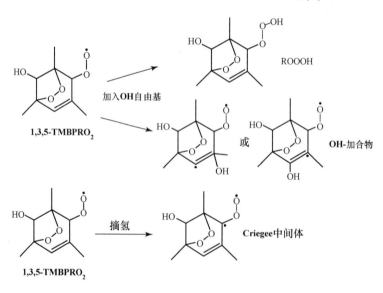

图 15.19 1,3,5-TMBPRO$_2$ 与 OH 自由基可能的反应通道

图 15.20 是 M08-HX/6-311+g(2df,2p) 理论水平优化的几何结构(键长单位:Å),包括反应物、反应前复合物、过渡态以及产物结构。基于反应势能面,采用经典过渡态理论(TST)计算得到 298 K 各个反应通道的速率常数值,加成反应生成三氧化物的反应速率常

数为 1.88×10^{-11} cm³ molecule⁻¹ s⁻¹，苯环上 C＝C 双键加成形成 OH-加合物的反应速率常数为 3.03×10^{-11} cm³ molecule⁻¹ s⁻¹，摘氢反应生成 Criegee 中间体的反应速率常数为 1.07×10^{-12} cm³ molecule⁻¹ s⁻¹。1,3,5-TMBPRO₂ 与 OH 自由基反应的势能以及各反应通道分支比如图 15.21 所示。研究发现摘氢反应生成 Criegee 中间体的反应速率常数相比

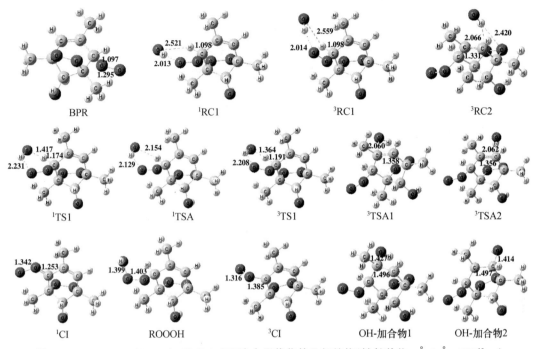

图 15.20　M08-HX/6-311＋g(2df,2p)理论水平优化的几何结构(键长单位：Å，1 Å＝10^{-10} m)

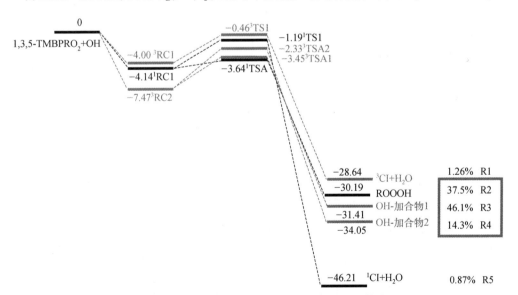

图 15.21　1,3,5-TMBPRO₂ 与 OH 自由基反应的势能图
以及各反应通道分支比(能量单位：kcal mol⁻¹，1 kcal＝4.1868 kJ)

加成反应的反应速率常数要小得多,重要性忽略不计;过氧端加成生成 ROOOH 以及苯环上 C=C 双键的加成是主要通道。

此外,还开展了典型生物源异戊二烯氧化产生的 RO_2 与 OH 自由基的反应机理和动力学研究(图 15.22)。研究结果表明,生成三氧化物是主反应通道,而 C=C 双键加成通道不重要。

从动力学角度对各个反应的反应速率常数进行了比较,发现 RO_2 与 OH 自由基的反应速率常数为 $10^{-11} \sim 10^{-10}$ cm^3 $molecule^{-1}$ s^{-1},反应速率常数大,此反应是 OH 自由基的一个重要的汇。人为源和生物源 VOCs 产生的 RO_2 与 OH 自由基反应的产物的分子量大,有可能进入粒子相影响 SOA 的生成。

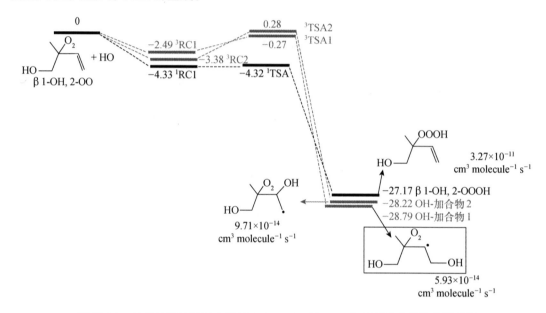

图 15.22　异戊二烯过氧自由基(β 1-OH,2-OO)与 OH 自由基反应的势能图以及各反应通道的反应速率常数(能量单位: kcal mol^{-1})

2. RO_2 与 HO_2 反应对 OH 自由基源的影响研究

Dillon 等人通过实验测得在含羰基 RO_2 与 HO_2 的反应中 OH 自由基的产额占 50% 左右,是 OH 自由基一个重要的源。非羰基 RO_2 与 HO_2 的反应对 OH 自由基的影响如何? 烷烃类是大气中重要的化合物,本项目开展了一系列非羰基类烷基过氧自由基(CH_3O_2、$C_2H_5O_2$、n-$C_3H_7O_2$)与 HO_2 的反应机理和动力学研究。

首先开展了大气中小分子 RO_2 的理论研究。在 CCSD(T)/aug-cc-pVDZ//B3LYP/6-311G(d,p)理论水平,计算获得 298 K 时 $CH_3O_2+HO_2$ 和 $C_2H_5O_2+HO_2$ 的反应速率常数,分别为 3.41×10^{-12} cm^3 $molecule^{-1}$ s^{-1} 和 9.77×10^{-12} cm^3 $molecule^{-1}$ s^{-1},与文献中报道的实验值(3.5×10^{-12} cm^3 $molecule^{-1}$ s^{-1} 和 7.8×10^{-12} cm^3 $molecule^{-1}$ s^{-1})相接近,证实了该理论方法对于研究体系的可靠性。利用该理论方法研究较大的 $C_3H_7O_2$ 与 HO_2 的体系。以 n-$C_3H_7O_2+HO_2$ 体系为例(图 15.23),计算结果表明,该反应可通过三重态势能面

氢提取生成氢过氧化物和 $^3O_2$，也可通过单重态势能面直接氢提取和加成-消除机理生成各种不同的产物。在 258~378 K，研究了反应速率常数与温度的关系，发现反应速率常数与温度呈负相关。在研究的温度范围内，总反应速率常数由三重态反应决定，而单重态反应速率常数可忽略。

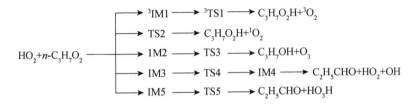

图 15.23 n-$C_3H_7O_2$ 与 HO_2 反应可能的反应机理

从反应机理和动力学分析可知，大气环境下，烷基过氧自由基与 HO_2 反应的主要通道是生成氢过氧化物和 $^3O_2$，与含羰基的机制相反，生成 OH 自由基的通道并不重要。动力学计算结果表明，烷基过氧自由基与 HO_2 反应的反应速率常数相近，初步看随着烷基基团的增大反应速率常数并不呈现明显的规律（表 15-2）。对于具有多个同分异构体和构象的 $C_3H_7O_2$ 来说，结构的差异对反应速率常数有影响。例如，n-$C_3H_7O_2$ 和 i-$C_3H_7O_2$ 的速率常数分别为 6.27×10^{-12} cm^3 $molecule^{-1}$ s^{-1} 和 3.25×10^{-12} cm^3 $molecule^{-1}$ s^{-1}，前者约是后者 2 倍。

表 15-2　298 K 各反应的速率常数

反应体系	反应速率常数/($\times10^{-12}$ cm^3 $molecule^{-1}$ s^{-1})
$HO_2+CH_3O_2$	3.41
$HO_2+C_2H_5O_2$	9.77
HO_2+n-$C_3H_7O_2$	6.27
HO_2+i-$C_3H_7O_2$	3.25

15.4.5　RO_2 关键化学过程对细粒子生成的影响

1. 低 NO_x 条件下 RO_2 反应对 SOA 生成的影响

（1）RO_2+RO_2 自反应动力学实验

如前所述，对于分子量较大的 RO_2，自反应生成 ROOR 很可能是 SOA 的重要来源。以 $C_4H_9O_2$ 为例，开展了其自反应动力学实验研究。实验中，$C_4H_9O_2$ 通过微波放电流动管中的反应 $F+C_4H_{10}\longrightarrow C_4H_9+HF$、$C_4H_9+O_2\longrightarrow C_4H_9O_2$ 生成。由于 $C_4H_9O_2$ 离子不稳定，会解离生成 $C_4H_9^+$ 和 O_2，结合同步辐射真空紫外光电离质谱和光电离效率谱，有效检测出来源于光电离和光解离两种途径的丁基自由基离子，并根据离子出现能对 $C_4H_9O_2$ 的两种同分异构体进行了区分（图 15.24）。

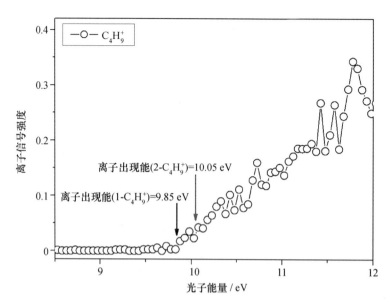

图 15.24 丁基过氧自由基的光电离效率谱

采用高灵敏同步辐射真空紫外光电离质谱技术,结合微波放电流动管反应装置,开展了 $C_4H_9O_2$ 的自反应动力学研究。前人的理论计算及实验结果表明,$C_4H_9O_2$ 的自反应过程中存在 3 种可能的反应通道,即

$$C_4H_9O_2 + C_4H_9O_2 \longrightarrow C_4H_9O + C_4H_9O + O_2 \quad (15.15)$$
$$\longrightarrow C_4H_9OH + C_4H_8O + O_2 \quad (15.16)$$
$$\longrightarrow C_4H_9OOC_4H_9 + O_2 \quad (15.17)$$

同步辐射真空紫外光电离质谱实现了上述反应中各种反应物和产物的全面检测,图 15.25 为实验测量获得的光电离质谱,其中的 $m/z=57$ 质谱峰对应于 $C_4H_9O_2$ 反应物(其离子不稳定,解离成 $C_4H_9^+$ 碎片离子),$m/z=72$ 质谱峰对应于 C_4H_8O 产物,$m/z=73$ 质谱峰对应于 C_4H_9O 产物,$m/z=74$ 质谱峰对应于 C_4H_9OH 产物,而 $m/z=146$ 质谱峰对应于 $C_4H_9OOC_4H_9$ 产物。$C_4H_9OOC_4H_9$ 反应产物首次从实验中检测获得,直接验证了该反应通道的存在。同时,通过开展不同 O_2 浓度下的动力学实验,获得 $C_4H_9O_2$ 生成 ROOR 通道的反应速率常数 $[k(C_4H_9O_2+C_4H_9O_2)=2\times10^{-11}\ \mathrm{cm^3\ molecule^{-1}\ s^{-1}}]$。上述反应通道[式(15.17)]中的 ROOR 产物具有大的质量及更低的挥发性,其在 RO_2 反应生成 SOA 的过程中具有重要影响,能够促进 SOA 的生成。

(2) RO_2 与 HO_2 反应对 SOA 生成的影响

芳香烃是主要的人为源 SOA 前体物,在氧化过程中 O—O 桥接的双环过氧自由基在低 NO 下与 HO_2 反应形成过氧化物,其对 SOA 的形成和生长起重要作用。1,3,5-TMB 氧化生成的双环过氧自由基产额高达 79%,理论研究发现,形成双环氢过氧化物是 1,3,5-TMBPRO$_2$+HO$_2$ 反应最主要的反应通道。在实验上,通过真空紫外光电离质谱与烟雾箱联用装置,对 OH 自由基启动的 1,3,5-TMB 光氧化反应的气相成分进行测量,直接观测到这种 O—O 桥接的双环氢过氧化物(图 15.26),对反应机理进行了验证,并且该产物分子量大、挥发性低,对 SOA 的形成和增长具有重要贡献。

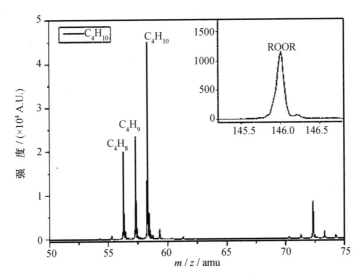

图 15.25 $C_4H_9O_2$ 自反应光电离质谱

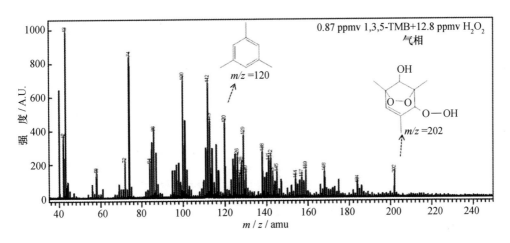

图 15.26 OH 自由基启动的 1,3,5-TMB 光氧化反应气相质谱

2. 高 NO_x 条件下 RO_2 反应对 SOA 生成的影响

（1）RO_2 与 NO 反应对 SOA 生成的影响

生成有机硝酸酯是 RO_2 与 NO 反应的一条重要反应通道。首先对简单的 CH_3O_2 与 NO 反应生成硝酸酯的反应通道进行了理论研究。采用高精度 G3//B3LYP 方法进行能量计算,相对能量值见表 15-3,与文献报道值相符,证明了理论计算方法的可靠性。

表 15-3　不同计算方法获得的 CH_3O_2+NO 反应的相对能量值（单位 $kcal\ mol^{-1}$）

物种	B3LYP/6-311++G(d,p)		G3//B3LYP	
	本研究	文献值	本研究	文献值
CH_3O_2+NO	0.00	0.00	0.00	0.00
IM1′	−16.58	−16.6	−23.18	−23.2
IM2′	−17.78	−17.8	−24.63	−24.6
TS1′	−5.17	−5.2	−12.38	−12.4
TS2′	15.53	15.2	−8.20	−8.2
CH_3ONO_2	−47.66	−47.7	−53.84	−53.8

在此基础上，对典型人为源 1,3,5-TMBPRO$_2$ 与 NO 反应生成双环有机硝酸盐的反应机理进行研究。在污染大气环境下（高 NO$_x$），1,3,5-TMBPRO$_2$ 可与 NO 反应生成双环有机硝酸盐（$m/z=232$），其对 SOA 的生成和增长起重要的作用。基于 DFT 优化的结构进一步采用高精度的 G3 方法计算单点能，获得 BPR 与 NO 的反应势能图（图 15.27）。从整个反应看，1,3,5-TMBPRO$_2$ 与 NO 的反应是强放热反应，并且两个过渡态相对于反应物势垒都是负值。说明理论上该反应通道易于发生，从而对 SOA 生成产生重要影响。

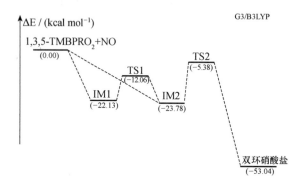

图 15.27　1,3,5-TMBPRO$_2$+NO 反应势能

（2）RO$_2$ 与 NO$_2$ 反应对 SOA 生成的影响

RO$_2$ 与 NO$_2$ 反应产生的有机硝酸酯在通常大气条件下很不稳定而极易分解，因此 RO$_2$ 与 NO$_2$ 的反应对 SOA 的贡献一直都认为不重要，但是最近发现某些情况下加入 NO$_2$，反而促进了 SOA 的生成，这就需要重新评估 RO$_2$+NO$_2$ 反应对 SOA 形成的影响。

本项目利用烟雾箱实验开展了柠檬烯的臭氧化反应过程研究，研究发现，低 O$_3$ 浓度时，加入 NO$_2$，SOA 降低；高 O$_3$ 浓度时，加入 NO$_2$，SOA 反而增加。基于 MCM 模拟（图 15.28），推测 RO$_2$+NO$_2$ 与 RO$_2$+HO$_2$ 反应存在竞争关系，随着 NO$_2$ 增加，气相和气溶胶相中 ROOHs 和有机酸在减小，过氧乙酰硝酸酯（PANs）和有机硝酸盐在增加。气溶胶中 PANs 和有机硝酸盐的增加大于 ROOHs 和有机酸的减小，导致了 SOA 随 NO$_2$ 的增加而增加。

此外，通过傅立叶红外测量了高 NO$_2$ 条件下 SOA 的成分（图 15.29），发现了羰基和硝基的特征峰，1720 cm^{-1} 对应于羰基的红外光谱，860 cm^{-1}、1280 cm^{-1} 和 1630 cm^{-1} 对应于有机硝基化合物。证明在高 NO$_x$ 下，有机硝酸酯类化合物进入了颗粒相中，说明 RO$_2$+NO$_x$

反应对 SOA 的形成具有重要作用。

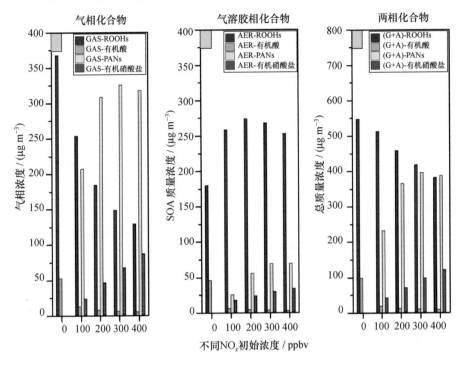

图 15.28　MCM 模拟的柠檬烯臭氧化反应的气相和气溶胶相组分（见书末彩图）

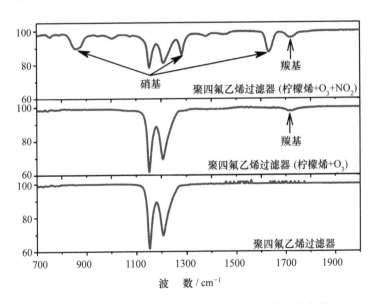

图 15.29　柠檬烯臭氧化反应的气溶胶成分的红外光谱

15.4.6　研究进展与成果总结

自由基化学反应过程研究对自由基及其反应产物的高灵敏度、准确测量有着极高的要求,是一项非常具有挑战性的工作。RO_2 关键反应过程研究依然有待进一步加强,以深化理解其对大气氧化性和大气复合污染形成的贡献。

在过去的四年里,项目组取得的主要进展与成果总结如下:

(1) 建立了多种高灵敏度光谱、质谱检测手段联用的流动化学反应系统。其中,真空紫外光电离质谱仪采用新型离子导入器技术,自由基检测指标达到国际先进水平。结合同步辐射光电离源,开展了 CH_3O_2 的动力学研究,实现反应产物同分异构体的检测区分。

(2) 建立了 LFP-FRS 自由基反应动力学测量装置。OH 自由基浓度和准一级反应速率常数的探测极限分别为 4×10^6 molecules cm^{-3} (1σ, 56 s) 和 0.09 s^{-1} (1σ, 112 s)。

(3) 完善和优化了烟雾箱实验系统中 OH 自由基和 RO_2^* 在线测量装置,并对 RO_2^* 的生成开展了研究。将大口径传导冷却超导磁体与光学多通池相结合,利用 LFP-FRS,实现烟雾箱内 OH 自由基实时、原位、在线测量,探测极限为 1.6×10^6 molecules cm^{-3} (1σ, 4 s);创新性地将 Nafion 干燥管用于化学放大测量 RO_2^* 系统中,有效地解决了相对湿度对反应链长的影响,使其适用于高相对湿度环境。

(4) 开展了 RO_2 关键化学过程对大气氧化性的影响研究。① 在 OH 自由基去除汇方面:人为源苯系物 RO_2 与 OH 自由基反应中,除加成生成三氧化物是主反应通道外,苯环 C=C 双键上的加成通道也很重要,摘氢生成 Criegee 中间体的通道可以忽略不计;生物源萜烯类 RO_2 与 OH 自由基反应中,生成三氧化物是主反应通道,C=C 双键加成通道不重要;不同结构 VOCs 产生的 RO_2 对总反应速率常数影响不大。② 在 OH 自由基生成源方面:与含羰基的机制相反,烷基过氧自由基与 HO_2 反应生成 OH 自由基的通道并不重要。

(5) 开展了 RO_2 关键化学过程对细粒子生成的影响研究。在低 NO_x 条件下,研究了 RO_2 自反应动力学,测量了低挥发性产物 ROOR 通道的反应速率常数;理论和实验说明了苯系物产生的双环过氧自由基与 HO_2 的反应对颗粒相的形成和增长具有重要贡献。随着 NO_x 增加,理论和实验直接检验了 RO_2 与 HO_2 以及 NO_x 反应的竞争机制;在高 NO_x 条件下,有机硝酸酯类化合物进入了颗粒相中,说明 $RO_2 + NO_x$ 反应对 SOA 的形成具有重要作用。

15.4.7 本项目资助发表论文

[1] Lin X X, Ma Q, Yang C Q, et al. Kinetics and mechanisms of gas phase reactions of hexenols with o-zone. RSC Advances, 2016, 6: 83573-83580.

[2] Ma Q, Huang M Q, Liu X Y, et al. Theoretical study of isoprene dissociative photoionization. Chinese Journal of Chemical Physics, 2017, 30: 43-49.

[3] Zhang Q L, Lin X X, Gai Y B, et al. Kinetic and mechanistic study on gas phase reactions of ozone with a series of Cis-3-hexenyl esters. RSC Advances, 2018, 8: 4230-4238.

[4] Ma Q, Lin X X, Yang C Q, et al. The influences of ammonia on aerosol formation in the ozonolysis of styrene: Roles of Criegee intermediate reactions. Royal Society Open Science, 2018, 5: 172171.

[5] Yang Z L, Lin X X, Zhou J C, et al. Computational study on the mechanism and kinetics for the reaction between HO_2 and *n*-propyl peroxy radical. RSC Advances, 2019, 9: 40437-40444.

[6] 张永灏, 俞辉, 林晓晓, 等. 相对速率法测量氯原子与几种酮类物质的反应速率常数. 环境科学学报,

2019, 39: 3849-3855.

[7] 韦娜娜, 赵卫雄, 方波, 等. OH 自由基与烷烃反应动力学研究. 分析化学, 2020, 48: 1050-1057.

[8] Yang C Q, Zhao W X, Fang B, et al. Removing water vapor interference in peroxy radical chemical amplification with a large diameter Nafion dryer. Analytical Chemistry, 2018, 90: 3307-3312.

[9] Zhao W X, Fang B, Lin X X, et al. Superconducting-magnet-based Faraday rotation spectrometer for real time in situ measurement of OH radicals at 10^6 molecule cm^{-3} level in an atmospheric simulation chamber. Analytical Chemistry, 2018, 90: 3958-3964.

[10] Lin X X, Yang Z L, Yu H, et al. Mechanism and kinetics of the atmospheric reaction of 1,3,5-trimethylbenzene bicyclic peroxy radical with OH. RSC Advances, 2019, 9: 32594-32600.

[11] Wei N N, Fang B, Zhao W X, et al. Time-resolved laser-flash photolysis Faraday rotation spectrometer: A new tool for total OH reactivity measurement and free radical kinetics research. Analytical Chemistry, 2020, 92: 4334-4339.

[12] 陈杨, 赵卫雄, 徐学哲, 等. 化学放大法测量大气过氧自由基的技术进展. 大气与环境光学学报, 2017, 12: 241-253.

[13] 马乔, 俞辉, 阳成强, 等. 仲丁醇对苯乙烯臭氧化反应生成二次有机气溶胶的影响: 实验和模型研究. 环境科学学报, 2018, 38: 3888-3893.

[14] 张启磊, 张永灏, 俞辉, 等. O_3 与异戊酸叶醇酯和己酸叶醇酯反应速率常数的测定. 环境科学学报, 2018, 38: 2796-2802.

[15] Chen Y, Yang C Q, Zhao W X, et al. Ultra-sensitive measurement of peroxy radicals by chemical amplification broadband cavity-enhanced spectroscopy. Analyst, 2016, 141: 5870-5878.

[16] Wei N N, Hu C J, Zhou S S, et al. VUV photoionization aerosol mass spectrometric study on the iodine oxide particles formed from O_3-initiated photooxidation of diiodomethane (CH_2I_2). RSC Advances, 2017, 7: 56779-56787.

[17] Yang C Q, Zhao W X, Fang B, et al. Improved chemical amplification instrument by using a Nafion dryer as an amplification reactor for quantifying atmospheric peroxy radicals under ambient conditions. Analytical Chemistry, 2019, 91: 776-779.

[18] Wen Z Y, Tang X F, Wang C C, et al. A vacuum ultraviolet photoionization time-of-flight mass spectrometer with high sensitivity for study of gas-phase radical reaction in a flow tube. International Journal of Chemical Kinetics, 2019, 51: 178-188.

[19] Tang X F, Gu X J, Lin X X, et al. Vacuum ultraviolet photodynamics of the methyl peroxy radical studied by double imaging photoelectron photoion coincidences. The Journal of Chemical Physics, 2020, 152: 104301.

[20] Wen Z Y, Tang X F, Fittschen C, et al. Online analysis of gas-phase radical reactions using vacuum ultraviolet lamp photoionization and time of-flight mass spectrometry. Review of Scientific Instruments, 2020, 91: 043201.

[21] Yang Z L, Lin X X, Long B, et al. A computational investigation on the HO_2 and isopropyl peroxy radical reaction: Mechanism and kinetics. Chemical Physics Letters, 2020, 749: 137442.

参考文献

[1] 李晓倩, 陆克定, 魏永杰, 等. 对流层大气过氧自由基实地测量的技术进展及其在化学机理研究中的应

用. 化学进展, 2014, 26: 682-694.

[2] Walker H M, Stone D, Ingham T, et al. Night-time measurements of HO_x during the RONOCO project and analysis of the sources of HO_2. Atmospheric Chemistry and Physics, 2015, 15: 8179-8200.

[3] 唐孝炎, 张远航, 邵敏. 大气环境化学. 北京: 高等教育出版社, 2006.

[4] Bonn B, von Kuhlmann R, Lawrence M G. High contribution of biogenic hydroperoxides to secondary organic aerosol formation. Geophysical Research Letters, 2004, 31: L10108.

[5] Surratt J D, Murphy S M, Kroll J H, et al. Chemical composition of secondary organic aerosol formed from the photooxidation of isoprene. Journal of Physical Chemistry A, 2006, 110: 9665-9690.

[6] Lelieveld J, Butler T M, Crowley J N, et al. Atmospheric oxidation capacity sustained by a tropical forest. Nature, 2008, 452: 737-740.

[7] Dillon T J, Crowley J N. Direct detection of OH formation in the reactions of HO_2 with $CH_3C(O)O_2$ and other substituted peroxy radicals. Atmospheric Chemistry and Physics, 2008, 8: 4877-4889.

[8] Kwan A J, Chan A W H, Ng N L, et al. Peroxy radical chemistry and OH radical production during the NO_3-initiated oxidation of isoprene. Atmospheric Chemistry and Physics, 2012, 12: 7499-7515.

[9] Lu K D, Rohrer F, Hollandet F, et al. Nighttime observation and chemistry of HO_x in the Pearl River Delta and Beijing in summer 2006. Atmospheric Chemistry and Physics, 2014, 14: 4979-4999.

[10] Suma K, Sumiyoshi Y, Endo Y, et al. The rotational spectrum of the water-hydroperoxy radical (H_2O-HO_2) complex. Science, 2006, 311: 1278-1281.

[11] Clark J, English A M, Hansen J C, et al. Computational study on the existence of organic peroxy radical-water complexes ($RO_2 \cdot H_2O$). Journal of Physical Chemistry A, 2008, 112: 1587-1595.

[12] Adriana B, Faragó E P, Schoemaecker C, et al. Rate constant of the reaction between CH_3O_2 and OH radicals. Chemical Physics Letters, 2014, 593: 7-13.

[13] Fittschen C, Whalley L K, Heard D E, et al. The reaction of CH_3O_2 radicals with OH radicals: A neglected sink for CH_3O_2 in the remote atmosphere. Environmental Science & Technology, 2014, 48: 7700-7701.

[14] Wyche K P, Monks P S, Ellis A M, et al. Gas phase precursors to anthropogenic secondary organic aerosol: Detailed observations of 1,3,5-trimethylbenzene photooxidation. Atmospheric Chemistry and Physics, 2009, 9: 635-665.

[15] Orlando J J, Tyndall G S. Laboratory studies of organic peroxy radical chemistry: an overview with emphasis on recent issues of atmospheric significance. Chemical Society Reviews, 2012, 41: 6294-6317.

[16] Arey J, Aschmann S M, Kwok E S C, et al. Alkyl nitrate, hydroxyalkyl nitrate, and hydroxycarbonyl formation from the NO_x-air photooxidations of C_5-C_8 n-alkanes. Journal of Physical Chemistry A, 2001, 105: 1020-1027.

[17] Carter W P L, Atkinson R. Alkyl nitrate formation from the atmospheric photooxidation of alkanes: A revised estimation method. Journal of Atmospheric Chemistry, 1989, 8: 165-173.

[18] Chan A W H, Chan M N, Surratt J D, et al. Role of aldehyde chemistry and NO_x concentrations in secondary organic aerosol formation. Atmospheric Chemistry and Physics, 2010, 10: 7169-7188.

[19] Kroll J H, Ng N L, Murphy S M, et al. Secondary organic aerosol formation from isoprene photooxidation. Environmental Science & Technology, 2006, 40: 1869-1877.

[20] Zhang S H, Shaw M, Seinfeld J H, et al. Photochemical aerosol formation from α-pinene and β-pinene. Journal of Geophysical Research, 1992, 97: 20717-20729.

[21] Presto A A, Huff Hartz K E, Donahue N M, et al. Secondary organic aerosol production from terpene ozonolysis. 2. Effect of NO_x concentration. Environmental Science & Technology, 2005, 39: 7046-7054.

[22] Ng N L, Chhabra P S, Chan A W H, et al. Effect of NO_x level on secondary organic aerosol (SOA) formation from the photooxidation of terpenes. Atmospheric Chemistry and Physics, 2007, 7: 5159-5174.

[23] Hurley M D, Sokolov O, Wallington T J, et al. Organic aerosol formation during the atmospheric degradation of toluene. Environmental Science & Technology, 2001, 35: 1358-1366.

[24] Song C, Na K, Cocker D R, et al. Impact of the hydrocarbon to NO_x ratio on secondary organic aerosol formation. Environmental Science & Technology, 2005, 39: 3143-3149.

[25] Ng N L, Kroll J H, Chan A W H, et al. Secondary organic aerosol formation from m-xylene, toluene, and benzene. Atmospheric Chemistry and Physics, 2007, 7: 3909-3922.

[26] Mihelcic D, Holland F, Hofzumahaus A, et al. Peroxy radicals during BERLIOZ at Pabstthum: Measurements, radical budgets and ozone production. Journal of Geophysical Research, 2003, 108: 8254.

[27] Kanaya Y, Cao R, Kato S, et al. Chemistry of OH and HO_2 radicals observed at Rishiri Island, Japan, in September 2003: Missing daytime sink of HO_2 and positive nighttime correlations with monoterpenes. Journal of Geophysical Research, 2007, 112: D11308.

[28] Hofzumahaus A, Rohrer F, Lu K, et al. Amplified trace gas removal in the troposphere. Science, 2009, 324: 1702-1704.

[29] 齐斌, 刘潞, 晁余涛, 等. 过氧自由基化学放大测定方法中的水效应: 实验测定及其化学机制. 中国科学B辑: 化学, 2008, 38: 538-544.

[30] Zhang T L, Wang W L, Zhang P, et al. Water-catalyzed gas-phase hydrogen abstraction reactions of CH_3O_2 and HO_2 with HO_2: A computational investigation. Physical Chemistry Chemical Physics, 2011, 13: 20794-20805.

[31] Zhang T L, Li G, Wang W L, et al. Theoretical studies on atmospheric reactions of CH_2FO_2 with HO_2 and HO_2 center dot H_2O complex. Computational and Theoretical Chemistry, 2012, 991: 13-21.

[32] Zhang T L, Wang R, Wang W L, et al. Water effect on the formation of $^3O_2$ from the self-reaction of two HO_2 radicals in tropospheric conditions. Computational and Theoretical Chemistry, 2014, 1045: 135-144.

[33] Zhang P, Wang W L, Zhang T L, et al. Theoretical study on the mechanism and kinetics for the self-reaction of $C_2H_5O_2$ radicals. Journal of Physical Chemistry A, 2012, 116: 4610-4620.

[34] 唐沂珍, 赵健, 王荣顺, 等. 大气中 CH_2ClO_2 + NO 反应机理的理论研究. 分子科学学报, 2014, 30: 455-460.

[35] Tang Y Z, Sun J Y, Zhang Y J, et al. The atmospheric degradation pathways of $BrCH_2O_2$: Computational calculation on mechanisms of the reaction with HO_2. Chemosphere, 2014, 111: 545-553.

[36] Yan X J, Weng Y N, Li S J, et al. Troposphere reactions of hydroxycyclohexadienyl peroxyl radicals with nitric oxide: A DFT study. Computational and Theoretical Chemistry, 2013, 1018: 6-12.

[37] Weng Y N, Yan X J, Li S J. Theoretical study of mechanism for the atmospheric reaction CF_3CHFO_2 + NO. Journal of Theoretical and Computational Chemistry, 2013, 12: 1250101.

[38] Hou H, Wang B S. A systematic computational study on the reactions of HO_2 with RO_2: The HO_2 + CH_3O_2 (CD_3O_2) and HO_2 + CH_2FO_2 reactions. Journal of Physical Chemistry A, 2005, 109: 451-460.

[39] Shao Y X, Hou H, Wang B S. Theoretical study of the mechanisms and kinetics of the reactions of hydroperoxy (HO_2) radicals with hydroxymethylperoxy ($HOCH_2O_2$) and methoxymethylperoxy ($CH_3OCH_2O_2$) radicals. Physical Chemistry Chemical Physics, 2014, 16: 22805-22814.

[40] Liang Y N, Li J, Wang Q D, et al. Computational study of the reaction mechanism of the methylperoxy self-reaction. Journal of Physical Chemistry A, 2011, 115: 13534-13541.

[41] Wei W M, Zheng R H. Theoretical study on the reaction mechanism of CH_2ClO_2 with HO_2. Journal of Molecular Structure, 2007, 812: 1-11.

[42] Huang M Q, Wang Z Y, Yang Y, et al. Intramolecular hydrogen bond in the hydroxycyclohexadienyl peroxy radicals. International Journal of Quantum Chemistry, 2007, 107: 1092-1098.

[43] Gierczak T, Talukdar R K, Herndon S C, et al. Rate coefficients for the reactions of hydroxyl radicals with methane and deuterated methanes. Journal of Physical Chemistry A, 1997, 101: 3125-3134.

[44] Amedro D, Miyazaki K, Parkera A, et al. Atmospheric and kinetic studies of OH and HO_2 by the FAGE technique. Journal of Environmental Sciences, 2012, 24: 78-86.

[45] Leu M T. Rate constant for the reaction $HO_2 + NO \rightarrow OH + NO_2$. The Journal of Chemical Physics, 1979, 70: 1662-1666.

[46] Bourmada N, Lafage C, Devolder P. Absolute rate constants of the reactions of OH with cyclohexane and ethane at 296 ± 2 K by the discharge flow method. Chemical Physics Letters, 1987, 136: 209-214.

[47] Stachnik R A, Molina L T, Molina M J. Pressure and temperature dependences of the reaction of hydroxyl radical with nitric acid. The Journal of Physical Chemistry, 1986, 90: 2777-2780.

[48] Carl S A, Crowley J N. 298 K rate coefficients for the reaction of OH with i-C_3H_7I, n-C_3H_7I and C_3H_8. Atmospheric Chemistry and Physics, 2001, 1: 1-7.

[49] Kozlov S N, Orkin V L, Huie R E, et al. OH reactivity and UV spectra of propane, n-propyl bromide, and isopropyl bromide. Journal of Physical Chemistry A, 2003, 107: 1333-1338.

[50] Talukdar R K, Mellouki A, Gierczak T, et al. Kinetics of the reactions of OH with alkanes. International Journal of Chemical Kinetics, 1994, 26: 973-990.

第 16 章 红外光谱研究气溶胶颗粒爆发式增长与环境相对湿度的相关性

庞树峰

北京理工大学

气溶胶颗粒物爆发式增长与相对湿度(RH)的相关性是大气化学的核心科学问题,从分子水平揭示相对湿度对大气颗粒物理化性质的影响有助于理解 $PM_{2.5}$ 生成和生长的微观机制。本项目运用显微红外光谱(Micro-FTIR)技术发展了微米级颗粒物消光效率的计算方法,探讨了不同颗粒物界面 SO_2 转化形成硫酸盐 SO_4^{2-} 的动力学机制及相对湿度对转化过程的影响。利用傅立叶变换红外衰减全反射(FTIR-ATR)技术研究了复杂气溶胶颗粒物中组分的相互作用对吸湿性能及物理相态的影响。通过真空红外光谱技术表征了不同相对湿度下多组分颗粒物中半挥发物质从颗粒相挥发进入大气的过程,以及发生的分步结晶过程。研究结果为大气模型提供了有意义的理化参数。

16.1 研究背景

近年来,随着我国经济规模迅速扩大和城市化进程加快,霾污染问题日趋严重。颗粒物对可见光的吸收和散射引起大气能见度降低,颗粒物复杂的化学成分可能危害人体健康,颗粒物与边界层的相互作用会影响大气气候,获得大气气溶胶的理化性质,揭示这些宏观过程的微观机制是理解这些现象的关键。

气-粒转化和气-粒分配引起颗粒物的生成和生长,导致颗粒物的浓度、质量和粒径增加。此外,不同组成和粒径的颗粒物在大气传输的过程中常常伴随在颗粒物表界面发生的光化学和自由基化学过程,这些化学过程引起颗粒物的化学组成、吸湿性、光学特性以及云凝结核(CCN)活性都发生改变。研究表明,这些现象都与大气相对湿度具有密切关系。当空气中的水蒸气与颗粒物相遇时,常常会发生复杂的相互作用,不同组成的颗粒物与水蒸气的作用有很大的差异。大多数无机化合物表现出很强的吸湿性,导致颗粒物内的液相含水量随着大气湿度发生相应改变;而元素碳通常不吸收水分,表现出非吸湿性;有机化合物则表现不一,一些亲水性的有机化合物表现出强的吸湿性,另外一些疏水性的有机化合物则只能吸收少量水分或者不能吸收水分。水分在颗粒物内传输的过程中,常常伴随气态物质分配到颗粒相的过程。同时,高湿条件有利于气态物质向颗粒相发生转化。外场观测数据表明,雾霾爆发式增长常常伴随着高湿条件,而空气中高浓度的水蒸气如何定量影响雾霾浓度?了解高湿条件下颗粒物的各种化学过程是解开这个问题的关键。

16.1.1 气-粒转化

气态化合物在一定的条件下发生凝结形成颗粒物的过程称为气-粒转化。发生这个过程的途径有两个:一是气体分子的浓度达到一定的过饱和度,开始凝结成簇,然后通过碰并、融合、分解形成新的颗粒物,这个过程称为均相成核;另外一个途径是气体分子在颗粒物表面发生吸附、凝结、长大,最后形成颗粒物,这个过程称为异相成核。目前,对于气溶胶均相成核的研究工作已经取得了很大的进展[1-7],主要的研究手段包括外场观测、实验室研究和理论计算。外场观测的技术手段主要包括空气离子光谱仪(AIS)、平衡动态分析仪(BSMA)、中性簇-大气离子光谱仪(NAIS)、冷凝颗粒计数器(UF-02proto CPC)、纳米动态分析仪(Grimm nanoDMA)和法拉第杯静电仪等[8]。运用这些仪器可以监测到约1 nm的气溶胶颗粒,时间分辨最高可以达到几秒。理论计算成核过程的结果表明,气溶胶新生粒子的成核机理主要包括二元组分成核、三元组分成核、离子诱导成核等。除此之外,在城市气溶胶中,大气中的主要排放物是有机气体,无机化合物的浓度很低,这种情况下,有机气体可以与NH_3、硫酸、二甲胺等一起形成团簇,进而形成新气溶胶颗粒[9]。纯有机气体达到过饱和态时,不需要无机物的存在就可以单独发生气-粒转化,最终形成气溶胶颗粒。为了确定不同组分的体系发生气-粒转化所需的临界过饱和度以及成核速率等基本的理化数据,获得成核过程的微观机制,实验室已经进行了一些研究工作。然而,由于不同组成气溶胶的成核机理差异较大,在不同相对湿度范围成核速率差别也很大,如何建立实验方法,获取气溶胶在不同环境下的成核过程参数,是目前实验室研究成核过程面临的挑战。

16.1.2 颗粒物吸湿性增长加剧消光效应

悬浮于空气中的微粒与水蒸气相遇时,其中的化学物质与水蒸气发生相互作用,因此颗粒物表现为吸水或失水,这统称为气溶胶的吸湿性。颗粒物的消光效应常常与化学组分及粒径密切相关。当颗粒物吸收水分时常常引起其粒径增加,导致消光效应增强。因此探究颗粒物的吸湿性能及其消光效应成为大气科学的重要研究课题。目前用于测定颗粒物消光效应的技术手段包括腔衰荡光谱(CRDs)[10]、极性和积分浊度计[11],但是CRDs技术只适用小于1 μm的颗粒,而后一种方法则只能监测前散射效应。因此,结合颗粒物吸湿性定量数据,发展一种简单易行、适用于全面监测微米级颗粒的消光效应的方法,将有助于加深对雾霾爆发式增长现象的认识。

16.1.3 相对湿度对气-粒分配的影响

半挥发性有机物(SVOCs)可以通过在一些细颗粒物表面发生吸附、凝聚及吸收等过程,增加其在颗粒相中的分配。SVOCs在颗粒物表面的吸附主要是与表面的活性位点发生相互作用。在吸附过程中,水蒸气分子可能与SVOCs竞争颗粒物表面的吸附点,这样就可能导致SVOCs的吸附降低。因此,相对湿度增加,与SVOCs竞争的气相水分子增加,导致

SVOCs 在颗粒相中的分配减少。SVOCs 被颗粒物吸收的过程中,其极性具有重要影响。对于极性较强的 SVOCs,其与水分子的相互作用强,较高的相对湿度有利于 SVOCs 的吸收。对于某些非极性或者弱极性气体分子,水分子的存在起到了保护膜的作用,阻碍了气体分子进入颗粒相,因此较低的相对湿度有利于气体分子的吸收。综上可以发现,相对湿度对 SVOCs 在颗粒相的分配影响不一,分析探讨 SVOCs 以及颗粒物的吸湿性是正确评估相对湿度对 SVOCs 转化形成二次有机气溶胶(SOA)的关键[12,13]。

另一方面,形成的 SOA 在低湿条件下常常容易形成高黏度物理相态,从而引起质量扩散动力学传质受阻,以至于后续的 SVOCs 吸收受到影响[14]。例如,表面覆盖有水分子的亚微米硫酸铵在甲苯、丙烯、NO_x、空气辐照下,表面水分子的存在并没有增加 SOA 的产率[15]。Seinfeld[16]观测了当不同的干、湿无机物存在时,α-蒎烯/O_3 体系发生氧化反应生成的 SVOCs 在颗粒相中的分配,发现 SVOCs 在溶液相的无机物气溶胶中的分配减少,减少的程度与无机物的化学成分有关,在硫酸铵液滴中的分配减少很多,而在氯化钙液滴中的分配减少得最少。

对于组成复杂的颗粒物,当颗粒物处于液态时,可溶性离子在分子间作用力的驱动下可以发生移动,从而导致离子之间重新键合。当形成的化合物具有较高的饱和蒸气压时,由于颗粒物的高比表面特性,这些物质可以挥发到大气中,从而进一步促进了颗粒相中离子的结合和新物质的继续生成。中国科学院生态环境中心的贺泓课题组[17]以及美国 Laskin 课题组[18,19]发现,有机弱酸与氯化钠、硝酸盐混合时会发生弱酸置换强酸的反应,有机弱酸变成弱酸盐,生成的盐酸、硝酸挥发进入气相,颗粒相的组成发生变化,因此吸湿性随之改变。其中,离子的移动与颗粒物的黏度相关,当黏度增加时,物质传输受到阻碍,影响形成新化合物的动态过程。正确理解新物质生成、挥发以及传质受阻影响,建立合理气溶胶吸湿性模型对于揭示雾霾形成和增长具有重要作用。

16.1.4 相对湿度对颗粒物老化过程的影响

细颗粒物在大气中常常会和各种微量气体发生反应引起颗粒物老化,从而改变其 CCN 活性、反应活性及吸湿性。美国艾奥瓦大学全球和区域环境研究中心的 Grassian 研究组[20]多年来以原位红外光谱结合努森池(Knudsen cell)技术,针对海盐、矿物气溶胶表面与 HNO_3、NO_x、O_3 等发生反应的过程进行了大量的研究,发现相对湿度、物相状态、表面结构对化学反应动力学过程有显著影响;他们还将获得的痕量气体与矿物颗粒表面反应的速率常数,应用于大气化学建模中,为大气模型的完善提供了有用的数据。贺泓课题组[21-23]研究了炭黑颗粒物表面与 O_2、O_3、NO_2 等气体的非均相氧化反应,揭示了有机碳在反应过程中所起的重要作用。北京大学的朱彤课题组[24]借助于原位漫反射红外、X 射线光电子能谱、透射电镜、气质联用等技术,对海盐气溶胶表面与甲酸、甲磺酸、NO_2 等发生反应的过程进行了大量研究,获得了化学反应过程中产物、摄取系数与环境相对湿度及温度的相互依赖性数据,得出 O_3 可以促进盐酸盐生成的重要结论。中国科学院化学研究所的葛茂发课题组[25-29]在矿尘颗粒物($CaCO_3$、CaO、α-Al_2O_3、γ-Al_2O_3、SiO_2 等)与大气痕量气体(SO_2、NO_2、O_3、$HCOOH$、H_2O_2 等)间的非均相化学反应动力学方面做了大量研究,探讨了矿尘颗粒物表面的反应效率随相对湿度及温度的变化依赖关系。复旦大学的陈建民课题组[30,31]以 α-Fe_2O_3 模拟矿尘颗粒物,在预吸附硝酸盐、胺盐时与 SO_2、羰基硫(COS)以及乙醛等进行反应,表征了预吸附量对反应产物及反应速率的影响。结果表明,不同界面的气-粒反应动力学参数以及反应的微观机制有所差异。其中颗粒物表面的含水量对气体反应性具有不同的作用。虽然对颗粒物老化的化学过程已经进行了广泛的研究,获得了很多重要数据和结论。然而相对湿度对老化的影响目前仍然缺乏系统的工作,进一步深入细致地探究相对湿度对颗粒物老化过程的影响,获得丰富的相互依赖关系也是我们理解霾污染的重要环节。

大气气溶胶颗粒的形成和增长过程复杂,影响因素众多,从微观过程和分子水平给出相对湿度的影响对解决雾霾"机制不清、来源不明"的瓶颈问题可以提供很大帮助。红外光谱是监测气溶胶各种物理化学事件的有效技术手段。将红外光谱技术与其他技术联用,可以实现分子水平的化合物结构信息以及物化性质的准确探测。本项目运用红外光谱技术从吸湿性、反应性、挥发性以及气-粒转化等方面,针对不同湿度变化模式进行了一系列的研究。深入探讨了在不同有机颗粒物表面上多种痕量气体与相对湿度的协同作用,确定反应速率、摄取系数随相对湿度的变化情况。从化合物特征吸收峰的变化获得了相对湿度与颗粒物相态以及结晶速率的相关性。在细致分析化合物特征峰的位置、强度与液相水特征峰变化的基础上,获得了颗粒物中物质之间的相互作用引起组分发生演变的过程信息,同时也推测了半挥发性物质从颗粒物挥发到大气的过程。研究得到的理化参数为完善大气数值模型、获得气溶胶颗粒的生成和增长规律及其与相对湿度的相关性提供了重要证据,为 $PM_{2.5}$ 的治理和精准控制提供了有意义的理论依据。

16.2 研究目标与研究内容

16.2.1 研究目标

利用红外光谱技术探究水蒸气分子在大气雾霾生成和生长过程中起到的作用,并得到定量数据,揭示颗粒物爆发式增长过程与相对湿度的相关性。

16.2.2 研究内容

针对相对湿度在雾霾增长过程中所起的作用,我们利用红外吸收光谱开展了多组分复杂气溶胶颗粒物吸湿性增长、分步结晶风化、颗粒物老化,以及挥发性影响吸湿性等这些过程与相对湿度的依赖关系的研究。监测相对湿度的改变对颗粒物组分之间的相互作用及各自吸湿性的影响,探究在不同相对湿度条件下颗粒物发生液-固相变的过程,计算结晶风化的速率和成核比例,表征颗粒物吸湿性增长和物质挥发对相对湿度的依赖性,考察不同组分的单颗粒与痕量气体发生非均相反应的动力学过程,拟定老化机制,获得反应速率、摄取系数等参数,为揭示我国雾霾的形成提供可参考的数据。具体研究内容包括:

1. 颗粒物的吸湿性研究

通过红外光谱技术,分析颗粒物在不同相对湿度下特征光谱的改变,定量分析颗粒物的吸湿性以及分子间相互作用对吸湿增长过程的影响。

2. 颗粒物结晶过程的研究

快速改变环境的相对湿度,量化不同相对湿度下复杂颗粒物中各种化合物的结晶比例,比较混合条件对结晶风化的影响,计算成核速率。根据不同化合物的结构特点,分析组分间不同的相互作用对结晶过程的影响;进一步探测颗粒物结晶过程中,SVOCs在颗粒相中的分配以及分配随相对湿度的变化,理解颗粒物内复杂的物理化学过程。

3. 挥发性物质从颗粒相挥发到气相的过程探究

通常对于大气中各种挥发性和半挥发性物质的估算是从其人为源和自然源得到的。近几年的研究表明,排放到大气中的气体物质分配到颗粒物以后,在合适的温度、湿度下和其他共存化合物相互作用,容易发生从颗粒相到气相的二次排放。本课题模拟大气颗粒物成分,开展不同相对湿度下挥发性和半挥发性物质二次排放的红外光谱的监测工作,分析了与之对应的颗粒物吸湿性变化以及发生机制。

4. 气体与颗粒物的非均相反应过程

监测不同形貌、尺寸各异、组成不一以及处于不同物理相态的单颗粒气溶胶在不同相对湿度条件下,各种痕量气体与颗粒物的异相界面反应,分析相对湿度与反应产物的关系,原位探测化学反应动力学过程,揭示气溶胶老化的本质。

16.3 研究方案

根据对文献的总结和分析,针对目前大气化学中的研究瓶颈,在研究目标以及研究内容的基础上,制订了具体的研究方案。主要包括以下几部分内容:

1. 复杂颗粒物的吸湿性研究

将湿度控制系统与红外光谱联用(图16.1),改变水饱和氮气管路中A流量计和干燥氮气管路中B流量计的大小,控制两种气体的相对流量,使气溶胶样品池的环境相对湿度发生连续线性变化或者台阶式变化。具体的相对湿度数值通过样品池出口C位置处的湿度计得到。湿度改变过程中,采用衰减全反射红外模式同步收集气溶胶样品的红外光谱。分析组分相态及分子间相互作用,研究相对湿度对组分结构以及相态的影响。

2. 实现水蒸气-液滴转变动力学过程的监测

气体分子浓度很高的时候,高湿和低温条件常常使其达到过饱和态,进而发生气-粒转化过程,生成液态新粒子。一般在大气环境比较干净的情况下新粒子的生成主要归因于气相分子的均相成核过程,这需要很高的过饱和度才能发生。在实验室如何达到过饱和状态具有很大的挑战性。我们通过自制的装置(图16.2)瞬间压缩和膨胀水蒸气,使其发生蒸气-

液滴的均相成核、蒸发过程。压缩腔室是一个体积可调节的腔室,最大体积约为样品室体积两倍,样品室与压缩腔室之间以管路联通为一个体系。当体系内充满含饱和水蒸气的空气时,可以通过快速改变气相体积的方式,改变体系的温度,从而获得水蒸气的瞬时过饱和。在达到一定过饱和度后,样品室中水蒸气开始形成小液滴并不断长大,通过红外光谱可以实时监测液滴尺寸和数量的变化趋势。在体系体积变化过程中,载气总量不变,因此可以利用红外光谱中 CO_2 的吸光度表征体系压力,水蒸气特征峰吸光度表征水蒸气浓度,体相水吸光度表征红外窗片上冷凝的液滴的量,用光散射引起的红外光谱线形变化表征光路中液滴数量和尺寸变化。

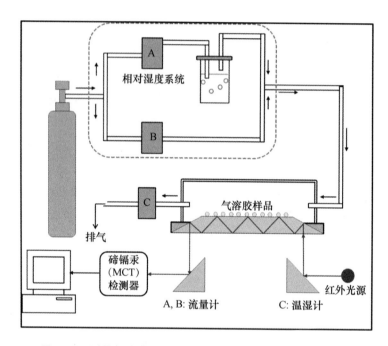

图 16.1 测量气溶胶颗粒物吸湿性的湿度控制-红外光谱装置

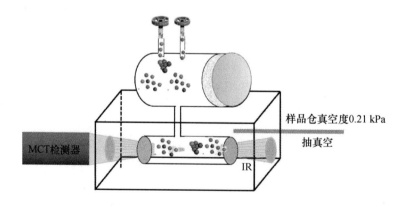

图 16.2 真空红外光谱仪-膨胀云室装置

将红外吸收光谱转化为消光光谱,利用 Mieplot 软件模拟理论曲线,根据公式(16.1)得到消光率,

$$1 - T = \frac{C_{\text{ext}} N}{S} \tag{16.1}$$

式中,C_{ext} 为消光截面,S 是红外光斑面积,T 是透光率,N 是颗粒物的数目。通过消光率计算得到相应的大气颗粒物浓度、粒径。监测不同相对湿度条件下的一系列颗粒物数据,进行统计分析,获取颗粒物粒径、浓度-相对湿度的相关信息。

3. 复杂颗粒物吸湿性、挥发性以及相态与相对湿度的依赖关系

通过真空红外-脉动湿度联用装置,采集不同相对湿度条件下复杂颗粒物的特征红外光谱的变化,对颗粒物中的液相水进行定量分析,获得颗粒物中水含量数据,联合分析化合物的结构及含量的变化,开展颗粒物挥发性对吸湿性的影响研究。在这种方法中,相对湿度完全由纯水蒸气提供,因此,可以通过水蒸气的红外光谱面积得到在线相对湿度。这样就可以同步分析颗粒物组成、结构、热力学及动力学信息(图 16.3),避免由湿度计读取相对湿度引起的时间滞后。

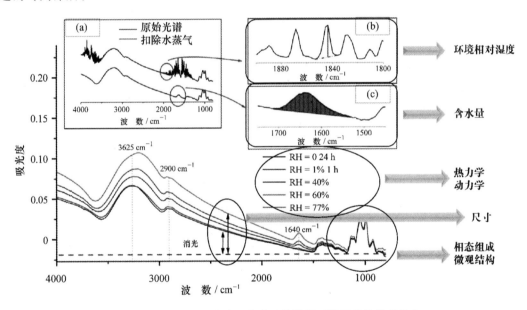

图 16.3 真空红外-脉动湿度联用装置得到的颗粒物微观信息

4. 气溶胶的吸湿性增长与老化过程的研究

气溶胶颗粒和大气中的各种气体发生反应,导致颗粒物发生老化。化学组分、形貌、相态以及混合方式等个性差异对老化过程具有重要影响,导致化学反应机理、产物以及相关的理化性质都有差别。通常情况下,我们得到的是颗粒物吸湿性和老化的大量统计信息,无法获得颗粒物形貌、粒径、相态与其化学反应性的关系。显微红外的突出特点是可以将单颗粒的光谱与其形貌、粒径以及相态一一对应,获得个体反应特性。因此,利用显微红外光谱技术,可以将颗粒物吸湿性增长和老化过程中的光谱特征与形貌、粒径变化、表观的物理相态

等特征有效地结合起来,从分子尺度的结构特征揭示宏观外形和物化特性的变化过程,加深对气溶胶吸湿性增长和老化过程的理解。

16.4 主要进展与成果

针对项目研究计划,我们开展了以下几个方面的工作。其中水蒸气-液滴转化动力学研究只得到了不完整的部分数据,这里只做简单描述。

16.4.1 尝试水蒸气-液滴转化动力学的光谱研究

在地球大气环境中,水蒸气可以通过均相成核实现气液相变。本实验通过搭建简易的膨胀云室装置,将其与真空红外光谱仪快速扫描方法联用,尝试利用光谱信息获取液滴生成时的临界条件,以及液滴尺寸和数量随时间的变化特征。在云室体积突然增大的过程中,内部空气经历近似绝热膨胀过程,温度降低,水蒸气过饱和而形成小液滴,并不断长大。CO_2浓度的变化可以表征云室体积的改变,利用光谱的消光线形和红外光透过率,结合 MiePlot 模拟,可以获取生成小液滴的尺寸和数量信息,如图 16.4 所示。数据分析得到水蒸气的均相成核速率约为 2.7×10^5 cm^{-3} s^{-1},远远高于文献报道的 $10^1 \sim 10^2$ cm^{-3} s^{-1},说明本实验观察到的是水蒸气的异相成核。

此方法只能得到近似的结果,得不到准确的液滴尺寸和数量。因此后续工作希望能够继续进行摸索,得到更为准确的相关数据。

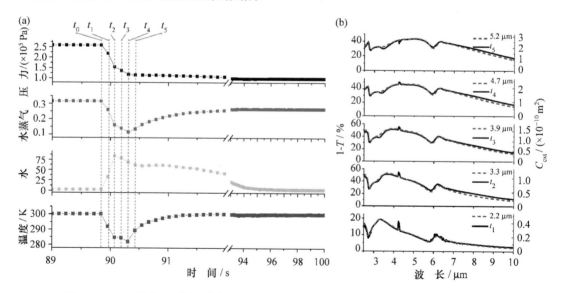

图 16.4 云室压力,水蒸气、体相水特征峰的谱带积分强度,温度随时间的变化曲线(a)及 MiePlot 计算得出的不同粒径水滴的消光截面光谱(b)

16.4.2 建立利用显微红外技术测定微米级颗粒物的消光效应的方法

颗粒物的消光作用使得大气能见度降低。消光作用与颗粒物的粒径和组分有直接的关系,因此建立一种快速、简便、易行的颗粒物消光监测技术非常必要。利用显微红外光谱技术(图16.5)研究颗粒物结构信息时,常常表现出周期性的波纹形状、基线漂移以及出现局域最大值等散射信号。基于对测试光缆、散射方向的分析,运用米氏散射理论,对这些信息进行分析,计算得到了半径为4.46 mm的聚苯乙烯颗粒物的消光截面,建立了2.5～25 mm颗粒物消光效率的计算方法。

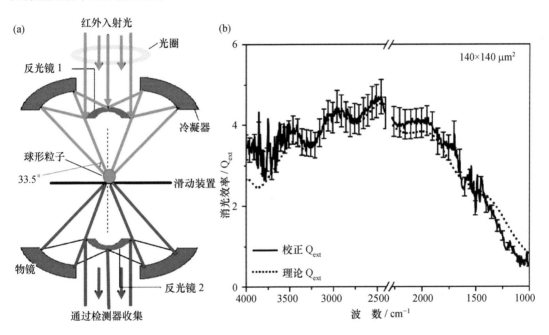

图 16.5 显微红外监测微球的光学原理(a)及得到的理论与实验消光光谱(b)

16.4.3 氨基酸/无机盐混合颗粒物的吸湿性研究

氨基酸作为蛋白质的基本构筑单元,是一类重要的小分子生物气溶胶。氨基酸的挥发性很低,因此在颗粒物中含量丰富,对于形成云凝结核具有重要贡献。当氨基酸和无机盐在气溶胶颗粒物中发生混合时,由于分子间相互作用,各组分的吸湿性都会发生改变。对于甘氨酸/硝酸钠(SN)混合颗粒物,随着硝酸钠含量的增加,甘氨酸的结晶比例增加,同时风化点(ERH)和潮解点(DRH)发生相应的改变(表16-1)。

对于纯Na_2CO_3颗粒,在相对湿度增加过程中,首先形成$Na_2CO_3 \cdot H_2O$,然后继续吸湿发生潮解。加入β-丙氨酸以后,$Na_2CO_3 \cdot H_2O$的形成受到抑制。潮解以后颗粒物中的含水量下降,而且β-丙氨酸含量越高,含水量越低(图16.6)。这可能是由于β-丙氨酸与Na_2CO_3发生相互作用生成复合物。

表 16-1 纯甘氨酸、硝酸钠以及甘氨酸/硝酸钠混合颗粒物的 ERH 和 DRH

有机-无机物摩尔比(OIR)	ERH($NaNO_3$)	DRH($NaNO_3$)	ERH(甘氨酸)	DRH(甘氨酸)
0∶1(纯 $NaNO_3$)	54	91.9		
1∶0(纯甘氨酸)			64	不潮解
2∶1			74	99(不完全潮解)
1∶1			73	98.3
1∶2	44.7	87.4	65.5	97.3
1∶4	35.2	87	35.2	93.3
1∶8	35	85.4	35	85.4

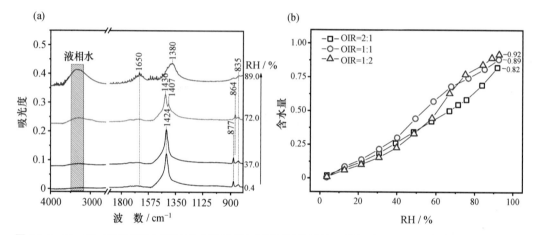

图 16.6 Na_2CO_3 颗粒物在加湿过程中的光谱(a)及不同比例的 β-丙氨酸/Na_2CO_3 液滴的吸湿曲线(b)

16.4.4 监测气溶胶颗粒分步结晶的动力学过程

利用真空红外-脉动湿度联合装置同步监测气溶胶颗粒内的化合物结构、相态和 RH,时间分辨达到微秒级。调节环境 RH 发生脉动式降湿-升湿循环,控制这些循环的最低 RH 值。当最低 RH 低于其中某一组分的 ERH 时,该物质就会发生部分风化。由于颗粒物在 RH 低于 ERH 的环境中停留时间很短,只有一部分发生风化,而后续 RH 上升过程中,由于最高 RH 低于物质的 DRH,已经风化的部分不会再吸湿。随着后续湿度循环的最低值逐渐减小,风化的比例逐渐增加(图 16.7),最终全部结晶。不同化合物的 ERH 可能不同,因此通过这种方法可以调控不同物质在不同时间风化结晶,这种方法可以为混合物的提纯提供分离热力学数据。在 OIR 为 1∶1 的戊二酸(GA)/硫酸铵(AS)混合颗粒物中,戊二酸和硫酸铵分别在 RH 约为 36.8% 和 29.4% 开始结晶风化(图 16.7),当控制 RH 在这两个值之间的时候,就可以将硫酸铵和戊二酸有效分离。

对于戊二酸/硝酸钠混合颗粒物,可以发现,硝酸钠和戊二酸同时结晶,但是硝酸钠容易形成无定形态物质,因此容易吸水。从图 16.7 可以看出,初始脉冲 RH 最低值小于 26.5% 时,颗粒物内的含水量下降,同时硝酸钠和戊二酸开始部分结晶;RH 小于 8.6% 以后,硝酸钠开始部分吸水,结晶率下降,戊二酸则继续风化,颗粒物内的含水量保持恒定。这一结果说明颗粒物内戊二酸结晶释放的凝聚相水导致硝酸钠发生了部分潮解。

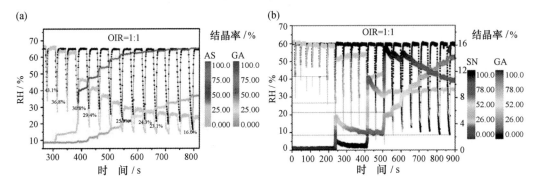

图 16.7 戊二酸/硫酸铵(a)和戊二酸/硝酸钠(b)液滴在脉冲湿度条件下的分步结晶

16.4.5 颗粒物内水传输过程及其对成核的影响

运用真空红外-脉动湿度联用技术,控制 RH 发生慢速连续变化和快速脉动变化,比较两种不同模式下降湿过程中的液相水含量。研究发现,对于大多数无机物颗粒,RH 的改变速度与液相水含量始终保持同步;对于部分有机物颗粒,则表现为快速变湿过程中的液相水含量变化滞后于缓慢变湿过程,说明有机物此时呈黏滞态。分析液相水含量,通过 KWW 拟合,我们计算了低湿条件下,蔗糖颗粒物内水的扩散系数和迟豫时间,验证了这种方法的可靠性。随后,我们进一步研究了柠檬酸(CA)及其与硫酸铵的混合颗粒物的传质问题。对于纯的柠檬酸颗粒,当 RH 从 40% 下降到 20%,水的扩散系数从 1×10^{-12} $m^2 s^{-1}$ 下降到 1×10^{-13} $m^2 s^{-1}$。对于硫酸铵:柠檬酸=1:3,当 RH 从 44% 下降到 27%,水的扩散系数从 9.6×10^{-13} $m^2 s^{-1}$ 下降到 2.8×10^{-13} $m^2 s^{-1}$。图 16.8 比较了他们的扩散系数,一方面,加入硫酸铵加快了颗粒物中水的传输。另一方面,与纯硫酸铵颗粒物相比,水传输受到抑制,因此铵根离子和硫酸根离子形成离子对的过程受到阻碍,导致硫酸铵的成核过程变得困难,结晶比例下降。

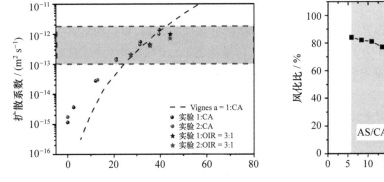
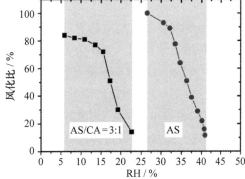

图 16.8 柠檬酸和柠檬酸/硫酸铵液滴的扩散系数(a)及风化速率(b)

16.4.6 混合颗粒物吸湿性与组分挥发的相关性

挥发性和吸湿性是气溶胶颗粒的重要性质,早期的研究认为,挥发性和吸湿性不会互相干扰,在吸湿性的数据模拟模型中没有或者很少考虑挥发性的影响。随着对复杂颗粒物吸湿性的深入研究,越来越多的结果表明对于一些有机/无机混合气溶胶颗粒,实验吸湿性数据与模型模拟数据出现了不可忽略的差距。进一步的研究发现,颗粒物吸湿过程中常常容易产生挥发性物质,微米级颗粒物的高比表面特性使得这些物质挥发到空气中,化学组分发生变化,因此由化学结构决定的吸湿性随之发生改变。我们深入研究了三个体系:醋酸镁、有机二酸/硝酸盐和有机酸盐/铵盐体系,监测了湿度变化和恒定湿度条件下颗粒物含水量及组成的演变。

1. 醋酸镁颗粒物

大气中的醋酸镁是排放到空气中的醋酸与海盐气溶胶反应形成的弱酸盐。湿度发生阶跃式变化,每个湿度平台停留 5 min。分析颗粒物中的含水量发现,RH 大于 70% 时(图 16.9),RH 不变,但是含水量明显减少。为了弄清含水量下降的原因,我们进一步比较了固定 RH 为 90%、80% 条件下液相水和醋酸根的定量变化。结果表明,随着含水量的减少,醋酸根的含量也同步减少。RH 为 90% 时水和醋酸根的减少量都大于 RH 为 80% 时的减少量。说明醋酸镁颗粒会发生如下过程的水解:

$$Mg(Ac)_2 + 2H_2O \longrightarrow Mg(OH)_2 + 2HAc \tag{16.2}$$

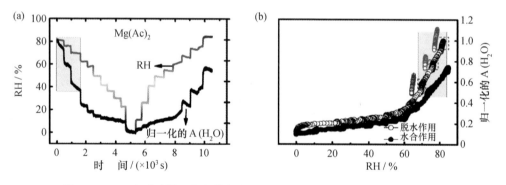

图 16.9 RH 和醋酸镁颗粒内的含水量的变化(a)及含水量随 RH 的变化(b)

高湿有利于水解反应的进行。为了得到水解过程更充分的证据,我们通过真空红外-脉动湿度联用技术得到了 RH 为 65% 时颗粒物的水传输数据,此时颗粒物中水的扩散系数为 $5\times10^{-12}\ m^2\ s^{-1}$,远远小于溶液相中水的扩散系数($2\times10^{-9}\ m^2\ s^{-1}$)。这些结果证明,醋酸镁在液滴中发生水解,形成的挥发性醋酸进入大气,而另一水解产物氢氧化镁是难溶于水的物质,颗粒物表现出高黏态,因此颗粒物的吸湿性降低。

2. 丙二酸/硝酸盐混合颗粒物

有机二元羧酸与硝酸盐混合发生弱酸置换强酸的反应,导致颗粒物中的 NO_3^- 含量减少的研究已经被报道。研究认为反应的驱动力是由二酸的电离常数与硝酸的亨利系数的比值所决定的。

$$HA + NO_3^- \longrightarrow HNO_3 + A^- \tag{16.3}$$

对于同样的二酸和不同的硝酸盐反应,驱动力是相同的,那么挥发性和吸湿性是否一样呢？我们分别监测了丙二酸(MA)/硝酸钠、丙二酸/硝酸钙(CN)和丙二酸/硝酸镁(MN)三种混合气溶胶颗粒。比较发现,这三个体系在降湿过程中硝酸和水的释放量并不相同(图16.10)。进一步分析伴随硝酸释放颗粒物内化合物的红外光谱发现,金属离子与羧酸根离子的不同配位模式影响了配合物的稳定性和颗粒物的吸湿性。配合物越稳定,其水中的溶解度越小,硝酸释放的速度就越快。

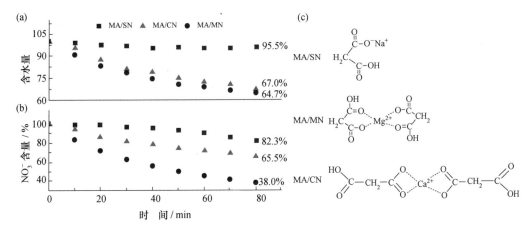

图 16.10 丙二酸/硝酸钠、丙二酸/硝酸镁和丙二酸/硝酸钙混合颗粒物中含水量(a)和 NO_3^- 含量(b)的比较及生成的有机酸盐的配位方式(c)

3. 有机酸钠/硫酸铵混合颗粒物的吸湿性与 NH_3 挥发的研究

大气中 NH_3 对气溶胶颗粒物的成核、界面反应、pH 具有重要影响,然而对 NH_3 的源与汇的认识仍然非常有限。本研究发现,有机酸钠与硫酸铵混合,可以导致 NH_3 的挥发,从而影响大气中 NH_3 的循环。

(1)二酸钠盐与硫酸铵混合颗粒物的吸湿性研究

研究了一系列二酸钠与硫酸铵以不同的比例混合引起的吸湿性变化以及铵含量的减少。研究的体系包括草酸钠/硫酸铵、丙二酸钠/硫酸铵、丁二酸钠/硫酸铵,它们分别以 3∶1、1∶1 以及 1∶3 比例混合,图 16.11 仅展示了其中摩尔比为 1∶3 的混合气溶胶在 RH 升高过程中颗粒物的含水量。由于草酸盐的水解性比较弱,没有 NH_3 挥发。对于丙二酸钠和丁二酸钠与硫酸铵的混合物体系,可以观测到 NH_3 的挥发,但是颗粒物内组分发生不同的变化。运用离子平衡我们计算了颗粒物内 pH 的变化,结合 pH 进一步解释了吸湿性差异。

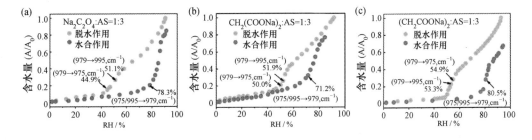

图 16.11 草酸钠(a)、丙二酸钠(b)及丁二酸钠(c)与硫酸铵 1∶3 混合的颗粒物含水量与 RH 的关系

（2）丙酮酸钠/硫酸铵颗粒物的组分演变以及相态变化的研究

将丙酮酸钠（SP）和硫酸铵混合，两个降湿-升湿循环以后，可以发现 RH 为 90% 时颗粒物的含水量减少了约 50%。为了理解吸湿性降低的现象，我们同时分析了湿度降低过程中颗粒物中的铵根离子和丙酮酸根离子的含量，结果发现它们的含量也同时减少（图 16.12），一个湿度循环以后，丙酮酸钠与硫酸铵的反应已经结束。低湿条件下，有硫酸钠晶体生成，而丙酮酸钠转化成丙酮酸和 NH_3 一起挥发到大气中。进一步对硫酸钠的特征峰进行分析比较发现，硫酸铵的含量越多，生成的硫酸钠晶体的比例越低，相应的风化点越低。

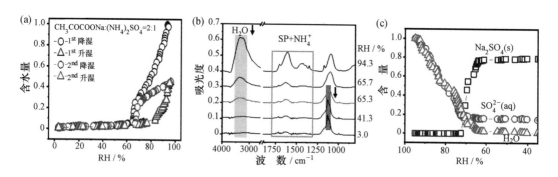

图 16.12　丙酮酸钠/硫酸铵液滴的吸湿性（a）、降湿过程中的光谱（b）及对应组分含量的变化（c）

进一步研究发现，RH 不变的条件下，仍然出现 NH_4^+ 和含水量同时减少。环境 RH 越低，NH_4^+ 和含水量损失越多，因此出现更多的硫酸钠晶体。RH 的改变越快，水分减少越慢，说明组分相互作用形成新物质的速率大于湿度的变化速率（图 16.13）。

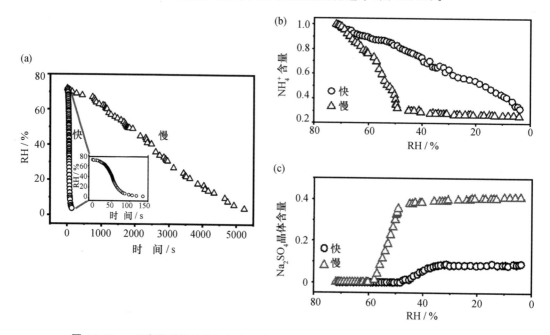

图 16.13　RH 变化的速率（a）、相应反应物的减少（b）及硫酸钠晶体含量的变化（c）

16.4.7 颗粒物界面反应的红外光谱研究

外场监测显示,雾霾爆发式增长过程中,颗粒物的界面反应起着重要的作用。其中挥发性物质氧化形成半挥发性物质以及 SO_4^{2-} 的形成是重要的化学过程。炭黑颗粒和一些氧化物颗粒表面是发生界面反应的活跃场所。本研究探讨了在炭黑表面形成 SO_4^{2-} 的动力学过程,以及异戊二烯在 α-Al_2O_3 表面的氧化机理。

1. 炭黑表面 SO_4^{2-} 的形成

大气老化过程能够改变炭黑颗粒物的化学组成和微观结构,并进一步影响到颗粒物的气候和毒性效应。我们运用显微红外光谱仪分别检测 O_3 和 O_3/SO_2 在炭黑颗粒物表面的反应动力学过程,获得了反应速率常数。探究了 RH 对反应的影响以及反应前后炭黑颗粒物的吸湿性,结果表明,炭黑颗粒物被 O_3 和 O_3/SO_2 老化以后,吸湿性都明显增加(图 16.14)。

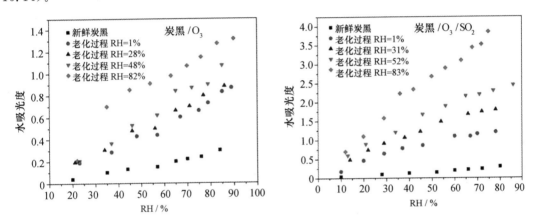

图 16.14 炭黑表面 O_3 氧化(a)和 O_3/SO_2 氧化(b)过程颗粒物吸收的水含量与 RH 的相关性

高湿条件下反应速率能够显著提高,RH 从约 1% 升至 82%,k_{app} 会随之增大两倍,且反应产物的量也会增加,表明水蒸气能够显著促进反应的进行。进一步我们研究了 SO_2 对炭黑颗粒表面臭氧化的影响,结果发现在炭黑表面生成了硫酸盐,而 O_3 的存在能够显著促进炭黑表面硫酸盐的生成。反应机制为 O_3 首先与炭黑表面的活性位点生成含氧中间体,然后中间体进一步与表面吸附的 SO_2 反应生成硫酸盐,而硫酸盐会进一步吸附空气中的水分子形成吸附水层,溶解硫酸盐释放活性位点,使反应加速进行。

2. 异戊二烯在 α-Al_2O_3 表面的氧化

研究了异戊二烯在 α-Al_2O_3 表面与 O_3 发生反应的动力学过程,通过对红外光谱进行仔细分析发现,异戊二烯氧化形成了羧酸盐。RH 升高,形成羧酸盐减少,说明高湿条件不利于反应的进行。运用内标法,我们标定了形成的羧酸盐的含量与 RH 的相关性,并且通过公式计算了不同 RH 条件下的摄取系数。当 RH 为 8% 时,吸收系数为 10^{-4},RH 升高到 89% 时,摄取系数减小到 10^{-5}。这说明,异戊二烯在 α-Al_2O_3 界面进行氧化的过程中,反应动力学过程主要受到表面吸附的控制。当 O_3 和水蒸气在表界面吸附的时候发生活性位点竞争。

同时,水消耗了反应过程中产生的Criegee自由基(CIs)形成了羰基化合物和H_2O_2。这两种效应最终导致RH升高时异戊二烯在α-Al_2O_3表面的氧化反应受到抑制。

3. 油酸液滴与O_3和O_3/SO_2的气液非均相反应

运用显微红外光谱,研究了O_3和O_3/SO_2气体与油酸液滴发生反应的动力学过程以及反应机理,监测了环境湿度对油酸氧化的影响。结果发现,环境湿度对油酸的氧化没有明显的影响,但是SO_2的加入降低了油酸的氧化速率和效率。推断可能是由于SO_2与油酸氧化形成的液相CIs反应形成SO_4^{2-},机理如图16.15所示。

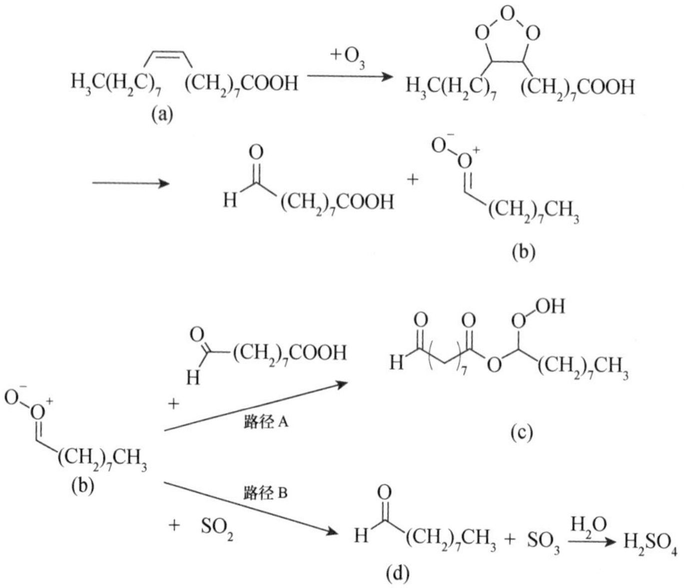

图 16.15 油酸液滴与O_3和O_3/SO_2发生反应的机理

16.4.8 颗粒物酸度对颗粒相反应的影响

pH是颗粒物的重要物理化学参数,对于气溶胶颗粒的界面反应、气-粒转化、气-粒分配和相转化都有重要影响。这是因为混合颗粒物内不同组分之间的反应常常是在液相进行的,而液相中颗粒物的相互作用与pH具有密不可分的关系。因此,我们研究了丁二酸钠/硫酸铵混合颗粒物的pH对反应速率的影响。由于颗粒物的在线pH测定困难,实验中我们首先配置不同pH的混合物溶液,然后雾化成小液滴,利用红外技术检测这些小液滴内组分演变的速率以及形成硫酸钠晶体的比例(图16.16)。结果发现,随颗粒物酸度的增加,NH_3的去除速率增加,同时硫酸钠越容易结晶。除此之外,混合颗粒物的潮解点与颗粒物pH表现出了一定的相关性,而风化点则与颗粒物pH没有关系。

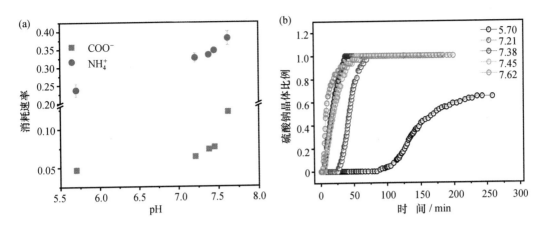

图 16.16 不同 pH 混合物溶液制备的颗粒物的反应速率(a)及相应的硫酸钠晶体比例(b)

16.4.9 本项目资助发表论文

[1] Du C Y, Y H, W N, Pang S F, Zhang Y H. pH effect on the release of NH_3 from the internally mixed sodium succinate and ammonium sulfate aerosols. Atmospheric Environment, 2020, 220: 117101.

[2] Yang P, Yang H, Wang N, Du C Y, Pang S F, Zhang Y H. Hygroscopicity measurement of sodium carbonate, β-alanine and internally mixed β-alanine/Na_2CO_3 particles by ATR-FTIR. Journal of environmental science, 2020, 87: 250-259.

[3] Yang H, Wang N, Pang S F, Zheng C M, Zhang Y H. Chemical reaction between sodium pyruvate and ammonium sulfate in aerosol particles and resultant sodium sulfate efflorescence. Chemosphere, 2019, 215: 554-562.

[4] Wang P, Wang N, Pang S F, Zhang Y H. Observing hygroscopicity of internally mixed particles glycine/$NaNO_3$ studied by FTIR-ATR technique. Journal of Aerosol Science, 2018, 116: 25-33.

[5] Shao X, Wu F M, Yang H, Pang S F, Zhang Y H. HNO_3 release dependent upon metal complexes in malonic acid/nitrate droplets. Spectrochimica Acta Part A-Molecular and Biomolecular Spectroscopy, 2018, 201: 399-404.

[6] Wu F M, Wang N, Pang S F, Zhang Y H. Hygroscopic behavior and fractional crystallization of mixed $(NH_4)_2SO_4$/glutaric acid aerosols by vacuum FTIR. Spectrochimica Acta Part A-Molecular and Biomolecular Spectroscopy, 2019, 208: 255-261.

[7] Wang N, Cai C, He X, Pang S F, Zhang Y H. Vacuum FTIR study on the hygroscopicity of magnesium acetate aerosols. Spectrochimica Acta Part A-Molecular and Biomolecular Spectroscopy, 2018, 192: 420-426.

[8] Pang S F, Wang J, Zhang Y, Leng C B, Zhang Y H. A new method for estimating the extinction efficiency of polystyrene microsphere by micro-FTIR spectroscopy. Spectrochimica Acta Part A-Molecular and Biomolecular Spectroscopy, 2017, 181: 249-253.

[9] Wang N, Jing B, Wang P, Wang Z, Li J R, Pang S F, Zhang Y H, Ge M F. Hygroscopicity and compositional evolution of atmospheric aerosols containing water-soluble carboxylic acid salts and ammonium sulfate:

Influence of ammonium depletion. Environmental Science & Technology, 2019, 53: 6225-6234.

[10] Zhang Y, Cai C, Pang S F, Reid J P and Zhang Y H. A rapid scan vacuum FTIR method for determining diffusion coefficients in viscous and glassy aerosol particles. Physical Chemistry Chemical Physics, 2017, 19: 29177-29186.

[11] He X, Pang S F, Ma J B, Zhang Y H. Influence of relative humidity on heterogeneous reactions of O_3 and O_3/SO_2 with soot particles: Potential for environmental and health effects. Atmospheric Environment, 2017, 165: 198-206.

[12] Wu F M, Wang X W, Pang S F, Zhang Y H. Measuring hygroscopicity of internally mixed $NaNO_3$ and glutaric acid particles by vacuum FTIR. Spectrochimica Acta Part A-Molecular and Biomolecular Spectroscopy, 2019, 219: 104-109.

[13] Lv X J, Wang Y, Cai C, Pang S F, Ma J B, Zhang Y H. Investigation of gel formation and volatilization of acetate acid in magnesium acetate droplets by the optical tweezers. Spectrochimica Acta Part A: Molecular and Biomolecular Spectroscopy, 2018, 200: 179-185.

[14] Lian H Y, Pang S F, He X, Yang M, Ma J B, Zhang Y H. Heterogeneous reactions of isoprene and ozone on α-Al_2O_3: The suppression effect of relative humidity. Atmospheric Environment, 2020, 220: 117101.

[15] Shi X M, Wu F M, Jing B, Wang N, Xu LL, Pang S F, Zhang Y H. Hygroscopicity of internally mixed particles composed of $(NH_4)_2SO_4$ and citric acid under pulsed RH change. Chemosphere, 2017, 215: 554-562.

[16] Guo Y X, Wang N, Pang S F, Zhang Y H. Hygroscopic properties and compositional evolution of internally mixed sodium nitrate-amino acid aerosols. Atmospheric Environment, 2020, 242: 117848.

[17] Yang M, Ma SS, Hamad A, Pang S F, Zhang Y H. The influence of SO_2 as the Criegee intermediate scavenger on the heterogeneous oxidation of oleic acid. Atmospheric Environment, 2020, 231: 117560.

参考文献

[1] Guo S, Hu M, Guo Q, Zhang X, Zheng M, Zheng J, Chang C C, Schauer J J, Zhang R. Primary sources and secondary formation of organic aerosols in Beijing, China. Environmental Science & Technology, 2012, 46: 9846-9853.

[2] Zhang R, Khalizov A, Wang L, Hu M, Xu W. Nucleation and growth of nanoparticles in the atmosphere. Chemical Reviews, 2012, 112: 1957-2011.

[3] Zhang R. Getting to the critical nucleus of aerosol formation. Science, 2010, 328: 1366-1367.

[4] Weber R J, Mcmurry P H, Eisele F L, Tanner D J. Measurement of expected nucleation precursor species and 3~500 nm diameter particles at Mauna Loa observatory, Hawaii. Journal of the Atmospheric Science, 1995, 52: 2242-2257.

[5] Zhou L, Nieminen T, Mogensen D, Smolander S, Rusanen A, Kulmala M, Boy M. SOSAA — a new model to simulate the concentrations of organic vapours, sulphuric acid and aerosols inside the ABL—Part 2: Aerosol dynamics and one case study at a boreal forest site. Boreal Environment Research. 2014, 19 (suppl. B): 237-256.

[6] Baranizadeh E, Arola A, Hamed A, Nieminen T, Mikkonen S, Virtanen A, Kulmala M, Lehtinen K,

Laaksonen A. The effect of cloudiness on new-particle formation: investigation of radiation levels. Boreal Environment Research, 2014, 19 (suppl. B): 343-354.

[7] Stolzenburg M R, McMurry P H, Sakurai H, Smith J N, Mauldin Ⅲ R L, Eisele F L, Clement C F. Growth rates of freshly nucleated atmospheric particles in Atlanta. Journal of Geophysical Research, 2005, 110: D22S05.

[8] Lee S H, Reeves J M, Wilson J C, Hunton D E, Viggiano A A, Miller T M, Ballenthin J O, Lait L R. Particle formation by ion nucleation in the upper troposphere and lower stratosphere. Science, 2003, 301: 1886-1889.

[9] Zhang R Y, Wang L, Khalizov A F, Zhao J, Zheng J, McGraw R L, Molina L T. Formation of nanoparticles of blue haze enhanced by anthropogenic pollution. Proceedings of the National Academy of Sciences of the United States of America, 2009, 106: 17650-17654.

[10] Mazurenka M, Orr-Ewing A J, Peverall R, Ritchie G A D. Cavity ring-down and cavity enhanced spectroscopy using diode lasers. Annual Reports on the Progress of Chemistry, Section C: Physical Chemistry, 2005, 101: 100-142.

[11] Massoli P, Murphy D M, Lack D A, Baynard T, Brock C A, Lovejoy E R. Uncertainty in light scattering measurements by TSI nephelometer: Results from laboratory studies and implications for ambient measurements. Aerosol Science Technology, 2009, 43: 1064-1074.

[12] Griffin R J, Cocker D R, Flagan R C, Seinfeld J H. Organic aerosol formation from the oxidation of biogenic hydrocarbons. Journal of Geophysical Research-Atmospheres, 1999, 104: 3555-3567.

[13] Ansari A S, Pandis S N. Water absorption by secondary organic aerosol and its effect on inorganic aerosol behavior. Environmental Science & Technology, 2000, 34: 71-77.

[14] Stark H, Yatavelli R L N, Thompson S L, Kang H, et al. Impact of thermal decomposition on thermal desorption instruments: Advantage of thermogram analysis for quantifying volatility distributions of organic species. Environ. Science & Technology, 2017, 51: 8491-8500.

[15] Edney E O, Driscoll D J, Speer R E, Weathers W S, Kleindienst T E, Li W, Smith D F. Impact of aerosol liquid water on secondary organic aerosol yields of irradiated toluene/propylene/NO_x/$(NH_4)_2SO_4$/air mixtures. Atmospheric Environment, 2000, 34: 3907-3919.

[16] Cocker Ⅲ D R, Clegg S L, Flagan R C, Seinfeld J H. The effect of water on gas-particle partitioning of secondary organic aerosol. Part I: α-pinene/ozone system. Atmospheric Environment, 2001, 35: 6049-6072.

[17] Ma J, Liu Y, Ma Q, Liu C, He H. Heterogeneous photochemical reaction of ozone with anthracene adsorbed on mineral dust. Atmospheric Environment, 2013, 72: 165-170.

[18] Laskin A, Moffet R C, Gilles M K, Fast J D, Zaveri R A, Wang B, Nigge P, Shutthanandan J. Tropospheric chemistry of internally mixed sea salt and organic particles: Surprising reactivity of NaCl with weak organic acids. Journal of Geophysical Research-Atmospheres, 2012, 117: D15302.

[19] Wang B, Laskin A. Reactions between water-soluble organic acids and nitrates in atmospheric aerosols: Recycling of nitric acid and formation of organic salts. Journal of Geophysical Research-Atmospheres, 2014, 119: 3335-3351.

[20] Usher C R, Michel A E, Grassian V H. Reactions on mineral dust. Chemical Reviews, 2003, 103: 4883-4939.

[21] Han C, Liu Y, Ma J, He H. Effect of soot microstructure on its ozonization reactivity. The Journal of

Chemical Physics, 2012, 137: 84507.

[22] Han C, Liu Y, He, H. Role of organic carbon in heterogeneous reaction of NO_2 with Soot. Environmental Science & Technology, 2013, 47: 3174-3181.

[23] Liu Y, Liu C, Ma J, Ma Q, He H. Structural and hygroscopic changes of soot during heterogeneous reaction with O_3. Physical Chemistry Chemical Physics, 2010, 12: 10896-10903.

[24] Chen W, Zhu T. Formation of nitroanthracene and anthraquinone from the heterogeneous reaction between NO_2 and anthracene adsorbed on NaCl particles. Environmental Science & Technology, 2014, 48: 8671-8678.

[25] Wu L, Tong S, Ge M. Heterogeneous reaction of NO_2 on Al_2O_3: The effect of temperature on the nitrite and nitrate formation. The Journal of Physical Chemistry A, 2013, 117: 4937-4944.

[26] Wu L, Tong S, Hou S, Ge M. Influence of temperature on the heterogeneous reaction of formic acid on α-Al_2O_3. The Journal of Physical Chemistry A, 2012, 116: 10390-10396.

[27] Wu L, Tong S, Zhou L, Wang W, Ge M. Synergistic effects between SO_2 and HCOOH on α-Fe_2O_3. The Journal of Physical Chemistry A, 2013, 117: 3972-3979.

[28] Tong S R, Wu L Y, Ge M F, Wang W G, Pu Z F. Heterogeneous chemistry of monocarboxylic acids on α-Al_2O_3 at different relative humidities. Atmospheric Chemistry and Physics, 2010, 10: 7561-7574.

[29] Zhou L, Wang W, Gai Y, Ge M. Knudsen cell and smog chamber study of the heterogeneous uptake of sulfur dioxide on Chinese mineral dust. Journal Environmental Science, 2014, 26: 2423-2433.

[30] Zhao X, Kong L, Sun Z, Ding X, Cheng T, Yang X, Chen J. Interactions between heterogeneous uptake and adsorption of sulfur dioxide and acetaldehyde on hematite. The Journal of Physical Chemistry A, 2015, 119: 4001-4008.

[31] Kong L D, Zhao X, Sun Z Y, Yang Y W, Fu H B, Zhang S C, Cheng T T, Yang X, Wang L, Chen J M. The effects of nitrate on the heterogeneous uptake of sulfur dioxide on hematite. Atmospheric Chemistry and Physics, 2014, 14: 9451-9467.

第17章 二次有机气溶胶液相生成机制和化学过程的碳氮稳定同位素研究

章炎麟

南京信息工程大学

17.1 研究背景

随着我国经济的高速发展和城市化进程的不断加速,多种污染物集中、大量地排放到大气中,这些污染物在大气中发生复杂的化学反应并发生相互作用,最终形成大气复合污染[1]。目前,我国正处于大气复合污染和灰霾问题最严峻的时期,卫星观测资料表明,我国30%~50%的国土面积频受灰霾污染的袭击,其中较为严重的区域包括京津冀、长三角、珠三角,以及关中地区和四川盆地等[2]。我国灰霾天气表现出持续时间长、范围广、频率高等特点。研究表明,除无机气溶胶外,有机气溶胶是我国细颗粒物的重要组成部分,其化学组成十分复杂,是成百上千种化合物的复合体,目前从分子水平上鉴别出的化合物仅占有机气溶胶质量的10%~20%[3]。另外,有机气溶胶生成后又会经历化学转变过程,即气溶胶老化过程,这些因素使有机气溶胶相关研究成为大气气溶胶研究的热点和难点之一。我国城市大气细颗粒物中有机气溶胶形成机制和化学过程及其对灰霾形成的作用机制等研究仍相对匮乏,这方面科学依据的缺乏在一定程度上影响制定更准确和更有效的污染控制措施。

有机气溶胶一直是细颗粒物形成机制研究和大气复合污染控制的关键和难点。有机气溶胶约占$PM_{2.5}$总质量的20%~80%,且随着地域性和季节性而有所不同,对人体健康、能见度和全球气候变化都有重要影响[3-5]。有机气溶胶按形成过程可以分为一次有机气溶胶(POA)和二次有机气溶胶(SOA)。从全球尺度上看,POA和SOA分别占全球有机气溶胶的20%和80%左右[6]。由于SOA的极性、吸湿性和溶解性,SOA能影响云核化能力,改变云的光学性质和分布,进而间接影响全球气候系统;同时,SOA还能降低大气能见度及危害人类健康[3,7]。从全球SOA总量看,异戊二烯是其最重要的前体物,但在受化石排放影响严重的城市或城市群地区,人为源SOA贡献率明显上升,因此研究城市SOA来源和化学特征非常重要[6]。2013年1月全国大范围发生重灰霾污染事件,Huang等[8]通过对北京、上海、广州和西安四个城市$PM_{2.5}$的同步观测和详细分析,揭示出SOA也是我国主要城市重霾天

气下 $PM_{2.5}$ 的重要组成部分,对灰霾形成具有非常重要的作用。然而,对形成灰霾和复合污染天气下 SOA 的来源特征、化学过程和详细生成机制并不十分清楚,这不仅决定了 SOA 对 $PM_{2.5}$ 的重要性,而且也是大气化学研究的前沿之一,是我国大气复合污染形成机制研究所面临的一大挑战。

SOA 液相生成机制和化学过程是其形成和转化的重要途径之一,但对这一类反应在灰霾形成中的作用机制的理解仍非常有限。传统意义上讲,SOA 是指天然源排放的挥发性有机物(VOCs,如异戊二烯和单萜类等)和人为源排放的 VOCs(如芳香族化合物等)与大气中存在的氧化剂(如氢氧自由基、O_3 等)发生化学反应转化为难挥发性或半挥发性有机物,并经气-粒转化形成的固体或液体微粒[3,7,9,10]。近年来的研究表明,传统的气相 SOA 生成和气-粒分配理论并不能完全解释多时间或空间尺度下的气溶胶观测结果。SOA 液相生成机制被越来越多的研究揭示可作为有机气溶胶的另一重要来源[10,11-17]。由于缺少 SOA 液相生成机制的详细研究,传统大气化学模型在重建或预测有机气溶胶的组成、浓度以及分布时存在较大的不确定性[3,6]。

液相 SOA 生成是指一些半固体或者黏性 SOA 在不同的大气相对湿度作用条件下可以形成液相 SOA 颗粒或者被激活进入云滴。液相过程不仅可以改变新鲜 SOA 的物理化学性质,一些挥发性有机物还可以被溶解到液相体系中(湿气溶胶或者云滴),并参与到 SOA 进一步的液相化学过程进而影响 SOA 的组成和浓度[15]。SOA 液相生成机制的模型虽仍处于发展阶段,但当液相生成途径被纳入大气化学和空气质量模型后,模式输出结果能更好地与观测结果吻合[18]。关于液相 SOA 生成的科学依据主要可概括为以下几个方面:① 一方面环境中有机气溶胶经老化后,其 O/C 比值(元素氧和碳质量浓度比值)比光化学烟雾箱中模拟得到的 SOA 的 O/C 比值要高很多,另一方面,研究发现液相体系下生成的 SOA 的 O/C 比值更接近实际大气样品中的 O/C 比值[19,20];② 研究发现美国亚特兰大 SOA 的浓度与气溶胶液态水含量密切相关[21];③ 异戊二烯在液相高 NO_x 浓度的环境下 SOA 生成速率较高,而在气相反应中高 NO_x 浓度条件下其生成速率反而会降低[22];④ 实验模拟和大气化学模型均证实了液相 SOA 生成和老化对有机气溶胶的组成、浓度和分布产生重要影响[14,15]。显然,这些研究为进一步探讨 SOA 液相反应和化学过程指出了方向,明确在多种污染物相互叠加、相互作用的大气复合污染情景下,液相 SOA 生成和老化过程非常重要,而这正是我国灰霾形成机制研究中较为薄弱的内容之一。

SOA 的液相化学过程不仅与挥发性有机物的浓度有关,还与气溶胶含水量(LWC)、气溶胶的酸度和化学组成以及环境因子(相对湿度、温度等)有关[15,23]。其中气溶胶含水量主要与气溶胶无机离子组成(主要是 SO_4^{2-}、NO_3^-、NH_4^+)等有关。在大气复合污染下,无机离子主要来自生物质和化石燃料燃烧、农业排放、畜牧业等人为活动,其 SOA 生成机制与以自然源 VOCs 为主,NH_3、SO_2 和 NO_x 浓度较低的条件下不同,因而不同污染环境 SOA 液相过程对比是探索人为排放对 SOA 形成机制和贡献的关键。在我国大气复合污染的大背景下,城市地区 SOA 液相化学过程极为复杂,因此非常有必要开展此方面的研究。目前,SOA 液相生成机制研究主要集中在 C2、C3 羰基化合物(如乙二醛、甲基乙二醛等)等,但针对真实大气颗粒物的液相化学转化的研究甚少[15,24]。由于绝大多数此类研究都是基于理想体系

第17章 二次有机气溶胶液相生成机制和化学过程的碳氮稳定同位素研究

下对某一种或者某类有机化合物进行液相实验模拟,这无法完全反映大气颗粒物或云滴中复合污染物(无机化合物和有机化合物混合污染物)对液相化学过程的影响。鉴于此,本项研究的特色之一在于以原位大气颗粒物样品(包括固定源样品和城市大气细颗粒物)为对象,研究其在液相体系中不同条件下的化学过程。

相对而言,有机气溶胶化学研究主要集中在有机碳方面,研究表明有机氮是大气气溶胶和 SOA 的另一重要组分。然而,有关 SOA 有机氮来源、形成机制及其与有机碳的化学关联的研究较少,这在我国大气复合污染背景下显得尤其重要。实际上,气溶胶中的氮和碳具有紧密的联系,可能来自相同的源或者受相同大气化学过程影响。因此,同时观测和研究有机氮和有机碳气溶胶显得尤为重要。有机气溶胶中氮主要可以分为水溶性有机氮(WSON)和非水溶性有机氮(WION)两部分。观测结果表明,WSON 可以分别占陆地和海洋大气沉降总水溶性氮的 30%±15% 和 63%±3%,而在大气颗粒物含氮化合物中有 20%~30% 是以有机氮的形式存在[25-27]。有机氮气溶胶中的尿素和氨基酸主要来自农牧业活动、土壤排放和海洋排放等一次源,且主要集中在粗颗粒物中。最近,傅平青等[28]发现夏季我国东部地区大气对流层(2 km 上空)$PM_{2.5}$ 中存在大量尿素,并指出二次颗粒物生成也可能是其主要来源之一。此外,NH_3 和 NH_4^+ 可以与大气中的含碳有机物(醛类、α-蒎烯等)反应生成含氮 SOA[29-34]。在我国东部污染严重的地区,对大气中 NH_4^+ 的研究绝大部分集中于其与 SO_4^{2-}、NO_3^-、Cl^- 等无机物质之间的化学转化和气-粒转化上,而对 NH_4^+ 与有机物之间的液相化学反应关注较少[10]。尽管一些研究已在实验室模拟了乙醇醛和铵盐的液相反应,探讨了产物的光学性质,然而详尽的反应动力学及其碳氮稳定同位素的变化特征并不清楚。

稳定同位素是环境污染物的来源和化学过程示踪的重要方法之一。碳氮稳定同位素的组成特征分析可以为 SOA 生成机制和化学过程研究提供新的见解。一般而言,颗粒物的一次排放化合物的同位素没有发生变化或者同位素分馏效应不显著,颗粒物的同位素组成与其来源直接相关,因此可以用同位素特征来区分颗粒物的不同来源。例如,曹军骥等[35]发现 $\delta^{13}C$ 可以作为气溶胶中沙尘贡献的指示剂,当样品明显受到沙尘影响时,其 $\delta^{13}C$ 会相对较高。Fu 等[27,36]研究了北京市冬季气溶胶样品中脂类化合物的稳定 C 同位素组成,发现相对于烷烃单体 C 同位素比值而言,虽然短链脂肪酸的 $\delta^{13}C$ 比值仅在 0~2.3‰ 内变动,但在污染天气下,脂肪酸的 ^{13}C 富集非常明显,表明脂肪酸的单体 C 同位素比值更有潜力用以指示灰霾期大气有机气溶胶的来源。化合物在化学反应和转变的过程中由于同位素的质量差异会导致反应产物与反应物的同位素组成存在明显差异,即反应动力学同位素分馏效应,因此同位素分馏效应也被应用于大气环境污染物的过程示踪中,可以判断和揭示反应物的行为过程和反应动力学特征。Nozière 等[37]指出颗粒物中总碳(TC)的 $\delta^{13}C$ 会随大气光化学老化程度的增加而升高,这与同位素动力分馏作用有关,即较轻的 ^{12}C 同位素更易于发生大气氧化反应,反应生成的颗粒物则会更富集 ^{13}C。通过测定二元酸单体化合物的 ^{13}C 组成,发现低链二元酸(如草酸等)常比多链羧酸(如丙二酸和丁二酸等)、乙二醛和乙醛酸更富集 ^{13}C,表明多链二元酸在大气环境中的降解以及乙二醛和乙醛酸的大气氧化是乙二酸的重要来源[38-40]。这种生成途径,与最近的液相生成实验模拟和大气化学模型预测结果一致[15]。这些研究表明,单体有机化合物的稳定同位素比值分析技术是研究有机气溶胶生成途径和老化过程的重要手段。然而,目前这种稳定同位素的研究手段极少被直接应用于液相 SOA 化学过程的模拟实验研究中,因此,有机气溶胶的碳氮稳定同位素变化规律的观测数据往往缺乏有效的实验证据。在过去的研究中,氮同位素(δ^{15}N)主要被用于追踪大气中铵盐、硝酸盐的来源。Geng 等[41]通过对格陵兰岛冰芯中硝酸根氮同位素变化的分析,成功地反演了美国 NO_x 减排与格陵兰岛大气硝酸根沉降的关系。国内对大气氮同位素的研究主要集中在降水 NH_4^+ 氮同位素方面[42-47]。Pan 等对北京大气颗粒物中 NH_4^+ 氮同位素进行分析,估算了各种 NH_3 排放源对大气颗粒物 NH_4^+ 的贡献。而在 NH_4^+ 与大气中含碳有机化合物反应生成含氮有机物过程中,对于 NH_4^+ 及含氮有机物的氮同位素是如何变化的,目前仍不清楚[48]。本项目将有效弥补这一空缺,将通过实验模拟和野外观测揭示有机气溶胶的碳氮稳定同位素组成的变化特征及其关键影响因子,进而识别 SOA 的形成和老化途径。

本次国家自然科学基金委"大气专项"项目指南中明确提出,目前中国的大范围大气细颗粒物污染严重超标,大气细颗粒物的多相反应可能起着关键的作用,但目前对这一类反应及其在灰霾形成中的作用机制了解非常有限,我们认为,液相生成和化学过程是细颗粒物污染物 SOA 形成和转变的关键环节之一[1,18,49,50]。基于此,本项目结合实验模拟和野外观测,利用较新的碳氮稳定同位素指标,研究大气复合污染下 SOA 的来源和液相形成过程。一方面,通过典型污染类型下大气细颗粒物的液相 SOA 化学过程实验研究,阐明其生成、老化的主要化学途径以及组成和碳氮稳定同位素比值的演变特征。另一方面,选取天津(华北地区典型城市)和南京(长三角地区典型城市)为研究区域,识别影响细颗粒物中有机分子标志物和碳氮稳定同位素的关键化学过程。本项目的科学目标是为进一步揭示我国大气复合污染形成的关键化学过程提供紧缺的实验证据和前沿的科学依据。有关 SOA 来源和液相机制的研究结果可为大气气溶胶模型提供重要参考参数,并为准确预测我国气溶胶组成、浓度和分布特征,了解区域范围内大气污染物的转化和去除机制,以及制定气溶胶减排政策提供重要的科学依据。

17.2 研究目标与研究内容

17.2.1 研究目标

(1) 通过反应动力学、同位素反应动力学等实验数据,揭示典型大气复合污染中有机气溶胶的液相形成机制和化学过程的实验证据及其关键影响因子。

(2) 阐明典型城市气溶胶无机离子化学组成、SOA 分子标志物、水溶性有机碳(WSOC)和水溶性有机氮的碳氮稳定同位素比值的演变特征,并揭示碳氮稳定同位素组成特征及其与气象要素、颗粒物化学组成、气溶胶液态水含量和酸度等影响因素的相互关系。

(3) 揭示 SOA 的液相生成和化学过程对典型城市细颗粒物形成和消散的影响和作用机制。

17.2.2 研究内容

1. 研究典型污染类型或固定点源的大气颗粒物在液相体系下的反应动力学、化学过程机制及碳氮稳定同位素的分馏效应

(1) 在固定实验反应容器条件下,实验结果将主要受到三种因素的影响,即:典型污染类型或典型点源大气颗粒物样品,NH_4^+,环境因子(如相对湿度、光照、酸度、H_2O_2 等)。

(2) 分析典型污染类型下大气颗粒物和点源(燃煤、生物质燃烧和机动车尾气)滤膜样品经沾湿(filter wetting)或溶剂萃取在上述反应条件下的主要反应产物的有机分子组成、WSOC 和 WSON 的反应动力学、碳氮稳定同位素比值。

2. 典型复合污染天气条件下有机气溶胶的化学组成和碳氮稳定同位素组成特征及其与相对湿度、酸度、颗粒物化学组成等影响因素的相互关系

(1) 以华北地区天津和长三角地区南京两个城市为研究区域,对 $PM_{2.5}$ 进行季节性(包括采暖期/非采暖期、生物质燃烧期、植物生长季节)和典型灰霾期采样。

(2) 同步在线观测主要气态污染物(NO_x、SO_2、NH_3、HNO_3、HCl、CO 和 O_3 等)、细颗粒物中主要无机离子、关键有机酸(如主要液相 SOA 生成产物之一草酸)和有机碳/元素碳(OC/EC)组成,以及关键环境因子。

(3) 通过实验分析,全面掌握研究地区细颗粒物中 OC/EC、无机离子、关键有机组成(二元酸及相关有机化合物、SOA 分子标志物等)、WSOC 和 WSON 及其碳氮稳定同位素比值特征。

3. 研究 SOA 的液相生成和老化机制对典型城市灰霾生消过程中细颗粒物演变特征的影响

利用上述两部分研究内容,即利用有机气溶胶不同形态的有机碳(主要包括单体有机化合物、WSOC)和有机氮(主要是 WSON)的碳氮稳定同位素组成特征、SOA 分子标志物(如2-甲基丁四醇、2-甲基甘油酸、蒎酸、蒎酮酸、3-羟基戊二酸)、无机离子组成、气态污染物、气溶胶液态水含量和酸度、环境因子(如温度、相对湿度、风速、风向),以及液相化学过程中碳氮稳定同位素比值变化的实验证据,讨论 SOA 液相生成和老化机制对典型城市(以天津和南京为例)灰霾生消过程中细颗粒物浓度演变的影响和作用机制。

17.2.3 拟解决的关键科学问题

(1) SOA 的液相生成和化学过程及其关键影响因子。
(2) 典型城市 SOA 关键有机碳和有机氮组分的碳氮稳定同位素地球化学特征。
(3) 我国大气复合污染下细颗粒物中 SOA 的液相化学过程及其演变特征。

17.3 研究方案

本研究拟分三个任务板块(实验研究、观测研究和集成研究),依次或交互展开,总体技术路线如图 17.1 所示。其中,相关实验机制分析结果将为野外观测结果数据提供重要理论

依据和参数,在线观测和离线观测互补可以提供高时间分辨的动态数据(相对湿度、气态污染物、酸度、气溶胶含水量等)以及气溶胶化学和同位素组成数据,为研究 SOA 形成机制、化学过程及其关键影响因子提供重要依据。

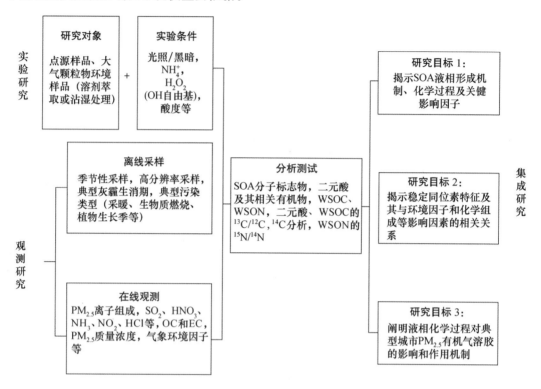

图 17.1　项目技术路线

17.3.1　野外采样和在线分析

利用大流量采样器在天津和南京采集 $PM_{2.5}$ 样品,采样分为常规采样、典型污染类型和灰霾生消期的加强采样。常规采样主要分昼夜采集,每 6 天采集一次样品;在采暖季节、生物质燃烧、植物生长季节和典型灰霾生消期采集高时间分辨率样品(3~4 h)。在采样点实行常规气象参数(温度、相对湿度、风速、风向、光照等),主要大气污染物($PM_{2.5}$、CO、SO_2、NO_2、O_3)以及 OC 和 EC 的在线观测。在加强采样期内,利用在线离子监测系统观测气态污染物和颗粒物中主要离子组成。

点源样品收集:我们已利用稀释通道对燃煤排放的颗粒物样品进行了采样,后期项目将采集木材、秸秆燃烧以及机动车排放的颗粒物滤膜样品。

17.3.2　液相化学过程模拟实验研究

本项目拟研究典型城市大气颗粒物和点源颗粒物样品在不同条件下的反应,具体如图 17.2 所示。项目还会研究不同污染程度和酸度条件对液相 SOA 生成和老化过程的影响(未在图 17.2 中显示)。

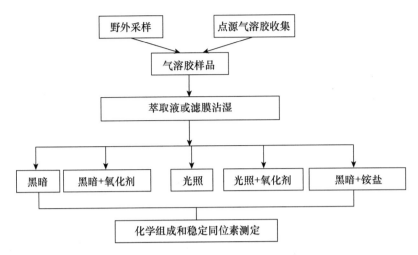

图 17.2　液相化学过程模拟实验技术路线

17.3.3　室内分析

离子组成：以 Dionex-5000 IC 型离子色谱仪（美国赛默飞公司）分析颗粒物和实验模拟样品中的主要阳离子（NH_4^+、Ca^{2+}、Na^+、Mg^{2+}、K^+）和阴离子（SO_4^{2-}、NO_3^-、Cl^-）及部分有机酸（甲酸、乙酸、丙酮酸等）。

有机碳/有机氮总量分析：利用岛津 TOC/TN 分析颗粒物或实验模拟样品中水溶性有机碳和水溶性总有机氮（WSTN）；利用 Sunset OC/EC 热光法分析颗粒物样品的 OC 和 EC 含量；间接法计算大气颗粒物样品中非水溶性有机碳（WIOC）和水溶性有机氮（WSON＝WSTN－NO_3^-－NH_4^+）浓度；利用元素分析仪测得颗粒物样品中的总氮（TN），间接计算得到非水溶性有机氮（WION＝TN－WSTN）。有机碳/有机氮包括：二元酸及相关有机化合物等（如 C2～C12 二元酸、C2～C9 含氧酸和 C2～C3 α-二羰基化合物）、SOA 标志物（如 2-甲基丁四醇、2-甲基甘油酸、蒎酸、蒎酮酸、3-羟基戊二酸）等。

碳同位素分析：利用元素分析仪与同位素质谱联用技术（EA-IRMS）直接测定气溶胶样品中总碳（TC）的 $\delta^{13}C$ 组成；利用水萃取和热光法（如 Swiss_4S 法）分别去除气溶胶样品中 WSOC 和 WIOC 部分，对剩下部分即 EC 进行 EA-IRMS 测定，得到 EC 的 ^{13}C 组成；利用超纯水提取气溶胶的 WSOC 部分，这部分样品经预处理浓缩后，利用 EA-IRMS 测定得到 WSOC 的 $\delta^{13}C$ 组成。利用气相色谱仪与同位素质谱联用技术（GC-IRMS）测定气溶胶样品中二元酸及相关有机化合物的 $\delta^{13}C$。在申请此课题的预研阶段，我们已利用大流量采样器采集了 12 h（常规采样阶段）和 3 h（灰霾期）的 $PM_{2.5}$ 样品，并测定了 OC、EC、WSOC 和二元酸及相关有机化合物的含量，结果表明样品的含碳量足以满足碳同位素比值分析要求。

氮同位素分析：大气样品提取液和模拟实验氮处理溶液含氮离子的同位素分析。NO_3^-：反硝化菌法；NH_4^+：扩散法＋杜氏燃烧法或连续流质谱法，或者扩散法＋过硫酸钾氧化＋反硝化菌还原法；WSTN：过硫酸钾氧化＋反硝化菌还原法；WSON：可通过间接方法得到，$\delta^{15}N_{WSON}=(\delta^{15}N_{WSTN}\times[WSTN]-\delta^{15}N_{NO_3^-}\times[NO_3^--N]-\delta^{15}N_{NH_4^+}\times[NH_4^+-N])/$

[WSON]。

^{14}C 分析：为获得含碳气溶胶来源信息（化石源和生物源），利用加速器质谱仪测定部分关键样品含碳组分的 ^{14}C 组成。

数据分析：主要包括液相 SOA 产物和老化过程的动力学分析，污染物化学组分和同位素组成的时间序列分析，气溶胶液态水含量和酸度计算，HYSPLIT 气流轨迹分析，气象参数、化学组成和同位素组成特征之间的数学统计分析等。

17.4　主要进展与成果

17.4.1　基于二元碳同位素区分、定量有机气溶胶的来源与过程

1. 建立、优化了基于湿氧化法测定气溶胶中水溶性有机碳稳定同位素（$\delta^{13}C$）的测试方法，为碳质气溶胶的来源示踪和形成机制提供技术支撑

液相转化中的 WSOC 是大气有机气溶胶的重要组成部分，为此本项目建立并优化了大气颗粒物中 WSOC 的 $\delta^{13}C$ 测试方法，用于来源追踪和有机气溶胶大气化学过程推断。目前已经报道的 WSOC 中的 $\delta^{13}C$ 分析需要大量的含碳组分，测样过程耗时且预处理步骤复杂。为改进这些缺陷，本研究将 Gas Bench Ⅱ 与同位素比质谱仪联用实现对大气样品中 WSOC 浓度及 $\delta^{13}C_{WSOC}$ 的同步测定。此方法的精度和准确度低于 0.17% 和 0.5%，WSOC 的最小进样量为 5 μg。

将优化方法用于个例研究，分析 2015 年南京地区大气气溶胶样品中的 WSOC 碳同位素。发现南京北郊地区 WSOC 的浓度范围为 3.0～32.0 μg m^{-3}，占 PM$_{2.5}$ 中 TC 的 49%±10%。采样期间 WSOC 和 TC 的同位素组成的变化范围分别为 −26.24‰～23.35‰ 和 −26.83‰～22.25‰。发现 $\delta^{13}C$ 值在 24 h 内的变化可以超过 2‰，3 h 内可达 1‰，体现了高时间分辨率样品在分析 WSOC 形成和转换过程中可以提供更为详细的信息。南京北郊地区大气 PM$_{2.5}$ 中总碳同位素（$\delta^{13}C_{TC}$）和 WSOC 的碳同位素（$\delta^{13}C_{WSOC}$）在采样期间显示出相似的变化趋势。$\delta^{13}C_{TC}$ 一般低于 $\delta^{13}C_{WSOC}$，这与 WSOC 的来源和大气中的形成过程有关。二次生成作用产生的 $\delta^{13}C_{WSOC}$ 一般低于其前体物 VOCs，使气溶胶中的 $\delta^{13}C_{WSOC}$ 值偏低，而长距离输送期间的光化学老化作用会导致重同位素（^{13}C）的富集。WSOC 与气溶胶的老化过程有关，WSOC/OC 比值通常被认为是气溶胶老化程度的代表，随着气溶胶光化学老化程度的增加而增加。较重的 $\delta^{13}C_{WSOC}$ 和较高的 WSOC/OC 比值（0.67±0.12）均证明采样期间老化的气溶胶作用明显。同时，TC 与 WSOC 的同位素差异也可能是由于 TC 中除 WSOC 之外其他组分的来源中碳同位素较低。

在采样期间，采样点观测到了几次灰霾过程中 WSOC 浓度较高的事件（第一、二、三阶段），并分别针对性地进行了分析（图 17.3）。第一阶段（1 月 14 日至 16 日），$\delta^{13}C_{WSOC}$ 随 WSOC 浓度的增加而增加，二者呈现正相关关系（$r=0.84$，$p<0.001$），并且 WSOC/OC 比

值增加,表明该阶段主要受到中国北方远距离输送的老化气溶胶的影响。与第一阶段相反,$\delta^{13}C_{WSOC}$ 在第二阶段(1月22日至24日)中与 WSOC 的浓度呈现负相关关系($r=-0.54$,$p<0.01$),WSOC/OC 比值降低。同时 K^+ 浓度和采样点潜在源区的火点数量急剧增加,表明第二阶段受到新鲜的 C3 植物生物质燃烧源的影响较大。第三阶段(1月19日至20日)与其他阶段不同,$\delta^{13}C_{TC}$ 表现出异常的高值,且大于 $\delta^{13}C_{WSOC}$。Ca^{2+} 的浓度较高,且与 TC 有相同的变化趋势,结合气流后向轨迹,发现该阶段 $\delta^{13}C_{WSOC}$ 值的增加和 TC 的积累主要来源于长距离沙尘输送的贡献(图 17.4)。该成果已经发表在 Atmospheric Chemistry and Physics(2019,19:11071-11087)。

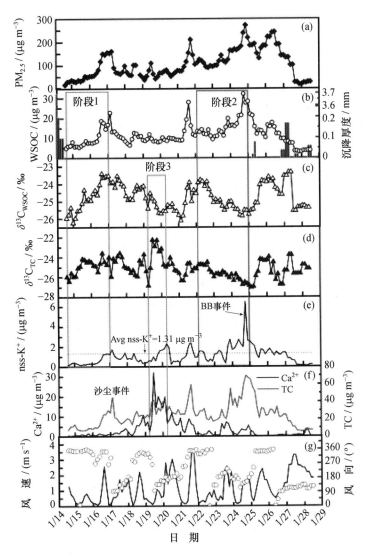

图 17.3 南京市 2015 年冬季 $PM_{2.5}$、WSOC、降水量、$\delta^{13}C$ 同位素比值、nss-K^+、Ca^{2+}、TC、风速及风向时间变化

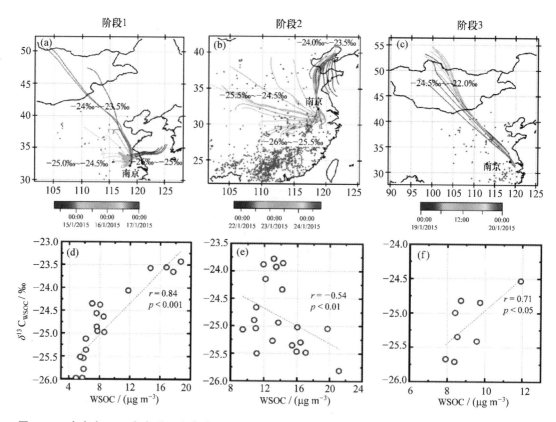

图 17.4 南京市 2015 年冬季三次高浓度 WSOC 事件气流后向轨迹分析及 WSOC 和 $\delta^{13}C$ 相关关系分析

2. 利用双碳同位素定量解析碳质气溶胶在不同污染过程中的来源和大气化学过程,有助于深入认识灰霾的成因,为灰霾治理提供科学依据

我们对双碳同位素解析中国碳质气溶胶的来源和形成的研究结果进行了综述,对双碳同位素的研究方向进行了展望,有助于精细化地分析灰霾过程中碳质气溶胶的来源及其形成机制,为碳质气溶胶的研究提供了新思路。化石燃料燃烧是中国城市气溶胶中 EC 最重要的贡献者(平均 67%)。然而,受到南亚和/或华南季节性变化的生物质燃烧排放的影响,背景站(如中国海南)气溶胶中化石源对 EC 的贡献降至 35% 左右。结合 ^{14}C 和有机标记物的测量,可以确定主要的化石燃料成分,并发现其在暖期和冷期之间具有显著差异。北京的寒冷季节,煤燃烧占化石源的 33%,其余来自液体(如汽油)化石燃料燃烧;而在温暖时期,化石源 90% 以上与交通排放有关。^{14}C 的研究结果表明,非化石源排放对 EC 的贡献率一般为 56%,包括高污染地区和其他地方(如西安、北京、武汉、上海和广州)。这可能与季节依赖性的生物质燃烧/生物源排放(主要和/或次要来源)以及烹饪活动(这是正在进行的研究的主题)有关(图 17.5)。

双碳同位素(^{14}C 和 ^{13}C)可以用于更好地了解有机气溶胶的来源和形成过程,是研究碳质气溶胶的新方法:① 结合气溶胶质谱数据和高时间分辨率(如 1~3 h)^{14}C 分析,可以明显区分化石和非化石前体之间的 SOA;② 在分子水平上对 ^{13}C 和 ^{14}C 同位素(如二羧酸)的双重

第 17 章 二次有机气溶胶液相生成机制和化学过程的碳氮稳定同位素研究

测量,可以对有机气溶胶的来源和化学过程有更为细致的了解,有可能显著提高源解析和对污染物形成机理的认识,从而进一步将其整合到大气模型中,降低空气质量模型的不确定性。该成果已经发表在 *National Sicence Review*(2017,4:804-806)。

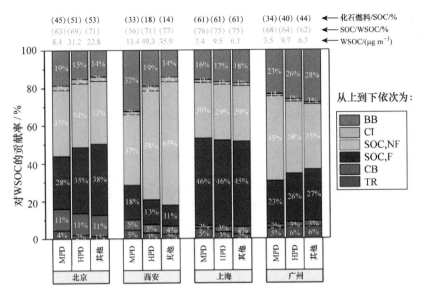

图 17.5 北京、西安、上海和广州碳质气溶胶来源解析

采用放射性碳(^{14}C)测量方法,对北京市 PM_1(粒径小于等于 1 μm 的颗粒物)中的 OC 和 EC 进行了来源解析。结果显示,北京地区全年除冬季外,由于交通和煤炭燃烧的大量排放,EC 主要来自化石燃料燃烧的贡献;而 OC 的主要贡献则来自非化石源。生物质燃烧对 OC 的贡献有明显的季节性变化:秋季和春季最高,冬季和夏季较低(图 17.6)。将气溶胶质谱仪(AMS)测试得到的有机气溶胶组分的浓度代入正交矩阵因子分析模型(PMF)进行解析,并将解析结果与 ^{14}C 测试结果结合进行分析。结果表明非化石源对 OC 的贡献可达 68%±13%。与前人在亚洲、欧洲和美国的 ^{14}C 研究结果相结合发现,不论在农村、背景站、偏远地区或是城市,非化石源对 OC 都具有主要贡献,这可能是厨房烹饪、区域传输或季节性的生物质燃烧的本地排放导致的。本研究强调了中国典型重污染城市非化石源对 OC 的重要贡献,指出了人为活动对城市地区大气污染的重要影响,为污染治理和减排措施提供了科学参考依据。该成果已经发表在 *Environmental Science & Technology*(2017,51:7842-7852)。

针对重度污染事件,利用放射性碳^{14}C 同位素技术结合高分辨质谱定量解析中国典型城市地区 $PM_{2.5}$ 中 WSOC 的来源。结果表明,化石源对 WSOC 的平均贡献为 32%~47%,WSOC 的生成无论在化石源还是非化石源产生的气溶胶中均非常明显。而一次源主要来自生物质燃烧的排放,对 WSOC 的贡献为 17%~26%,燃煤的贡献也超过 10%。采集分析亚洲、欧洲和美国一些城市、郊区以及背景站点利用^{14}C 技术测定的结果,发现在整个北半球,非化石源对 WSOC 的贡献可达 75%±11%。然而在冬季,由于燃煤取暖,化石源的贡献仍然不可忽略(图 17.7)。这些研究结果为模式模拟提供了科学参考依据和信息。该成果已经发表在 *Atmospheric Chemistry and Physics*(2018,18：4005-4017)。

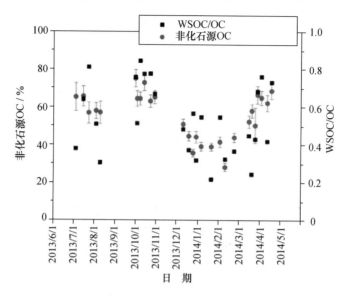

图 17.6 北京市 PM_1 中 WSOC/OC、非化石源 OC 的季节变化

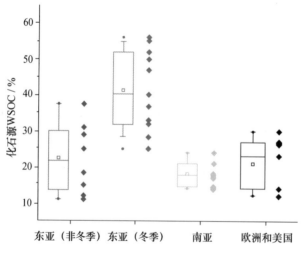

图 17.7 全球 WSOC 的来源

17.4.2 典型水溶性有机物的来源与液相化学机制

1. 系统阐明 SOA 中典型有机碳草酸盐化学转化的机制和过程,揭示草酸盐液相化学过程中稳定碳同位素组成变化特征及其影响因素,为全面揭示大气复合污染的关键化学过程提供实验证据和理论基础

针对模拟大气条件的反应要求,我们设计了一种可以控制温度、气氛以及光照强度的模

拟反应装置,该装置最大的特点是可以实现基于液相反应模拟大气气氛控制,还可以针对基于液相条件下的非均相反应。相关技术已申请了专利(详见专利 ZL 2018 2 1221691.8 等)。

我们选取 SOA 中典型的有机碳草酸盐,模拟了液相中大气条件下的化学转化,详细监测了反应体系的 pH、总有机碳(TOC)浓度、草酸根浓度和稳定碳同位素($\delta^{13}C$)值,并且对比了雪水等真实样品中草酸的光降解情况。结果显示,反应体系中 pH 一直上升;反应体系中 Cl^- 离子浓度升高,矿化越高,草酸的降解程度也越高;反应溶液的 $\delta^{13}C$ 值随反应进行偏正,老化程度逐渐偏高,进一步证实了草酸的降解。雪水等真实样品的反应情况类似,表明实验室模拟的结论适用于真实环境。

此外,本研究通过对草酸盐高分辨率的在线观测,结合实验室模拟,揭示大气中草酸盐分布背后可能的分子学机制。结果表明:① Fe 对大气中草酸盐分布具有重要作用,其中 Fe(Ⅱ)/Fe(Ⅲ) 在白天为 3.92,在夜间为 0.72;② Cl^- 可协同 Fe 参与草酸盐的化学过程,模拟实验结果表明 Cl^- 可以加快大气中草酸盐的氧化速率;③ Fe 参与草酸盐的化学过程,可导致约 4% 的草酸盐转化成甲酸和乙酸等低分子量有机酸(图 17.8)。这些结果揭示了南京北郊大气中草酸盐的日变化和季节变化等分布特征背后 Fe 参与的化学机制,并验证了该机制在草酸盐大气分布中的作用。相关成果已发表在 *Science of the Total environment* (2020,719:137416)。

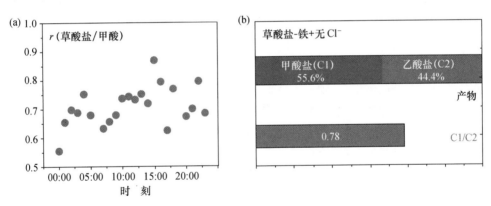

图 17.8 2017 年 1 月草酸盐与甲酸(气)相关性日变化(a)及草酸盐-铁光化学体系中中间体(甲酸盐和乙酸盐)的分布(b)

针对大气中二元羧酸的光化学系统研究,模拟并比较 C2~C4 二元羧酸在非均相体系(TiO_2+H_2O)和均相体系($Fe^{3+}+H_2O$)中的光化学动力学和光化学转化途径。其中,重点研究了草酸(C2)的两种光化学体系模拟实验,发现均相体系对草酸的光氧化降解贡献更大,并且在均相体系中 C2 可以聚合为更长碳链的 C4。此外,结合模拟实验和外场观测样品中的稳定碳同位素的变化也发现,均相体系更可能参与草酸的生成而不是降解(图 17.9)。这些结果能够帮助检验关于二元羧酸的一些矛盾观点。

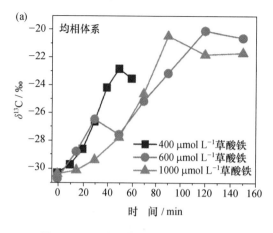
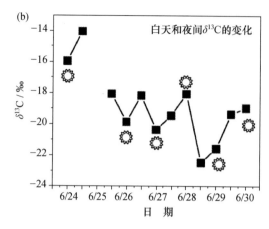

图 17.9　实验室草酸铁光降解实验中 $\delta^{13}C_{WSOC}$（a）及文献中草酸单体 $\delta^{13}C$ 的变化趋势[51]（b）

2. 典型复合污染天气条件下有机气溶胶化学组成及碳氮稳定同位素组成特征，及其与相对湿度、酸度、颗粒物化学组成等影响因素的相互关系，以及 SOA 液相机制对灰霾生消的影响

本项目在南京、徐州、长春、东山、上海、北京、西安和广州等典型城市开展大气 $PM_{2.5}$ 中有机组分的观测。结果表明：① 有机含碳气溶胶是 $PM_{2.5}$ 中的重要组分，占 $PM_{2.5}$ 质量浓度的 21%～28%；② SOA 是有机气溶胶的主导组分，在研究地区，SOC 占 OC 的 52%，WSOC 占 OC 的 53%；③ 大气含氮气溶胶占 $PM_{2.5}$ 质量浓度的 11%，其中有机氮占总氮气溶胶的 11%。这些(二次)有机气溶胶受环境中多种因素影响，热力学模型 ISORROPIA 计算表明，大气液态水含量对其影响很大，随着大气液态水含量的增加，二次离子的浓度明显增加。此外，低风速、低温及高湿度(尤其是温度范围为 7.5～12.5℃ 和湿度范围为 50%～90%)的气象条件有利于 SOA 的生成或累积。同时，远距离传输过程中有利于气溶胶的老化及二次气溶胶的生成。不可忽略的是，低边界层高度、稳定的环流形势和地面弱气压场的配合有利于有机气溶胶的累积。

基于同位素对于大气细颗粒物中有机气溶胶及其典型有机分子来源的研究表明：① WSOC 是 SOA 的重要组分，其浓度与 $PM_{2.5}$ 浓度呈显著正相关，说明二次气溶胶对灰霾的生成具有重要贡献；② 生物质燃烧导致的重污染天气中的有机气溶胶是新鲜的，没有大量老化或二次生成；③ 气态烃类物质(HC)和二甲基硫(DMS)有机组分途径对二次气溶胶的生成具有重要贡献，此途径在海洋地区的贡献高于内陆地区，夏季的贡献高于冬季。

此外，我们研究了天津市 SOA 中的二元酸、含氧酸、α-二羰基化合物及其 $\delta^{13}C$。饱和二酸(C2～C11，不包括 C6)和长链含氧酸(ωC7～ωC9)呈季节性变化，从秋季到冬季逐渐减少，然后到春季逐渐增加，初夏达到峰值。^{13}C 主要富集在饱和二元羧酸，并随着碳数减少，富集程度逐渐增强。短链含氧酸和乙二醛比 C2 富含 ^{13}C（图 17.10）。这些结果结合有机示踪剂表明，季节性分布是由增强的生物成因驱动的春季和夏季的废气排放和光化学机理。相反，生物质燃烧和化石燃料的贡献，秋季和冬季的燃烧较高。同时，通过对大气云水氮物种的同位素组成的观察，可以洞察其来源以及云中潜在的转化机制。

第 17 章 二次有机气溶胶液相生成机制和化学过程的碳氮稳定同位素研究

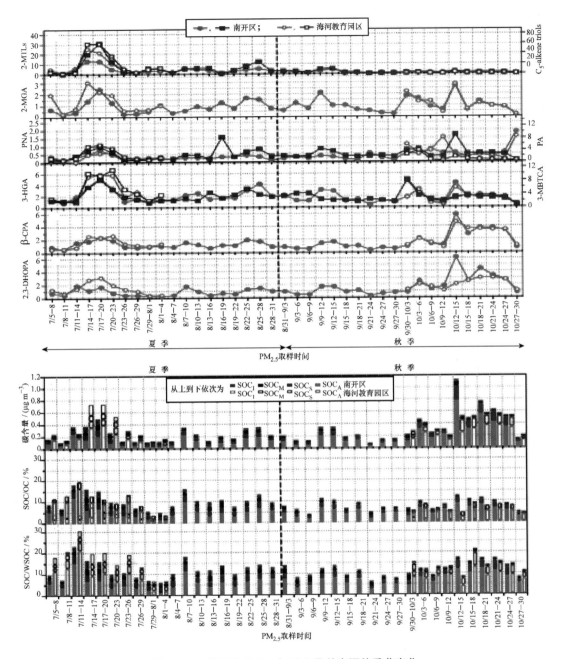

图 17.10 天津市 $PM_{2.5}$ 中 SOA 及其来源的季节变化

对于 SOA 的液相生成和老化机制的研究,我们在对气溶胶有机组分进行分析后,推测脂肪酸的液相光化学机制。硬脂酸在含(或不含)H_2O_2 的液相中光氧化降解均较强,且其含量随着老化程度的加深而不断降低。偶数脂肪酸(C16,C14,C12,C10)以及 C11 脂肪酸经过 24 h 的老化后明显增加。低级脂肪酸(C3~C10)、二元羧酸(C2~C5)和含氧酸(ωC2~ωC6)随着老化程度加深(24~120 h)逐渐形成,其含量逐渐增加。C3 和 C4 二元酸的形成非常明显,丙酮酸的含量也明显增加。由此推测,硬脂酸的光化学氧化是一元/二元酸的重要来源之一,随着老化程度加深一元/二元酸的含量不断增加。在光化学老化大于等于 6 h 时,长链脂肪酸的光化学降解(而不是产生)造成了短链脂肪酸的高富集。另外,与低氧化(纯水)条件下相比,在高氧化(H_2O_2)条件下硬脂酸的光化学降解程度以及短链脂肪酸(一元/二元酸,除 C3 和 C4 二元酸)的形成、转化程度较深。高级脂肪酸氧化形成的一元酸在液相条件下明显生成,但是具体的形成途径需要进一步调查。

3. 建立城市大气氨被动监测网络,揭示城市大气氨来源,为实施城市氨排放提供科学依据

以氮氧化物、二氧化硫和氨气为前体物所形成的铵盐约占中国 $PM_{2.5}$ 质量浓度的一半甚至更高。在氮氧化物、二氧化硫减排上升到国家层面而氨减排尚未实施的背景下,氨排放对中国大气细颗粒物污染的重要性正逐渐凸显。以往关于氨排放的研究多聚焦于农业源(主要是畜禽养殖和氮肥施用),然而越来越多的实测资料表明城市区域存在着复杂多样的非农业源氨排放,这使得众多城区大气氨浓度接近甚至高于农业区。对于城市大气氨的来源研究,国内外尚存在巨大争议:其一是城市非农业源的贡献是否可以忽略不计;其二是承认非农业源的重要性,但具体贡献源不明;其三是研究方法单一,多定性描述,缺定量表达。

本项目以我国超大型城市上海为研究区域,首先建立以城区为核心、覆盖农村和郊区的城市大气氨被动监测网络。通过长期观测,证明上海城区是大气氨的热点地区。其次,利用城乡大气超站在线监测结合大气化学模式结果,发现城区大气氨的模拟值低于实测值近 50%,证实现有氨排放清单显著低估非农业源的贡献。再次,基于氨排放源的测定,直接证明机动车尾气和建筑人居排泄物是中国城市非农业氨的重要来源。最后,应用贝叶斯同位素混合模型及前期构建的本地化氨排放源同位素源谱,定量了城市大气氨中非农业源与农业源,二者贡献相当,这与上述结果相吻合(图 17.11)。该研究综合了化学、模式和同位素三者的优点,实现了结果的自洽,为同类型研究提供了方法范式。研究结果将为我国未来实施城市氨减排以进一步降低颗粒物污染提供了科学依据。

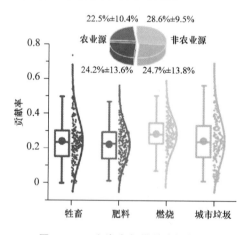

图 17.11 上海市氨排放来源解析

17.4.3 稳定同位素技术示踪硝酸盐、硫酸盐来源与形成途径

1. 建立和优化了硝酸盐三氧同位素测试方法,为揭示大气硝酸盐形成机制提供技术支撑

本研究建立并优化了反硝化细菌和金管高温裂解法,用于大气硝酸盐氮、氧同位素($\delta^{15}NO_3^-$,$\delta^{18}NO_3^-$ 和 $\Delta^{17}NO_3^-$)的测试。反硝化细菌还原硝酸盐的方法中,主要对细菌成熟度、菌液浓缩倍数、菌液吹扫方法和反硝化细菌反应时间等几个条件进行了对比试验。发现培养7天左右的菌液只需浓缩3倍即可参与反硝化反应。预处理细菌时需要前后两天分别使用高纯He吹扫菌液2 h,尽可能降低菌液中含有的硝酸盐对测试结果产生的影响。准备好的菌液与待测样品反应2 h后即可反应完全。优化后的方法可以实现含氮量0.8 μg的N_2O气体的测试,回收率约为113%~121%,$\delta^{18}O$和$\delta^{15}N$的测试精度均好于0.5‰,与化学法的测试结果较为一致。

本研究建立和优化金管高温裂解N_2O的方法的过程中,改装了Pre Con-Gas Bench Ⅱ系统,如图17.12所示。在三氧同位素高效测试的基础上,实现了N_2-O_2与N_2O模式的"一键切换",保证了该系统的稳定性和高效性,最大限度上降低了该方法的时间成本。对系统He压力和金管工作温度等条件进行了对比试验,发现He压力为0.6×10^5 pa、金管工作温度为800℃和色谱柱保持常温等条件,最有利于稳定同位素的高精度测试。该方法的回收率约为97%±7%,适当牺牲测试精度的前提下($\Delta^{17}O$:0.65‰,$\delta^{15}N$:0.48‰),检测限可以低至0.4 μg N。而为了实现$\Delta^{17}O$(0.22‰)和$\delta^{15}N$(0.27‰)的高精度、一次性测试,需要保证硝酸盐含量为0.8~2 μg N。

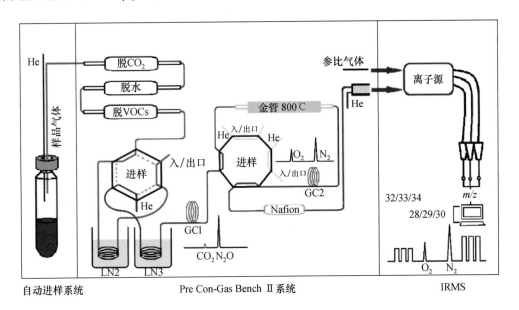

图 17.12 N_2-O_2模式测试三氧同位素方法的仪器改装

2. 利用三氧同位素方法定量解析城市大气硝酸盐形成机制,阐明其日变化规律,同时解析大气 NO_x 来源组成,揭示其演变特征

针对冬季严重灰霾事件,本研究结合气溶胶硝酸盐 $\Delta^{17}NO_3^-$ 和 $\delta^{15}NO_3^-$ 的高时间分辨率(3 h)观测数据和 RACM 大气化学模型,探讨了南京冬季灰霾期间硝酸盐的形成机制,阐明了清洁天和灰霾天内硝酸盐形成机制的差异及其日变化规律,并分析了南京冬季 NO_x 的主要来源。采样期间 $\Delta^{17}NO_3^-$ 的变化范围为 23.4‰~39.3‰,呈现出夜间高、白天低的日变化趋势。灰霾期间硝酸盐的不断积累对其 $\Delta^{17}NO_3^-$ 具有平滑效应,仅能反映灰霾期间 NO_3^- 形成机制的平均水平。而降水期间,大气中的污染物被大量清除,使得硝酸盐的大气化学过程重启,雨后的 $\Delta^{17}NO_3^-$ 更能反映大气中新鲜硝酸盐形成机制的变化(图 17.13)。整个采样期间,52%±25%的硝酸盐是由 NO_2+OH 途径生成的。NO_2+OH 途径在灰霾天(54%±32%)和清洁天(57%±23%)都有较高的贡献。$\Delta^{17}NO_3^-$ 和硝酸盐生成途径的日变化趋势都表明,NO_2+OH(57%±8%)和 N_2O_5 水解(66%±24%)途径分别为白天和夜间的硝酸盐生成的主要反应途径(图 17.14)。NO_x 转化为 NO_3^- 过程中产生的同位素分馏 $\Delta^{15}N$ 在 4.2‰~16.6‰变化。南京冬季 NO_x 和 NO_2 之间的同位素差异较小,NO_2 与 HNO_3 之间的平衡分馏是硝酸盐形成过程中同位素分馏的主要组成部分(69%~92%)。南京冬季 NO_x 主要受到燃煤源(34%±11%)的影响,其次是交通源(28%±15%)和生物质燃烧源(27%±16%),土壤排放的 NO_x 贡献最小(10%±6%)(图 17.15)。NO_3^- 质量浓度的积累主要是燃煤源排放的 NO_x 及其形成的硝酸盐的增加、积累、传输导致的。

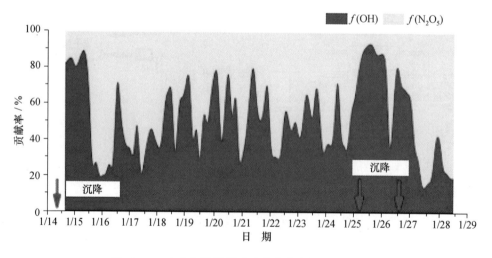

图 17.13 南京灰霾期间硝酸盐生成途径的相对贡献

本研究还分析了南京灰霾期间大气硝酸盐的 $\Delta^{17}NO_3^-$ 和形成机制的日变化趋势及 NO_x 的来源组成。采用了一种简便、快速的方法对 NO_x 氧化过程进行计算,以 $\Delta^{17}NO_3^-$ 观测数据作为约束条件,最大限度地降低了模拟结果的不确定性。硝酸盐形成机制的日变化对于

NO$_x$ 转化为 HNO$_3$ 过程中发生的氮同位素分馏的计算具有重要意义,这有助于我们了解大气硝酸盐的化学过程,并更精细地解析环境大气中 NO$_x$ 的来源。然而,本研究对于特殊条件下硝酸盐的形成机制及其日变化规律的推论还有待进一步证实。以往分析三氧同位素的气溶胶样品的采集时间均在 12 h 以上,无法观察到每种反应途径贡献的变化及其极大和极小值。这就需要在未来的研究中扩大对高时间分辨率的大气硝酸盐和 NO$_2$ 的三氧同位素研究。

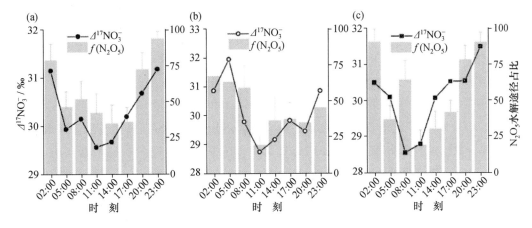

图 17.14 Δ^{17}NO$_3^-$ 和 N$_2$O$_5$ 水解途径在整体采样期间(a)、清洁天(b)和灰霾天(c)的日变化趋势

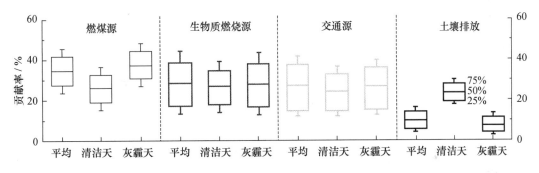

图 17.15 南京采样期间清洁天和灰霾天 NO$_x$ 来源解析结果

3. 利用硫同位素定量大气硫酸盐形成途径的贡献

硫酸盐气溶胶是大气颗粒物,特别是雾霾的重要组成部分。大气中,硫酸盐气溶胶主要由 SO$_2$ 氧化生成,目前已知的氧化途径主要包括液相和气相(光化学)反应。气相反应过程中,SO$_2$ 与 OH 反应生成气态 H$_2$SO$_4$。一方面,气态 H$_2$SO$_4$ 黏附在气溶胶粒子的表面,或在有利条件下(如高湿度)成核形成新粒子,增加气溶胶数浓度和云凝结核(CCN),这对直接和间接辐射都有影响。另一方面,气态 H$_2$SO$_4$ 立即与 NH$_3$ 反应生成硫酸盐气溶胶。对于在云雾或烟雾中的水相反应,SO$_2$ 溶解成液滴生成 S(Ⅳ)(SO$_2$·H$_2$O+HSO$_3^-$+SO$_3^{2-}$),随后 S(Ⅳ) 与溶解的氧化剂,如 H$_2$O$_2$、O$_3$、O$_2$[金属(TMI)催化条件下]和 NO$_2$ 反应生成硫酸

盐气溶胶。

然而不同氧化途径对硫酸盐生成的相对贡献取决于多种因素，如光化学氧化和水相氧化的氧化剂浓度、气溶胶中液态水含量（ALWC）和酸度（pH）。因此，由于这些因素在不同污染条件下的较大差异影响了不同氧化途径中 SO_2 的反应速率，很难通过化学动力学计算来评估这些氧化途径的贡献。由于这些物理因素难以准确定量，雾霾过程中 SO_2 的氧化过程依然存在着很大的争议。氧同位素（如 $\delta^{18}O$ 和 $\Delta^{17}O$）经常用于确定硫酸盐气溶胶的形成机制。此外，研究表明硫同位素 $\delta^{34}S$ 受来源变化的控制，然而它也被用来量化从 SO_2 到 SO_4^{2-} 的不同氧化途径的相对贡献。

本研究利用 $\delta^{34}S$ 值和贝叶斯模型对北京大气不同污染时期的硫酸盐来源进行定量解析，结果表明各污染源的贡献在不同污染时期基本保持不变。并且 $\delta^{34}S$ 与温度（RH = -0.46, $p<0.05$）、相对湿度（RH = -0.76, $p<0.01$）和 SO_2 氧化率（SOR）（RH = -0.88, $p<0.01$）均呈显著负相关，说明硫酸盐的 $\delta^{34}S$ 值取决于不同的 SO_2 氧化过程。根据瑞利蒸馏定律和各氧化途径的分馏系数，我们定量解析了冬季采样期间一次硫酸盐、OH、H_2O_2/O_3、NO_2 和 O_2（TMI 催化）途径对硫酸盐生成的贡献，分别为 7%，20%，16%，27% 和 30%（图 17.16）。此外，O_2（TMI 催化）和 NO_2 途径的贡献分别从清洁天时期的 24% 和 20% 增加到灰霾天时期的 38% 和 29%（图 17.17）。研究结果表明，O_2（TMI 催化）和 NO_2 氧化是北京冬季灰霾污染期间硫酸盐生成的主要途径。

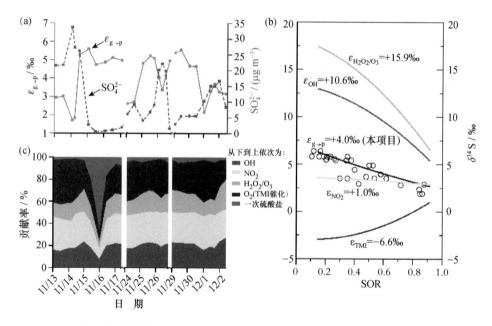

图 17.16 采样期间模型估算分馏系数（ε_{g-p}）和硫酸盐（SO_4^{2-}）浓度（a）、不同氧化途径产生的分馏系数（b）及不同氧化途径和一次硫酸盐对硫酸盐生成的贡献（c）

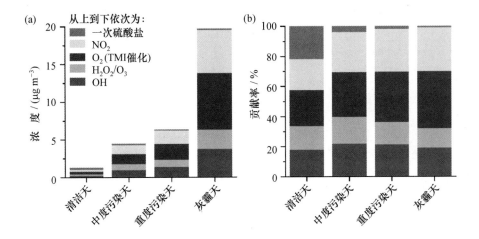

图 17.17 不同污染时期一次硫酸盐和不同氧化途径生成的硫酸盐浓度(a)及相对贡献(b)

17.4.4 本项目资助论文

[1] Zhang Y L, Ren H, Sun Y, et al. Highcontribution of nonfossil sources to submicrometer organic aerosols in Beijing, China. Environmental Science and Technology, 2017, 51: 7842-7852.

[2] Zhang W, Zhang Y L, Cao F, et al. High time-resolved measurement of stable carbon isotope composition in water-soluble organic aerosols: Method optimization and a case study during winter haze in Eastern China. Atmospheric Chemistry and Physics, 2019, 19: 11071-11087.

[3] Cao F, Zhang Y L, Ren L, et al. New insights into the sources and formation of carbonaceous aerosols in China: Potential applications of dual-carbon isotopes. National Science Review, 2018, 4: 804-806.

[4] Liu X, Zhang Y L, Peng Y, et al. Chemical and optical properties of carbonaceous aerosols in Nanjing, Eastern China: Regionally transported biomass burning contribution. Atmospheric Chemistry and Physics, 2019, 19: 11213-11233.

[5] Cao F, Zhang C C, Kawamura K, et al. Chemical characteristics of dicarboxylic acids and related organic compounds in $PM_{2.5}$ during biomass burning and non-biomass-burning seasons at a rural site of Northeast China. Environmental Pollution, 2017, 231: 654-662.

[6] Chang Y, Zhang Y L, Tian C, et al. Nitrogen isotope fractionation during gas-to-particle conversion of NO_x to NO_3^- in the atmosphere-implications for isotope-based NO_x source apportionment. Atmospheric Chemistry and Physics, 2018, 18: 11647-11661.

[7] Fan M Y, Zhang Y L, Lin Y C, et al. Isotope-based source apportionment of nitrogen-containing aerosols: A case study in an industrial city in China. Atmospheric Environment, 2019, 212: 96-105.

[8] Wang Y, Pavuluri C M, Fu P, et al. Characterization of secondary organic aerosol tracers over Tianjin, North China during summer to autumn. ACS Earth Space Chemistry, 2019, 3: 2339-2352.

[9] Pavuluri C M, Kawamura K, Fu P. Seasonal distributions and stable carbon isotope ratios of water-soluble diacids, oxoacids and dicarbonyls in aerosols from Sapporo: Influence of biogenic VOCs and photochemical

aging. ACS Earth and Space Chemistry, 2018, 2: 1220-1230.

[10] Zhang Y L, El-Haddad I, Huang R J, et al. Large contribution of fossil fuel derived secondary organic carbon to water soluble organic aerosols in winter haze in China. Atmospheric Chemistry and Physics, 2018, 18: 4005-4017.

参考文献

[1] 朱彤, 尚静, 赵德峰. 大气复合污染及灰霾形成中非均相化学过程的作用. 中国科学: 化学, 2010, 40: 1731-1740.

[2] 贺泓, 王新明, 王跃思, 王自发, 刘建国, 陈运法. 大气灰霾追因与控制. 中国科学院院刊, 2013, 28: 344-352.

[3] Hallquist M, Wenger J C, Baltensperger U, Rudich Y, Simpson D, Claeys M, Dommen J, Donahue N M, George C, Goldstein A H, Hamilton J F, Herrmann H, Hoffmann T, Iinuma Y, Jang M, Jenkin M E, Jimenez J L, Kiendler-Scharr A, Maenhaut W, McFiggans G, Mentel Th F, Monod A, Prev′ot A S H, Seinfeld J H, Surratt J D, Szmigielski R, Wildt J. The formation, properties and impact of secondary organic aerosol: Current and emerging issues. Atmospheric Chemistry and Physics, 2009, 9: 5155-5236.

[4] 唐孝炎, 张远航, 邵敏. 大气环境化学(第二版). 北京: 高等教育出版社, 2006.

[5] Seinfeld J H, Pandis S N. From air pollution to climate change. Atmospheric Chemistry and Physics, 2006: 429-443.

[6] Spracklen D V, Jimenez J L, Carslaw K S, Worsnop D R, Evans M J, Mann G W, Zhang Q, Canagaratna M R, Allan J, Coe H. Aerosol mass spectrometer constraint on the global secondary organic aerosol budget. Atmospheric Chemistry and Physics, 2011, 11: 12109-12136.

[7] 谢绍东, 田晓雪. 挥发性和半挥发性有机物向二次有机气溶胶转化的机制. 化学进展, 2010, 22: 727-733.

[8] Huang R J, Zhang Y L, Bozzetti C, Ho K F, Cao J J, Han Y, Dällenbach K R, Slowik J R, Platt S M, Canonaco F, Zotter P, Wolf R, Pieber S M, Bruns E A, Crippa M, Ciarelli G, Piazzalunga A, Schwikowski M, Abbaszade G, Schnelle-Kreis J, Zimmermann R, An Z, Szidat S, Baltensperger U, Haddad I E, Prévôt A S H. High secondary aerosol contribution to particulate pollution during haze events in China. Nature, 2014, 514: 218-222.

[9] 祁骞. 醛类化合物水相形成二次有机气溶胶的初步研究. 山东大学, 2014.

[10] 祁骞, 周学华, 王文兴. 二次有机气溶胶的水相形成研究. 化学进展, 2014, 26: 458-466.

[11] Kanakidou M, Seinfeld J H, Pandis S H, Barnes I, Dentener F J, Facchini M C, Dingenen R V, Ervens B, Nenes A, Nielsen C J. Organic aerosol and global climate modelling: A review. Atmospheric Chemistry and Physics, 2005, 5: 1053-1123.

[12] Carlton A G, Turpin B J, Altieri K E, Seitzinger S, Reff A, Lim H J, Ervens B. Atmospheric oxalic acid and SOA production from glyoxal: Results of aqueous photooxidation experiments. Atmospheric Environment, 2007, 41: 7588-7602.

[13] Carlton A G, Wiedinmyer C, Kroll J H. A review of secondary organic aerosol (SOA) formation from isoprene. Atmospheric Chemistry and Physics, 2009, 9: 4987-5005.

[14] Lim Y B, Tan Y, Perri M J, Seitzinger S P, Turpin B J. Aqueous chemistry and its role in secondary

organic aerosol (SOA) formation. Atmospheric Chemistry and Physics, 2010, 10: 10521-10539.

[15] Ervens B, Turpin B J, Weber R J. Secondary organic aerosol formation in cloud droplets and aqueous particles (aqSOA): A review of laboratory, field and model studies. Atmospheric Chemistry and Physics, 2011, 11: 11069-11102.

[16] Huang D, Zhang X, Chen Z M, Zhao Y, Shen X L. The kinetics and mechanism of an aqueous phase isoprene reaction with hydroxy radical. Atmospheric Chemistry and Physics, 2011, 11: 7399-7415.

[17] Enami S, Hoffmann M R, Colussi A J. Stepwise oxidation of aqueous dicarboxylic acids by gas-phase OH radicals. The Journal of Physical Chemistry Letter, 2015, 6: 527-534.

[18] McNeill, Faye V. Aqueous organic chemistry in the atmosphere: Sources and chemical processing of organic aerosols. Environmental Science and Technology, 2015, 49: 1237-1244.

[19] Polidori A, Turpin B J, Davidson C, Rodenburg L A, Maimone F. Fractionation by polarity, FTIR spectroscopy and OM/OC ratios for the Pittsburgh aerosol. Aerosol Science and Technology, 2008, 42: 233-246.

[20] Jimenez J L, Canagaratna M R, Donahue N M, Prevot A S H, Zhang Q. Evolution of organic aerosols in the atmosphere. Science, 2009, 326: 1525-1529.

[21] Hennigan C J, Bergin M H, Russell A G, Nenes A, Weber R J. Gas/Particle partitioning of water-soluble organic aerosol in Atlanta. Atmospheric Chemistry and Physics, 2009, 9: 3613-3628.

[22] Kroll J H, Ng N L, Murphy S M, Flanan R C, Seinfeld J H. Secondary organic aerosol formation from isoprene photooxidation. Environmental Science and Technology, 2006, 40: 1869-1877.

[23] Hennigan C J, Bergin M H, Dibb J E, Weber R J. Enhanced secondary organic aerosol formation due to water uptake by fine particles. Geophysical Research Letters, 2008, 35: 18801.

[24] Pavuluri C M, Kawamura K, Mihalopoulos N, Swaminathan T. Laboratory photochemical processing of aqueous aerosols: Formation and degradation of dicarboxylic acids, oxocarboxylic acids and α-dicarbonyls. Atmospheric Chemistry and Physics, 2015, 15: 7999-8012.

[25] 石金辉, 高会旺, 张经援. 大气有机氮沉降及其对海洋生态系统的影响. 地球科学进展, 2006, 21: 721-729.

[26] Duan F K, Liu X, He K, Dong S. Measurements and characteristics of nitrogen-containing compounds in atmospheric particulate matter in Beijing, China. Bulletin of Environmental Contamination and Toxicology, 2009, 82: 332-337.

[27] Chen H Y, Chen L D, Chiang Z Y, Hung CC, Lin F J, Chou W C, Gong G C, Wen L S. Size-fractionation and molecular composition of water-soluble inorganic and organic nitrogen in aerosols of a coastal environment. Journal of Geophysical Research-Atmospheres, 2010, 37: D22307.

[28] Fu P Q, Kawamura K, Cheng Y F, Hatakeyama S, Takami A, Li H, Wang W. Aircraft measurements of polar organic tracer compounds in tropospheric particles (PM_{10}) over central China. Atmospheric Chemistry and Physics, 2014, 14: 4185-4199.

[29] 耿春梅, 杜莎莎, 殷宝辉, 刘莹, 刘红杰, 陈建华, 王玮. 异戊二烯与 OH 自由基光化学反应的二次有机气溶胶的生成. 中国科学: 化学, 2011, 41: 1206-1214.

[30] Na K, Song C, Switzer C, Cocker D R. Effect of ammonia on secondary organic aerosol formation from α-pineneozonolysis in dry and humid conditions. Environmental Science and Technology, 2007, 41: 6096-6102.

[31] DeHaan D O, et al. Atmospheric condensed-phase reactions of glyoxal with methylamine. Geophysical

Research Letters, 2009, 36: 269-271.

[32] Nozière B, et al. Products and kinetics of the liquid-phase reaction of glyoxal catalyzed by ammonium ions (NH_4^+). Journal of Physical Chemistry A, 2009, 113: 231-237.

[33] De Haan D O, Tolbert M A, Jimenez J L. Formation of nitrogen-containing oligomers by methylglyoxal and amines in simulated evaporating cloud droplets. Environmental Science and Technology, 2011, 45: 984-991.

[34] De Haan D O, Corrigan A L, Smith K W, Stroik D R, Turley J J, Lee F E, Tolbert M A, Jimenez J L, Cordova K E, Ferrell G R. Secondary organic aerosol-forming reactions of glyoxal with amino acids. Environmental Science and Technology, 2009, 43: 2818-2824.

[35] 曹军骥, 王亚强, 张小曳, 李顺诚, 何健辉, 曹蕴宁, 李杨. 大气中碳酸盐的碳同位素分析及其来源指示意义. 科学通报, 2004, 49: 1785-1788.

[36] Ren L, Fu P, He Y, Hou J, Chen J, Pavuluri C M, Sun Y, Wang Z. Molecular distributions and compound-specific stable carbon isotopic compositions of lipids in wintertime aerosols from Beijing. Scientific Reports, 2016, 6: 27481.

[37] Nozière B, Kalberer M, Claeys M, Allan J, Wisthaler A. The Molecular identification of organic compounds in the atmosphere: State of the art and challenges. Chemical Review, 2015, 115: 3919-3983.

[38] Aggarwal S G, Kawamura K. Molecular distributions and stable carbon isotopic compositions of dicarboxylic acids and related compounds in aerosols from Sapporo, Japan: Implications for photochemical aging during long-range atmospheric transport. Journal of Geophysical Research, 2008, 113.

[39] Wang G H, Kawamura K, Cheng C, Li J, Cao J, Zhang R, Zhang T, Liu S, Zhao Z. Molecular distribution and stable carbon isotopic composition of dicarboxylic acids, ketocarboxylic acids, and α-dicarbonyls in size-resolved atmospheric particles from Xi'an city, China. Environmental Science and Technology, 2012, 46: 4783-4791.

[40] Zhang Y L, Kawamura K, Cao F, Lee M. Stable carbon isotopic compositions of low-molecular-weight dicarboxylic acids, oxocarboxylic acids, α-dicarbonyls, and fatty acids: Implications for atmospheric processing of organic aerosols. Journal of Geophysical Research Atmospheres, 2016, 121: 3707-3717.

[41] Geng L, Alexander B, Cole-Dai J, Steig E J, Savarino J, Sofen E D, Schauer A J. Nitrogen isotopes in ice core nitrate linked to anthropogenic atmospheric acidity change. Proceedings of the National Academy of Sciences of the United States of America, 2014, 111: 5808-5812.

[42] Xiao H Y, Liu C Q. Sources of nitrogen and sulfur in wet deposition at Guiyang, Southwest China. Atmospheric Environment, 2002, 36: 5121-5130.

[43] Xie Y X, Xiong Z, Xing G, Yan X, Shi S, Sun G, Zhu Z. Source of nitrogen in wet deposition to a rice agroecosystem at Tai lake region. Atmospheric Environment, 2008, 42: 5182-5192.

[44] Zhang Y. Nitrogen inputs and isotopes in precipitation in the North China Plain. Atmospheric Environment, 2008, 42: 1436-1448.

[45] Jia G D, Chen F J. Monthly variations in nitrogen isotopes of ammonium and nitrate in wet deposition at Guangzhou, South China. Atmospheric Environment, 2010, 44: 2309-2315.

[46] Xiao H W, Xiao H Y, Long A M, Liu C Q. $\delta^{15}N$-NH_4^+ variations of rainwater: Application of the Rayleigh model. Atmospheric Research, 2015, 157: 49-55.

[47] Xiao H W, Xiao H Y, Long A M, Wang Y L. Who controls the monthly variations of NH_4^+ nitrogen isotope composition in precipitation? Atmospheric Environment, 2012, 54: 201-206.

[48] Pan Y P, Tian S, Liu D, Fang Y, Zhu X. Fossil fuel combustion-related emissions dominate atmospheric ammonia sources during severe haze episodes: Evidence from 15N-stable isotope in size-resolved aerosol ammonium. Environmental Science and Technology, 2016, 50, 15, 8049-8056.

[49] George C, Ammann M, D'Anna B, Donaldson D J, Nizkorodov S A. Heterogeneous photochemistry in the atmosphere. Chemical Reviews, 2015, 115: 4218-4258.

[50] Zhang R Y, Wang G, Guo S, Zamora M L, Ying Q, Lin Y, Wang W, Hu M, Wang Y. Formation of urban fine particulate matter. Chemical Reviews, 2015, 115: 3803-3855.

[51] Aggarwal S G, Kawamura K. Molecular distributions and stable carbon isotopic compositions of dicarboxylic acids and related compounds in aerosols from Sapporo, Japan: Implications for photochemical aging during long-range atmospheric transport. Journal of Geophysical Research, 2008, 113: D14301.

第 18 章 长三角生物质燃烧的三维特征解析及对区域霾形成的过程研究

黄侃

复旦大学

18.1 研究背景

生物质燃烧对大气能见度[1]、气溶胶新粒子生成[2]、云凝结核(CCN)的形成[3,4]、土地利用[5]、水生生态系统[6,7]、室内空气质量[8]以及人类健康[9]均有显著影响。生物质燃烧所排放的气体和细颗粒物可对区域乃至全球的空气质量造成显著扰动,进而显著影响大气的辐射平衡。具有光吸收效应的烟尘颗粒趋于加热大气的上层,可能会减少地表蒸发和切断大气对流[10]。在某些特定情况下,生物质燃烧产生的烟雾可以影响对流云并随之导致更严重和极端的气象事件[11]。生物质燃烧在时间和空间上较大的变动性以及估计火势强度所带来的很大的不确定性,生物质燃烧所造成的气候影响通常是极为复杂的,因此对于模型模拟造成了极大的难度[12]。例如 Liu 等[13]应用了三个全球模型 MATCH、EMAC 以及 GEOS-Chem 模拟 CO 的柱浓度,发现在多数生物质燃烧的源区,CO 的模拟结果系统性地低于卫星观测的结果。

生物质燃烧所释放的烟尘同时包括气体和气溶胶成分[例如黑碳(BC)、棕碳(BrC)、有机碳(OC)和矿尘],这些物种都具有重要的气候和健康效应。气溶胶是控制烟尘光学特性的主要大气污染物,通过稀释、凝固和大气化学过程气溶胶在几秒至几天的时间尺度上会出现显著演变[14]。在生物质燃烧排放短短的几个小时内,由于半挥发性有机物质参与的气相氧化,气溶胶的老化将快速地发生[15]。随着大气中氧化性老化的进行,有机气溶胶组分变得更加可溶以及变得更加极性[16,17]。生物质燃烧烟尘对大气有许多影响并且极为不确定,它可以加热也可以冷却大气。这取决于 OC 和 BC/BrC 的相对含量以及地表反照率。现在普遍认为,由生物质燃烧产生的所有气溶胶物种的净气候效应是微弱冷却的[18]。生物质燃烧可提供冰和水活性气溶胶,影响能见度和空气质量,并可在全球范围内进行传输。生物质燃烧是大气中 BC 气溶胶的最大来源[19],并且被认为是 BrC 的最重要的来源。最近的实验室工作已经认识到生物质燃烧所排放的 BC 和 OC 气溶胶的相对量与具有吸光性的 BrC 的光学特性强烈相关[18]。有证据表明,当燃烧所产生的 BC 颗粒物被有机物包裹后,其本身的一些光学特性会被增强,特别是在短波长范围的吸收能力[20]。而燃烧烟尘受热力作用所能达到的高度对烟尘的长程传输和生消有极大的决定作用,但是这部分却始终缺乏研究,参数化也是比较弱的[18]。生物质燃烧对于区域或全球尺度大气化学的影响取决于其传输、被稀释程度以及暴露于氧化性环境时的物理化学转换过程。臭氧和其他氧化物可在生物质燃烧污染物的传输过程中沿途形成,颗粒物质量可能增大也可能减小[21]。生物质燃烧排放物中常含有一些不常见的化合物,其中一些可能有特殊的健康效应[22],许多未知的燃烧排放物有待于发展更先进的分析技术来探明[23]。而这些生物质燃烧排放物的大气化学行为往往是很难预测的。例如燃烧时同时排放的氮氧化物(NO_x)和挥发性有机物(VOCs)可能表现出复杂的行为,有时会导致臭氧的产量增加,有时却相反[24]。对于这种复杂现象的原因尚未有很好的解释,可能与生物质烟尘受热力作用上升的速度有关,也可能与 NO_x 转化为过氧乙酰硝酸酯(PAN)的效率有关,或是可能由于大火可释放大量自由基前体物例如 HONO 或羰基化合物。比较明确的是,生物质燃烧排放对臭氧的形成往往具有较大程度的影响[25-28]。当和城市排放混合后,这种现象尤其明显,并且有可能成为触发空气质量超标的决定性因素[29]。

18.2 研究目标与研究内容

从横向上探讨我国大气汞的空间变化特征,从纵向上分析我国近年来大气汞的变化趋势,并有效揭示各种人为源和自然源的贡献及其多年变化特征,是当前我国汞污染防治领域的一个重要科学问题,同时也是为兑现《水俣公约》汞减排承诺急需解决的现实问题。针对这一问题,本研究选择长三角地区及黄东海海域作为研究区域,采集了包括城市、郊区、海岛和海洋等不同类型区域的大气汞样品,聚焦长三角区域背景区上海郊区淀山湖,探讨了气态元素汞(GEM),颗粒态汞(PBM)和气态氧化汞(GOM)的来源、形成机制和区域传输特征,揭示了 GEM 的多年(2015—2018)变化规律及其影响因素。结合 MARGA、Xact-625 重金属在线监测仪等多种高分辨率的自动监测数据,建立了一种能够定量自然源对大气汞贡献的方法,并利用该方法定量了长三角地区人为源和自然源对大气汞的贡献及二者的多年相对变化趋势,揭示了近年来我国大气汞的源结构的变化。最后,展示了大陆传输黄东海大气汞的影响,并估算了黄东海气态汞的海-气交换通量。

本研究的主要目的在于了解大气汞在不同类型区域的分布特征,揭示大气汞的多年变化特征及其影响因素,确定各种人为源和自然源对大气的贡献及其贡献的多年变化趋势,阐明陆源输送和海-气交换对海洋大气汞的影响,为我国汞减排的科学决策提供依据。具体研究内容如下。

18.2.1 长三角地区大气汞的多年变化特征及其来源、形成机制和区域传输特征

在长三角区域背景站点淀山湖站连续观测了 2015—2018 年的大气汞(GEM,PBM 和

GOM)的高分辨率数据,在上海市区采集了 2010—2016 年的大气 PBM 样品,揭示了我国长三角地区大气汞的多年变化趋势。同时结合国际大气汞数据库网站,获取了西欧和北美洲地区多个背景站点多年的 GEM 浓度数据,分析了北半球 GEM 的时间及空间变化趋势。揭示了气象要素对淀山湖大气汞分布的影响,探讨了 GEM 氧化过程和 GOM 吸附于颗粒物过程的影响因素,通过特征化学组分比值、潜在源分析、主成分分析和正交矩阵因子分解等方法综合解析了长三角背景区大气汞的来源。

18.2.2 建立自然源对大气汞贡献的定量方法并解析了长三角地区自然源和人为源对大气汞的贡献及其多年变化趋势

建立了一种快速有效定量自然源对大气汞贡献的方法,首先筛选并验证了几种可作为汞自然源的特定指示物,进而将这几种指示物引入正文矩阵因式分解(PMF)模型,结合关键气象因子、气态前体物及大气颗粒物主要化学组分等数据,对长三角地区多年大气汞的自然源和人为源进行定量解析。最后阐述了不同来源贡献的年变化趋势的内因。

18.3 研究方案

本研究的技术路线如图 18.1 所示,主要分为三部分:一是建立中国东部大气汞的监测网络,探讨中国东部大气汞的空间分布和时间变化趋势,同时聚焦长三角区域背景区,重点分析了其大气汞的来源、形成机制和区域传输。二是建立可定量自然地表释放的源解析方法,阐明中国东部大气汞的来源结构变化。三是依托航次展开对中国东部海域汞的海-气交换研究。

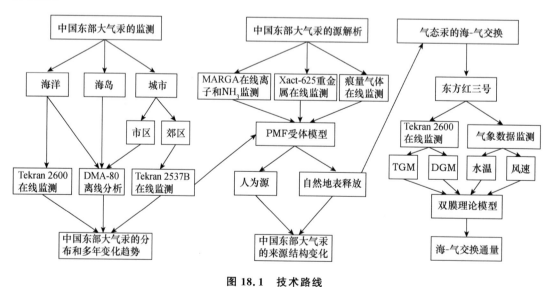

图 18.1 技术路线

18.4 主要进展与成果

研究表明,亚洲的人为汞排放量占全球汞排放总量的50%以上[30],而这其中大约有27%是来自中国大陆[31]。长三角是我国工业化和城市化程度最高的地区之一。早期的研究发现,上海的气态总汞最主要是来自燃煤电厂、金属冶炼和其他工业活动[32]。而在南京市区的研究表明,自然源对于气态总汞的贡献很重要,虽然其浓度峰值主要是由人为源造成的[33]。中国东部大气汞的模式研究表明,自然源的排放量占总排放量的36.6%,是中国东部气态单质汞的最重要的来源[34]。在崇明(上海的一个小岛)的研究表明,从2014年到2016年,GEM浓度呈明显的下降趋势,这是由于国内的人为排放量在大量减少[35]。虽然中国已经有一些大气汞的源解析的研究[36-38],但在长三角地区这类研究还比较少。

汞排放到大气中后会发生形态的变化,这在其生物地球化学循环中起着重要的作用。研究表明,陆地地表的GEM的氧化过程主要是由O_3和OH自由基引发的[39],而海洋大气中的氧化剂还包括Br和BrO[40]。极地地区[41,42]和亚热带海洋边界层[43]中GOM的观测研究,以及有关汞循环的大气模拟研究[44,45]都认为Br是GEM的重要氧化剂。Wang等[46]甚至认为Br是热带海洋边界层中GEM的主要氧化剂。然而GEM-O_3的产物形态和定量目前仍是未知且存在争议的,同时由于缺乏和热化学过程相一致的机理,GEM-OH的反应在理论研究和实验室研究之间也存在巨大的争议[34]。大气中GEM的浓度水平主要受各种排放源、氧化还原反应和植物的叶面吸收效应的控制[47-49]。大气中一部分GOM由于其具有高水溶性和相对较强的表面黏附性而被吸附到颗粒物上[50]。大气中GOM和PBM的水平,特别是在远离人为汞源的地区,主要受GEM氧化过程和大气颗粒物水平的控制,前者影响GOM的生产,后者则影响GOM的气-粒分配[51]。

本章内容的研究目的是在长三角区域背景点通过4年的样品采集,明确气象条件对于各形态汞浓度分布的影响,了解其区域传输特征,探讨GEM的氧化过程,揭示GOM与大气颗粒物的吸附过程,然后开发一种方法来量化自然地表释放和人为排放对于大气中GEM浓度的贡献。这种方法在PMF中引入特定的自然地表释放的指示物,然后运行PMF得出结果。该研究的结果提供了一种潜在的用于改善自然源排放数据库的方法。

18.4.1 观测点信息

样品的采集是位于上海西部的淀山湖大气超级站的3楼楼顶(距离地面约14 m),该站点位于青浦区淀山湖旁,该湖泊是上海面积最大的淡水湖,总面积为62 km^2。该超级站仅用于大气观测且由上海环境监测中心精心维护,站点周围20 km范围没有大的点源,且在该范围内总的GEM排放量大约是100 kg a^{-1}。采样点距离最近的海岸线约为50 km,因此会受到海陆环流的影响。该站点特殊的地理位置(位于上海、浙江省和江苏省的交界处),使接受来自各人口稠密地区的气团成为可能。同时,该站点位于从中国东部到太平洋的典型流出路径上。

18.4.2 不同形态大气汞的特征

图 18.2 中展示的是 2015 年 6 月 1 日到 2016 年 5 月 31 日淀山湖站的 GEM、PBM 和 GOM 浓度的时间序列。GEM、PBM 和 GOM 的年平均浓度分别为 (2.77 ± 1.36) ng m^{-3}，(60.8 ± 67.4) pg m^{-3} 和 (82.1 ± 115.4) pg m^{-3}。本研究中 GEM 和 PBM 的浓度水平比中国一些地区如北京密云郊区、厦门郊区和贵阳市区的低 2~7 倍[52,53]，但是比世界其他地方的城市和偏远区域如纽约[54]、芝加哥[55]和新斯哥舍省[56]的浓度分别高 1~3 倍、1~3 倍和 3~8 倍。与 GEM、PBM 不同，淀山湖的 GOM 浓度均高于以上地区。贵阳由于有大量的燃煤电厂和水泥厂等一次排放源，GEM 和 GOM 的释放相当强烈。而淀山湖 GOM 的浓度（82.1 pg m^{-3}）甚至明显高于贵阳市区 GOM 的浓度（35.7 pg m^{-3}）[53]。本研究中异常高的 GOM 可能主要是由于强烈的一次排放。

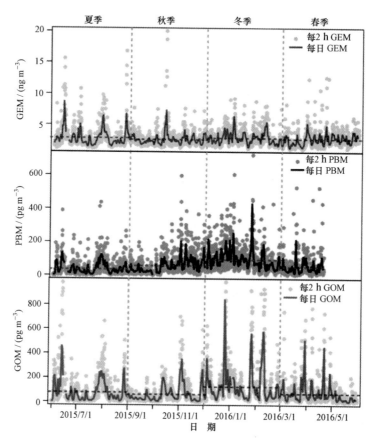

图 18.2　采样期间淀山湖 GEM、PBM 和 GOM 浓度的时间序列

(虚线代表各个季节的平均浓度。)

整个采样期间 GEM、PBM 和 GOM 的月份浓度变化如图 18.3 所示。可以看到，GEM 浓度的季节变化表现为冬季（2.88 ng m^{-3}）和夏季（2.87 ng m^{-3}）高于春季（2.73 ng m^{-3}）和秋季（2.63 ng m^{-3}），浓度最高的月份是 6 月（3.91 ng m^{-3}），浓度最低的月份是 3 月

(2.39 ng m^{-3})。这与中国许多城市和偏远地区的情况不同,如贵阳、厦门和长白山等地,它们的 GEM 浓度在寒冷季节明显高于温暖季节[44,57-59]。在中国,寒冷季节相对较高的 GEM 浓度可归因于能源消耗的增加[60]。在本研究中,夏季 GEM 的浓度与冬季的相当,这很有可能是由夏季温度上升导致强烈的汞自然源的释放(即土壤、植物和水体的释放)[61]。PBM 浓度冬季最高(93.5 pg m^{-3}),夏季最低(35.7 pg m^{-3}),秋季(56.8 pg m^{-3})和春季(51.6 pg m^{-3})居中,浓度最高的月份是 1 月(109.4 pg m^{-3}),最低的是 9 月(28.9 pg m^{-3})。这种季节变化的模式和中国其他站点如北京和南京的相一致[43,62]。北半球低纬度站点的 PBM 浓度通常在冬季会上升,这归因于居民供暖产生的大量排放,湿沉降过程的减少,低温条件下大气汞的气-粒分配的加强使更多的大气汞分配到颗粒物上等[63]。对于 GOM,其浓度的季节变化为冬季最高(124.0 pg m^{-3}),然后是夏季(77.3 pg m^{-3}),春季(68.1 pg m^{-3})和秋季(61.0 pg m^{-3})。可以看到,夏季 GOM 的浓度明显低于冬季的,但是高于春季和秋季。形成这种季节变化的模式是由于温暖季节来自 GEM 的二次转化过程和寒冷季节较慢的气团扩散。

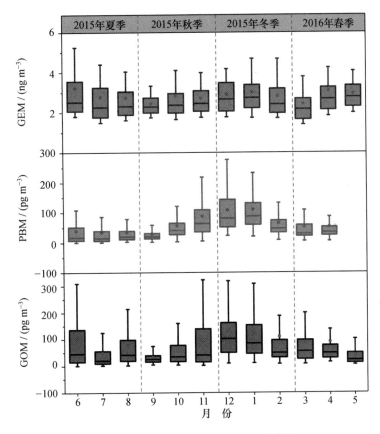

图 18.3　GEM、PBM 和 GOM 的月份变化情况

(箱式图中展示了浓度的第 10、25、50、75 和 95 百分位数。图中的点代表平均值。)

图 18.4 显示的是整个采样期间 GEM、PBM 和 GOM 的日变化情况。为了确保三种形态大气汞的时间分辨率相一致,GEM 浓度的时间分辨率由 5 min 转换成 2 h。如图 18.4 所

示,GEM 浓度白天较高,最高值出现在当地时间的上午 10:00,最低值出现在凌晨 02:00。GOM 的日变化趋势和 GEM 的相似,但是 GOM 的最低值出现在晚上 20:00 左右。PBM 的日变化趋势与 GEM 和 GOM 的不同,表现为较高的浓度出现在夜间。PBM 浓度的最高值大约出现在上午 06:00,最低值出现在下午 18:00。淀山湖 GEM、GOM 和 PBM 的日变化趋势和南京观察到的一致[33],但是与贵阳、厦门和广州等地区不同[64,65]。由于淀山湖和南京都属于长江三角洲区域,它们之间具有相似的气象条件和排放特征,这可能可以解释其具有类似的日变化趋势。淀山湖 GEM 浓度在白天较高,可能是由于白天较强的人为排放和自然释放。GOM 和 GEM 表现出相似的日变化趋势且最高值都出现在上午 10:00 左右,可能说明 GOM 和 GEM 受共同排放源如燃煤电厂和工业锅炉的影响。夜间较高的 PBM 浓度可能是由于大气汞吸附到已存在的颗粒物上,且夜间较低的边界层高度会造成 PBM 的积累,同时夜间的风速相对较低而相对湿度(RH)较高,这有利于 GOM 吸附到颗粒物表面,形成 PBM。

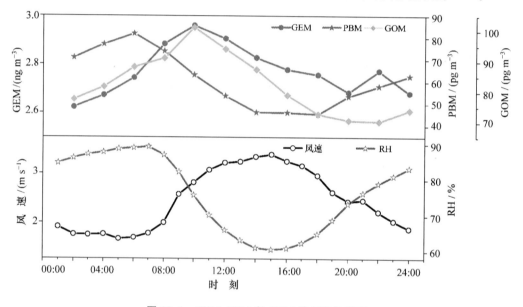

图 18.4　GEM、PBM 和 GOM 的日变化情况

18.4.3　大气汞和气象因子的关系

图 18.5 展示了风向、风速和各形态大气汞的关系。从图中可以看到,在整个采样期间,淀山湖采样点三分之一的风向来自东部,16% 的风向来自北部。整体的风速范围主要集中在 0~6 m s^{-1},风速高于 4 m s^{-1} 时,风向主要来自采样点东部。当风向来自采样点南部和西南部时,GEM 的浓度最高(3.92 ng m^{-3});与之相对,其余风向的 GEM 平均浓度为 2.71 ng m^{-3}。对于 GOM,也同样发现了相似的风向-浓度模式。但是 PBM 则不一样,其高浓度除了来自南-西南方向,还来自北-西北方向。前面的讨论已经提到,中国北方的人为大气汞排放强度高于南方,这可以很大程度上解释气团来自北方时伴随的高浓度大气汞。但是,从图 18.5 看到的却是更高浓度的大气汞来自南-西南方向,说明在这些风向上还有其他额外的来源影响着大气汞的浓度。Wang 等[44]指出,中国南方地表土壤中汞的浓度较北方

第18章 长三角生物质燃烧的三维特征解析及对区域霾形成的过程研究

高。基于数值模式的估算结果,发现淀山湖采样点西南方向区域(如浙江省)汞的气-土交换通量为 $8.75\sim15$ ng m^{-2} h^{-1},而在北-西北方向的地区(如江苏省)的交换通量则为 $2.5\sim8.75$ ng m^{-2} h^{-1}。因此,在观察到的来自南-西南风向时大气汞浓度较高的现象中,自然源如土壤、植物和水体的汞释放应该发挥着重要的作用。

为了证实这一假设,研究了淀山湖大气汞和温度的关系。图18.6所展示的是各季节的温度按升序被分为不同的组,同时对应了组内包含的大气汞的平均浓度。从图中可以看到,在春季,GEM的浓度随着温度的升高而上升。当温度上升到一定程度时,其他季节也可以看到类似的上升趋势。这种现象很可能是由与温度有关的自然地表释放引起的。需要指出的是,随着温度的升高,从图中可以看到行星边界层(PBL)的高度也在升高,这应该已经抵消掉了一部分由此引发的GEM浓度的上升。GOM的浓度和温度在夏季表现出明显的正相关关系,这很大程度上是由在高温、高臭氧浓度条件下GEM的氧化造成的[66]。这种明显的相关性在其他季节没有发现。至于PBM,它和温度没有明显的相关关系,似乎和PBL厚度呈现弱的负相关关系,这说明了大气扩散条件对于PBM浓度的影响。

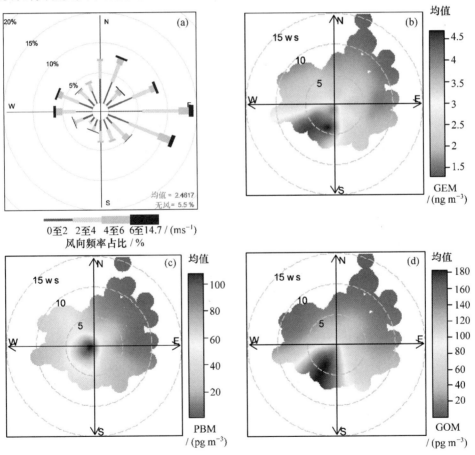

图18.5 采样期间的风向玫瑰图(a)及GEM(b),PBM(c)和(d)GOM的平均浓度与风向的关系
[图(a)中的圆的半径代表的是风向的频率,图(b~d)中的圆的半径则代表风速。]

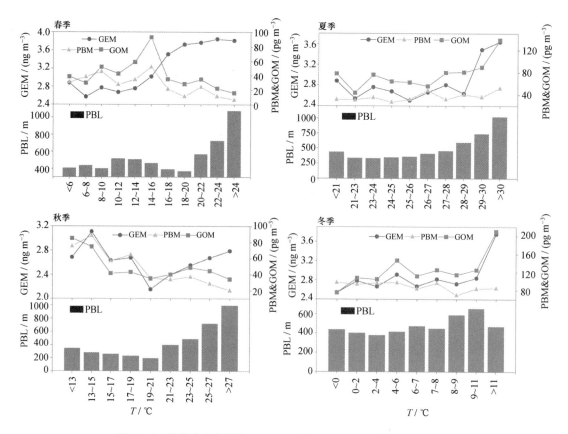

图 18.6 各季节大气汞(GEM、PBM 和 GOM)、PBL 与温度的关系

18.4.4 大气汞的准本地源与区域/长程传输

为了揭示本地源和区域传输的相对重要性,这里引入了 GOM/PBM 的比值作为指示物,因为目前的研究都表明,GOM 在大气中的停留时间比 PBM 短[67]。如果 GOM/PBM 的比值较低,说明区域/长程传输相对于本地来源更重要,反之亦然。在以下的讨论中,将整个研究期间的 GOM/PBM 的比值分为 4 类,即 0~1、1~2、2~3 和大于 3,这 4 个类别对应的风向分布如图 18.7 所示。可以看到,较高的 GOM/PBM 的比值基本上都与东风(E)和东南风(SE)向相关,例如,当 GOM/PBM 的比值处于 0~1 时,对应的东风和东南风的频率为 27%,而当 GOM/PBM 的比值上升到大于 3 时,对应的这两个风向的频率增加到了 52%。这些风向通常伴随着相对干净的气团,说明本地来源占主导地位。与此相反,较低的 GOM/PBM 的比值大多都与北风(N)和西北风(NW)向相关,当 GOM/PBM 的比值从 0~1 上升到大于 3 时,这两个风向的频率从 44% 显著降低到了 21%,这表明当 GOM/PBM 的比值较低时,来自中国北方的区域/长程传输显得更为重要。根据上一节的 PSCF 结果,淀山湖高浓度的 GEM、GOM 和 PBM 主要来自采样点的南方(S)和西南方(SW),在图 18.7 中,随着 GOM/PBM 比值的增加,南风和西南风向的频率没有明显的趋势,表明这两个风向的来源

第18章 长三角生物质燃烧的三维特征解析及对区域霾形成的过程研究

比较复杂,不能简单地解释为本地源或者说是长程传输的影响。总的来说,如果长程传输和本地源中有一个占主导地位,可以用 GOM/PBM 比值的大小来判断这两个因素的相对重要性。

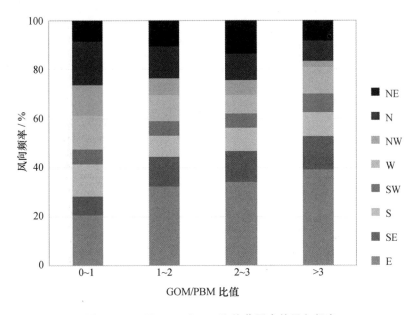

图 18.7 不同 GOM/PBM 比值范围内的风向频率

为更好地了解大气汞的区域传输,这里还进一步研究了 GEM、CO、二次无机气溶胶(SNAs)和 GOM/PBM 比值之间的关系。图 18.8 展示了 GEM 的浓度与用 CO 着色的 GOM/PBM 比值之间的关系。图中圆圈的大小代表 SNAs 浓度的高低。CO 通常被用作燃料燃烧的指示物,SNAs 则是通过气-粒转化的二次过程产生的。CO 和 SNAs 通常可以作为大气污染物区域/长程传输的指示物。如图 18.8 所示,GEM 的浓度通常会随着 GOM/PBM 比值的升高而升高,同时,较低的 GOM/PBM 比值总是对应着较高的 CO 和 SNAs 的浓度,反之亦然。这进一步证实了 GOM/PBM 比值是评估区域/长程传输和准本地源相对重要性的可靠示踪物。

当 GOM/PBM 比值小于 2.5 时,GEM 的浓度在 2.6 ng m^{-3} 以下波动;当 GOM/PBM 比值从 2.5～3.0 上升到 3.0～3.5 时,GEM 的浓度则从 2.61 ng m^{-3} 上升到 2.81 ng m^{-3}。总的来说,GEM 的浓度随着 GOM/PBM 比值的升高而升高,而这时,SNAs 和 CO 的浓度是下降的。说明 GEM 浓度的升高往往和准本地源相关。与此相反,在高 SNAs、高 CO 浓度和低 GOM/PBM 比值的条件下,GEM 的浓度相对较低,说明区域/长程传输过程不利于 GEM 浓度的升高。目前一般认为,造成上海溶胶污染事件的区域/长程传输路径来自中国的北部和西北部,主要是华北平原。在区域/长程传输条件下相对较低的 GEM 浓度证实了 PSCF 的分析结果,即高浓度 GEM 只有小部分来自中国北方。

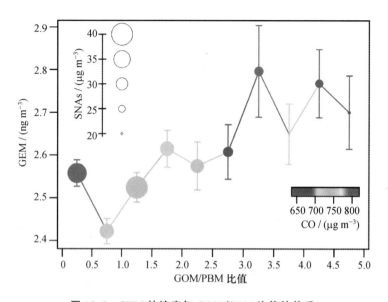

图 18.8　GEM 的浓度与 GOM/PBM 比值的关系

(图中的圆圈以 CO 的浓度着色,圆圈的大小代表 $PM_{2.5}$ 中 SNAs 浓度的高低。)

18.4.5　形态汞的生成和转化的影响因素

1. 活性气态汞生成的影响因素

图 18.9 展示了 2015 年 7 月 24 日至 27 日之间 GEM、GOM、O_3、CO、温度和 PBL 的变化情况,以此作为典型案例用来研究 GOM 可能的生成过程。如图所示,阴影部分代表的是夜间,代表的时间段是从下午的 18:00 到第二天的 06:00。GEM 和 GOM 在夜间的浓度都会升高,这是由夜间较低的 PBL 高度造成的累积效应。从上午 06:00 开始,随着 PBL 高度的升高,GEM 的浓度逐渐降低。与此相反,GOM 的浓度在 06:00 后依然保持上升的趋势,直到大约 10:00 的时候达到峰值。在这期间,O_3 和温度也在持续上升直至其峰值分别达到 200 $\mu g\ m^{-3}$ 和 34℃。相应地,作为人为排放的指示物,CO 的浓度在这期间基本保持稳定,甚至还表现出稍许下降趋势,这说明除了人为排放,还有其他的因素导致 GOM 浓度在这段时间的上升。这一现象清楚地揭示了在 O_3 浓度和环境温度较高的有利大气条件下,GEM 向 GOM 的加速转化过程。在 PBL 升高、大气稀释作用加强的情况下,GOM 的浓度不是下降而是上升,说明了 GEM 向 GOM 转化过程对环境中 GOM 的浓度有显著影响。在法国南部的高山站点 Pic du Midi 也观测到了类似的现象,该观测站几乎不受人为排放源的影响[68]。我们的采样点位于中国最发达的工业区之一,GEM 氧化对 GOM 浓度的重要影响很可能是因为该地区的氧化剂含量丰富。由于强烈的人为排放,长江三角洲频繁发生严重的 O_3 污染[69]。过去的研究表明,陆地大气环境中主要的氧化剂是 O_3 和 OH 自由基[45,70,71],而 Br 是亚热带海洋边界层中重要的氧化剂[40]。因此除了 O_3 和 OH 自由基外,由于采样点毗邻东海,Br 可能也是 GEM 重要的氧化剂。

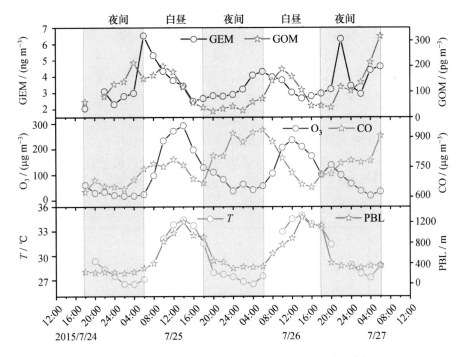

图 18.9　2015 年 7 月 24 日至 27 日 GEM 氧化过程案例
(图中包括了 GEM、GOM、O_3、CO、温度和 PBL 的时间序列,阴影部分代表夜间。)

GOM、O_3 和温度之间的关系的统计分析如图 18.10 所示。图中横坐标为 GOM/PBM 的比值,纵坐标为温度,着色部分为 O_3,圆圈的大小代表 GOM 的浓度高低。从图中可以看到,随着温度和 O_3 浓度的上升,GOM 的浓度会大大提高。比如,当温度低于 12℃时,O_3 的平均浓度为 65.7 $\mu g\ m^{-3}$,GOM 的平均浓度是 37.8 $pg\ m^{-3}$。而当温度上升到超过 20℃,此时 O_3 的平均浓度为 91.5 $\mu g\ m^{-3}$,GOM 的平均浓度上升到了 168.8 $pg\ m^{-3}$。这进一步证实了上述案例的结论,即在有利的环境条件下,氧化剂的水平对 GOM 的形成至关重要。同时从图中还可以看到,较低的 GOM/PBM 比值对应较低的温度和 O_3 浓度,表明在寒冷季节光化学反应相对较弱。与此相反,较高的 GOM/PBM 比值对应较高的温度和 O_3 浓度,说明温暖季节的光化学反应较强。因此,GOM 的形成大多是本地大气化学过程,长程传输对其浓度影响较小。该结果表明,在采样点观察到的异常高的 GOM 浓度很大程度上可归因于采样点局部地域强烈的氧化反应。需要指出的是,本研究只是发现了高浓度 GOM 和大气氧化剂之间的关系,但研究 GOM 形成的详细机理还需要深入分析 GOM 在大气中的具体成分和大气氧化剂的详细组成及其作用。

2. 颗粒态汞转化的影响因素

前人的研究表明,各种人为活动如燃煤电厂和工业活动都可以直接释放 PBM 进入大气中[56,72,73]。除此之外,气-粒分配过程也是 PBM 形成的重要途径[71,74,75]。由于长江三角洲大部分地区在大气气溶胶污染方面属于非达标地区,且如上所述,采样点的 GOM 浓度特别高,因此在淀山湖研究气-粒分配作用对 PBM 形成的影响很有必要。已有研究表明,中国东部和北部的 $PM_{2.5}$ 浓度非常高[76,77]。高浓度的大气颗粒物很可能促进了 PBM 的形成[78,79]。

图 18.11 展示了随着 $PM_{2.5}$ 浓度的升高,PBM 和 GOM 变化情况的统计学分析结果。从图中可以看到,随着 $PM_{2.5}$ 浓度的升高,PBM 的浓度也在升高,这很可能是由大气中的 GOM 的气-粒分配作用导致的[56,80]。而 GOM 的变化趋势与 PBM 略有不同。当 $PM_{2.5}$ 的浓度处于相对较低的水平时(低于 75 $\mu g\ m^{-3}$),GOM 的浓度随着 $PM_{2.5}$ 浓度的升高而升高。但是,当 $PM_{2.5}$ 的浓度在 75~105 $\mu g\ m^{-3}$ 时,GOM 的浓度却明显地随着 $PM_{2.5}$ 浓度的升高而降低。这说明低水平的 $PM_{2.5}$ 可能不会对 GOM 的浓度有明显的影响,但是当 $PM_{2.5}$ 浓度较高时,大量的 GOM 会吸附于颗粒物上,从而直接影响 GOM 的浓度水平。当 $PM_{2.5}$ 的浓度超过 105 $\mu g\ m^{-3}$ 时,GOM 的浓度随着 $PM_{2.5}$ 浓度的升高表现出微弱的上升趋势。在中国,高浓度的 $PM_{2.5}$ 通常是由严重的人为排放导致的[81],因而 GOM 的这种随 $PM_{2.5}$ 浓度上升而微弱上升的趋势应该是由强烈的人为污染导致的。

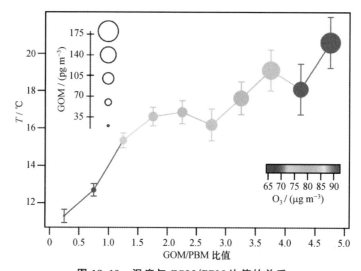

图 18.10 温度与 GOM/PBM 比值的关系

(图中的圆圈以 O_3 的浓度着色,圆圈的大小代表 GOM 浓度的高低。)

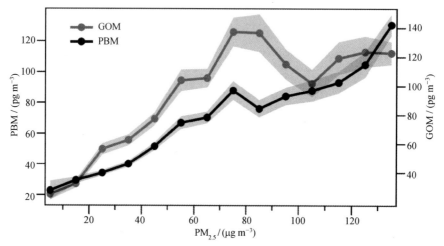

图 18.11 PBM 和 GOM 的浓度与 $PM_{2.5}$ 浓度之间的关系

(阴影部分表现 GOM 和 PBM 浓度的一个标准误差。)

第18章 长三角生物质燃烧的三维特征解析及对区域霾形成的过程研究

我们选择了 2015 年 12 月 30 日至 2016 年 1 月 1 日这一段时间作为案例来进一步研究上述现象。如图 18.12 所示，在第一阶段，$PM_{2.5}$ 的浓度低于 100 $\mu g\ m^{-3}$，此时 PBM 和 GOM 的浓度与 $PM_{2.5}$ 的浓度有类似的时间变化趋势。第二阶段，随着 $PM_{2.5}$ 浓度的持续上升，GOM 的浓度开始与 $PM_{2.5}$ 的浓度显现出微弱的负相关关系。相关性较低的原因可能是这段时间相对较高的温度和较低的湿度不利于 GOM 向颗粒物的吸附转化。第三阶段，GOM 的浓度随着 $PM_{2.5}$ 浓度的上升而下降，呈现出明显的负相关关系。在这期间，PBM 与 $PM_{2.5}$、CO 表现出一致的变化趋势，同时对应的温度相对较低而相对湿度较高。这一现象清楚地表明了 PBM 的气-粒分配形成过程。第四阶段，GOM 和 PBM 与 $PM_{2.5}$ 和 CO 一样，表现出相似的变化趋势。在这一阶段，低 GOM 浓度、低相对湿度和高温度导致不能观察到明显的 GOM 吸附于颗粒物的过程。总的来说，在高 $PM_{2.5}$、GOM 浓度，高相对湿度，低温度的条件下，可以在淀山湖地区观察到较为明显的 GOM 气-粒分配过程。

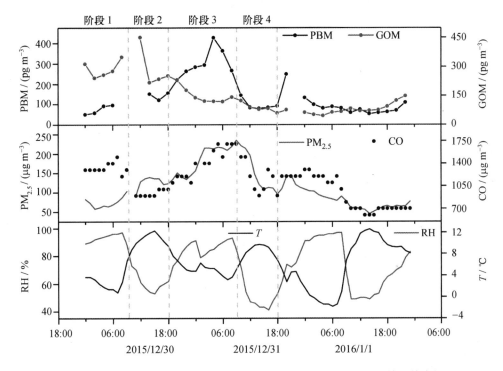

图 18.12 2015 年 12 月 30 日至 2016 年 1 月 1 日 GOM 向 PBM 转化的案例

18.4.6 气态单质汞的变化趋势

如图 18.13 所示，从 2015 年到 2018 年，在淀山湖测得的 GEM 的年平均浓度分别为 (3.01 ± 1.03)、(2.58 ± 0.84)、(2.52 ± 0.84) 和 $(2.03\pm0.69)\ ng\ m^{-3}$。通过 Theil-Sen 函数可知，从 2015 年到 2018 年，GEM 的年平均浓度呈下降趋势（$p<0.05$），其比率为 $(-0.32\pm0.07)\ ng\ m^{-3}\ a^{-1}$。从图中可以看到，这种下降趋势与大气中的 $PM_{2.5}$ 和 SO_2 气体的趋势一致，这得益于中国自 2013 年以来实施的清洁大气行动[82-84]。全国范围内人为汞排放量的减少是导致长三角区域背景点观测到的 GEM 浓度显著下降的原因。

如图 18.14 所示,春季的 GEM 浓度从 2015 年的 3.62 ng m^{-3} 下降到了 2018 年的 2.17 ng m^{-3},下降比率为 -0.37 ng m^{-3} a^{-1};夏季的 GEM 浓度从 2.89 ng m^{-3} 下降到了 1.98 ng m^{-3},下降比率为 -0.26 ng m^{-3} a^{-1};秋季的 GEM 浓度从 2.62 ng m^{-3} 下降到了 1.94 ng m^{-3},下降比率为 -0.22 ng m^{-3} a^{-1};冬季的 GEM 浓度从 2.91 ng m^{-3} 下降到了 1.82 ng m^{-3},下降比率为 -0.35 ng m^{-3} a^{-1}。GEM 的浓度在温暖季节下降比率比寒冷季节低 30% 左右。考虑到人为排放的季节性变化较小,而自然源的释放受太阳辐射和温度等因素控制,我们认为 GEM 在不同季节下降比率的不同主要是由自然源释放的季节性变化引起的[85-87]。

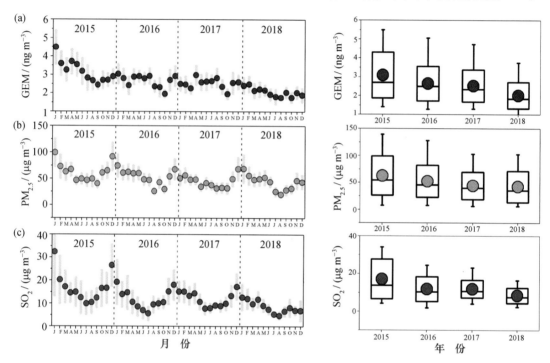

图 18.13　2015—2018 年 GEM(a),PM$_{2.5}$(b)和 SO$_2$(c)浓度的月份和年度变化

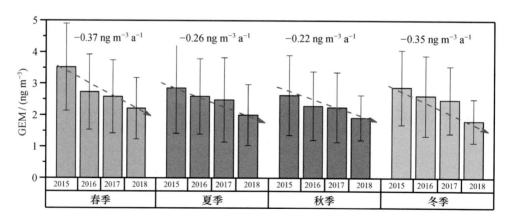

图 18.14　2015—2018 年 GEM 浓度的季节变化

(图中添加了每个季节 GEM 的变化率。)

18.4.7 气温对气态单质汞浓度的影响

在前面的内容中我们提到,在长三角地区,GEM 的浓度随着温度的升高而升高,并认为这是自然地表释放依赖于温度的影响[66]。这里,为了定性地分析自然地表释放对于大气中 GEM 浓度的影响,图 18.15 显示了 2015—2018 年 GEM 浓度和温度的日变化曲线。从全年的数据看,2016、2017 和 2018 年 GEM 浓度和气温的日变化呈中等或高相关性,其 R^2 为 0.30~0.86。而 2015 年的 GEM 浓度和气温的日变化没有明显的相关性,其 R^2 仅为 0.03。GEM 的最大浓度一般出现在上午 10:00 到下午 14:00 左右,基本与日最高气温相吻合。以上发现为 GEM 来源的温度依赖性提供了强有力的依据。

由于长三角地区温暖季节(6 月至 11 月)和寒冷季节(12 月至 5 月)的气温差异很大,因而,依赖于温度的 GEM 的来源对于大气中 GEM 浓度的影响在不同季节应该有所不同。正如预期的那样,在温暖季节,GEM 浓度和温度日变化之间相关性相对较高,R^2 为 0.15~0.87 [图 18.15(e)至 18.15(h)],而在寒冷季节,它们之间几乎没有相关性[图 18.15(i)至 18.15(l)]。因此,在温暖季节,自然地表释放对大气中 GEM 浓度大小有显著影响,而在寒冷季节却并非如此。在中国特别是华北地区人为汞排放量大幅减少的背景下[88],自然地表释放显著影响了淀山湖周围大气中 GEM 的浓度。

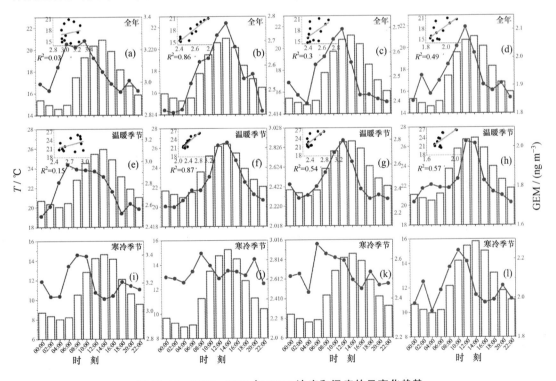

图 18.15 2015—2018 年 GEM 浓度和温度的日变化趋势

[(a~d)全年,(e~h)温暖季节,(i~l)寒冷季节。GEM 和温度之间的线性关系也显示在图中。]

18.4.8 自然地表释放对气态单质汞贡献的定量

1. 方法的建立

本研究开发了一种方法,通过在 PMF 模型中引入与自然地表释放相关的特定变量作为指示物,量化自然地表释放对于大气中 GEM 浓度的贡献。第一步是先确定哪些变量与自然地表释放的 GEM 直接或间接相关。根据已有的关于土壤-空气通量的研究,发现温度无疑是自然地表释放 GEM 的一个主导因素[89,90]。土壤中 Hg^0 的形成途径均与温度有关,根据经验规律,在室温下将温度升高 10℃,可使化学反应速率增加一倍,这一规律已被证实适用于北方土壤中的 Hg^{II} 还原反应[87,90,91]。上一节的讨论也说明,温度可以作为潜在的有效示踪物来预测自然地表释放的 GEM。第二个示踪物是大气中的 NH_3,因为 GEM 和 NH_3 的浓度都与温度有关,且在进行土壤释放的空气质量模型模拟研究中,它们的处理方式是一样的[92,93]。如图 18.16 所示,GEM 平均浓度的日变化和对应气温、NH_3 浓度的日变化高度相关,其最高值都出现在下午 14:00,而且从其季节变化可以看到,虽然 GEM、温度和 NH_3 的季节变化不尽相同,但是它们有一个共同的特点,那就是夏季的浓度水平相对较高。因此,从这个角度出发,可以认为 NH_3 是 GEM 自然地表释放的间接指示物。而在前面的内容中,通过 PCA 解析该地区 GEM 的来源也发现,其中一个因子同时对温度和 NH_3 具有高负荷,我们将其解释为 GEM 的自然地表释放源。

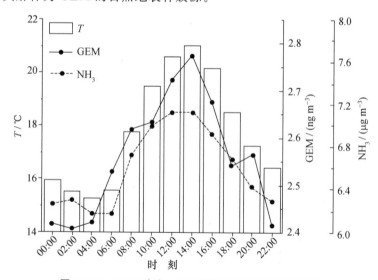

图 18.16 GEM 浓度、NH_3 浓度和温度的日变化趋势

因此,在本研究中,我们将温度、NH_3 等数据引入 PMF 模型中,对 GEM 的来源进行解析。2015—2018 年的春、夏、秋、冬每个季节都解析出一个相似特征的因子,其对温度有高负荷,对 NH_3 和 GEM 有中等强度的负荷,我们认为这个因子代表自然地表的汞释放(以 2015 年为例,图 18.17)。至于其他解析出的因子,对 V 和 Ni 元素有高载荷的明显是船舶排放源,因为 V 和 Ni 被认为是船舶常用的重油燃烧的典型指示物[94]。对 Ca 元素有较高载荷的是水泥生产,因为水泥生产所用的原料中含有大量的含钙化合物。对 Cr、Mn 和 Fe 等元素

第 18 章 长三角生物质燃烧的三维特征解析及对区域霾形成的过程研究

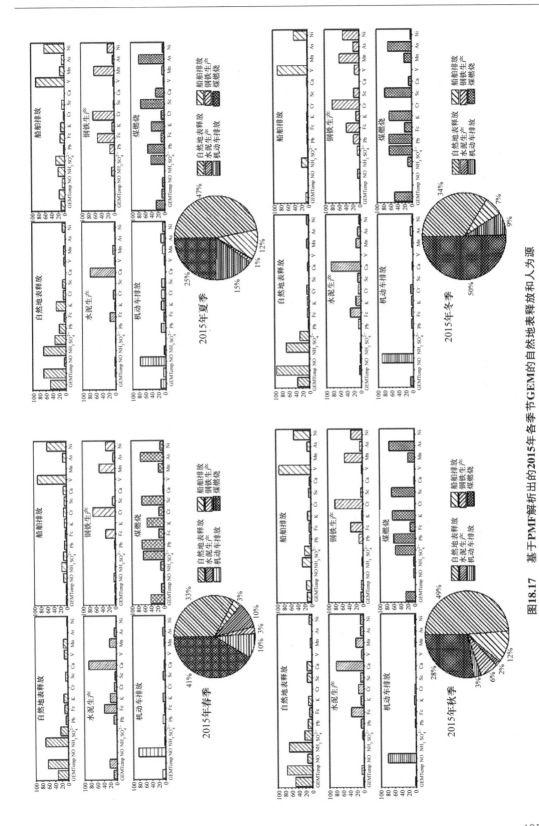

图18.17 基于PMF解析出的2015年各季节GEM的自然地表释放和人为源

有相对较高载荷的因子被认为是钢铁生产。对 NO 气体有较高载荷的是机动车排放源,因为长江三角洲地区 NO_x 的主要来源是机动车排放[35]。对 As 和 Se 元素有高载荷,对 Pb 元素和 SO_4^{2-} 离子有相对较高载荷的因子被认为是煤燃烧源,As、Se、Pb 都是典型的煤燃烧指示物,SO_4^{2-} 的前体物(SO_2)也主要来自煤燃烧。

为了验证 PMF 的结果,我们首先检验了 PMF 的模拟效果。图 18.18 展示了 2015 年各季节 PMF 模型预测的 GEM 浓度和实际观测的 GEM 浓度的时间序列,可以看到除了少量的极高值之外,PMF 基本可以逐小时重现实测的 GEM 浓度。图 18.19 是 2015 年各季节 PMF 预测值和实测值的散点图,依据散点图给出了预测 GEM 浓度和实测 GEM 浓度之间的相关系数(R^2),发现 R^2 的范围是 0.37～0.89,说明了模型的整体表现是可接受的。

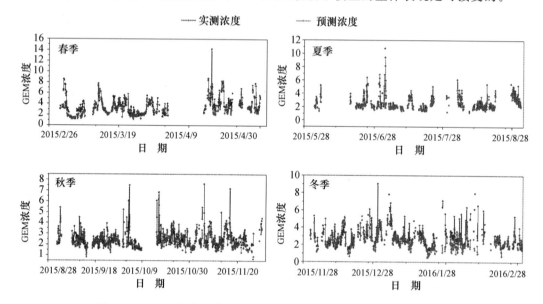

图 18.18　2015 年各季节 PMF 模型预测和实测 GEM 浓度的时间序列

为了进一步验证解析出的因子的可靠性,图 18.20 显示的是从 PMF 解析出的所有因子来源中提出其对 GEM 贡献的绝对浓度,然后将其日变化趋势和温度进行对比。发现自然地表释放贡献的 GEM 浓度的日变化与温度高度相关,而解析出的其他因子都没有发现和温度有相关关系。这进一步证实了通过使用温度和 NH_3 作为指示剂,可以识别并量化自然地表释放的 GEM。此外,我们还研究了颗粒物中 BC 和 GEM 浓度的关系。一方面,BC 主要来自各种燃烧过程,这也是大气汞的主要人为来源;另一方面,BC 没有被引入 PMF 中进行解析。如图 18.21 所示,观测到的 GEM 浓度和 BC 的浓度只表现出微弱的相关性,这主要是因为除了人为源之外,自然源对于 GEM 的贡献也很大。而与之相比,2015—2018 年人为贡献的 GEM 浓度(从 PMF 结果中提取而出)与 BC 浓度的相关性要好得多。以上的证据表明,利用温度和 NH_3 作为指示物,可以成功实现对大气中 GEM 的人为源和自然源的分离。

第 18 章 长三角生物质燃烧的三维特征解析及对区域霾形成的过程研究

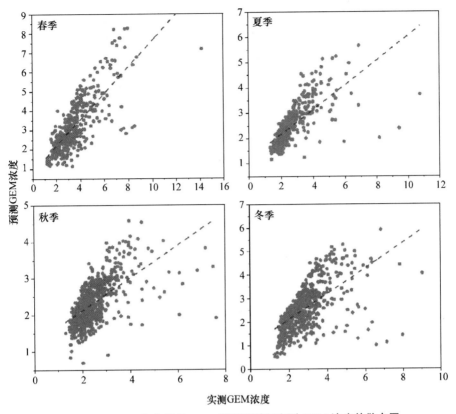

图 18.19 2015 年各季节 PMF 模型预测和实测 GEM 浓度的散点图

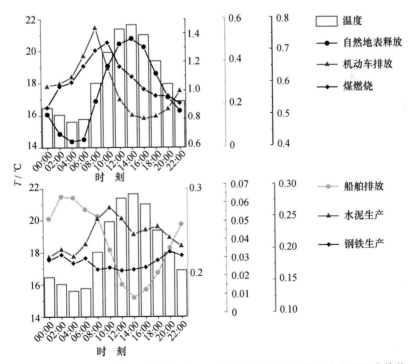

图 18.20 PMF 解析出的 6 个因子对 GEM 贡献的绝对浓度的日变化和温度的关系

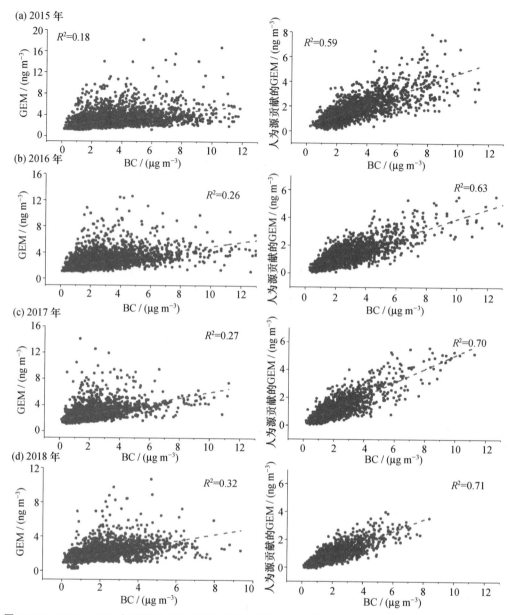

图 18.21 2015—2018 年观测的 GEM 及人为源贡献的 GEM(从 PMF 结果中提取而出)与 BC 的关系

2. 自然地表释放对气态单质汞贡献的变化

图 18.22 总结了 2015—2018 年各季节自然地表释放和人为排放对大气中 GEM 的贡献。从图中可以看到,夏季自然地表释放对 GEM 的贡献[(1.15±0.60)ng m^{-3}]比冬季[(0.82±0.57)ng m^{-3}]高约 40%。此外,自然地表释放对 GEM 的贡献呈上升趋势,例如,从 2015 年到 2018 年,春季的贡献从 33% 增加到了 53%,夏季的贡献从 47% 增加到了 62%,秋季的贡献从 49% 增加到了 60%,冬季的贡献从 34% 增加到了 52%。相反,人为源对于 GEM 的贡献呈下降趋势,其中煤燃烧的贡献下降最明显。在全球范围内,煤燃烧被认为是最主要的人为汞排放源,而中国是世界上最大的煤炭生产和消费国[95,96]。2013 年以来,我国采

取了一系列重大的空气污染控制措施,以减少大气污染物的排放[97]。长江三角洲地区也采取了行动,如规范煤炭消耗量,促进可再生能源的发展等[98]。因此,煤燃烧贡献的下降是由于近年来中国实施了积极的大气污染控制措施,其后导致自然地表释放对 GEM 的相对贡献增加。

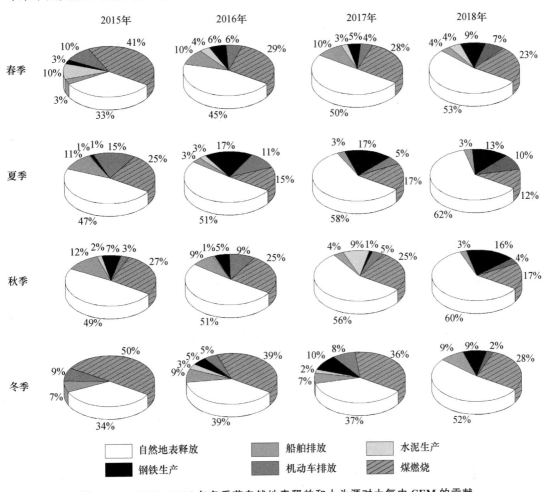

图 18.22　2015—2018 年各季节自然地表释放和人为源对大气中 GEM 的贡献

自然地表释放和人为源对于大气中 GEM 的绝对贡献量可以从 PMF 运行结果中提取而出,图 18.23 展示了 2015—2018 年提取结果的月份和年度情况。可以看到,自然地表释放贡献的 GEM 浓度表现出明显的季节循环,与气温的季节性模式相一致[图 18.23(g)],这一结果与过去文献中模型模拟的中国的自然地表释放通量的结果相一致[44]。2015—2018年,自然地表释放的年度 GEM 平均浓度分别为 (1.04 ± 0.55) ng m^{-3}、(1.10 ± 0.56) ng m^{-3}、(1.13 ± 0.56) ng m^{-3} 和 (1.00 ± 0.45) ng m^{-3}[图 18.23(a) 和 18.23(b)],其浓度几乎保持不变。这主要是因为 2015—2018 年的年度气温[图 18.23(g)]和风场(图 18.24)的变化较小。与之相反,2015—2018 年,人为排放贡献的年度 GEM 平均浓度分别为 (1.53 ± 1.04) ng m^{-3}、(1.26 ± 0.78) ng m^{-3}、(1.23 ± 0.95) ng m^{-3} 和 (0.82 ± 0.58) ng m^{-3},呈现出明显的下降趋势[图 18.23(c) 和 18.23(d)]。最终,自然地表释放对大气 GEM 相对贡献呈上升趋势,从 2015 年的 41% 上升到了 2018 年的 57%[图 18.23(f)]。

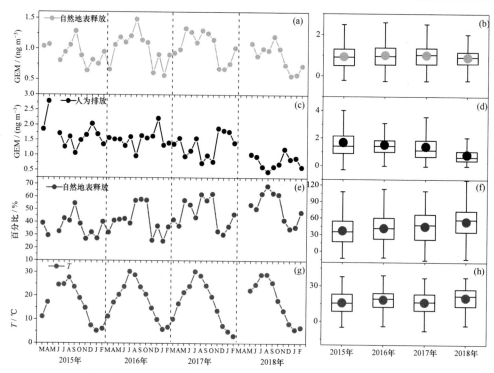

图 18.23 2015—2018 年自然地表释放(a~b)和人为排放(c~d)对大气中 GEM 的月份和年度绝对贡献量、2015—2018 年自然地表释放对大气中 GEM 浓度贡献的百分比(e~f)及 2015—2018 年对应的气温变化(g~h)

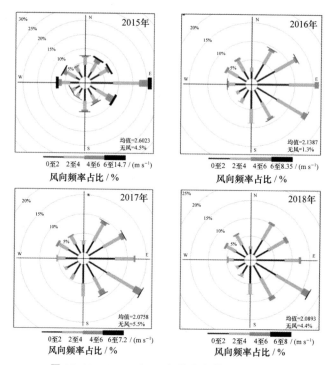

图 18.24 2015—2018 年淀山湖的风向和风速

18.4.9 本项目资助发表论文

[1] Qin X F, Zhang L M, Wang G C, et al. Assessing contributions of natural surface and anthropogenic emissions to atmospheric mercury in afast developing region of Eastern China from 2015 to 2018. Atmospheric Chemistry and Physics, 2020, 20: 10985-10996.

[2] Wang D F, Huo J T, Duan Y S, et al. Vertical distribution and transport of air pollutants during a regional haze event in Eastern China: A tethered mega-balloon observation study. Atmospheric Environment, 2021, 246: 118039.

[3] Xu J, Chen J, Zhao N, et al. Importance ofgas-particle partitioning of ammonia in haze formation in the rural agricultural environment. Atmospheric Chemistry and Physics, 2020, 20: 7259-7269.

[4] Rao Y, Li H Y, Chen M X, et al. Characterization ofairborne microbial aerosols during a long-range transported dust event in Eastern China: Bacterial community, influencing factors, and potential health effects. Aerosol and Air Quality research, 2020, 20: 2834-2845.

[5] Huang K, Fu J S, Lin N H, et al. Superposition of Gobi dust and Southeast Asian biomass burning: The effect of multisource long -range transport on aerosol optical properties and regional meteorology modification. Journal of Geophysical Research: Atmospheres, 2019, 124: 9464-9483.

[6] Xu J, Chen J, Shi Y J, et al. Firstcontinuous measurement of gaseous and particulate formic acid in a suburban area of East China: Seasonality and gas-particle partitioning. ACS Earth and Space Chemistry, 2020, 4: 157-167.

[7] Zhou Q, Li J, Xu J, et al. First long-term detection ofpaleooceanic signature of dust aerosol at the southern marginal area of the Taklimakan Desert. Scientific Reports, 2018, 8: 6779.

[8] Ji Y, Qin X F, Wang B, et al. Counteractive effects of regional transport and emission control on the formation of fine particles: A case study during the Hangzhou G20 summit. Atmospheric Chemistry and Physics, 2018, 18: 13581-13600.

[9] Qin X F, Wang X H, Shi Y J, et al. Characteristics of atmospheric mercury in a suburban area of East China: Sources, formation mechanisms, and regional transport. Atmospheric Chemistry and Physics, 2019, 19: 5923-5940.

[10] Xu J, Wang Q Z, Deng C R, et al. Insights into the characteristics and sources of primary and secondary organic carbon: High time resolution observation in urban Shanghai. Environmental Pollution, 2018, 233: 1177-1187.

[11] Wang Q Z, Dong X Y, Fu J S, et al. Environmentally dependent dust chemistry of a super Asian dust storm in March 2010: Observation and simulation. Atmospheric Chemistry and Physics, 2018, 18: 3505-3521.

参考文献

[1] Muraleedharan T R, Radojevic M, Waugh A, et al. Chemical characterisation of the haze in Brunei Darussalam during the 1998 episode. Atmospheric Environment, 2000, 34: 2725-2731.

[2] Wang Z B, Hu M, Yue D L, et al. New particle formation in the presence of a strong biomass burning episode at a downwind rural site in PRD, China. Tellus B, 2013, 65.

[3] Engelhart G J, Hennigan C J, Miracolo M A, et al. Cloud condensation nuclei activity of fresh primary

and aged biomass burning aerosol. Atmospheric Chemistry Physics, 2012, 12: 7285-7293.

[4] Reid J S, Koppmann R, Eck T F, et al. A review of biomass burning emissions part II: Intensive physical properties of biomass burning particles. Atmospheric Chemistry Physics, 2005, 5: 799-825.

[5] Munroe D K, Wolfinbarger S R, Calder C A, et al. The relationships between biomass burning, land-cover/-use change, and the distribution of carbonaceous aerosols in mainland Southeast Asia: A review and synthesis. Journal of Land Use Science, 2008, 3: 161-183.

[6] Sundarambal P, Balasubramanian R, Tkalich P, et al. Impact of biomass burning on ocean water quality in Southeast Asia through atmospheric deposition: Field observations. Atmospheric Chemistry Physics, 2010, 10: 11323-11336.

[7] Sundarambal P, Tkalich P, Balasubramanian R, et al. Impact of biomass burning on ocean water quality in Southeast Asia through atmospheric deposition: Eutrophication modeling. Atmospheric Chemistry Physics, 2010, 10: 11337-11357.

[8] Jiang R T, Bel M L. A comparison of particulate matter from biomass-burning rural and non-biomass-burning urban households in Northeastern China. Environmental health perspectives, 2008, 116: 907-914.

[9] Sastry N. Forest fires, air pollution, and mortality in Southeast Asia. Demography, 2002, 39: 1-23.

[10] Ramanathan V, Crutzen P J, Kiehl J T, et al. Atmosphere-aerosols, climate, and the hydrological cycle. Science, 2001, 294: 2119-2124.

[11] Wang Z Z, Bi X H, Sheng G Y, et al. Characterization of organic compounds and molecular tracers from biomass burning smoke in South China I: Broad-leaf trees and shrubs. Atmospheric Environment, 2009, 43: 3096-3102.

[12] Gustafsson O, Krusa M, Zencak Z, et al. Brown clouds over South Asia: Biomass or fossil fuel combustion? Science, 2009, 323: 495-498.

[13] Liu C, Beirle S, Butler T, et al. Application of SCIAMACHY and MOPITT CO total column measurements to evaluate model results over biomass burning regions and Eastern China. Atmospheric Chemistry Physics, 2011, 11: 6083-6114.

[14] Vakkari V, Kerminen V M, Beukes J P, et al. Rapid changes in biomass burning aerosols by atmospheric oxidation. Geophysical Research Letters, 2014, 41: 2644-2651.

[15] Cubison M J, Ortega A M, Hayes P L, et al. Effects of aging on organic aerosol from open biomass burning smoke in aircraft and laboratory studies. Atmospheric Chemistry Physics, 2011, 11: 12049-12064.

[16] Duplissy J, DeCarlo P F, Dommen J, et al. Relating hygroscopicity and composition of organic aerosol particulate matter. Atmospheric Chemistry Physics, 2011, 11: 1155-1165.

[17] Ng N L, Canagaratna M R, Jimenez J L, et al. Changes in organic aerosol composition with aging inferred from aerosol mass spectra. Atmospheric Chemistry Physics, 2011, 11: 6465-6474.

[18] Saleh R, Robinson E S, Tkacik D S, et al. Brownness of organics in aerosols from biomass burning linked to their black carbon content. Nature Geoscience, 2014, 7: 647-650.

[19] Bond T C, Doherty S J, Fahey D W, et al. Bounding the role of black carbon in the climate system: A scientific assessment. Journal of Geophysical Research, 2013, 118: 5380-5552.

[20] Lack D A, Langridge J M, Bahreini R, et al. Brown carbon and internal mixing in biomass burning particles. Proceeding of the National Academy of Sciences of the United States of America, 2012, 109:

14802-14807.

[21] Akagi S K, Yokelson R J, Wiedinmyer C, et al. Emission factors for open and domestic biomass burning for use in atmospheric models. Atmospheric Chemistry Physics, 2011, 11: 4039-4072.

[22] Roberts J M, Veres P, Warneke C, et al. Measurement of HONO, HNCO, and other inorganic acids by negative-ion proton-transfer chemical-ionization mass spectrometry (NI-PT-CIMS): Application to biomass burning emissions. Atmospheric Measurement Techniques, 2010, 3: 981-990.

[23] Stockwell C E, Veres P R, Williams J, et al. Characterization of biomass burning emissions from cooking fires, peat, crop residue, and other fuels with high-resolution proton-transfer-reaction time-of-flight mass spectrometry. Atmospheric Chemistry Physics, 2015, 15: 845-865.

[24] Jaffe D A, Wigder N L. Ozone production from wildfires: A critical review. Atmospheric Environment, 2012, 51: 1-10.

[25] Dong X Y, Fu J S. Understanding interannual variations of biomass burning from Peninsular Southeast Asia, part II: Variability and different influences in lower and higher atmosphere levels. Atmospheric Environment, 2015, 115: 9-18.

[26] Fu J S, Hsu N C, Gao Y, et al. Evaluating the influences of biomass burning during 2006 BASE-ASIA: A regional chemical transport modeling. Atmospheric Chemistry Physics, 2012, 12: 3837-3855.

[27] Pfister G G, Emmons L K, Hess P G, et al. Ozone production from the 2004 North American boreal fires. Journal of Geophysical Research, 2006, 111.

[28] Wotawa G, Trainer M. The influence of Canadian forest fires on pollutant concentrations in the United States. Science, 2000, 288: 324-328.

[29] Singh H B, Cai C, Kaduwela A, et al. Interactions of fire emissions and urban pollution over California: Ozone formation and air quality simulations. Atmospheric Environment 2012, 56: 45-51.

[30] Pacyna J M, Travnikov O, De Simone F, et al. Current and future levels of mercury atmospheric pollution on a global scale. Atmospheric Chemistry and Physics, 2016, 16: 12495-12511.

[31] Hui M L, Wu Q R, Wang S X, et al. Mercury flows in China and global drivers. Environmental science & technology, 2017, 51: 222-231.

[32] Friedli H R, Arellano A F, Geng F, et al. Measurements of atmospheric mercury in Shanghai during September 2009. Atmospheric Chemistry and Physics, 2011, 11: 3781-3788.

[33] Zhu J, Wang T, Talbot R, et al. Characteristics of atmospheric Total Gaseous Mercury (TGM) observed in urban Nanjing, China. Atmospheric Chemistry and Physics, 2012, 12: 12103-12118.

[34] Zhu J, Wang T, Bieser J, et al. Source attribution and process analysis for atmospheric mercury in Eastern China simulated by CMAQ-Hg. Atmospheric Chemistry and Physics, 2015, 15: 8767-8779.

[35] Tang Y, Wang S X, Wu Q R, et al. Recent decrease trend of atmospheric mercury concentrations in East China: The influence of anthropogenic emissions. Atmospheric Chemistry and Physics, 2018, 18: 8279-8291.

[36] Wan Q, Feng X B, Lu J L, et al. Atmospheric mercury in Changbai Mountain area, Northeastern China I. The seasonal distribution pattern of total gaseous mercury and its potential sources. Environmental Research, 2009, 109: 201-206.

[37] Fu X, Zhang H, Feng X, et al. Domestic and transboundary sources of atmospheric particulate bound mercury in remote areas of China: Evidence from mercury isotopes. Environmental science & technology, 2019, 53: 1947-1957.

[38] 吴晓云,郑有飞,林克思. 我国大气环境中汞污染现状. 中国环境科学,2015,9:2623-2635.

[39] Mao H T, Cheng I, Zhang L M. Current understanding of the driving mechanisms for spatiotemporal variations of atmospheric speciated mercury: A review. Atmospheric Chemistry and Physics, 2016, 16: 12897-12924.

[40] Obrist D, Tas E, Peleg M, et al. Bromine-induced oxidation of mercury in the mid-latitude atmosphere. Nature Geoscience, 2011, 4: 22-26.

[41] Wang F, Saiz-Lopez A, Mahajan A S, et al. Enhanced production of oxidised mercury over the tropical Pacific Ocean: A key missing oxidation pathway. Atmospheric Chemistry and Physics, 2014, 14: 1323-1335.

[42] Ye Z, Mao H, Lin C J, et al. Investigation of processes controlling summertime gaseous elemental mercury oxidation at midlatitudinal marine, coastal, and inland sites. Atmospheric Chemistry and Physics, 2016, 16: 8461-8478.

[43] Kim S H, Han Y J, Holsen T M, et al. Characteristics of atmospheric speciated mercury concentrations [TGM, Hg(Ⅱ) and Hg(p)] in Seoul, Korea. Atmospheric Environment, 2009, 43: 3267-3274.

[44] Wang X, Lin C J, Yuan W, et al. Emission-dominated gas exchange of elemental mercury vapor over natural surfaces in China. Atmospheric Chemistry and Physics, 2016, 16: 11125-11143.

[45] Zhang L, Wang S, Wang L, et al. Updated emission inventories for speciated atmospheric mercury from anthropogenic sources in China. Environmental science & technology, 2015, 49: 3185-3194.

[46] Wang F, Saiz-Lopez A, Mahajan A S, et al. Enhanced production of oxidised mercury over the tropical Pacific Ocean: A key missing oxidation pathway. Atmospheric Chemistry and Physics, 2014, 14: 1323-1335.

[47] Streets D G, Hao J M, Wu Y, et al. Anthropogenic mercury emissions in China. Atmospheric Environment, 2005, 39: 7789-7806.

[48] Wright L P, Zhang L, Marsik F J. Overview of mercury dry deposition, litterfall, and throughfall studies. Atmospheric Chemistry and Physics, 2016, 16: 13399-13416.

[49] Zhu W, Lin C J, Wang X, et al. Global observations and modeling of atmosphere-surface exchange of elemental mercury: A critical review. Atmospheric Chemistry and Physics, 2016, 16: 4451-4480.

[50] Liu B, Keeler G J, Dvonch J T, et al. Urban-rural differences in atmospheric mercury speciation. Atmospheric Environment, 2010, 44: 2013-2023.

[51] Zhang L, Wang S X, Wang L, et al. Atmospheric mercury concentration and chemical speciation at a rural site in Beijing, China: Implications of mercury emission sources. Atmospheric Chemistry and Physics, 2013, 13: 10505-10516.

[52] Xu H M, Sonke J E, Guinot B, et al. Seasonal and annual variations in atmospheric Hg and Pb isotopes in Xi'an, China. Environmental science & technology, 2017, 51: 3759-3766.

[53] Fu X W, Feng X B, Qiu G L, et al. Speciated atmospheric mercury and its potential source in Guiyang, China. Atmospheric Environment, 2011, 45: 4205-4212.

[54] Wang Y J, Duan Y F, Yang L G, et al. Experimental study on mercury transformation and removal in coal-fired boiler flue gases. Fuel Processing Technology, 2009, 90: 643-651.

[55] Gratz L E, Keeler G J, Marsik F J, et al. Atmospheric transport of speciated mercury across Southern Lake Michigan: Influence from emission sources in the Chicago/Gary urban area. The Science of The Total Environment, 2013, 448: 84-95.

[56] Cheng I, Zhang L M, Mao H T, et al. Seasonal and diurnal patterns of speciated atmospheric mercury at a coastal-rural and a coastal-urban site. Atmospheric Environment, 2014, 82: 193-205.

[57] Fu X W, Feng X, Shang L H, et al. Two years of measurements of atmospheric total gaseous mercury (TGM) at a remote site in Mt. Changbai area, Northeastern China. Atmospheric Chemistry and Physics, 2012, 12: 4215-4226.

[58] Fu X W, Feng X B, Sommar J, et al. A review of studies on atmospheric mercury in China. Science of the Total Environment, 2012, 421: 73-81.

[59] Xu L L, Chen J S, Yang L M, et al. Characteristics and sources of atmospheric mercury speciation in a coastal city, Xiamen, China. Chemosphere, 2015, 119: 530-539.

[60] Fu X W, Zhang H, Yu B, et al. Observations of atmospheric mercury in China: A critical review. Atmospheric Chemistry and Physics, 2015, 15: 9455-9476.

[61] Lin Y, Wang S X, Wu Q R, et al. Material flow for the intentional use of mercury in China. Environmental science & technology, 2016, 50: 2337-2344.

[62] Lynam M M, Keeler G J. Artifacts associated with the measurement of particulate mercury in an urban environment: The influence of elevated ozone concentrations. Atmospheric Environment, 2005, 39: 3081-3088.

[63] Rutter A P, Schauer J J. The effect of temperature on the gas-particle partitioning of reactive mercury in atmospheric aerosols. Atmospheric Environment, 2007, 41: 8647-8657.

[64] Chen S, Qiu X, Zhang L, et al. Method development estimating ambient oxidized mercury concentration from monitored mercury wet deposition. Atmospheric Chemistry and Physics, 2013, 13: 11287-11293.

[65] Wang X, Bao Z D, Lin C J, et al. Assessment of global mercury deposition through litterfall. Environmental science & technology, 2016, 50: 8548-8557.

[66] Qin X, Wang X, Shi Y, et al. Characteristics of atmospheric mercury in a suburban area of east China: sources, formation mechanisms, and regional transport. Atmospheric Chemistry and Physics, 2019, 19: 5923-5940.

[67] Lee G S, Kim P R, Han Y J, et al. Atmospheric speciated mercury concentrations on an island between China and Korea: Sources and transport pathways. Atmospheric Chemistry and Physics, 2016, 16: 4119-4133.

[68] Fu X, Maruszczak N, Wang X, et al. Isotopic composition of gaseous elemental mercury in the free troposphere of the Pic du Midi observatory, France. Environmental science & technology, 2016, 50: 5641-5650.

[69] Duan L, Wang X, Wang D, et al. Atmospheric mercury speciation in Shanghai, China. Science of the Total Environment, 2017, 578: 460-468.

[70] Zhang H, Fu X W, Lin C J, et al. Observation and analysis of speciated atmospheric mercury in Shangri-La, Tibetan Plateau, China. Atmospheric Chemistry and Physics, 2015, 15: 653-665.

[71] Zhang Y Q, Liu R H, Wang Y, et al. Change characteristic of atmospheric particulate mercury during dust weather of spring in Qingdao, China. Atmospheric Environment, 2015, 102: 376-383.

[72] Ferlin S, Fostier A H, Melendez-Perez J J. A very simple and fast analytical method for atmospheric particulate-bound mercury determination. Analytical Methods, 2014, 6: 4537-4541.

[73] Wu G X, Li Z Q, Fu C B, et al. Advances in studying interactions between aerosols and monsoon in China. Science China Earth Science, 2016, 59: 1-16.

[74] Xing J, Mathur R, Pleim J, et al. Air pollution and climate response to aerosol direct radiative effects: a modeling study of decadal trends across the Northern Hemisphere. Journal of Geophysical Research, 2015, 120.

[75] Amos H M, Jacob D J, Holmes C D, et al. Gas-particle partitioning of atmospheric Hg(Ⅱ) and its effect on global mercury deposition. Atmospheric Chemistry and Physics, 2012, 12: 591-603.

[76] Zhang Q, He K, Huo H. Cleaning China's air. Nature, 2012, 484: 161-162.

[77] van Donkelaar A, Martin R V, Brauer M, et al. Global estimates of ambient fine particulate matter concentrations from satellite-based aerosol optical depth: Development and application environ. Environmental health perspectives, 2010, 118: 847-855.

[78] Rutter A P, Schauer J J, Lough G C, et al. A comparison of speciated atmospheric mercury at an urban center and an upwind rural location. Journal of Environmental Monitoring 2008, 10: 102-108.

[79] Vijayaraghavan K, Karamchandani P, Seigneur C, et al. Plume-in-grid modeling of atmospheric mercury. Journal of Geophysical Research, 2008, 113: D24305.

[80] Zhao B, Wang S X, Liu H, et al. NO_x emissions in China: Historical trends and future perspectives. Atmospheric Chemistry and Physics, 2013, 13: 9869-9897.

[81] Lu Z, Streets D G, Zhang Q, et al. Sulfur dioxide emissions in China and sulfur trends in East Asia since 2000. Atmospheric Chemistry and Physics, 2010, 10: 6311-6331.

[82] Zheng B, Tong D, Li M, et al. Trends in China's anthropogenic emissions since 2010 as the consequence of clean air actions. Atmospheric Chemistry and Physics, 2018, 18: 14095-14111.

[83] Li J, Carlson B E, Dubovik O, et al. Recent trends in aerosol optical properties derived from AERONET measurements. Atmospheric Chemistry and Physics, 2014, 14: 12271-12289.

[84] Toth T D, Zhang J, Campbell J R, et al. Temporal variability of aerosol optical thickness vertical distribution observed from CALIOP. Journal of Geophysical Research, 2016, 121: 9117-9139.

[85] Howard D, Edwards G C. Mercury fluxes over an Australian alpine grassland and observation of nocturnal atmospheric mercury depletion events. Atmospheric Chemistry and Physics, 2018, 18: 129-142.

[86] Mason R P. Mercury emissions from natural processes and their importance in the global mercury cycle. Mercury Fate and Transport in the Global Atmosphere, 2009: 173-191.

[87] Pannu R, Siciliano S D, O'Driscoll N J. Quantifying the effects of soil temperature, moisture and sterilization on elemental mercury formation in boreal soils. Environmental Pollution, 2014, 193: 138-146.

[88] Liu K, Wu Q, Wang L, et al. Measure-specific effectiveness of air pollution control on China's atmospheric mercury concentration and deposition during 2013—2017. Environmental science & technology, 2019, 53: 8938-8946.

[89] Zhu W, Lin C J, Wang X, et al. Global observations and modeling of atmosphere-surface exchange of elemental mercury: a critical review. Atmospheric Chemistry and Physics, 2016, 16: 4451-4480.

[90] Poissant L, Casimir A. Water-air and soil-air exchange rate of total gaseous mercury measured at background sites. Atmospheric Environment, 1998, 32: 883-893.

[91] Quinones J L, Anthony C. An investigation of the kinetic processes influencing mercury emissions from sand and soil samples of varying thickness. Journal of Environment Quality, 2011, 40: 647-652.

[92] Zhang L, Wright L P, Asman W A H. Bi-directional air-surface exchange of atmospheric ammonia: A review of measurements and a development of a big-leaf model for applications in regional-scale air-quality models. Journal of Geophysical Research, 2010, 115: D20310.

[93] Kerr G H, Waugh D W, Strode S A, et al. Disentangling the drivers of the summertime ozone-temperature relationship over the United States. Journal of Geophysical Research, 2019, 124: 10503-10524.

[94] Viana M, Amato F, Alastuey A, et al. Chemical tracers of particulate emissions from commercial shipping. Environmental science & technology, 2009, 43: 7472-7477.

[95] Zhang L, Wang S X, Meng Y, et al. Influence of mercury and chlorine content of coal on mercury emissions from coal-fired power plants in China. Environmental science & technology, 2012, 46: 6385-6392.

[96] Wu Y, Wang S X, Streets D G, et al. Trends in anthropogenic mercury emissions in China from 1995 to 2003. Environmental science & technology, 2006, 40: 5312-5318.

[97] Fontes T, Li P, Barros N, et al. Trends of $PM_{2.5}$ concentrations in China: A long term approach. Journal of Environmental Management, 2017, 196: 719-732.

[98] Zheng J J, Jiang P, Qiao W, et al. Analysis of air pollution reduction and climate change mitigation in the industry sector of Yangtze River Delta in China. Journal of Cleaner Production, 2016, 114: 314-322.

第19章 矿质颗粒物对硫酸盐形成的促进效应及可溶性过渡金属的作用：实验室基础研究

唐明金，李锐，贾小红，彭超，顾文君

中国科学院广州地球化学研究所

SO_2 与矿质颗粒物的非均相反应可能是硫酸盐形成的重要途径，将改变大气颗粒物的化学成分和吸湿性质；同时吸湿性的变化将改变颗粒物的含水量进而影响非均相反应的反应机理和反应速率。本项目以 SO_2 与矿质颗粒物的非均相反应以及矿质颗粒物的吸湿性为研究目标，建立了一种基于蒸汽吸附分析仪的吸湿性的测量方法，以及搭建了一套非均相反应实验装置；并对盐尘暴等矿质颗粒物的吸湿性以及 SO_2、NO_2 等痕量气体与赤铁矿、磁铁矿和针铁矿的非均相反应进行了研究。研究结果表明，部分盐尘暴颗粒物具有较强的吸湿性，从而有利于这类矿质颗粒物与 SO_2、NO_2 等酸性气体发生非均相反应。SO_2 与赤铁矿和磁铁矿的非均相反应中并无硫酸盐生成；而在 SO_2 与针铁矿的非均相反应中有少量硫酸盐生成，且硫酸盐的生成量随相对湿度（RH）的增加呈明显递增趋势。高湿条件对 SO_2 与针铁矿的非均相反应有明显促进作用，NO_2 共存对 SO_2 的非均相反应并无明显促进作用。SO_2、NO_2 与赤铁矿、磁铁矿以及针铁矿的非均相反应生成的硫酸盐、硝酸盐质量分数最高仅为1%左右，且 Fe 元素水溶性增加值小于 5×10^{-4}，说明该反应对硫酸盐、硝酸盐以及 Fe 元素水溶性的贡献几乎可忽略不计。

19.1 研究背景

我国经济社会快速发展的同时，以煤炭为主的化石燃料消耗大幅度升高，机动车保有量急剧上升，导致我国很多地区大气细颗粒物（$PM_{2.5}$）污染日益严重[1,2]。2013 年 1 月华北地区发生大面积严重灰霾污染，其中北京地区一月份共有 27 天 $PM_{2.5}$ 日平均质量浓度超过 35 $\mu g\ m^{-3}$，而 $PM_{2.5}$ 小时平均质量浓度最高达 680 $\mu g\ m^{-3}$[3]。我国其他很多地区，包括华南、华东和华中等，$PM_{2.5}$ 污染问题也愈发严重。2013 年 1 月全国共有 36 个空气质量监测站点发现 $PM_{2.5}$ 小时平均质量浓度超过 900 $\mu g\ m^{-3}$。$PM_{2.5}$ 已经成为我国首要大气污染物，严重影响空气质量和人体健康，成为目前环境保护亟需解决的问题。同时，气溶胶颗粒物通过其直接和间接辐射强迫作用，对地气系统的辐射及能量平衡、气候变化和降水等产生非常重要的影响[4,5]。

直接排放的气态前体物在大气中通过化学转化生成的硫酸盐和硝酸盐等二次气溶胶颗

第 19 章　矿质颗粒物对硫酸盐形成的促进效应及可溶性过渡金属的作用：实验室基础研究

粒物是我国目前所面临的 $PM_{2.5}$ 污染的主要原因[6]。人为源和天然源排放的 SO_2 进入大气后发生二次转化所生成的硫酸盐，是我国 $PM_{2.5}$ 的重要成分。研究发现，灰霾发生期间硫酸盐等二次无机组分占 $PM_{2.5}$ 质量浓度的 50% 以上。值得特别指出的是，灰霾发生期间硫酸盐的增长幅度远大于 $PM_{2.5}$ 的增长幅度：北京冬季灰霾期间 $PM_{2.5}$ 浓度增加了 5 倍，而同期硫酸盐浓度是平常的 12.5 倍[7]；上海冬季灰霾期间硫酸盐浓度是非灰霾期间的 10 倍[8]；广州灰霾期间 $PM_{2.5}$ 和硫酸盐浓度分别增加到平常的 3 倍和 5 倍以上[9]。

虽然 2005 年后我国 SO_2 排放的增长态势得到了一定控制，但 SO_2 年排放量仍维持在 30 Tg 左右，占全球总排放量的 30% 以上[10]。可以预见，由于 SO_2 排放造成的硫酸盐颗粒物，在未来较长一段时间内仍是我国 $PM_{2.5}$ 污染的主要因素之一。深入认识和阐明大气中硫酸盐的形成机理，才能准确预测我国 $PM_{2.5}$ 浓度的时空分布及评估其环境和气候效应，同时也为 $PM_{2.5}$ 污染控制和减排措施提供科学依据。

很多研究发现，与观测数据相比，数值模拟一般高估了 SO_2 浓度而低估了硫酸盐浓度[3,11-13]，这说明数值模式低估了某些 SO_2 氧化途径的速率或者实际大气中还存在着其他未知且作用显著的 SO_2 氧化机制。矿质颗粒物包括天然源排放的沙尘颗粒物和工业活动及建筑扬尘等排放的矿质颗粒物，是全球对流层和我国大气中非常重要的颗粒物[14]。外场观测发现东亚地区沙尘气溶胶的发生可以显著降低 SO_2 浓度和提高硫酸盐浓度[15]，单颗粒观测研究发现该地区经过长距离传输的矿质颗粒物常与硫酸盐内混合[16]。这些研究表明，与矿质颗粒物的非均相反应可能是 SO_2 转化为硫酸盐的重要途径[11,17]。

Goodman 等[18]和 Usher 等[19]使用努森池（Knudsen cell）和透射傅立叶变换红外光谱仪研究了 SO_2 与 $\alpha\text{-}Al_2O_3$、$CaCO_3$、$\alpha\text{-}Fe_2O_3$ 和中国黄土等矿质颗粒物的非均相反应，并测定了这些反应的初始摄取系数。Adams 等[20]发现 SO_2 与撒哈拉沙尘颗粒物非均相反应的初始摄取系数在 0 和 27% 相对湿度下没有显著差别；与此相反，Prince 等[21]发现相对湿度的提高可以显著增大 SO_2 与 $CaCO_3$ 颗粒物反应的摄取系数。Zhang 等[22]发现 SO_2 吸附在矿质颗粒物表面上将形成 SO_3^{2-}、HSO_3^- 和 SO_4^{2-}。目前的研究普遍认为，SO_2 在矿质颗粒物表面上的反应较慢，而且表面反应活性位点随着反应的进行而减少[23]；该反应的摄取系数还存在着很大的不确定性，一般认为其初始摄取系数小于 10^{-4}。

实验室研究表明，大气中各种氧化剂可能会提高 SO_2 在矿质颗粒物表面通过非均相反应转化为硫酸盐的速率。例如，Ullerstam 等[24,25]使用努森池和漫反射傅立叶变换红外光谱仪（DRIFTS）发现，NO_2 和 O_3 都可以显著增强 SO_2 在撒哈拉沙尘颗粒物表面的氧化速率。Li 等[26]研究了 SO_2 与 O_3 在 $CaCO_3$ 表面的非均相反应，提出该反应包括两个步骤，即 ① SO_2 吸附在颗粒物表面并在吸附水的作用下形成亚硫酸盐；② 亚硫酸盐被 O_3 氧化为硫酸盐。Zhao 等[27]和 Huang 等[28]发现，H_2O_2 气体可以显著增强 SO_2 在 $CaCO_3$ 和实际沙尘颗粒物表面转化为硫酸盐的速率，且该增强效应在高相对湿度下更为显著。中国科学院生态环境研究中心贺泓研究组系统地研究了 SO_2 和 NO_2 在矿质颗粒物表面非均相反应的协同作用[29,30]，发现 NO_2 的存在可以显著增强 SO_2 在 Al_2O_3、Fe_2O_3 和 TiO_2 等颗粒物表面非均相氧化的速率，但该增强效应对于 $CaCO_3$ 和 $CaSO_4$ 颗粒物并不明显。硝酸盐[31]、NH_3[32]、

O_3[33]和$HCOOH$[34]的存在也会影响SO_2在矿质颗粒物表面转化为硫酸盐的速率。此外,一些实验室研究提出光照可以显著增强SO_2在矿质颗粒物表面的非均相氧化速率[35,36]。

通过观测和模拟SO_2与硫酸盐中^{17}O的丰度,Alexander等[13,37]发现过渡金属催化对大气中SO_2氧化的贡献被严重低估,而且仅考虑人为源所排放的过渡金属仍然无法解决模式对SO_2浓度的高估和对硫酸盐浓度的低估。这表明天然源所排放的过渡金属(主要是来自干旱和半干旱地区的沙尘颗粒物)可能对SO_2氧化起着非常重要的作用,而这个假设也被Harris等[38,39]通过外场观测研究硫酸盐中^{32}S和^{34}S丰度变化初步证实。Harris等[38,39]提出由粗颗粒(主要是来自天然源的沙尘颗粒物)所含过渡金属催化的SO_2液相氧化是SO_2最重要的大气氧化机制;而解释实际大气中硫酸盐$^{34}S/^{32}S$的变化需要SO_2的摄取系数高达$0.03\sim0.1$,比目前实验室中所测定的SO_2与矿质颗粒物非均相反应的摄取系数($<1\times10^{-4}$)[23]至少高$2\sim3$个数量级。进一步研究[40]表明,SO_2氧化途径相对重要性的季节变化是SO_2和硫酸盐中$^{34}S/^{32}S$季节变化的主要原因,而过渡金属的催化作用在目前所有大气化学模型中被低估了一个数量级以上。

过去很多模式研究都严重低估了东亚地区的硫酸盐浓度[41,42]。Huang等[11]在WRF-Chem模式中系统地考虑了天然源和人为源所排放的矿质颗粒物对SO_2氧化的影响,发现考虑了矿质颗粒物的影响之后模式可以更好地模拟我国14个观测站点硫酸盐的浓度;矿质颗粒物对全国硫酸盐生成的平均贡献为22%,而冬季期间其作用更为显著。Zheng等[12]发现加入非均相反应之后,WRF-CMAQ模式不但能够更好地模拟硫酸盐浓度随时间的变化,而且还能很好地模拟2013年1月灰霾发生期间硫酸盐对$PM_{2.5}$质量浓度的相对贡献。

矿质颗粒物对SO_2转化为硫酸盐的促进作用可以归纳为以下三种途径。第一,矿质颗粒物所含的碱性物质可以提高溶液的pH,从而增大SO_2的溶解度及SO_2液相氧化的速率;目前对该途径的了解已经比较深入,同时该机制对我国大气中硫酸盐形成的贡献较小。第二,矿质颗粒物所含的各种过渡金属可以催化SO_2的液相氧化反应。第三,矿质颗粒物可以为SO_2的非均相反应提供表面活性位点。虽然目前已经有不少关于SO_2与矿质颗粒物非均相反应的实验室研究[23,43],但是已有的实验室研究还未能在分子水平上完全阐明这些反应的机理,也未能准确地定量描述这些反应的反应速率,以及各种环境条件(包括相对湿度、O_3和NO_2浓度、光照等)对反应速率的影响。虽然不少数值模拟研究表明,加入矿质颗粒物的影响可以在很大程度上提高模拟结果与观测结果的吻合度,但是由于缺乏接近实际大气条件的高质量反应动力学数据,这些模式研究结果还存在着很大的不确定性。

目前矿质颗粒物对SO_2氧化促进作用的研究还存在着以下几个亟需回答和解决的问题。第一,SO_2与矿质颗粒物非均相反应的摄取系数还存在着很大的不确定性,且对各种环境条件(比如相对湿度、O_3和NO_2浓度、光照等)的敏感性了解得还非常有限;此外,多数研究更关注成分较为简单的$CaCO_3$和各种氧化物,对含量更高的黏土矿物以及实际沙尘颗粒物的研究较少。第二,通用的大气化学模式所使用的过渡金属催化作用的参数化方案是基于1991年Martin等[44]所测定的反应动力学数据,该研究①只涵盖非常有限的环境条件,而且只考虑了Fe和Mn这两种元素的催化作用,不一定完全适用于更为复杂的实际大气条件;②基于低离子强度稀溶液的实验室模拟,不一定能够代表矿质颗粒物所含各种过渡金属元素所处的化学环境——在相对湿度低于100%时,可溶性过渡金属离子很可能存在于颗粒物表面上的高浓度溶液中。第三,过渡金属离子的来源、浓度和变化还非常不清楚。矿质颗粒物所含的各种过渡金属元素只有部分是可溶的,而很可能只有溶解于溶液中的过渡金属离子才对SO_2的氧化有催化作用;另一方面,硫酸盐的形成将提高矿质颗粒物的吸湿性及其表面酸性,进而提高这些过渡金属元素的可溶解性[45]和增强SO_2的催化氧化速率——也就是说,矿质颗粒物上硫酸盐的形成和过渡金属元素的溶解性可能存在着互相促进的正反馈关系,但是目前对这方面的认识还极为有限。

本项目拟使用实验室模拟系统地研究矿质颗粒物与SO_2的非均相反应,以及颗粒物所含的各种可溶性过渡金属元素和重要环境条件(相对湿度、O_3和NO_2浓度等)对反应的影响。同时测定非均相反应前后SO_2浓度变化、颗粒物中硫酸盐浓度变化和可溶性过渡金属元素(如Fe等)浓度变化,从分子水平上阐明这些过程的反应机理,并系统建立各种反应条件(相对湿度、反应时间、O_3和NO_2浓度等)对SO_2摄取系数影响的反应动力学方程。此外,该项目还将测定反应前后SO_2和硫酸盐中$^{34}S/^{32}S$的变化,以探索各种反应条件下的硫同位素分馏效应。通过摄取系数测定与颗粒物成分(硫酸盐和可溶性过渡金属)分析相结合,以及反应动力学实验与同位素示踪方法相结合,本研究将全面提高对SO_2与矿质颗粒物非均相反应的科学认识水平,并将帮助我们更为深入地了解我国大气颗粒物中硫酸盐的形成机理。

19.2　研究目标与研究内容

本项目依托中国科学院广州地球化学研究所有机地球化学国家重点实验室,开展代表性矿质气溶胶的理化性质及非均相反应的实验室研究。研究目标主要包括以下几点:

(1) 建立一种新的气溶胶吸湿性测量方法。该方法的各项关键性能指标达到国际一流水平,并尤其适合于研究形貌不规则的吸湿性较弱的矿质气溶胶。

(2) 测定代表性矿质气溶胶的吸湿性,阐明矿质气溶胶吸湿性与其化学成分、矿物成分、粒径和BET面积的关系,为揭示矿质气溶胶的非均相反应活性提供基础数据。

(3) 搭建用于研究矿质气溶胶非均相反应的固定床发生器,开展SO_2与代表性矿质气溶胶的非均相反应,并考察NO_2的共存对该非均相反应的影响;测定典型大气条件下非均相反应的摄取系数以及硫酸盐和硝酸盐的生成速率,并阐明非均相反应对水溶性Fe元素的增强作用。

19.3　研究方案

本项目所采取的研究方案主要包括矿质颗粒物的表征、非均相反应的实验室模拟,以及颗粒物吸湿性、成分和Fe元素水溶性的测量。

19.3.1　矿质颗粒物的表征

本项目将重点关注我国大气矿质颗粒物中常见的金属氧化物(Fe_2O_3和TiO_2等)、黏土矿物(伊利石、高岭石和蒙脱石等)和实际沙尘颗粒物。拟使用比表面积测定仪测定各种颗粒物的 BET 比表面积,使用透射电子显微镜(TEM)和扫描电子显微镜(SEM)观察颗粒物的形貌和粒径,使用 X 射线衍射仪(XRD)测定颗粒物的矿物成分和晶格结构,使用离子色谱仪测定颗粒物中的无机水溶性离子成分。

19.3.2 非均相反应的实验室模拟

使用固定床反应器研究 SO_2 以及 SO_2/NO_2 与代表性矿质气溶胶的非均相反应,19.4.2 节详细介绍了本项目使用的固定床反应器。在本项目中,使用的矿质颗粒物(放置在样品膜上)的质量为 5 mg 左右,NO_2 和 SO_2 的浓度不超过 10 ppmv,RH 最高可达 90%,反应时间最长可达 24 h。本项目主要研究代表性含铁矿质气溶胶与 SO_2、NO_2 和 SO_2/NO_2 共存的非均相反应。

19.3.3 颗粒物吸湿性的测量

将样品膜剪碎后转移至蒸汽吸附分析仪的石英样品池中,使用该仪器测量非均相反应前后颗粒物样品的质量随 RH(0~90%)的变化,以研究非均相反应对矿质气溶胶吸湿性的影响。该仪器的质量测量范围为 0~100 mg,灵敏度可达 0.01 μg,精确度优于 0.1%;温度控制范围为 5~85℃,精度为 ±0.1℃;RH 控制范围为 0~98%,精度为 ±1%。19.4.1 节详细介绍了本项目使用蒸汽吸附分析仪测量颗粒物吸湿性的方法。

19.3.4 颗粒物成分的测量

在完成吸湿性测量之后,将盛有样品膜的石英样品池转移到 15 mL 高纯去离子水中,并将溶液放在轨道摇床上提取 120 min;然后,对提取液进行离心分离和过滤,并将滤液分成两等份。第一份滤液用于离子色谱分析,以测定水溶性离子(如硫酸盐、硝酸盐和亚硝酸盐)的含量。通过测量颗粒物中硫酸盐和硝酸盐含量随反应时间的变化,可以获得不同反应条件下 SO_2 和 NO_2 与矿质气溶胶非均相反应的摄取系数。

19.3.5 颗粒物 Fe 元素水溶性的测量

往第二份滤液中加入一定量的色谱纯级浓盐酸使其酸化。使用电感耦合等离子体质谱仪(ICP-MS)分析第二份滤液,测量滤液中 Fe 元素的总含量,以考察非均相反应前后颗粒物中 Fe 元素水溶性的变化。

19.4 主要进展与成果

19.4.1 大气颗粒物吸湿性测量方法的开发

非均相反应将改变大气颗粒物的化学成分和吸湿性;同时,吸湿性是大气颗粒物最重要的理化性质之一,决定了实际大气条件下颗粒物的含水量,从而影响非均相反应的反应机理和反应速率。矿质颗粒物形貌不规则,且吸湿性较弱,如何准确测定矿质颗粒物的吸湿性一直是矿质气溶胶研究领域的一大难题。

在本项目的支持下,我们开发了一种使用蒸汽吸附分析仪研究大气颗粒物吸湿性的新方法,该方法通过准确测定不同相对湿度下颗粒物的质量变化来研究其吸湿性。如图 19.1 所示,该仪器包括自动进样器、高精度称量天平、湿度控制室、质量流量控制器(MFC)、气体传输和混合气路,以及两个单独的相对湿度传感器等。高精度称量天平用于准确测量样品的质量,是蒸汽吸附分析仪的重要组成部分。质量流量控制器 1 和控制器 2 用于控制湿度室内的相对湿度,总流速为 200 mL min^{-1};质量流量控制器 3 控制吹扫气体,流速为 10 mL min^{-1}。该仪器温度控制范围为 5~85℃,温度控制精度为±0.1℃;RH 控制范围为 0~98%,RH 控制精度为±1%。实验室测试表明,该仪器非常灵敏,能够准确测定 0.025% 的质量变化。由于上述卓越性能,这项技术非常适用于研究形貌不规则或吸湿性较弱的大气颗粒物(比如矿质颗粒物、烟炱和生物气溶胶等),目前已被成功用于研究高氯酸盐、钙盐、镁盐和花粉颗粒物的吸湿性。

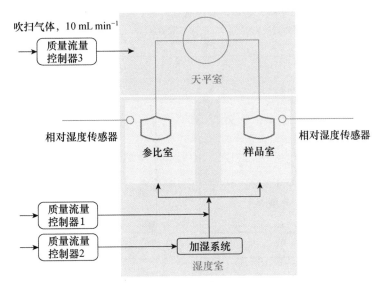

图 19.1 蒸汽吸附分析仪

我们系统地研究了该新方法的可靠性。首先,使用该方法测量了 NaCl、$(NH_4)_2SO_4$ 和 $Mg(NO_3)_2$ 等六种物质在 5~30℃ 的潮解点;如图 19.2 所示,测量值与之前文献所报道的结果非常一致。此外,使用该方法测量了氯化钠和硫酸铵在 5℃ 和 25℃ 下的质量吸湿增长因子;如图 19.3 所示,测量结果与 E-AIM 模型的计算结果吻合度很好。上述实验结果表明,这种新方法能够准确测定大气颗粒物的吸湿性。同时,我们使用该仪器研究了 $CaSO_4 \cdot 2H_2O$ 在 25℃ 下的吸湿性。RH 为 95% 时,$CaSO_4 \cdot 2H_2O$ 所含吸附水的质量为其初始质量的 0.450%±0.004%(1σ),这表明 $CaSO_4 \cdot 2H_2O$ 的吸湿性较弱。

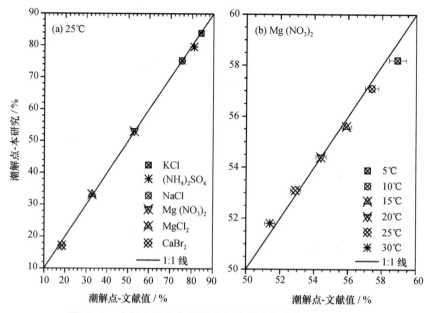

图 19.2　本研究测定的潮解点与文献中报道的潮解点对比

[图(a)为在 25℃下不同物质的潮解点；图(b)为不同温度(5~30℃)下 $Mg(NO_3)_2$ 的潮解点。]

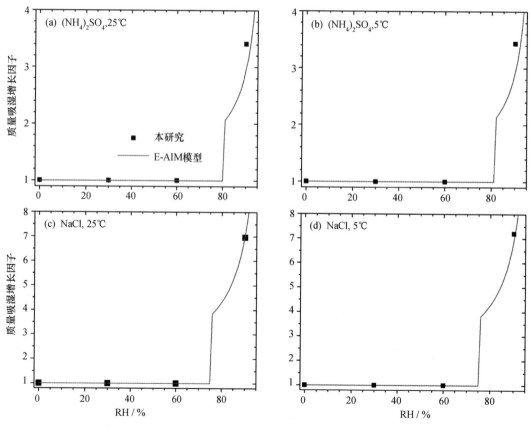

图 19.3　NaCl 和 $(NH_4)_2SO_4$ 在 5℃和 25℃下的质量吸湿增长因子

19.4.2 固定床反应器的搭建

本项目搭建的非均相反应研究装置示意图如图 19.4 所示。左边部分为反应装置的配气系统,通过质量流量控制器调节 SO_2 与 NO_2 标准气体的流速,以获得目标浓度的 SO_2 与 NO_2 气体;通过调节干湿合成空气流速比例来控制 RH,RH 控制范围为 0~98%,精度为 ±1%。示意图右上部为反应系统,由空白反应器与样品反应器组成。空白反应器中放置空白的 PTFE 滤膜,样品反应器中放置样品膜。反应开始前,关闭样品反应器,混合气通过空白反应器;平衡一段时间后,打开样品反应器,关闭空白反应器,混合气通过样品反应器,开始与样品膜上矿质颗粒物发生非均相反应。在反应过程中,使用 SO_2 分析仪和氮氧化物(NO_x)分析仪实时监测反应气体浓度。

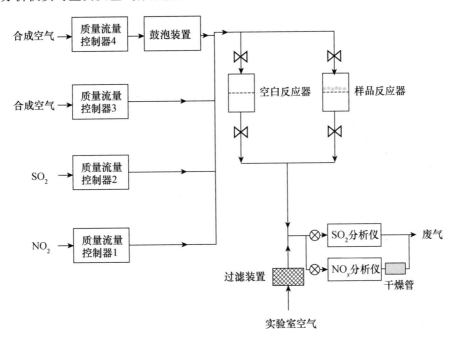

图 19.4　非均相反应研究装置

传统的非均相反应研究往往是将固体样品粉末堆积于样品池中与痕量气体进行反应;由于气体分子的扩散作用,气体分子与颗粒物的碰撞面积会有较大的不确定性,进而导致摄取系数计算的不确定性。使用气溶胶流动管反应器或烟雾箱则可以更好地模拟痕量气体与气溶胶颗粒物的非均相反应,但此方法的缺点是所需仪器较多、价格昂贵且运行维护成本较高,因而一定程度上制约了其在大气非均相反应研究中的应用。本项目创新性地将矿质颗粒物样品均匀涂抹于 PTFE 滤膜上,放置于小型内壁特氟龙涂层的样品反应器中参与反应;操作简便,同时又能确保膜上的颗粒物与反应气体完全接触,使得反应更贴近实际大气条件。本项目中所使用到的样品膜上矿质颗粒物质量为 (5±1)mg,假设粒径为 0.4 μm、密度为 5 g cm^{-3} 的样品颗粒物均匀覆盖在膜上,样品颗粒物在膜上覆盖层数仅为 2~3 层。由此说明,本项目中建立的非均相反应研究方法相比于传统研究方法更贴近实际大气条件,且操作简便,可广泛应用于非均相反应研究。

19.4.3 矿质气溶胶的吸湿性

非均相反应将改变大气颗粒物的化学成分和包括吸湿性在内的各种理化性质,同时,吸湿性的变化将改变颗粒物的含水量,从而影响非均相反应的反应机理和反应速率。在该项目的支持下,基于前期开发的蒸汽吸附分析仪研究大气颗粒物吸湿性的新方法,对一系列矿质颗粒物的吸湿性进行了测量。由干旱和半干旱地区地表排放进入大气的矿质颗粒物是一种非常重要的大气颗粒物,其年排放量居于全球第二位,而大气含量则居于全球第一位。一般认为,这些矿质颗粒物主要由石英、长石、伊利石、高岭石、蒙脱石和碳酸盐矿物组成,其吸湿性很弱。最近几年的外场观测表明,矿质颗粒物,尤其是从干盐湖和盐碱地表面排放进入大气的矿质颗粒物,除了上述吸湿性很弱的矿物之外,往往还含有一定量的水溶性盐(如氯化钠和硫酸钠等)。与沙尘暴相对应,这类矿质颗粒物常被俗称为盐尘暴颗粒物。然而,目前关于盐尘暴大气颗粒物吸湿性的科学认识还基本处于空白阶段。

我们针对这一问题展开深入研究。购买和采集了13个中国干旱和半干旱地区地表土壤样品,使用X射线衍射仪测定了这些样品的矿物组分,使用离子色谱仪分析了它们的水溶性离子成分,并使用蒸汽吸附分析仪研究了这些样品的吸湿性。研究发现,不同样品的吸湿性存在着很大的差异;具体来说,RH为90%和<1%时颗粒物样品质量比(即吸湿增长因子)最小仅为1.02,最大则可达6.7。

盐尘暴颗粒物的吸湿性主要取决于其矿物组分和水溶性离子成分;吸湿性较强的颗粒物往往含有一定量的石盐和芒硝,而这些颗粒物的吸湿性与水溶性阴阳离子的含量呈现出较好的相关性。该研究进一步基于水溶性阴阳离子的含量,使用气溶胶热力学模型(ISORROPIA-Ⅱ)模拟了90% RH下这些样品的吸湿增长因子(图19.5),发现总体上计算结果与实测结果较为吻合。该研究表明,某些盐尘暴颗粒物可能具有一定乃至较强的吸湿性,这可能改变我们关于矿质颗粒物吸湿性的科学认识,进而帮助我们更好地了解矿质颗粒物在大气化学和气候系统中的作用。

除了上述的盐尘暴颗粒物以外,矿质颗粒物中还含有丰富的碳酸盐矿物(比如石灰石和白云石等),这些碳酸盐矿物在大气中与SO_2、NO_x等酸性气体发生非均相反应,将生成$Ca(NO_3)_2$等二次产物。我们使用蒸汽吸附分析仪和加湿串联电迁移率分析仪,通过测量颗粒物的质量和直径随RH的变化,系统地研究了8种代表性钙盐和镁盐大气颗粒物的吸湿性,这8种颗粒物分别为$Ca(NO_3)_2$、$Mg(NO_3)_2$、$MgCl_2$、$CaCl_2$、$Ca(HCOO)_2$、$Mg(HCOO)_2$、$Ca(CH_3COO)_2$和$Mg(CH_3COO)_2$。研究发现,这8种物质的吸湿性有较大差别,但都强于石灰石和白云石等碳酸盐矿物,这表明非均相反应能够显著增强碳酸盐矿质颗粒物的吸湿性。如图19.6所示,当RH为90%时,$Ca(NO_3)_2$、$Mg(NO_3)_2$、$CaCl_2$和$MgCl_2$气溶胶的吸湿增长因子分别为1.79 ± 0.03、1.71 ± 0.03、1.67 ± 0.03和1.71 ± 0.03。

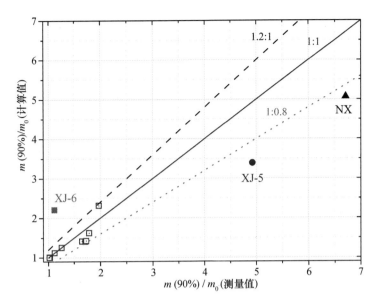

图 19.5 90% RH 下颗粒物样品的吸湿增长因子：计算结果与实测结果的对比

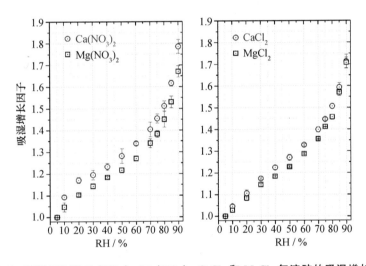

图 19.6 不同 RH 下 $Ca(NO_3)_2$、$Mg(NO_3)_2$、$CaCl_2$ 和 $MgCl_2$ 气溶胶的吸湿增长因子

矿质颗粒物在大气中与 SO_2、NO_2 等污染气体发生非均相反应，生成可溶性的硫酸盐或硝酸盐，这些反应的发生会显著增强矿质颗粒物的吸湿性。矿质颗粒物吸湿性的增强又进一步促进非均相反应的发生，因此研究矿质颗粒物的吸湿性对于认识其在实际大气中发生的非均相反应具有重要意义。

19.4.4 NO_2 与矿质气溶胶的非均相反应

在本项目的支持下，我们使用固定床反应器，研究了不同 RH(0~90%)下 NO_2 与赤铁矿、磁铁矿及针铁矿的非均相反应；所使用的 NO_2 浓度为 (2.5 ± 0.1) ppmv，更接近实际大气条件。非均相反应前后赤铁矿与针铁矿的形貌及化学组成如图 19.7 所示,磁铁矿由于其强磁性,SEM-EDS 无法对其进行形貌及化学组成进行分析。反应前后赤铁矿与针铁矿形貌并无明显变化,但从能谱图可看出,反应前后颗粒物的化学组成略有差异。以赤铁矿为例,与反应前样品的 EDS 谱图[图 19.7(e)]相比,反应后样品的 EDS 谱图[图 19.7(f)]中有一个较为明显的 N 峰,证明非均相反应过程有硝酸盐形成。

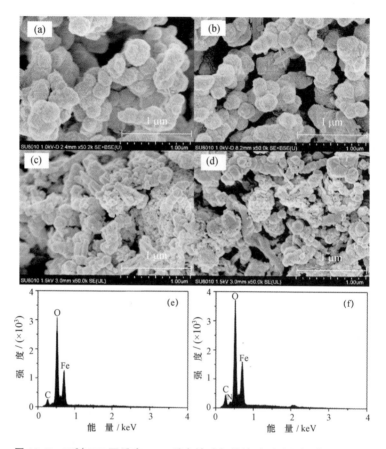

图 19.7　90% RH 下反应 24 h 后赤铁矿与针铁矿形貌和化学组成变化

[图(a)为反应前赤铁矿,图(b)为反应后赤铁矿,图(c)为反应前针铁矿,图(d)为反应后针铁矿,图(e)为反应前赤铁矿的能谱,图(f)为反应后赤铁矿的能谱。]

NO_2 与三种矿质颗粒物非均相反应的固相产物中只检测出 NO_3^-,而并未检测出 NO_2^-,这是由于另一反应产物 HONO 主要存在于气相中。不同反应条件下 NO_2 与赤铁矿反应的硝酸盐产率如图 19.8 所示,硝酸盐产率以生成的硝酸盐与未反应的颗粒物质量分数表示。当 RH 为 0、30% 和 60% 时,反应在 12 h 左右达到饱和,此时硝酸盐产率最大为 0.16%±0.02%;而当 RH 由 60% 提高到 90% 时,硝酸盐产率明显增加。虽然随着反应时间的增加,反应速率有所下降,但反应直到 24 h 仍未达到饱和,此时硝酸盐产率为 0.20%。高湿条件有利于硝酸盐形成,这主要是由于矿质颗粒物表面吸附的水膜有助于 NO_2 的吸收,进而有利于非均相反应进行。

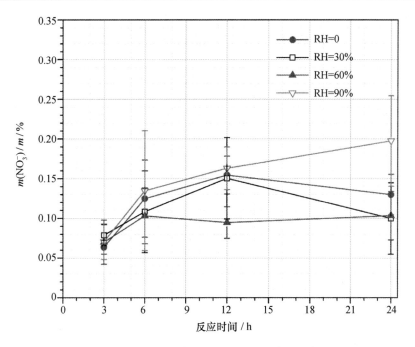

图 19.8　NO_2 与赤铁矿非均相反应的硝酸盐产率

我们也研究了 RH 为 30% 和 60% 时 NO_2 与磁铁矿和针铁矿的非均相反应,其中 NO_2 与磁铁矿非均相反应的硝酸盐产率如图 19.9(a)所示。RH 为 30% 与 60% 条件下硝酸盐产率基本无差别,且反应几乎在 3 h 或更短的时间即达到饱和,反应 24 h 后硝酸盐产率为 0.13%±0.02%。与同等条件下 NO_2 与赤铁矿的非均相反应相比(0.10%±0.04%),NO_2 与磁铁矿非均相反应的硝酸盐产率略高。低湿条件下,硝酸盐产率随 RH 的变化并无明显改变;而通过对少量 90% RH 下 NO_2 与磁铁矿反应 24 h 的样品分析发现,硝酸盐产率可达 0.20%左右,显著高于 30% 与 60% RH 下的硝酸盐产率。这说明,高湿条件对 NO_2 与磁铁矿的非均相反应有明显的促进作用。

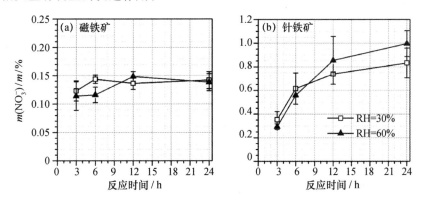

图 19.9　NO_2 与磁铁矿(a)和针铁矿(b)非均相反应的硝酸盐产率

相较于 NO_2 与赤铁矿及磁铁矿的非均相反应,NO_2 与针铁矿的非均相反应则明显不同,如图 19.9(b)所示。无论在何种湿度条件下,硝酸盐产率随反应时间的延长均呈明显上升趋势,且反应直到 24 h 仍未达到饱和。60% RH 下的硝酸盐产率明显高于 30% RH 下的硝酸盐产率,硝酸盐产率最高可达 1% 左右,显著高于 NO_2 与赤铁矿及磁铁矿非均相反应的硝酸盐产率。这可能是由于针铁矿表面羟基官能团的存在,更易吸附 NO_2 与水分子进而有利于非均相反应的进行。

NO_2 与三种矿质颗粒物非均相反应的硝酸盐产率均不足 1%,该反应对硝酸盐产率的贡献极其有限。计算得到硝酸盐在赤铁矿、磁铁矿以及针铁矿表面最大覆盖层数分别为 0.3、0.2 和 0.8,均小于一个分子单层,由此说明三种矿质颗粒物表面的反应位点并不都能参与 NO_2 的非均相反应。同时计算出硝酸盐在赤铁矿、磁铁矿以及针铁矿表面最大覆盖密度分别为 3.2×10^{14}、2.2×10^{14} 和 8.4×10^{14} cm^{-2}。

基于硝酸盐产率,我们计算了反应前 3 h NO_2 与赤铁矿、磁铁矿和针铁矿非均相反应的平均摄取系数。在反应的前 3 h,RH 对摄取系数并无影响。NO_2 在赤铁矿、磁铁矿及针铁矿表面的摄取系数依次增加,均小于 5×10^{-8},说明该反应的重要性较小。对 NO_2 与三种矿质颗粒物非均相反应前后水溶性 Fe 含量进行测定,发现非均相反应过程中只有极少量水溶性 Fe 产生,Fe 元素水溶性增加值小于 5×10^{-4}(图 19.10)。这说明,NO_2 的非均相反应对三种矿质颗粒物中 Fe 元素水溶性的促进作用十分有限。

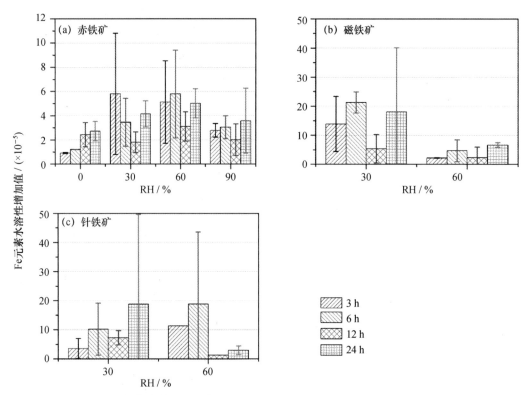

图 19.10 NO_2 与赤铁矿(a)、磁铁矿(b)及针铁矿(c)非均相反应前后 Fe 元素水溶性变化

19.4.5 SO_2 和 NO_2 与矿质气溶胶的非均相反应

在本项目的支持下,我们使用自主搭建的固定床反应器研究了 SO_2 与赤铁矿、磁铁矿和

针铁矿的非均相反应,以及 SO_2 和 NO_2 共存时与三种矿质颗粒物的非均相反应。本项目所使用的 SO_2 浓度也为 (2.5 ± 0.1) ppmv,其他反应条件与 NO_2 的非均相反应条件完全一致。研究结果表明,SO_2 与赤铁矿和磁铁矿的非均相反应几乎无硫酸盐生成;而 SO_2 与针铁矿的非均相反应则有明显的硫酸盐生成,这可能是由于针铁矿表面存在的羟基官能团促进了 SO_2 气体分子在颗粒物表面的吸收转化。图 19.11 为 SO_2 与针铁矿在四种不同 RH 下反应 24 h 后的硫酸盐产率。随着 RH 的增加,硫酸盐产率呈显著递增趋势,且当 RH 为 90% 时,硫酸盐产率最高可达 0.79% 左右。这一结果表明,RH 的增加能够显著促进 SO_2 与针铁矿的非均相反应。非均相反应生成的硫酸盐在针铁矿表面的最大覆盖密度为 4.4×10^{14} cm^{-2},覆盖层数为 0.4,不足一个分子单层,该反应对硫酸盐产率的贡献比较有限。对 SO_2 与针铁矿非均相反应 24 h 后的样品进行水溶性 Fe 分析,结果发现 SO_2 的非均相反应产生的水溶性 Fe 含量极低,Fe 元素水溶性增加值小于 10^{-4}。由此说明,SO_2 的非均相反应对针铁矿中 Fe 元素水溶性的促进作用十分有限。

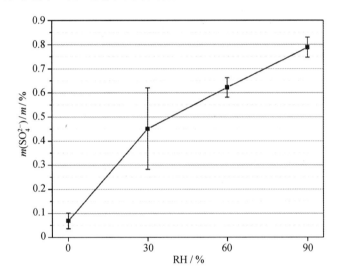

图 19.11 SO_2 与针铁矿非均相反应 24 h 后硫酸盐产率

SO_2 和 NO_2 共存时,与赤铁矿以及磁铁矿的非均相反应中均无硫酸盐检出;这与 SO_2 单独存在时的非均相反应结果相一致,表明 NO_2 共存并不能促进 SO_2 与赤铁矿及磁铁矿的非均相反应。与硫酸盐相反,反应产物中检测出了明显的硝酸盐,图 19.12 反映了不同 RH 下 SO_2 和 NO_2 共存时与赤铁矿及磁铁矿反应 24 h 后的硝酸盐产率。由图 19.12(a)可知,RH 的变化对赤铁矿的非均相反应的硝酸盐产率几乎没有影响,硝酸盐平均产率仅为 0.12% 左右,该反应对硝酸盐产率的贡献十分有限。和同等条件下 NO_2 与赤铁矿的非均相反应相比,二者的硝酸盐产率相近,也表明 SO_2 共存对 NO_2 与赤铁矿的非均相反应无影响。当 SO_2 和 NO_2 共存时,磁铁矿的非均相反应与赤铁矿的非均相反应相比略有不同[图 19.12(b)]。可以看出,随着 RH 的增加,硝酸盐产率不断增加,高湿条件有利于 NO_2 的非均相氧化,进而转化为硝酸盐。在反应 24 h 后,硝酸盐产率达最高,可达 0.16% 左右,这一值略低于同等条件下 NO_2 与磁铁矿非均相反应的硝酸盐产率。

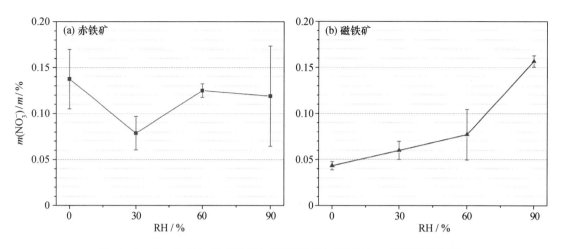

图 19.12 SO_2 和 NO_2 与赤铁矿(a)及磁铁矿(b)反应 24 h 后硝酸盐产率

SO_2 和 NO_2 与针铁矿的非均相反应中有硫酸盐生成(图 19.13)。在干态下(RH 为 0),反应 24 h 后有少量硫酸盐生成,其产率约为 0.08%;而当 RH 为 30% 和 60% 时,该反应有明显的硫酸盐生成,反应 24 h 后硫酸盐产率最高可达 0.55% 左右;当 RH 增加至 90% 时,硫酸盐产率达到最高,在 0.66% 左右;高湿条件有助于 SO_2 在针铁矿表面的非均相氧化。与 SO_2 和针铁矿的非均相反应相比,NO_2 共存时硫酸盐产率略有所降低,考虑到测量误差,NO_2 对 SO_2 与针铁矿的非均相反应并无影响。该反应生成的硫酸盐在针铁矿表面的最大覆盖密度为 4.8×10^{14} cm^{-2},覆盖层数为 0.5,不足一个分子单层。SO_2 和 NO_2 与针铁矿非均相反应对硫酸盐产率的贡献十分有限。

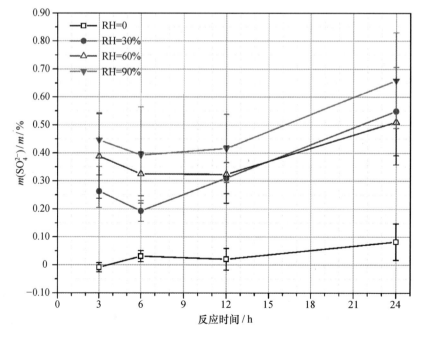

图 19.13 SO_2 和 NO_2 与针铁矿非均相反应的硫酸盐产率

第 19 章　矿质颗粒物对硫酸盐形成的促进效应及可溶性过渡金属的作用：实验室基础研究

图 19.14 为 SO_2 和 NO_2 与针铁矿非均相反应的硝酸盐产率，从图中可以看出，反应在 24 h 时仍未完全达到饱和。在干态下，反应 24 h 后硝酸盐产率约为 0.27%；当 RH 为 30% 和 60% 时，硝酸盐产率显著增加，最高可达 0.65% 左右；而当 RH 增加至 90%，硝酸盐产率最高，约为 1.18%。随着 RH 的增加，硝酸盐产率呈显著增加趋势，高湿条件有助于 NO_2 在针铁矿表面的非均相氧化。此外，相同反应条件下，与 NO_2 和针铁矿的非均相反应相比，SO_2 共存时硝酸盐的产率明显降低，这表明 SO_2 的共存抑制了 NO_2 与针铁矿的非均相反应。

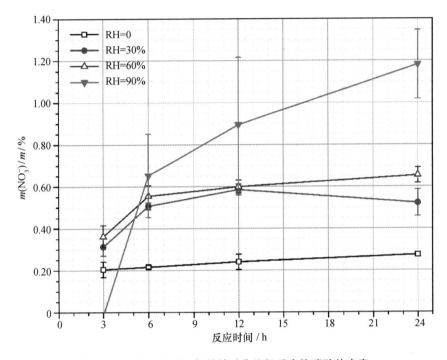

图 19.14　SO_2 和 NO_2 与针铁矿非均相反应的硝酸盐产率

基于上述研究结果，我们计算了 SO_2 和 NO_2 与针铁矿反应前 3 h SO_2 的平均摄取系数，RH 为 30%、60% 和 90% 条件下 SO_2 的平均摄取系数分别 2.80×10^{-8}、4.13×10^{-8} 和 4.75×10^{-8}。总体来看，反应前 3 h 平均反应摄取系数均小于 5×10^{-8}，该反应十分微弱。非均相反应过程中只有极少量水溶性 Fe 产生，Fe 元素水溶性增加值小于 5×10^{-4}，且 RH 对 Fe 元素水溶性改变并无影响；SO_2 和 NO_2 与针铁矿等矿质颗粒物的非均相反应对针铁矿中 Fe 元素水溶性的影响十分有限。

综上所述，矿质颗粒物在大气中与 SO_2、NO_2 等污染气体发生非均相反应，生成水溶性的硫酸盐或硝酸盐，有助于增强矿质颗粒物的吸湿性；矿质颗粒物吸湿性的增强又进一步促进非均相反应的发生。盐尘暴这类吸湿性较强的矿质颗粒物可能是 SO_2 和 NO_2 等大气污染气体发生非均相氧化的重要场所，了解这类矿质颗粒物的吸湿性在大气化学研究中具有重要意义。同时本项目通过对 SO_2 和 NO_2 与赤铁矿、磁铁矿以及针铁矿的非均相反应进行研究，结果发现，该非均相反应较为微弱，对硫酸盐、硝酸盐以及水溶性 Fe 的贡献比较有限；

这主要与这类矿质颗粒物本身的物理化学特性相关，本研究结果进一步明确了这类矿质颗粒物的非均相反应在实际大气中的意义。

19.4.6 本项目资助发表论文

[1] Li R, Jia X H, Wang F, et al. Heterogeneous reaction of NO_2 with hematite, goethite and magnetite: Implications for nitrate formation and iron solubility enhancement. Chemosphere, 2020, 242: 1-9.

[2] Tang M J, Chan C K, Li Y J, et al. A review of experimental techniques for aerosol hygroscopicity studies. Atmospheric Chemistry Physics, 2019, 19: 12631-12686.

[3] Tang M J, Gu W J, Ma Q X, et al. Water adsorption and hygroscopic growth of six anemophilous pollen species: The effect of temperature. Atmospheric Chemistry Physics, 2019, 19: 2247-2258.

[4] Gu W J, Li Y J, Tang M J, et al. Water uptake and hygroscopicity of perchlorates and implications for the existence of liquid water in some hyperarid environments. Rsc Advances, 2017, 7: 46866-46873.

[5] Gu W J, Li Y J, Zhu J X, et al. Investigation of water adsorption and hygroscopicity of atmospherically relevant particles using a commercial vapor sorption analyzer. Atmospheric Measurement Techniques, 2017, 10: 3821-3832.

[6] Tang M J, Huang X, Lu K D, et al. Heterogeneous reactions of mineral dust aerosol: Implications for tropospheric oxidation capacity. Atmospheric Chemistry Physics, 2017, 17: 11727-11777.

[7] Tang M J, Zhang H H, Gu W J, et al. Hygroscopic properties of saline mineral dust from different regions in China: Geographical variations, compositional dependence, and atmospheric implications. Journal of Geophysical Research-Atmospheres, 2019, 124: 10844-10857.

[8] Guo L Y, Gu W J, Peng C, et al. A comprehensive study of hygroscopic properties of calcium- and magnesium-containing salts: Implication for hygroscopicity of mineral dust and sea salt aerosols. Atmospheric Chemistry Physics, 2019, 19: 2115-2133.

[9] Tang M J, Guo L Y, Bai Y, et al. Impacts of methanesulfonate on the cloud condensation nucleation activity of sea salt aerosol. Atmospheric Environment, 2019, 201: 13-17.

[10] Gu W J, Cheng P, Tang M J. Compilation and evaluation of gas phase diffusion coefficients of halogenated organic compounds. Royal Society Open Science, 2018, 5: 171936-171936.

[11] Tang M J, Chen J, Wu Z J. Ice nucleating particles in the troposphere: Progresses, challenges and opportunities. Atmospheric Environment, 2018, 192: 206-208.

参考文献

[1] 贺泓，王新明，王跃思等. 大气灰霾追因与控制. 中国科学院院刊, 2013, 28: 344-352.

[2] Zhang X Y, Wang Y Q, Niu T, et al. Atmospheric aerosol compositions in China: Spatial/temporal variability, chemical signature, regional haze distribution and comparisons with global aerosols. Atmospheric Chemistry Physics, 2012, 12: 779-799.

[3] He H, Wang Y S, Ma Q X, et al. Mineral dust and NO_x promote the conversion of SO_2 to sulfate in heavy pollution days. Scientific Reports, 2014, 4: 1-5.

[4] IPCC. Climate Change 2013: The physical science basis. UK: Cambridge University Press, 2014.

[5] Lohmann U, Feichter J. Global indirect aerosol effects: A review. Atmospheric Chemistry Physics,

2005, 5: 715-737.

[6] Guo S, Hu M, Zamora M, et al. Elucidating severe urban haze formation in China. Proceedings of the National Academy of Sciences of the United States of America, 2014, 111: 17373-17378.

[7] Sun Y L, Zhuang G S, Tang A H, et al. Chemical characteristics of $PM_{2.5}$ and PM_{10} in haze-fog episodes in Beijing. Environmental Science & Technology, 2006, 40: 3148-3155.

[8] Fu Q, Zhuang G, Wang C, et al. Mechanism of formation of the heaviest pollution episode ever recorded in the Yangtze River Delta, China. Atmospheric Environment, 2008, 42: 2023-2036.

[9] Tan J H, Duan J C, He K B, et al. Chemical characteristics of $PM_{2.5}$ during a typical haze episode in Guangzhou. Journal of Environmental Sciences, 2009, 21: 774-781.

[10] Zhang Q, He K B, Hong H. Cleaning China's air. Nature, 2012, 484: 161-162.

[11] Huang X, Song Y, Zhao C, et al. Pathways of sulfate enhancement by natural and anthropogenic mineral aerosols in China. Journal of Geophysical Research: Atmospheres, 2014, 119: 14165-14179.

[12] Zheng B, Zhang Q, Zhang Y, et al. Heterogeneous chemistry: A mechanism missing in current models to explain secondary inorganic aerosol formation during the January 2013 haze episode in North China. Atmospheric Chemistry and Physics, 2015, 15: 2031-2049.

[13] Alexander B, Park R J, Jacob D J, et al. Transition metal-catalyzed oxidation of atmospheric sulfur: Global implications for the sulfur budget. Journal of Geophysical Research, 2009, 114: 1-13.

[14] Ginoux P, Prospero J M, Gill T E, et al. Global-scale attribution of anthropogenic and natural dust sources and their emission rates based on MODIS Deep Blue aerosol products. Reviews of Geophysics, 2012, 50: 1-36.

[15] Tang Y H, Carmichael G R, Kurata G, et al. Impacts of dust on regional tropospheric chemistry during the ACE-Asia experiment: A model study with observations. Journal of Geophysical Research, 204, 109: 1-21.

[16] Li W J, Shao L Y, Zhang D Z, et al. A review of single aerosol particle studies in the atmosphere of East Asia: Morphology, mixing state, source, and heterogeneous reactions. Journal of Cleaner Production, 2016, 112: 1330-1349.

[17] Tang Y H, Carmichael G R, Seinfeld J H, et al. Three-dimensional studies of aerosol ions and their size distribution in East Asia during spring 2001. Journal of Geophysical Research: Atmospheres, 2004, 109, D19s23.

[18] Goodman A L, Li P, Usher C R, et al. Heterogeneous uptake of sulfur dioxide on aluminum and magnesium oxide particles. Journal of Physical Chemistry A, 2001, 105: 6109-6120.

[19] Usher C R, Al-Hosney H, Carlos-Cuellar S, et al. A laboratory study of the heterogeneous uptake and oxidation of sulfur dioxide on mineral dust particles. Journal of Geophysical Research: Atmospheres 2002, 107: 4713.

[20] Adams J W, Rodriguez D, Cox R A. The uptake of SO_2 on Saharan dust: A flow tube study. Atmospheric Chemistry and Physics, 2005, 5: 2679-2689.

[21] Prince A P, Kleiber P, Grassian V H, et al. Heterogeneous interactions of calcite aerosol with sulfur dioxide and sulfur dioxide-nitric acid mixtures. Physical Chemistry Chemical Physics, 2007, 9: 3432-3439.

[22] Zhang X Y, Zhuang G S, Chen J M, et al. Heterogeneous reactions of sulfur dioxide on typical mineral particles. Journal of Physical Chemistry B, 2006, 110: 12588-12596.

[23] Crowley J N, Ammann M, Cox R A, et al. Evaluated kinetic and photochemical data for atmospheric chemistry: Volume V-heterogeneous reactions on solid substrates. Atmospheric Chemistry and Physics, 2010, 10: 9059-9223.

[24] Ullerstam M, Johnson M S, Vogt R, Ljungstrom E. DRIFTS and Knudsen cell study of the heterogeneous reactivity of SO_2 and NO_2 on mineral dust. Atmospheric Chemistry and Physics, 2003, 3: 2043-2051.

[25] Ullerstam M, Vogt R, Langer S, et al. The kinetics and mechanism of SO_2 oxidation by O_3 on mineral dust. Physical Chemistry Chemical Physics, 2002, 4: 4694-4699.

[26] Li L, Chen Z M, Zhang Y H, et al. Kinetics and mechanism of heterogeneous oxidation of sulfur dioxide by ozone on surface of calcium carbonate. Atmospheric Chemistry and Physics, 2006, 6: 2453-2464.

[27] Zhao Y, Liu Y C, Ma J Z, et al. Heterogeneous reaction of SO_2 with soot: The roles of relative humidity and surface composition of soot in surface sulfate formation. Atmospheric Environment, 2017, 152: 465-476.

[28] Huang L B, Zhao Y, Li H, et al. Kinetics of 和 heterogeneous reaction of sulfur dioxide on authentic mineral dust: Effects of relative humidity and hydrogen peroxide. Environmental Science & Technology, 2015, 49: 10797-10805.

[29] Ma Q X, Liu Y C, He H. Synergistic effect between NO_2 and SO_2 in their adsorption and reaction on γ-alumina. The Journal of Physical Chemistry A, 2008, 112: 6630-6635.

[30] Liu C, Ma Q, Liu Y, et al. Synergistic reaction between SO_2 and NO_2 on mineral oxides: A potential formation pathway of sulfate aerosol. Physical Chemistry Chemical Physics, 2012, 14: 1668-1676.

[31] Kong L D, Zhao X, Sun Z Y, et al. The effects of nitrate on the heterogeneous uptake of sulfur dioxide on hematite. Atmospheric Chemistry and Physics, 2014, 14: 9451-9467.

[32] Yang Y, Wang H L, Smith, S. J, et al. Global source attribution of sulfate concentration and direct and indirect radiative forcing. Atmospheric Chemistry and Physics, 2017, 17: 8903-8922.

[33] Wu L Y, Tong S R, Wang W G, et al. Effects of temperature on the heterogeneous oxidation of sulfur dioxide by ozone on calcium carbonate. Atmospheric Chemistry and Physics, 2011, 11: 6593-6605.

[34] Wu L Y, Tong S R, Zhou L, et al. Synergistic effects between SO_2 and HCOOH on α-Fe_2O_3. The Journal of Physical Chemistry A, 2013, 117: 3972-3979.

[35] Shang J, Li J, Zhu T. Heterogeneous reaction of SO_2 on TiO_2 particles. Science China Chemistry, 2010, 53: 2637-2643.

[36] Dupart Y, King S M, Nekat B, et al. Mineral dust photochemistry induces nucleation events in the presence of SO_2. Proceedings of the National Academy of Sciences of the United States of America, 2012, 109: 20842-20847.

[37] Mccabe J R, Savarino J, Alexander B, et al. Isotopic constraints on non-photochemical sulfate production in the Arctic winter. Geophysical Research Letters, 2009, 33: 151-162.

[38] Harris E, Sinha B, Pinxteren D V et al. Enhanced role of transition metal ion catalysis during in-cloud oxidation of SO_2. Science, 2013, 340: 727-730.

[39] Harris E, Sinha B, Pinxteren D V, et al. In-cloud sulfate addition to single particles resolved with sulfur isotope analysis during HCCT-2010. Atmospheric Chemistry and Physics 2014, 14: 4219-4235.

[40] Harris E, Sinha B, Hoppe P, et al. High-precision measurements of ^{33}S and ^{34}S fractionation during SO_2 oxidation reveal causes of seasonality in SO_2 and sulfate isotopic composition. Environmental

Science & Technology, 2013, 47: 12174-12183.

[41] Pozzer A, Meij A D, Pringle K J, et al. Distributions and regional budgets of aerosols and their precursors simulated with the EMAC chemistry-climate model. Atmospheric Chemistry and Physics 2012, 12: 961-987.

[42] Jiang H, Liao H, Pye H O T, et al. Projected effect of 2000—2050 changes in climate and emissions on aerosol levels in China and associated transboundary transport. Atmospheric Chemistry and Physics 2013, 13: 7937-7960.

[43] Usher C R, Michel A E, Grassian V H. Reactions on mineral dust. Chemical Reviews, 2003, 103: 4883-4939.

[44] Martin L R, Good T W. Catalyzed oxidation of sulfur dioxide in solution: The iron-manganese synergism. Atmospheric Environment Part a-General Topics, 1991, 25: 2395-2399.

[45] Chen H, Grassian V H. Iron dissolution of dust source materials during simulated acidic processing: The effect of sulfuric, acetic, and oxalic acids. Environmental Science & Technology, 2013, 47: 10312-10321.

第 20 章 城市大气 NO_3 自由基和 N_2O_5 的夜间化学过程研究

胡仁志

中国科学院合肥物质科学研究院

NO_3 自由基和 N_2O_5 是夜间对流层大气化学反应的关键物种,对于理解大气氧化性、二次有机气溶胶(SOA)生成、NO_x 清除机制等对流层大气化学研究的关键问题具有非常重要的意义。由于它们活性高、寿命短、浓度低,大气 NO_3 自由基和 N_2O_5 的夜间化学过程研究都相当缺乏,其大气化学行为具有较多不确定性。

本项目基于腔衰荡光谱(CRDS)方法开展了环境大气 NO_3 自由基和 N_2O_5 的高灵敏探测技术研究,突破了高颗粒物条件下的低损耗采样、光源与热高反腔的高效耦合、N_2O_5 热解稳定性控制等关键难题,研制了相应的探测系统(NO_3/N_2O_5-CRDS),实现了 NO_3 自由基和 N_2O_5 的同步灵敏在线测量,探测限分别为 0.8 ppt(2.5 s)、1.4 ppt(2.5 s),误差分别为 8%、12%。为了进一步探究测量准确性,开展了 N_2O_5 的综合外场测量对比(CRDS/CEAS)实验,两套系统具有很好的一致性,R^2 为 0.97,斜率为 0.94;并进一步分析了不同大气条件下 N_2O_5 浓度微小差异的形成原因,提高 NO_3/N_2O_5-CRDS 探测系统的环境适应能力。此外,开展了综合外场观测实验,实现了夜间不同大气环境下(城市和城郊)NO_3 自由基和 N_2O_5 实时在线同步测量,分析了其浓度分布及变化特征;探究了夜间 NO_3 自由基的氧化性,明确了 N_2O_5 气溶胶表面非均相反应的摄取系数及其影响因素,揭示了夜间 NO_x 的去除机制。

20.1 研究背景

随着我国经济的高速发展和城市化进程的加快,大气污染日益严重,呈现出逐渐蔓延的区域性大气复合污染(如灰霾、细粒子污染等),已成为影响人们身体健康、制约我国社会经济发展的重要因素。尽管目前已开展对我国城市大气中的常规气体污染物和颗粒物的监测研究,但对城市大气污染形成机制的了解十分有限。20 世纪 70 年代,Levy[1] 首次提出对流层大气是以自由基化学反应为核心的氧化性大气环境。早期认为,对流层的大气化学过程是光化学反应主导的、以 HO_x(OH、HO_2) 自由基为主的氧化反应决定的。近十几年来,随着探测技术的进一步发展,在夜间平流层和对流层观测到较高浓度的 NO_3 自由基、过氧自

第 20 章 城市大气 NO_3 自由基和 N_2O_5 的夜间化学过程研究

由基(HO_2、RO_2)和 OH 自由基,从而认识到夜间大气并不是一个惰性大气环境,夜间大气化学过程对痕量气体去除、白天自由基前体物生成和 SOA 生成等有非常重要的影响[2]。

NO_3 自由基是夜间最重要的自由基,引发夜间大气化学的氧化过程[3]。对于一些特定的天然源碳氢化合物及硫化物,夜间 NO_3 自由基的氧化能力相当于甚至超过白天的 OH 自由基[2,4]。另外,NO_3 自由基氧化烯烃和有机硫化物的反应,与烯烃的臭氧分解一起决定了夜间 OH 自由基和 RO_x 自由基的产生和循环[5,6]。不仅如此,NO_3 自由基与生物源碳氢化合物的反应会产生有机硝酸盐和 SOA[7];2012 年 Science 文章从实际大气的观测中证实绝大多数的夜间 SOA 是由 NO_3 自由基氧化形成的,获得了 NO_x 控制夜间 SOA 形成的证据[8]。

N_2O_5 是氮氧化物大气化学的一个重要反应中间体,与 NO_3 自由基达到一个热平衡,是 NO_3 自由基的临时储库。N_2O_5 与颗粒物的非均相化学过程影响无机气溶胶成分的构成,N_2O_5 在气溶胶颗粒表面的沉降会导致硝酸盐和 Cl 自由基的前体物 $ClNO_2$ 的形成[9]。研究 $PM_{2.5}$ 的成分发现,在特定的时期,可溶性的硝酸盐和硫酸盐占总量的 $1/3 \sim 1/2$;夜间 $PM_{2.5}$ 中硝酸盐的形成主要由 N_2O_5 的沉降过程决定[10]。对 N_2O_5 非均相沉降过程的特别关注,不仅因为它是一个较适合的基准非均相系统,更重要的是它在大气化学方面的意义[11]。

气溶胶表面的 N_2O_5 非均相沉降是对流层 NO_x 夜间清除的重要途径;特别是冬季,由于低的温度([N_2O_5]/[NO_3]的比值更大)和夜晚更长等原因,气溶胶表面的 N_2O_5 非均相沉降变得更加重要。迄今为止,国际上仅有三个研究小组开展过 6 次外场实验,研究环境大气中不同气溶胶组成对 N_2O_5 非均相沉降的影响[12-17];其中,Brown 等[12] 2006 年的 Science 文章中首次开展了 N_2O_5 摄取系数研究,发现 N_2O_5 的沉降是关键的夜间化学过程。N_2O_5 摄取系数对气溶胶特性是非常敏感的,不同的气溶胶种类可能会引起 N_2O_5 摄取系数几个量级的变化,N_2O_5 摄取系数的广泛变化主要与气体和颗粒组成、环境相对湿度(RH)、温度等因素有关[11]。

NO_3 自由基和 N_2O_5 浓度的准确测量是研究夜间大气化学的关键。目前应用于环境大气测量 NO_3 自由基和 N_2O_5 的技术主要有差分吸收光谱(DOAS)、激光诱导荧光(LIF)、化学电离质谱(CIMS)、腔增强吸收光谱(CEAS)和 CRDS。DOAS 技术[18]是最早应用于 NO_3 自由基测量的技术,通过对 NO_3 自由基的吸收光谱进行拟合获得其浓度,测量的是一段光程内的平均浓度,不足之处是不能测量 N_2O_5。LIF 技术[19]是采用 662 nm 光激发 NO_3 自由基,收集 $700 \sim 750$ nm 的荧光,探测限为 76 ppt,灵敏度比较低,只能测量 N_2O_5,难以测量 NO_3 自由基,并且需要复杂的定标。CIMS 技术[20]一般选用 I^- 与 NO_3 自由基和 N_2O_5 反应,生成 NO_3^-,通过检测 NO_3^- 的浓度来获得 NO_3 自由基和 N_2O_5 的总浓度。CEAS 和 CRDS 技术都是高灵敏探测技术,可以分别测量 NO_3 自由基和 N_2O_5(通过热解生成 NO_3 自由基)的浓度。不同之处在于,CEAS 技术[21]测量的是腔内吸收光谱,通过拟合获得浓度,易受到大气中水汽的吸收干扰,并需要标定镜片反射率;CRDS 技术[22]是直接测量系统的衰荡时间,通过有无待测气体时衰荡时间的变化来获得其浓度,具有灵敏度高、系统结构相对简单、稳定易操作等特点,可应用于飞机、船、高塔和地面等多种平台上,目前已成为测量 NO_3

自由基和 N_2O_5 的主要手段。

近十几年来,鉴于 NO_3 自由基夜间化学过程及 N_2O_5 沉降的重要性,国际上非常重视夜间大气氧化性的研究,开展了一系列 NO_3 自由基监测和夜间大气化学研究等相关工作,并取得了一些重要的进展,也为发达国家大气环境质量的明显改善提供了重要的科技支持[2,9]。目前,全球开展夜间 NO_3 自由基和 N_2O_5 的外场观测研究仅有数十次,主要分布在欧洲和北美。对陆地边界层、海洋边界层、城市区域、极地以及乡村与森林地区等的大气环境开展了测量研究,结果表明:NO_3 自由基和 N_2O_5 浓度存在明显的地区差异,不同地区 NO_3 自由基和 N_2O_5 的变化趋势也存在明显的不同,相对于极地、乡村与森林等地区,城市地区具有更高的 NO_3 自由基和 N_2O_5 浓度。表 20-1 列出了国外部分代表性观测结果及国内研究情况。

表 20-1 国外部分代表性观测结果及国内研究情况

时间	地点	环境类型	测量对象	技术	主要内容	参考文献
2001—2003	希腊	海岸	NO_3	DOAS	春夏季 NO_3 气相反应占主导	[23]
2003/12	日本东京	城市	N_2O_5	LIF	冬季城市大气 N_2O_5 损耗研究	[24]
2004/8	美国东北	机载	NO_3/N_2O_5	CRDS	N_2O_5 的非均相反应研究	[12]
2004/8	美国东海岸	船载	NO_3/N_2O_5	CRDS	NO_3 影响硫酸盐气溶胶产率	[25]
2004/10	美国科罗拉多州	塔	NO_3/N_2O_5	CRDS	通过吊舱研究垂直分布	[26]
2006/7	中国广州	城市	NO_3	DOAS	国内首次开展 NO_3 自由基研究	[27]
2006/9	法国罗斯科夫	海岸	N_2O_5	CEAS	介绍测量 N_2O_5 的 CEAS 装置	[28]
2007/11	美国阿拉斯加	极地	N_2O_5	CRDS	冰表面的 N_2O_5 非均相反应	[29]
2008/4	挪威冰岛	船载	N_2O_5	CIMS	CIMS 同步测量 N_2O_5 和 $ClNO_2$	[30]
2008/5	德国小费尔德山	森林	NO_3/N_2O_5	CRDS	NO_3 自由基反应机制研究	[31]
2010/6	美国洛杉矶	机载	NO_3/N_2O_5	CRDS	CRDS 技术开展机载测量	[32]
2010/7	英国	机载	NO_3/N_2O_5	CEAS	CEAS 技术开展机载测量	[33]
2011/9	中国上海	城市	NO_3	DOAS	NO_3 寿命受 PM_{10} 影响	[34]
2013/12	中国香港	城市	NO_3/N_2O_5	CRDS	N_2O_5 非均相和 NO_3 损耗研究	[35]
2014/10	中国北京	城郊	NO_3	CRDS	国内首次开展 CRDS 技术测量 NO_3 自由基	[36]

针对我国的具体情况,卫星和地面的观测和模拟研究显示我国仍是全球尺度上的高污染地区[37,38],且都处于大气复合型污染阶段[39],在关键的反应机理上表现为大气自由基化学和大气非均相反应的耦合[40]。近来 OMI 卫星的观测结果显示,我国仍是全球 NO_x 浓度最高的国家,华北平原 NO_2 平均浓度从 2005 年到 2014 年增加了 27%[41]。2013 年 1 月,罕见的强霾污染席卷了我国华北和中东部地区,引起社会各界的高度关注[42];夜间灰霾的持续增长可能是 NO_x 生成的 NO_3 自由基的氧化反应和 N_2O_5 沉降引起的。2012 年 *Science* 文章"NO_x 控制夜间二次有机气溶胶形成的证据"中明确观察到夜间灰霾中颗粒总烷基硝酸盐

的形成与 NO_3 自由基直接相关[8]。

我国各主要城市地区灰霾频发,尽管目前已开展对我国城市环境大气中常规污染物(SO_2、NO_x、O_3)和颗粒物的监测研究,但针对大气化学氧化过程的研究很少。在 HO_x 自由基化学方面,北京大学张远航老师研究组联合德国 Juelich 研究中心在珠三角、京津冀已开展三次综合外场观测研究,但迄今为止没有组织过较大的外场观测实验研究夜间 NO_3 自由基和 N_2O_5 的大气化学过程,仅本实验室和上海复旦大学开展过短期的 NO_3 自由基的外场观测,缺乏代表性和系统性的研究成果。对夜间灰霾形成机制的了解十分有限,这其中最主要的一个原因是缺乏 NO_3 自由基和 N_2O_5 的高灵敏监测技术,没有合适的高灵敏测量系统开展长期有效的 NO_3 自由基和 N_2O_5 的外场观测。

虽然 CRDS 技术在国外多个环境条件下实现了准确测量,但多集中在气溶胶浓度相对较低的发达国家和清洁地区。本实验室采用脉冲腔衰荡技术开展了 NO_3 自由基的测量研究,并在秋冬季高颗粒物条件下于北京怀柔开展外场观测实验[36],获得了秋冬季北京怀柔地区 NO_3 自由基的浓度序列并对其夜间化学过程进行了初步分析,取得了较好的结果,初步验证了本实验室 CRDS 技术可以应用于高颗粒物条件下 NO_3 自由基的测量。本项目将开展基于二极管激光 CRDS 技术的 NO_3 自由基和 N_2O_5 高灵敏度、高时间分辨率的城市和城郊大气外场观测研究,探究 NO_3 自由基的来源,结合非稳态近似及相关性等方法分析 NO_3 自由基的夜间损耗机制,研究不同大气环境中 N_2O_5 的摄取系数及其影响因素,重点关注夜间 SOA 和颗粒物表面硝酸盐的形成过程。本项目的研究尤其对于认识我国区域性灰霾污染夜间形成机制具有重要作用,有助于准确掌握夜间对流层大气氧化容量,进一步了解我国夜间对流层大气化学的主要规律。

20.2 研究目标与研究内容

20.2.1 研究目标

建立高颗粒物条件下大气 NO_3 自由基和 N_2O_5 高灵敏、高时间分辨率的实时探测技术,发展相对完善的进气损耗绝对定标方法,实现高颗粒物条件下 NO_3 自由基和 N_2O_5 的准确测量。开展夜间不同大气环境下(城市和城郊)NO_3 自由基和 N_2O_5 的实时在线同步测量,分析其浓度分布及变化特征;探究夜间 NO_3 自由基的氧化性及其对 SOA 生成的贡献;研究 N_2O_5 气溶胶表面非均相反应的摄取系数及其影响因素,分析夜间硝酸盐形成的控制因素;根据 NO_3 自由基和 N_2O_5 的化学过程分析夜间 NO_x 的去除机制。

20.2.2 研究内容

1. 高颗粒物条件下 NO_3 自由基和 N_2O_5 的高灵敏准确测量

NO_3 自由基和 N_2O_5 具有高反应活性,高颗粒物条件下,CRDS 技术测量的最大误差来源于采样损耗。鉴于此，将从三方面提高测量准确性：首先，在现有的测量 NO_3 自由基和 N_2O_5 的二极管激光 CRDS 系统上改进进气单元，通过大流量采样和直角分流技术实现采样气体与颗粒物的分离，降低颗粒物对采样的影响；其次，通过改进自动换膜设计，实现系统采样、测量的全自动控制，提高换膜频率（每小时 1 次），避免过滤膜带来测量误差；最后，对整个测量系统的高反腔部分开展温度控制研究，避免环境温度改变对系统稳定性的影响，提高测量精度。

2. 进气损耗绝对定标技术研究

一般对 NO_3 自由基和 N_2O_5 进气损耗标定都是采用相对的方法，假定 N_2O_5 气源稳定的条件下，通过加热生成 NO_3 自由基，根据不同流速（停留时间不同）下测量的 NO_3 自由基浓度，推算出 NO_3 自由基的损耗系数。这种定标方法最大的问题就是难以保证 N_2O_5 气源在实验过程中一直保持稳定，将带来较大的定标误差，所以开展绝对定标方法研究，提高定标准确性是必要的。合成高纯度的 N_2O_5 标气，由于 N_2O_5 热分解生成 NO_3 自由基时会同时生成相同浓度的 NO_2，通过准确测量 NO_2 的浓度就可以获得 NO_3 自由基气源的浓度。探究影响绝对定标技术准确性的相关因素，对 NO_3 自由基和 N_2O_5 的 CRDS 系统开展进气损耗标定研究，获得准确的进气损耗系数，提高定标准确性。

3. 夜间大气 NO_3 自由基和 N_2O_5 的浓度分布及损耗机制研究

采用二极管激光 CRDS 探测系统在合肥城市和城郊大气环境下开展夜间 NO_3 自由基和 N_2O_5 长期外场同步观测研究，获得其夜间浓度分布。探究不同大气环境下 NO_3 自由基和 N_2O_5 的浓度变化特征，结合 NO_x、O_3 等前体物及温湿度、风向、风速等信息，采用非稳态近似分析 NO_3 自由基和 N_2O_5 的寿命；分析夜间大气 $F(NO_x)$ 值，判断 NO_3 自由基和 N_2O_5 的反应活性大小及其寿命受温度的影响趋势；研究 NO_3 自由基浓度与产率的关系，探究 NO_3 自由基和 N_2O_5 的寿命与 NO_2、O_3、VOCs、颗粒物及温湿度等的相关性，分析 NO_3 自由基的损耗机制及夜间 NO_x 的去除过程。

4. 夜间大气 NO_3 自由基的氧化过程研究

NO_3 自由基源的确定对理解其寿命，分析其夜间损耗机制及 NO_x 的去除过程有重要意义。通过开展不同大气环境下夜间 NO_3 自由基和 N_2O_5 的长期观测，探究 NO_3 自由基的来源；研究 NO_3 自由基与 VOCs 的反应活性，分析 NO_3 自由基对 SOA 生成的贡献，探究夜间生成的 SOA 和 RO_2 对环境大气的影响。

5. N_2O_5 的非均相反应过程及其影响因素研究

N_2O_5 的夜间非均相反应控制了颗粒物中硝酸盐的形成。通过准确的 N_2O_5 外场观测数据，采用非稳态近似方法分析 N_2O_5 的寿命和在颗粒物表面的非均相反应速率，结合气溶胶表面积密度，探究 N_2O_5 在气溶胶表面非均相反应的摄取系数；研究颗粒物中硝酸盐、硫酸盐与 N_2O_5 非均相反应的关系，并重点分析大气相对湿度对 N_2O_5 摄取系数的影响，探究夜间控制硝酸盐形成的各种因素。

20.3 研究方案

20.3.1 高颗粒物条件下 NO_3 自由基和 N_2O_5 的高灵敏度准确测量

腔衰荡技术是通过分别测量高反腔内有无待测气体时的衰荡时间(分别为 τ、τ_0),通过下式可获得待测气体的浓度:

$$[A] = \frac{R_L}{c\sigma}\left(\frac{1}{\tau} - \frac{1}{\tau_0}\right) \tag{20.1}$$

式中,[A]和 σ 分别为待测气体的浓度和吸收截面,c 为光速,R_L 为衰荡腔长与腔内气体单次吸收光程长的比值,τ_0 为本底衰荡时间(无待测气体),τ 为衰荡时间(含待测气体)。例如,当已知 NO_3 自由基吸收截面时,通过 CRDS 系统测得 τ 和 τ_0,即可计算出 NO_3 自由基的浓度。

NO_3 自由基和 N_2O_5 双腔式 CRDS 系统如图 20.1 所示,主要由激光和调制单元、进气采样单元、高反腔、数据采集和处理单元组成。针对我国高颗粒物大气环境开展外场测量研究,在已有的探测系统基础上,首先,改进系统的进气采样单元设计,采用大流量采样和直角分流技术,将采样的气体与颗粒物分离,降低颗粒物的影响;其次,通过过滤膜避免少量的颗粒物带来测量干扰,并改进换膜设计,采用自动换膜的方式代替人工换膜,实现系统采样、测量的全自动控制,提高换膜频率(每小时 1 次),避免过滤膜本身带来测量误差;再次,优化高反腔的设计,减少衍射损耗,控制高反腔压力,提高衰荡时间 τ,改进高反腔响应灵敏度,降低系统的探测限;最后,对整个测量系统的高反腔部分开展温度控制研究,使其稍高于环境温度,避免环境温度改变对系统稳定性的影响,提高 CRDS 系统的测量精度。

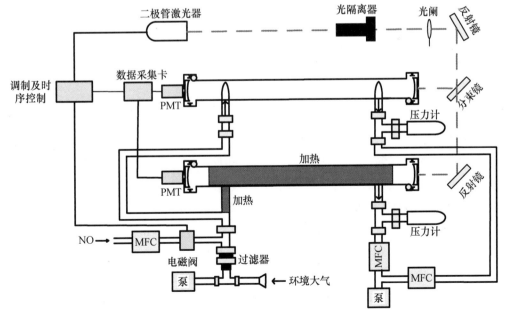

图 20.1 双腔式 CRDS 系统

20.3.2 CRDS系统进气损耗准确标定

系统进气损耗标定是实现准确测量NO_3自由基和N_2O_5的其中一个难题。传统的方法是采用相对定标技术对系统进气损耗进行标定,但N_2O_5气源浓度的微小变化将会带来标定误差;为了进一步提高测量准确性,开展进气损耗的绝对定标方法研究,标定系统如图20.2所示。将实验室合成的高纯度N_2O_5保存在$-78℃$的低温下,采用准确控温和微小载气(N_2)吹扫的方式获得稳定的N_2O_5气体,再通过合适的稀释方式,获得低浓度的N_2O_5气体;将N_2O_5气体由图20.2中的加热管全部热解生成NO_3自由基和NO_2,再由NO_3-CRDS和NO_2-CRDS系统分别测量NO_3自由基和NO_2的浓度,通过计算NO_3自由基和NO_2的比值确定采样气路对NO_3自由基的碰撞损失(NO_2无壁碰撞损失);采用相似的方法对N_2O_5进气损耗进行标定,将低浓度的N_2O_5气体经过常温通道进入N_2O_5-CRDS系统,测量N_2O_5的进气损耗系数。

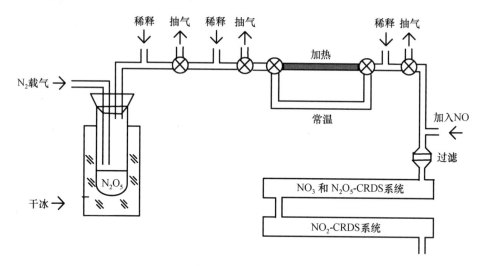

图20.2 标定系统

20.3.3 NO_3自由基损耗机制及SOA形成过程分析

目前,国际上开展夜间大气化学研究一般采用稳态近似法。稳态分析适用的条件是"汇"的一级反应速率常数之和必须远远大于"源"的反应。对于NO_3自由基,在夜间只有几个至几十个ppt,这是由其较高的反应活性和相对较慢的反应速率所决定的,并且NO_3自由基与N_2O_5之间能够快速相互转化。因此,研究NO_3自由基和N_2O_5的损耗过程,可采用稳态近似法。但是针对我国的具体情况,NO_2浓度比较高,并不一定满足稳态近似的条件,所以将开展非稳态近似条件下的夜间大气化学过程分析研究。

开展不同大气环境中NO_3自由基和N_2O_5的外场长期测量,结合气象参数,前体物O_3、NO_2的测量数据,探讨NO_3自由基的来源,分析NO_3自由基和N_2O_5的寿命;开展相关性分析,探究NO_3自由基的损耗机制;同时结合VOCs的测量结果,分析夜间NO_3自由基、OH

自由基、O_3 对 VOCs 的氧化能力,探究 SOA 的形成过程。

20.3.4　N_2O_5 非均相水解过程及其影响因素分析

摄取系数是表征大气非均相反应的重要物理化学参数,也是大气颗粒物表面摄取气体能力的重要量化指标,它表示气体分子与各种表面碰撞损失的概率。N_2O_5 的损耗过程主要是在气溶胶表面发生非均相反应(气相反应比例极低,不考虑);假定仅考虑 N_2O_5 的非均相水解过程,摄取系数 $\gamma_{N_2O_5}$ 可表示为:

$$k_y = \frac{1}{4}\bar{c}\gamma_{N_2O_5}S_A \tag{20.2}$$

其中,$\bar{c}$ 是 N_2O_5 的气相平均分子速率,S_A 是气溶胶的总表面积密度(即气溶胶的表面积除以体积)。结合稳态平衡假设,经变换可得:

$$\tau^{*-1}(NO_3) \approx k_x + \frac{1}{4}\bar{c}S_A K_{eq}(T)[NO_2]\gamma_{N_2O_5} \tag{20.3}$$

$$\tau^{*-1}(N_2O_5)K_{eq}(T)[NO_2] \approx k_x + \frac{1}{4}\bar{c}S_A K_{eq}(T)[NO_2]\gamma_{N_2O_5} \tag{20.4}$$

线性拟合(20.3)和(20.4)式,可直接获得 N_2O_5 气溶胶表面的摄取系数 $\gamma_{N_2O_5}$。

探究 N_2O_5 摄取系数与气溶胶组成(各种有机和无机气溶胶等)、温度和相对湿度的关系,开展不同大气环境下 N_2O_5 摄取系数的实际测量,分析颗粒物化学组成(硝酸盐、硫酸盐等)、温度、相对湿度等对 N_2O_5 非均相反应的影响,探究控制夜间硝酸盐形成的相关因素,估算夜间 $ClNO_2$ 的生成,结合 SOA 的形成过程分析,进一步确认夜间 NO_x 的清除过程。

20.4　主要进展与成果

20.4.1　高颗粒物条件下 NO_3 自由基和 N_2O_5 的高灵敏探测方法研究

NO_3 自由基是夜间大气最重要的氧化剂,决定夜间大气的化学过程。但由于它的活性高,NO_3 自由基的浓度非常低,只有几个至几十个 ppt,非常难以探测。开展夜间大气化学研究的前提是对关键自由基的准确测量。为了提高测量准确性,进一步提高 NO_3/N_2O_5-CRDS 系统的探测灵敏度,主要开展了以下几个方面的研究。

1. NO_3 自由基和 N_2O_5 低损耗采样方法

NO_3 自由基活性高,很容易发生采样损失,在我国高污染的大气环境下,低损耗采样问题尤其突出,实现 NO_3 自由基的准确测量,解决高颗粒物条件下的低损耗采样是一个关键问题。首先,采用大流量采样降低采样时间,减小壁碰撞的机会;其次,由于颗粒物比较重,在大流量采样过程中难以改变运动方向,再通过直角分流技术,将 NO_3 自由基从大气流中提取出来,减小采样气流中的颗粒物浓度,最后,设计一个过滤膜,滤除剩下的较少的颗粒物,进一步减少颗粒物的影响,提高采样效率。整个采样系统的结构如图20.3所示。

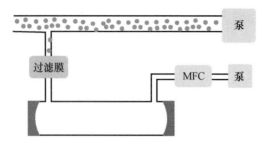

图20.3 采样系统的结构

2. 光源与高反腔的高效耦合及高反腔稳定性的研究

激光和高反腔的高效耦合将会提高系统的衰荡时间,即进一步提高系统的探测限;笼式结构的设计将激光中心与高反腔的中心保持在一条直线上(图20.4),有效地避免了中心偏移的问题;再通过激光调整光路及高反镜微调装置设计,提高了耦合效率,将衰荡时间提高到170 μs;再者,高反腔的稳定性对测量准确性非常关键,笼式结构对温度敏感性不强,在测量N_2O_5的热高反腔上表现优异,通过碳纤维杆的连接设计,温度引起的衰荡时间抖动减小,进一步提高了系统的测量精度和准确性。

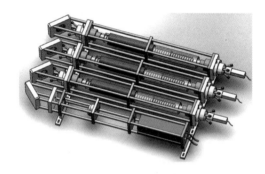

图20.4 系统笼式结构

3. 高温下NO_3自由基吸收截面研究

正确的吸收截面是准确反映NO_3自由基浓度的前提。针对热高反腔中NO_3自由基吸收截面的变化,开展了353 K条件下,NO_3自由基吸收截面的研究。与298 K时的NO_3自由基吸收截面相比,353 K时其吸收截面减小约20%。同时考虑到在662 nm处其他气体的吸收影响,特别是水蒸气的吸收影响,选择合适的波长,避开水蒸气的吸收,减小大气中相对湿度的变化带来的影响。具体的吸收截面和激光波长的结果如图20.5所示。

4. N_2O_5热解效率及其影响因素研究

N_2O_5是通过热解的方式转化为NO_3自由基进行测量的,那么热解的转化效率就非常重要。为了获得较好的探测限,转化效率越高越好,同时考虑到热衰荡腔的稳定性,最终将热衰荡腔保持在80℃。由于整个热平衡的程度除了受到温度的影响外,还受到大气中NO_2

浓度的控制,所以研究了不同 NO_2 浓度下 N_2O_5 热解率的变化。由图 20.6 可知,在 10~40 ppbv NO_2 浓度下 N_2O_5 在 80℃条件下的热解率都大于 90%,且热解率受 NO_2 浓度的影响不大,只有约 8% 达到实际测量的需求。在 NO_2 浓度变化大的环境中,可以将衰荡腔的温度设置到 90℃并保持稳定,进一步提高热解率的稳定性。

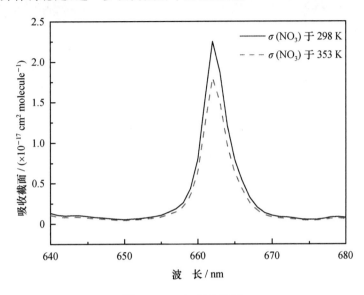

图 20.5　NO_3 吸收截面

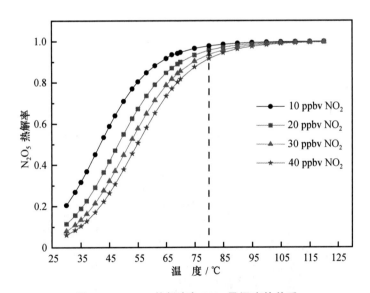

图 20.6　N_2O_5 热解率与 NO_2 及温度的关系

基于外场观测,在白天实际连续测量了 7 h,结果如图 20.7 所示,白天由于光解等因素,大气中没有 NO_3 自由基和 N_2O_5,测量的结果可以实际验证系统稳定性。通过 Allan 方差分析可知,NO_3 自由基和 N_2O_5 的探测限分别为 0.8 ppt(2.5 s)和 1.4 ppt(2.5 s)(图 20.7),完全满足夜间大气 NO_3 自由基和 N_2O_5 的高灵敏探测要求。

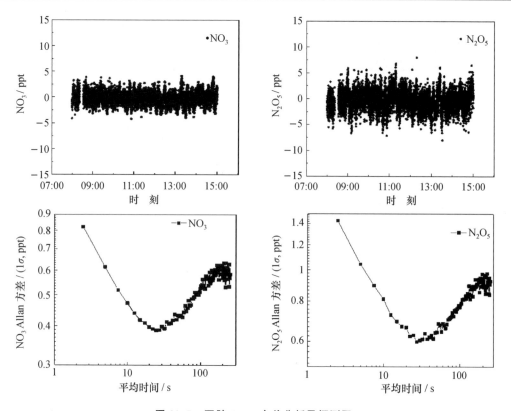

图 20.7　双腔 Allan 方差分析及探测限

20.4.2　进气损耗的整体标定技术研究,实现进气损耗的准确量化

首先,研制了实验室 N_2O_5 化学合成装置,因为 NO_3 自由基是没有标准气的,对其损耗的研究只能在实验室先合成标气。而 NO_3 自由基的活性非常高,它的标气是合成 N_2O_5 后,再通过热解的方法在线生成的。图 20.8 为实验室合成的 N_2O_5,纯度可达 95%,满足 NO_3 自由基和 N_2O_5 损耗的标定需要。

图 20.8　实验室合成 N_2O_5

第 20 章 城市大气 NO_3 自由基和 N_2O_5 的夜间化学过程研究

其次,建立 NO_3 自由基的整体标定系统,在实验室低温合成 N_2O_5 固体的基础上,再通过加热,结合稀释的方法在线产生了相对稳定的 NO_3 自由基样气。将 NO_3/N_2O_5-CRDS 系统与 NO_2 腔增强(NO_x-CEAS)系统联立,根据 NO_3 自由基与 NO_2 之间转化关系,通过测量加入的 NO 与 NO_3 自由基反应后引起的 NO_2 的变化量,标定 NO_3 自由基在腔体中的整体进气损耗。腔衰荡系统损耗标定示意图如图 20.9 所示。

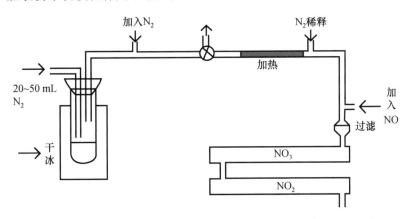

图 20.9　NO_3 自由基腔衰荡系统损耗标定

将本标定系统应用到 NO_3/N_2O_5-CRDS 探测系统的实际标定,在 6.5 L min^{-1} 流速条件下,分三步开展测量:第一步是分别测量 N_2O_5 源经过加热后产生的 NO_3 自由基和 NO_2 的浓度;第二步是加入 NO,与 NO_3 自由基反应生成 NO_2,NO_3 自由基的浓度将会降到 0;第三步是测量加入的 NO 中可能含有的少量 NO_2。实验结果如图 20.10 所示。

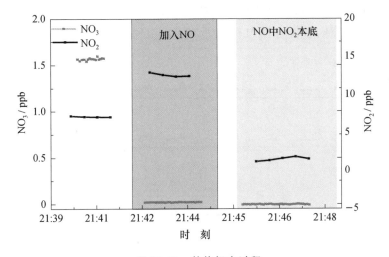

图 20.10　整体标定过程

经计算可知,NO_3 自由基的整体传输效率约为 75%±8%(图 20.11),进气损耗约为 25%,满足实际大气低损耗采样及准确探测的需求。

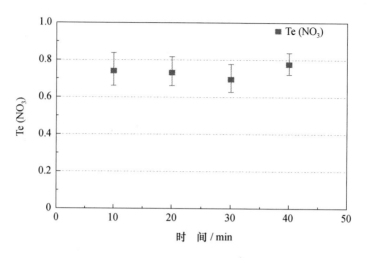

图 20.11 整体标定损耗率

20.4.3 NO_3/N_2O_5-CRDS 系统开展 N_2O_5 外场测量对比，确定系统测量准确性

为了验证 NO_3/N_2O_5-CRDS 系统的探测灵敏度和稳定性，将其与 CEAS 系统开展外场观测对比。CRDS 技术与 CEAS 技术虽然都是采用高反腔技术，但两者测量的信号并不一样，CRDS 是测量系统衰荡时间的变化，而 CEAS 是测量系统的透过光谱，再拟合获得浓度，所以这两种技术的测量干扰因素也不一样，将其对比测量对各个系统的性能及干扰的认识非常有帮助。在北京怀柔地区冬季开展了外场观测比对实验，NO_3/N_2O_5-CRDS 系统与 CEAS 系统开展了夜间 N_2O_5 的同步观测，获得的 N_2O_5 浓度序列及相关辅助参数如图 20.12 所示。

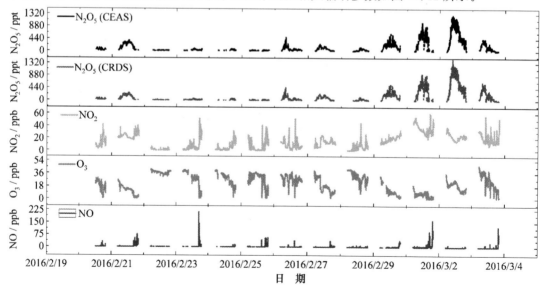

图 20.12 N_2O_5、NO_2、O_3 及 NO 浓度序列

第20章 城市大气 NO_3 自由基和 N_2O_5 的夜间化学过程研究

对测量的所有数据进行分析发现，CRDS 探测系统和 CEAS 探测系统二者的测量结果具有很好的一致性(图 20.13)，并且 $N_2O_5(CEAS) = 0.94 \times N_2O_5(CRDS) + 15.6$ ppt，R^2 达 0.97，整体上看两套系统响应非常一致。以其中一天的测量为例(图 20.13)，这天 N_2O_5 浓度的变化非常剧烈，但两套系统的探测结果非常一致，绝对值偏差一般小于 20 ppt，说明两套系统可以非常灵敏地实现对 N_2O_5 的探测。

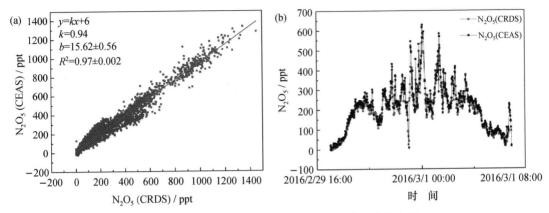

图 20.13 CEAS 和 CRDS 测量的 N_2O_5 整体相关性分析
(a)以及 2 月 29 日夜间的观测数据对比(b)(见书末彩图)

同时也分析了一些极端天气，例如高湿度的天气或高颗粒物的天气。由于在采样过程中，N_2O_5 会在过滤膜上与颗粒物碰撞损耗，这个过程主要是 N_2O_5 非均相反应机制，与颗粒物浓度和 RH 有重要关系。如图 20.14 所示，当 RH 增加时，两套系统测量结果的差异逐渐增大。当 RH<60% 时，两套系统的测量结果是一致的，拟合的斜率接近 1，这表明在 RH 较低时，水汽对 N_2O_5 测量结果的影响是非常小的。但是当 RH>60% 时，两者拟合的斜率为 0.81，表明高 RH 对两套系统的测量结果会有一定的影响，可能是两套系统的采样不同造成的，另一个原因可能是 RH 对非均相反应的影响有一个阈值，而 60% RH 有可能就是这个阈值。

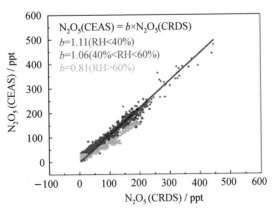

图 20.14 CEAS 和 CRDS 测量的 N_2O_5 在不同 RH 条件下的相关性分析(见书末彩图)
(不同颜色的线分别表示相应颜色散点图的拟合结果。)

从图 20.15 中可看出,当 $PM_{2.5} < 200\ \mu g\ m^{-3}$ 时,两套系统的测量差异较小,而当 $PM_{2.5} > 200\ \mu g\ m^{-3}$,拟合的斜率为 0.74。这种差异可能是由于在高浓度 $PM_{2.5}$ 存在时, N_2O_5 的传输效率与实验室标定的传输效率不同。结果同样表明,在重污染条件下,采样的碰撞对 N_2O_5 损耗的研究非常重要,水汽可能直接控制了 N_2O_5 的非均相反应。

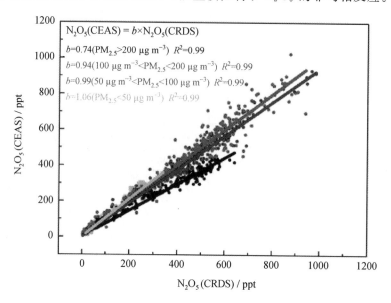

图 20.15 CEAS 和 CRDS 测量的 N_2O_5 在不同 $PM_{2.5}$ 浓度条件下的相关性分析(见书末彩图)
(不同颜色的线分别表示相应颜色散点图的拟合结果。)

20.4.4 NO_x 腔衰荡探测方法研究,实现其高灵敏探测

为了进一步探究夜间大气化学过程,不仅需要对 NO_3 自由基和 N_2O_5 开展高灵敏测量,还需要同步探测 NO_3 自由基前体物 NO_x。因此,在 NO_3/N_2O_5-CRDS 探测技术研究的基础上,进一步开展氮氧化物的腔衰荡光谱技术研究。

基于二极管激光腔衰荡光谱方法开展了 NO_x 的高灵敏探测技术研究,突破了 NO 高效转化、NO_2 本底测量等关键技术,研制了 NO_x-CRDS 高灵敏探测系统,实现了环境大气中 NO_2 和 NO 的灵敏测量,探测限分别为 30 ppt、40 ppt。将 NO_x-CRDS 高灵敏探测系统分别与腔增强系统和化学发光法开展 NO_2、NO 的测量对比,都具有更好的一致性(图 20.16、图 20.17)。

进一步建立 NO_x-CRDS 车载移动探测系统,开展了道路跟踪机动车 NO_x 排放测量,获得了高速、城区和郊区不同环境道路的 NO_x 排放浓度,结果显示城区的 NO_x 排放较高,高速次之,郊区道路最低。

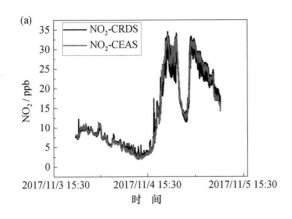
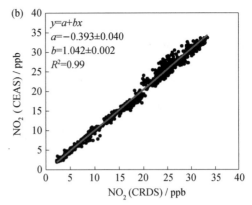

图 20.16　NO_x-CRDS 系统与 NO_2-CEAS 系统外场测量 NO_2 对比(见书末彩图)

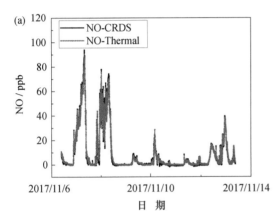
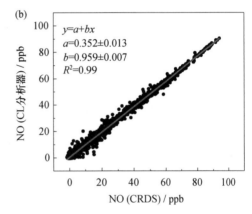

图 20.17　NO_x-CRDS 系统与 NO-Thermal 外场测量 NO 对比(见书末彩图)

20.4.5　综合外场观测实验及初步分析

为了探究不同大气条件下的夜间大气化学过程,开展了北京城区和泰州郊区的综合外场观测实验,这两个实验地点主要代表了京津冀和长三角地区,也代表了城区和郊区。下面具体介绍外场实验的情况。

1. 北京城区-京津冀地区

2017 年夏季城市区域的 NO_3 自由基和 N_2O_5 外场观测实验:观测期间 NO_3/N_2O_5-CRDS 探测系统放置在地面的集装箱内,采样管沿窗户斜向上延伸 2 m,采样管距离地面的高度约为 3 m(距离集装箱顶部约 1.5 m)。NO_3 自由基和 N_2O_5 及其他辅助气体的测量数据如图 20.18 所示。

观测期间,该站点 NO 浓度变化范围为探测限到 163.9 ppb,平均浓度为 5.1 ppb;NO_2 浓度从 2.1 ppb 到最大值 69.8 ppb,平均浓度为 19.0 ppb;NO_x 浓度平均值为 37.3 ppb,最高浓度为 335.0 ppb;O_3 浓度从 0.6 ppb 到 162.7 ppb,平均浓度为 58.9 ppb;NO_3 自由基和 N_2O_5 的最高浓度分别为 42.6 ppt 和 554.1 ppt,平均浓度分别为 2.5 ppt 和 36.2 ppt。

为了验证数据测量的准确性,分析了 NO_3/N_2O_5-CRDS 探测系统同步测量的 NO_3 自由基和 N_2O_5 浓度关系。通过 NO_3 自由基和 N_2O_5 之间的热平衡关系验证 NO_3/N_2O_5-CRDS 探测系统单独测量的稳定性及准确性。根据测量得到的 NO_2 浓度、N_2O_5 浓度及平衡公式(20.5),

$$\frac{[NO_3]}{[N_2O_5]} = \frac{1}{K_{eq}(T)[NO_2]} \tag{20.5}$$

计算 NO_3 自由基的浓度,并且与测量得到的 NO_3 自由基浓度进行对比(图 20.19),两者的相关系数为 0.94,斜率为 0.9。证明了 NO_3/N_2O_5-CRDS 探测系统测量的 NO_3 自由基和 N_2O_5 浓度具有非常好的一致性。

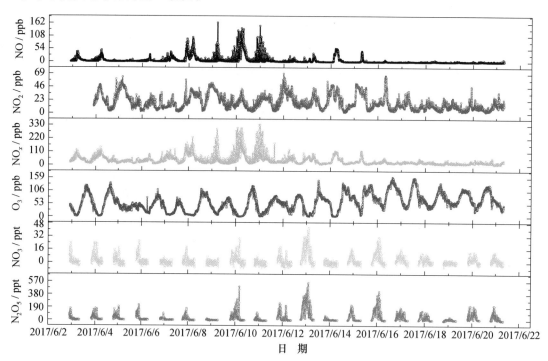

图 20.18　中国科学院大气物理研究所夏季外场观测结果(NO、NO_2、NO_x、O_3、NO_3、N_2O_5)

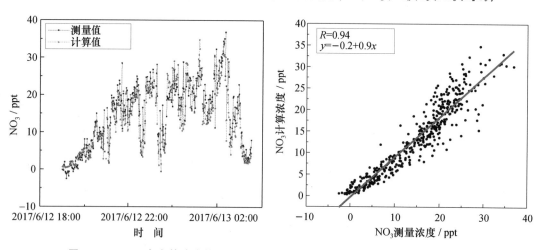

图 20.19　NO_3 自由基浓度的测量值和计算值及二者之间的相关性(见书末彩图)

2. 泰州郊区-长三角地区

在泰州气象雷达监测站开展了综合外场观测实验,实验地点位于泰州市的东北部,采样周围无明显工业污染源,主要受到交通源和自然源排放的影响。观测期间 NO_3/N_2O_5-CRDS 探测系统也是放在集装箱内,采样设置与中国科学院大气物理研究所的一样。获取了 NO_2、NO、O_3、SO_2、CO、$PM_{2.5}$、N_2O_5 等的浓度序列(图 20.20),浓度平均值分别为 14.0 ppb、1.7 ppb、48.2 ppb、2.4 ppb、440.1 ppb、31.0 μg m^{-3} 和 18.0 ppt。

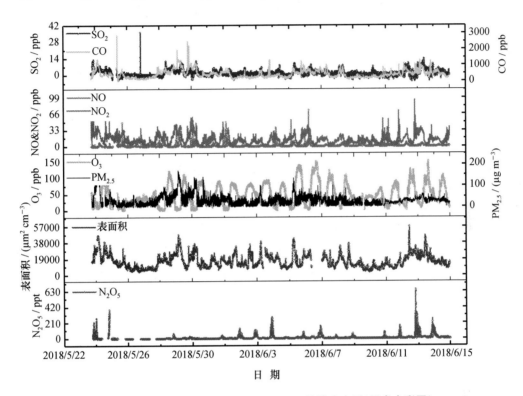

图 20.20　SO_2、CO、NO_x、O_3、$PM_{2.5}$、N_2O_5 的浓度序列(见书末彩图)

由于 O_3 和 NO_x 污染较为严重,首次在国内早上八点至下午两点观测到了高值为15 ppt 的 N_2O_5 浓度(图 20.21)。这是国内首次观测到白天的 N_2O_5 浓度有十几个 ppt,与 NO_3 自由基的生成速率吻合很好。由于 N_2O_5 是 NO_3 自由基的动态储库,所以也证明了白天 NO_3 自由基的氧化也起着重要的作用,这改变了白天由于光解等原因没有 NO_3 自由基的普遍看法。

20.4.6　NO_3 自由基和 N_2O_5 的夜间化学过程研究

1. NO_3 自由基夜间损耗机制研究——以北京城区为例

针对京津冀地区大气复合污染的特点,重点分析了夏季北京城区 NO_3 自由基的损耗机制。

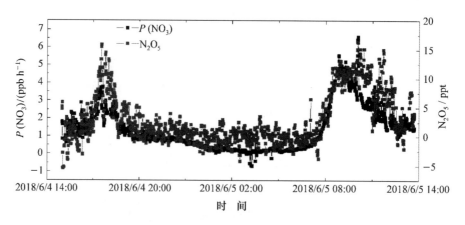

图 20.21 首次观测到的白天 N_2O_5 浓度

夏季由于温度高，NO_3 自由基和 N_2O_5 的反应速率快，很快可以达到化学平衡，即 NO_3 自由基和 N_2O_5 浓度在短时间内是不变的，达到稳态平衡。为了分析 NO_3 自由基在夜间的损耗途径，结合 NO_2、O_3、$PM_{2.5}$ 及温湿度等辅助数据，由稳态近似法研究了 NO_3 自由基的生成速率[$P(NO_3)$]、NO_3 自由基与 N_2O_5 的稳态寿命、NO_2 浓度等之间的相关性。

研究表明：在 RH<30% 时（图 20.22），NO_3 自由基的生成速率与 NO_3 自由基的浓度具有明显的正相关关系，因此 NO_3 自由基损耗是以氧化 VOCs 等为主的直接损耗；也分析了不同 RH 下 NO_3 自由基寿命和 NO_2 浓度的对数关系，在 RH>50% 时（图 20.23），$\ln[\tau_s(NO_3)]$ 与 $\ln(NO_2)$ 拟合斜率都比较接近 -1，表明 NO_3 自由基损耗主要以间接反应损耗为主，即通过 N_2O_5 非均相反应。

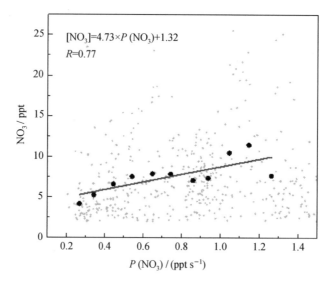

图 20.22 NO_3 自由基浓度和生成速率的关系

第 20 章 城市大气 NO_3 自由基和 N_2O_5 的夜间化学过程研究

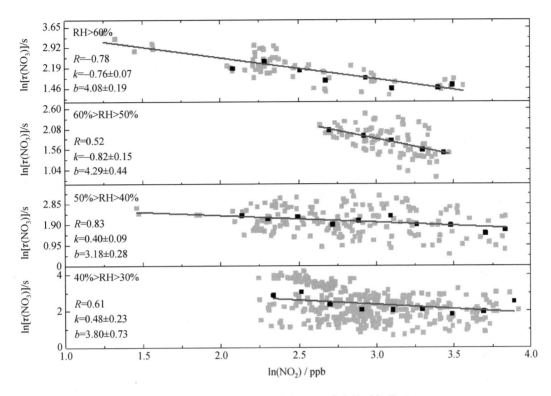

图 20.23 NO_3 自由基寿命与 NO_2 浓度的对数关系

2. NO_3 自由基与 VOCs 反应生成有机硝酸盐

NO_3 自由基与 VOCs 反应可以生成有机硝酸盐,该反应被认为是 SOA 形成的重要途径。为了评估 NO_3 自由基在整个氧化过程中的比重,分析了夜间 NO_3 自由基、O_3、OH 自由基三种氧化剂对异戊二烯、单萜烯、甲烷等 11 种 VOCs 的氧化去除比率。计算表明,北京夏季夜间,NO_3 自由基氧化 VOCs 的比率为 55.71%(图 20.24),因此 NO_3 自由基在夜间的氧化作用要强于 OH 自由基和 O_3,并且异戊二烯和单萜烯贡献了大部分的 NO_3 自由基反应活性。

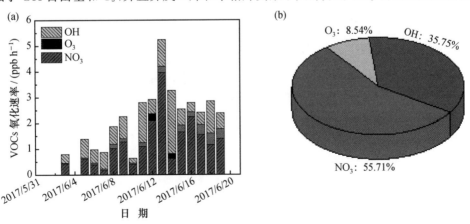

图 20.24 NO_3 自由基、O_3 和 OH 自由基对 VOCs 的氧化及总体比例

进一步分析了 NO_3 自由基氧化异戊二烯和单萜烯生成有机硝酸盐的速率,图 20.25 给出了北京城区和泰州郊区 NO_3 自由基氧化产物的夜间变化过程。北京城区有机硝酸盐生成速率的平均值为 0.054 ppbv h^{-1}。而泰州郊区,有机硝酸盐生成速率的平均值为 0.048 ppbv h^{-1},与北京城区相似。

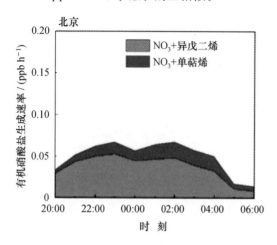
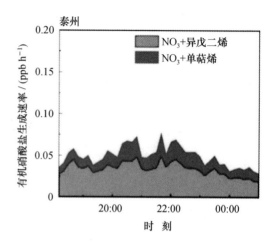

图 20.25 北京和泰州 NO_3 自由基氧化 VOCs 生成有机硝酸盐的夜变化规律

3. NO_3 自由基间接损耗——N_2O_5 非均相反应

为了探究 NO_3 自由基的间接损耗过程,开展了 N_2O_5 非均相反应的关键参数 N_2O_5 摄取系数($\gamma_{N_2O_5}$)的研究。图 20.26 给出了北京城区有代表性的分析结果。对整个外场实验期间的数据分析,获取了不同天气条件下的 $\gamma_{N_2O_5}$(表 20-2)。在研究的时段内,$\gamma_{N_2O_5}$ 相差大于两个数量级,显示夜间的化学过程具有很大的差异性。

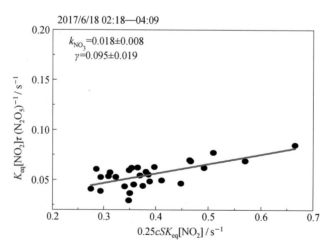

图 20.26 北京城区通过稳态假设法获取的 N_2O_5 摄取系数(斜率)及 NO_3 反应活性(截距)

表 20-2 总结了北京城区 5 天拟合的 $\gamma_{N_2O_5}$ 和 k_{NO_3} 结果,及颗粒物表面积浓度(A)、NO_2 浓度、温度(T)、N_2O_5 稳态寿命[$\tau(N_2O_5)$]和 RH 的平均值。大气 RH 处于 23.4%~29.5%,

基本差不多,都处于相对来说比较低的湿度;$\gamma_{N_2O_5}$变化的范围比较大,为0.066~0.109,在相似的RH条件下,$\gamma_{N_2O_5}$可能受颗粒物的成分影响。进一步探究摄取系数的影响因素,对所有的实验结果进行分析,发现RH也是重要的控制因素,随着水汽浓度的升高,$\gamma_{N_2O_5}$增大(图20.27),计算获取的NO_3自由基损耗率范围为0.019~0.35 s^{-1}。

表20-2 北京站点获取的$\gamma_{N_2O_5}$、k_{NO_3}及拟合时间段内A、NO_2、T、$\tau(N_2O_5)$和RH的均值

案 例	$A/(\mu m^2\ cm^{-3})$	NO_2/ppb	T/℃	$\tau(N_2O_5)$/min	RH/%	$\gamma_{N_2O_5}$	$k_{NO_3}/(s^{-1})$
2017/6/3	447	16.4	23.8	0.40	27.8	0.066	0.054
2017/6/9	294	12.8	24.3	3.24	23.4	0.109	0.038
2017/6/16	785	18.2	29.2	5.14	27.2	0.045	0.008
2017/6/17	638	12.6	30.6	2.48	23.8	0.102	0.017
2017/6/18	804	13.4	28.2	2.36	29.5	0.095	0.018

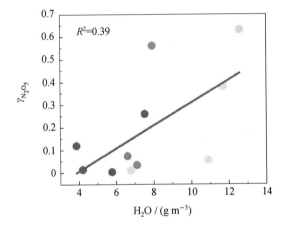

图20.27 $\gamma_{N_2O_5}$随H_2O浓度的变化及二者之间的相关性分析(见书末彩图)

针对高RH的大气环境,继续开展了泰州郊区的实验数据分析。表20-3总结了泰州郊区4天拟合的$\gamma_{N_2O_5}$和k_{NO_3}结果,及拟合时间段内A、NO_2浓度、T、$\tau(N_2O_5)$和RH的平均值。大气RH较高(大于50%),$\gamma_{N_2O_5}$范围为0.027~0.107;与北京城区N_2O_5非均相反应受RH控制不同,摄取系数与RH没有明显的正相关关系。由于没有颗粒物组分的数据,仅能推测颗粒物组分等对摄取系数的影响较大,但不能明确是哪种组分。

表20-3 泰州站点获取的$\gamma_{N_2O_5}$、k_{NO_3}及拟合时间段内A、NO_2、T、$\tau(N_2O_5)$和RH的均值

案 例	$A/(\mu m^2\ cm^{-3})$	NO_2/ppb	T/℃	$\tau(N_2O_5)$/min	RH/%	$\gamma_{N_2O_5}$	$k_{NO_3}/(s^{-1})$
2017/6/1	1372	15.2	19.9	1.990	63.5	0.098	0.05
2017/6/3	2311	17.0	21.8	4.344	60.2	0.027	0.0026
2017/6/8	1252	9.5	25.0	1.310	51.8	0.089	0.06
2017/6/13	1619	13.2	24.3	1.703	69.3	0.107	0.016

北京城区和泰州郊区的分析结果与其他研究小组在北京、山东等地区开展摄取系数研究的结果相接近,但是比在美国开展的机载外场实验获取的摄取系数高,表明我国夜间非均

相反应过程更剧烈。

20.4.7 硝酸盐形成及夜间 NO_x 的沉降机制研究

在探究了 NO_3 自由基氧化 VOCs 生成有机硝酸盐以及 N_2O_5 非均相水解的摄取系数的基础上,进一步研究了夜间硝酸盐(NO_3^-)的生成速率$[P(NO_3^-)]$及夜间 NO_x 的沉降过程。

分析了北京城区和泰州郊区硝酸盐生成速率的平均夜间变化规律,不同大气环境下夜间的硝酸盐生成速率变化规律完全不同。如图 20.28 所示,北京城区前半夜和后半夜 NO_3^- 的生成量接近,而泰州郊区 NO_3^- 的生成量基本集中在前半夜,与北京城区前半夜的结果也比较相近,但后半夜的 NO_3^- 的生成量较少。北京城区和泰州郊区 NO_3^- 生成速率分别为 $(2.20\pm1.37)\mu g\ m^{-3}\ h^{-1}$、$(1.18\pm0.50)\mu g\ m^{-3}\ h^{-1}$,夜间 NO_3^- 的生成量均值分别为 $(24.05\pm20.56)\mu g\ m^{-3}$、$(14.83\pm6.01)\mu g\ m^{-3}$,北京城区大约是泰州郊区的 2 倍。

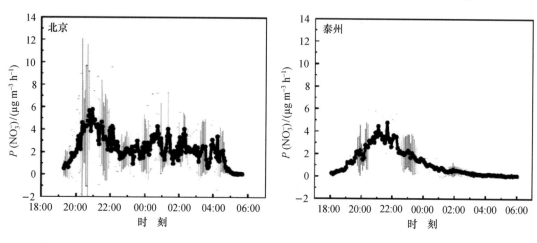

图 20.28 NO_3^- 生成速率的夜间变化规律

N_2O_5 非均相反应生成硝酸盐是夜间 NO_x 去除的主要途径之一,NO_3 与 VOCs 反应生成有机硝酸盐是夜间 NO_x 的另一个重要去除途径。总结分析了北京城区和泰州郊区不同大气条件下硝酸盐的生成速率、NO_x 的沉降速率以及有机硝酸盐去除途径占比。由此可知,北京城区和泰州郊区的 NO_x 沉降速率分别为 (4.08 ± 1.45)ppb h^{-1}、(1.84 ± 0.68)ppb h^{-1},北京地区的 NO_x 夜间沉降速率更大,是泰州郊区的 2 倍多。一般认为在夏季,NO_3 自由基的夜间损耗主要是直接损耗。但在我国,由于 NO_2 浓度较高,可以生成较高浓度的 N_2O_5,夏季 N_2O_5 非均相反应生成硝酸盐的过程一样非常重要,有时还是夜间最重要的 NO_x 沉降途径。

20.4.8 本项目资助发表论文

[1] Li Z Y, Hu R Z, Xie P H, et al. Simultaneous measurement of NO and NO2 by a dual-channel cavity ring-down spectroscopy technique. Atomspheric Measurement Techniques, 2019, 12: 3223-3236.

[2] Li Z Y, Hu R Z, Xie P H, et al. Intercomparison of in situ CRDS and CEAS for measurements of atmospheric N2O5 in Beijing, China. Science of the Total Environment, 2018, 613: 131-139.

[3] Li Z Y, Hu R Z, Xie P H, et al. Development of a portable cavity ring down spectroscopy instrument for simultaneous, in situ measurement of NO_3 and N_2O_5. Optics Express, 2018, 26: A433-A449.

[4] Wang H C, Chen X R, Lu K D, et al. NO_3 and N_2O_5 chemistry at a suburban site during the EXPLORE-YRD campaign in 2018. Atmospheric Environment, 2020, 224: 117180.

[5] Wang D, Hu R Z, Xie P H, et al. A novel calibration method for atmospheric NO_3 radical via high reflectivity cavity. Meas. Sci. Technol., 2020, 31: 085801.

[6] Jin H W, Hu R Z, Xie P H, et al. Study on the photoacoustic technology to simultaneous in-situ detection of the cavity ring-down spectrum for multi-optical parameters. IEEE Photonics Journal, 2020, 12: 6800711.

[7] Jin H W, Xie P H, Hu R Z, et al. Design of NO_2 photoacoustic sensor with high reflective mirror based on low power blue diode laser. Chin. Phys. B, 2020, 29: 060701.

[8] 林川, 胡仁志, 谢品华, 等. 基于热解腔衰荡光谱技术对二氧化氮和有机硝酸酯同步测量研究. 光学学报, 2020, 40: 1201003.

[9] 吴盛阳, 胡仁志, 谢品华, 等. 基于腔衰荡光谱技术(CRDS)对大气总活性氮氧化物(NO_y)的实时测量. 光谱学与光谱分析, 2020, 40: 1661.

参考文献

[1] Levy H. Normal atmosphere: Large radical and formaldehyde concentrations predicted. Science, 1971, 173: 141-143.

[2] Brown SS and Stutz J. Nighttime radical observations and chemistry. Chem. Soc. Rev., 2012, 41: 6405-6447.

[3] Harrison R M, Dall'Osto M, Beddows D C S, et al. Atmospheric chemistry and physics in the atmosphere of a developed megacity (London): An overview of the REPARTEE experiment and its conclusions. Atmos. Chem. Phys., 2012, 12: 3065-3114.

[4] Penkett S A, Burgess R A, Coe H, et al. Evidence for large average concentrations of the nitrate radical (NO_3) in Western Europe from the HANSA hydrocarbon database. Atmos. Environ., 2007, 41: 3465-3478.

[5] Kwan A J, Chan A W H, Ng N L, et al. Peroxy radical chemistry and OH radical production during the NO_3-initiated oxidation of isoprene. Atmos. Chem. Phys., 2012, 12: 7499-7515.

[6] Stark H, Brown S S, Goldan P D, et al. Influence of nitrate radical on the oxidation of dimethyl sulfide in a polluted marine environment. J. Geophys. Res., 2007, 112: D10S10-1-11.

[7] Rollins A W, Kiendler-Scharr A, Fry J L, et al. Isoprene oxidation by nitrate radical: Alkyl nitrate and secondary organic aerosol yields. Atmos. Chem. Phys., 2009, 9: 6685-6703.

[8] Rollins A W, Browne E C, Min K-E, et al. Evidence for NO_x control over nighttime SOA formation. Science, 2012, 337: 1210-1212.

[9] Chang W L, Bhave P V, Brown S S, et al. Heterogeneous atmospheric chemistry, ambient measurements, and model calculations of N_2O_5: A Review. Aerosol Sci. Tech., 2011, 45: 665-695.

[10] Park SS, Jung S A, Gong B J, et al. Characteristics of $PM_{2.5}$ haze episodes revealed by highly time-resolved measurements at an air pollution monitoring supersite in Korea. Aerosol Air Qual. Res.,

2013, 13: 957-976.

[11] Abbatt J P D, Lee A K Y, Thornton J A. Quantifying trace gas uptake to tropospheric aerosol: Recent advances and remaining challenges. Chem. Soc. Rev., 2012, 41: 6555-6581.

[12] Brown S S, Ryerson T B, Wollny A G, et al. Variability in nocturnal nitrogen oxide processing and its role in regional air quality. Science, 2006, 311: 67-70.

[13] Brown S S, Dube W P, Fuchs H, et al. Reactive uptake coefficients for N_2O_5 determined from aircraft measurements during the second Texas air quality study: Comparison to current model parameterizations. J. Geophys. Res., 2009, 114: D00F10-1-16.

[14] Bertram T H, Thornton J A, Riedel T P, et al. Direct observations of N_2O_5 reactivity on ambient aerosol particles. Geophys. Res. Lett., 2009, 36: L19803-1-5.

[15] Riedel T P, Bertram T H, Ryder O S, et al. Direct N_2O_5 reactivity measurements at a polluted coastal site. Atmos. Chem. Phys., 2012, 12: 2959-2968.

[16] Wagner N L, Riedel T P, Young C J, et al. N_2O_5 uptake coefficients and nocturnal NO_2 removal rates determined from ambient wintertime measurements. J. Geophys. Res. Atmos., 2013, 118: 9331-9350.

[17] Morgan W T, Ouyang B, Allan J D, et al. Influence of aerosol chemical composition on N_2O_5 uptake: Airborne regional measurements in northwestern Europe. Atmos. Chem. Phys., 2015, 15: 973-990.

[18] Platt U, Perner D, Winer A M, et al. Detection of NO_3 in the polluted troposphere by differential optical absorption. Geophys. Res. Lett., 1980, 7: 89-92.

[19] Wood E C, Wooldridge P J, Freese J H, et al. Prototype for in situ detection of atmospheric NO_3 and N_2O_5 via laser-induced fluorescence. Environ. Sci. Technol., 2003, 37:5732-5738.

[20] Slusher D L, Huey L G, Tanner D J, et al. A thermal dissociation-chemical ionization mass spectrometry (TD-CIMS) technique for the simultaneous measurement of peroxyacyl nitrates and dinitrogen pentoxide. J Geophys. Res. Atmos., 2004, 109: D19315.

[21] Ventrillard-Courtillot I, O'Brien ES, Kassi S, et al. Incoherent broad band cavity enhanced absorption spectroscopy for simultaneous trace measurements of NO_2 and NO_3 with a LED source. Appl. Phys. B., 2010,101: 661-669.

[22] Dube W P, Brown S S, Osthoff H D, et al. Aircraft instrument for simultaneous, in situ measurement of NO_3 and N_2O_5 via pulsed cavity ring-down spectroscopy. Rev. Sci. Instrum., 2006, 77: 034101-1-11.

[23] Vrekoussis M, Mihalopoulos N, Gerasopoulos E, et al. Two-years of NO_3 radical observations in the boundary layer over the Eastern Mediterranean. Atmos. Chem. Phys., 2007, 7: 315-327.

[24] Matsumoto J, Imai H, Kosugi N, et al. In situ measurement of N_2O_5 in the urban atmosphere by thermal decomposition/laser-induced fluorescence technique. Atmos. Environ., 2005, 39: 6802-6811.

[25] Osthoff H D, Bates T S, Johnson J E, et al. Regional variation of the dimethyl sulfide oxidation mechanism in the summertime marine boundary layer in the Gulf of Maine. J. Geophys. Res. Atmos., 2009, 114: D07301.

[26] Brown S S, Dube W P, Osthoff H D, et al. High resolution vertical distributions of NO_3 and N_2O_5 through the nocturnal boundary layer. Atmos. Chem. Phys., 2007, 7: 139-149.

[27] Li S W, Liu W Q, Xie P H, et al. Observation of nitrate radical in the nocturnal boundary layer during a summer field campaign in Pearl River Delta, China. Terr. Atmos. Ocean. Sci., 2012, 23: 39-48.

[28] Langridge J M, Laurila T, Watt R S, et al. Cavity enhanced absorption spectroscopy of multiple trace gas species using a supercontinuum radiation source. Opt. Express, 2008, 16: 10178-10188.

[29] Apodaca R L, Huff D M, Simpson W R. The role of ice in N_2O_5 heterogeneous hydrolysis at high latitudes. Atmos. Chem. Phys., 2008, 8: 7451-7463.

[30] Kercher J P, Riedel T P, Thornton J A. Chlorine activation by N_2O_5: Simultaneous, in situ detection of $ClNO_2$ and N_2O_5 by chemical ionization mass spectrometry. Atmos. Meas. Tech., 2009, 2: 193-204.

[31] Crowley J N, Schuster G, Pouvesle N, et al. Nocturnal nitrogen oxides at a rural mountain-site in South-Western Germany. Atmos. Chem. Phys., 2010, 10: 2795-2812.

[32] Wagner N L, Dube W P, Washenfelder R A, et al. Diode laser-based cavity ring-down instrument for NO_3, N_2O_5, NO, NO_2 and O_3 from aircraft. Atmos. Meas. Tech., 2011, 4: 1227-1240.

[33] Kennedy O J, Ouyang B, Langridge J M, et al. An aircraft based three channel broadband cavity enhanced absorption spectrometer for simultaneous measurements of NO_3, N_2O_5 and NO_2. Atmos. Meas. Tech., 2011, 4: 1759-1776.

[34] Wang S S, Shi C Z, Zhou B, et al. Observation of NO_3 radicals over Shanghai, China. Atmos. Environ., 2013, 70: 401-409.

[35] Brown S S, Dube W P, Tham Y J, et al. Nighttime chemistry at a high altitude site above Hong Kong. J. Geophys. Res. Atmos., 2016, 121: 2457-2475.

[36] Wang D, Hu R Z, Xie P H, et al. Diode laser cavity ring-down spectroscopy for in situ measurement of NO_3 radical in ambient air. J. Quant. Spectrosc. R A, 2015, 166: 23-29.

[37] Vrekoussis M, Wittrock F, Richter A, et al. Temporal and spatial variability of glyoxal as observed from space. Atmos. Chem. Phys., 2009, 9: 4485-4504.

[38] Duncan B N, Lamsal L N, Thompson A M, et al. A space-based, high-resolution view of notable changes in urban NO_x pollution around the world (2005—2014). J. Geophys. Res. Atmos., 2016, 121: 1-21.

[39] Zhang Y H, Hu M, Zhong L J, et al. Regional integrated experiments on air quality over Pearl River Delta 2004 (PRIDE-PRD2004): Overview. J. Atmos. Environ., 2008, 42: 6157-6173.

[40] Zhu T, Shang J, Zhao D F. The roles of heterogeneous chemical processes in the formation of an air pollution complex and gray haze. Sci. China Chem., 2011, 54: 145-153.

[41] Duncan B N, Lamsal L N, Thompson A M, et al. A space-based, high-resolution view of notable changes in urban NO_x pollution around the world (2005—2014). J. Geophys. Res. Atmos., 2016, 121: 1-21.

[42] Wang Y S, Yao L, Wang L L, et al. Mechanism for the formation of the January 2013 heavy haze pollution episode over central and eastern China. Sci. China Earth Sci., 2014, 57: 14-25.

第 21 章 基于大气氧化中间态物种的大气 HO_x 自由基来源和活性研究

李歆,刘靖崴,徐溶涓,宋梦迪,于雪娜,陆思华,曾立民

北京大学

一次污染物的大气氧化是大气复合污染形成的关键,其核心步骤是大气 HO_x(OH、HO_2)的循环链式反应。然而,目前对大气 HO_x 自由基来源的认识尚存在较大不确定性。本项目选择甲醛(HCHO)、乙二醛(GLY)和甲基乙二醛(MGLY)三种在 HO_x 自由基链式反应中生成的典型大气氧化中间态(AOI)物种,以我国典型污染地区获取的外场观测结果为基础,结合已有烟雾箱实验数据,利用基于观测的模型开展系列分析,确定 HCHO、GLY 和 MGLY 在各类挥发性有机物(VOCs)氧化降解体系中的生成途径和产率,厘清三者的生成和去除与 HO_x 自由基循环再生的相互作用关系,从而检验和发展现有的大气 HO_x 自由基化学机理。同时,利用 HCHO、GLY 和 MGLY 的浓度及浓度构成的"指纹特征",对大气 OH 自由基活性的强度和构成进行综合表达,建立基于大气氧化中间态物种的大气 OH 自由基活性表征方法。

21.1 研究背景

目前,以雾霾和臭氧(O_3)污染为特征的大气复合污染已成为制约我国经济与社会发展的重要问题。大气复合污染形成的关键步骤是天然源和人为源排放的一次污染物在大气中的二次转化,其核心是各种大气氧化过程。羟基自由基(OH)是重要的大气氧化剂,贡献了全球大气氧化能力的 80% 以上[1]。O_3 和气态亚硝酸(HONO)的光解是大气 OH 自由基的主要初级来源。一次排放的 VOCs 和一氧化碳(CO)被 OH 自由基氧化降解,生成烷基过氧自由基(RO_2)和氢过氧自由基(HO_2)。RO_2 自由基与一氧化氮(NO)或 RO_2 自由基反应,或者经单分子反应生成 HO_2 自由基。HO_2 自由基与 NO 的反应导致了 OH 自由基的循环再生。以 VOCs、NO 为燃料,以 OH-HO_2-RO_2 相互转化为核心的循环链式反应,一方面维持了大气的氧化能力,促进了一次污染物的降解;另一方面,使 NO 被转化为二氧化氮(NO_2),后者进一步发生光化学反应生成 O_3,同时,生成了大量含氧有机物,这些有机物经系列转化对二次有机气溶胶(SOA)的生成产生贡献,从而导致了二次污染的形成(图21.1)。可见,厘清大气 HO_x(OH、HO_2)自由基的循环再生机制是解释大气复合污染成因的关键。

第21章 基于大气氧化中间态物种的大气 HO_x 自由基来源和活性研究

在 HO_x 自由基循环链式反应不同阶段生成、主要由含氧挥发性有机物（OVOCs）构成的 AOI 物种在大气复合污染形成的过程中起到了承上启下的作用。在 HO_x-VOCs-NO_x 反应体系中，AOI 物种产率、AOI 物种对的比值会随前体物 VOCs 种类、NO_x 浓度、化学反应通道相对强度等因素发生变化。因此，对 AOI 来源和去除途径的研究，能验证、改进和完善现有的大气 HO_x 自由基循环机制，能有助于我们准确把握各类一次污染物和各种化学过程对大气复合污染形成的贡献。

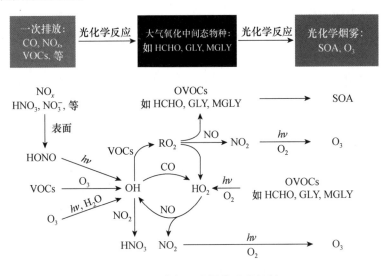

图 21.1　大气二次污染形成机制

21.1.1　大气 HO_x 自由基循环机制的研究现状

目前，围绕大气 HO_x 自由基循环机制的研究，主要采用闭合实验的研究方法。将实测的 HO_x 自由基浓度、OH 自由基总反应活性与模型模拟结果进行比较，检验模型所用化学机理是否能在不同大气条件下合理描述 HO_x 自由基的收支及浓度变化。研究发现，在高浓度 VOCs、高浓度 NO_x 条件下，模型能够较好地重现日间 HO_x 自由基的观测情况，日间 HO_x 自由基收支基本闭合[2-5]。然而，当 NO_x 浓度较低、天然源 VOCs（BVOCs）浓度较高时，HO_x 自由基闭合实验存在较大不确定性。在亚马孙森林和我国开展的外场观测实验中，均发现模型显著低估 OH 自由基的测量浓度[6-8]。多种化学机理被用于解释此现象。其中，OH 自由基再生效率最高的是基于量化计算推导的 LIM 机理[9]，并通过烟雾箱实验得到了验证[10]。该机理认为，异戊二烯经 OH 自由基氧化降解生成的 ISOPO2 自由基能经分子内的氢转移反应生成 OH 自由基。然而，在受人为源 VOCs（AVOCs）排放影响地区，此机制仅能部分解释观测发现的 OH 自由基缺失来源[10]。与 OH 自由基类似，现有模型对低浓度 NO_x 条件下 BVOCs 经 OH 自由基降解生成的 HO_2 自由基浓度也存在低估[11-13]。在夜间，大多数外场观测都发现了高浓度 HO_x 自由基的存在[14,15]。虽然储库分子的传输、VOCs 被 NO_3 自由基或 O_3 氧化降解等可以对此做出部分解释，但具体的机制需要深入研究。

闭合实验虽然能发现已有化学机理在解释 HO_x 自由基循环再生时存在的缺陷，但较难定位是由哪些化学过程导致的。近年来，已有一些研究开始利用OH+VOCs反应中间产物来探索可能的HO_x自由基再生机制。通过直接测量异戊二烯的OH氧化产物，研究人员发现ISOPOOH、HPALD、QOOH等过氧化产物可有效再生OH自由基，修订和补充了已知的异戊二烯降解机理[16-18]。在GLY、甲基丙烯醛等VOCs氧化产物上，也发现了与LIM机理类似的机制，可对OH自由基的生成产生贡献[19,20]。但总的来说，类似工作尚未系统展开，特别是针对苯系物等AVOCs降解产物的研究，或将有助于深入理解AVOCs在模型低估HO_x实测浓度方面的作用[21]。

HCHO、GLY和MGLY是典型的AOI物种。一方面，大部分VOCs经OH自由基氧化降解都能生成这三种物质，但三者的生成阶段和途径不尽相同。例如，在异戊二烯与OH自由基的反应体系中，HCHO基本为第一代氧化产物，GLY和MGLY则来自第一代氧化产物ISOPO2后续与OH自由基的反应，为第二或第三代产物[22]。然而，在最新的MCM机理(V3.3.1)中，ISOPO2的氢转移反应也可导致GLY和MGLY的生成，使二者的生成阶段提前[23]。另一方面，在多数HO_x自由基闭合实验中，HCHO、GLY等AOI大都作为模型的边界条件。此种处理方式容易强迫模型向某一特定反应方向进行，不利于发现机理上可能存在的问题[24]。因此，有必要利用HCHO、GLY和MGLY这些典型AOI物种，探索不同反应体系中其产率、浓度的变化与HO_x自由基循环再生的关系，以作为闭合实验研究方法的重要补充。

21.1.2 大气HCHO、GLY和MGLY的测量方法

HCHO浓度一般为100 ppt到几个ppb，GLY和MGLY的浓度则为几十到几百ppt[25,26]。此外，三者在大气中的寿命一般为1~2 h。因此，对三者的准确测量需要测量方法具备较高的灵敏度和时间分辨率。早期测量大都采用衍生化采样+HPLC或GC/MS的离线方法。此类方法的采样时间较长(3~12 h)，很难满足针对大气化学反应过程研究的需要。因此，目前对HCHO、GLY和MGLY的测量基本采用时间分辨率较高、选择性较强的在线测量技术(表21-1)。

表21-1 大气HCHO、GLY和MGLY的主流测量方法及其灵敏度与时间分辨率

方法	灵敏度/ppt			时间分辨率	参考文献
	HCHO	GLY	MGLY		
Hantzsch 荧光	100	—	—	2 min	[27]
PTR-TOF-MS	200	—	100	2 s	—
TDLAS	40	—	—	1 min	[28]
QCL	15	—	—	2 min	[29]
LIF	20	—	—	1 s	[27]
LIP	—	18	99	5 min	[25,30]
CEAS	—	19	170	1 min	[31]
LP-DOAS	800	40	—	5 min	[32]
MAX-DOAS	200	10	—	5 min	[32]

Hantzsch荧光法是通过检测HCHO与戊二酮反应生成的荧光物质来定量HCHO的浓度。此方法的灵敏度和选择性都较好。然而,目前尚未发现类似方法测量可用于GLY和MGLY。PTR-TOF-MS是通过H_3O^+软电离待测物质后利用飞行时间质谱进行定量分析,测量的时间分辨率和灵敏度都较高。由于HCHO与水的质子亲和力较为接近,因此PTR-TOF-MS对HCHO的测量受环境湿度影响较大。理论上说,PTR-TOF-MS对GLY和MGLY都应具有较好的测量效果。但在德国于利希研究中心开展的一系列实验发现,PTR-TOF-MS对GLY的测量灵敏度极低,可能的原因在于GLY的质子转移反应效率远低于理论计算值。除上述两种方法外,HCHO、GLY和MGLY的在线测量都基于光学法。其中,基于红外激光吸收的TDLAS和QCL以及基于紫外激光诱导的LIF和LIP技术在灵敏度和时间分辨率的表现上都较其他测量方法更为出色。然而,光路系统和光腔的设计、信号采集与分析是激光法应用的难点。与激光法在单一波长测量不同,CEAS和DOAS技术利用HCHO、GLY和MGLY在一定波长范围内的"指纹吸收"进行定量,是一种绝对测量方法,因而无需对测量本身进行标定。然而,此类技术的测量灵敏度依赖于光程长度,如何增长有效光程、降低气溶胶散射的影响是其应用时需要解决的关键问题。目前,基于腔增强技术的测量方法,是对在紫外或红外区域具有特征吸收的分子进行原位在线监测的发展趋势[32]。在表21-1中,MAX-DOAS是唯一的遥感测量方法,能提供HCHO、GLY和MGLY在区域尺度上的浓度空间分布,卫星搭载的MAX-DOAS设备还能提供HCHO和GLY的全球分布信息[33]。但是,由于MAX-DOAS是基于对散射太阳辐射的测量,因此只能在白天进行。此外,MAX-DOAS的数据返演需要结合对大气辐射传输的模拟,是MAX-DOAS的应用难点之一。

21.1.3 大气HCHO、GLY和MGLY的源汇

HCHO既来自一次源的直接排放,也来自VOCs氧化降解导致的二次生成。从全球尺度看,后者是大气HCHO的主要来源,贡献率在80%以上[34]。在城市地区,HCHO的二次生成主要源自人为排放的烯烃、芳香烃和OVOCs[22,35]。HCHO在大气中的汇包括光解、与OH自由基反应和干湿沉降。其中,光解是HCHO最主要的去除途径[22]。一些研究表明,在特定环境条件下,HCHO在气溶胶表面的非均相反应也可导致HCHO的气相消耗[36-39],但具体的理化机制尚需要进一步研究。

与HCHO相比,GLY和MGLY主要来自BVOCs和AVOCs的氧化降解过程,受直接排放的影响较小。生物质燃烧是非城市地区GLY和MGLY最主要的一次来源,其对全球GLY和MGLY总生成的贡献分别在17%和4%左右[40]。从全球范围看,异戊二烯的氧化降解对GLY和MGLY的二次生成贡献最大,分别为47%和79%[40]。但是,在城市地区,GLY和MGLY则主要来自烯烃和芳香烃的OH氧化反应[40-42]。乙炔(C_2H_2)对GLY的生成也有较大贡献[40]。光解、与OH自由基反应和干湿沉降是GLY和MGLY的主要去除途径。近年来,越来越多的研究发现,GLY和MGLY可通过聚合反应等机制进入气溶胶内部[43-45],加速了二者在气相中的去除速率,并对SOA的生成产生一定贡献[40,41]。

围绕HCHO、GLY和MGLY的二次生成,虽然大量研究获取了它们在异戊二烯、苯系物等VOCs氧化降解体系中的生成途径与产率[46,47],但随着对"OH自由基非传统再生机

制"探索的深入,对 HCHO、GLY 和 MGLY 在上述体系中收支的认识也发生了一些变化。作为已有化学机理的重要补充,RO_2 自由基内部的氢转移反应被认为是 OH 自由基的再生途径之一。此类反应增加了 HCHO、GLY 和 MGLY 的生成途径,改变了原有反应通道的相对强弱。在异戊二烯与 OH 自由基反应体系中,GLY 和 MGLY 的生成阶段有所提前[23]。GLY 与 OH 自由基的反应还被发现能通过氢转移反应有效再生 OH 自由基[20]。因此,HCHO、GLY 和 MGLY 在典型 BVOCs 氧化降解过程中的产率不同于以往机理的预测结果[48,49]。目前,尚需大量包含对 HCHO、GLY 和 MGLY 本身及其前体物 VOCs 浓度、HO_x 自由基浓度、OH 自由基总反应性在内的多参数同时测量的实验室和外场观测实验,在完善 HCHO、GLY 和 MGLY 在不同 VOCs 氧化降解体系中生成与去除途径的同时,验证各种被用于解释"OH 自由基非传统再生机制"的化学机理[48,50]。

21.1.4 大气 HCHO、GLY 和 MGLY 对大气 OH 自由基活性的指示作用

大气 OH 自由基活性取决于大气中可与 OH 自由基反应的 VOCs、CH_4、CO 等痕量气体的浓度水平。其中,VOCs 是城市和森林地区大气 OH 自由基活性的主要来源,而 HCHO、GLY 和 MGLY 的生成与之密切相关。考虑到三者都基本来自 VOCs 的氧化降解,因此,它们对局地和区域的大气 VOCs 氧化过程应具有较好的指示作用。地面和卫星观测结果都表明,HCHO 和 GLY 的浓度变化能很好地反映大气 VOCs 活性的改变与 O_3 的生成[51-54]。由于 HCHO 和 GLY 的化学生成过程不尽相同,但二者有着相似的大气寿命,因此,GLY 和 HCHO 的浓度比值 R_{GF} 可被用于识别研究区域内主要的大气 VOCs 氧化过程[33,54,55]。研究发现,萜烯类化合物的氧化降解会导致高 R_{GF} 的出现,异戊二烯氧化降解时的 R_{GF} 值一般较低,与 AVOCs 氧化降解有关的 R_{GF} 值一般处于上述二者之间[54,56]。除前体物 VOCs 种类外,NO_x 和 OH 自由基的浓度水平对 R_{GF} 值也存在影响,原因主要在于,在不同 NO_x 和 OH 自由基浓度水平下,HCHO 和 GLY 的生成通道会发生不一样的变化[57,58]。在为数不多的针对 HCHO 和 GLY 的研究中,虽然发现多种大气化学或物理过程会对其浓度和 R_{GF} 产生影响,但关注的重点大都在如何通过加入各种限制因素来使二者更好地被用于 VOCs 的来源识别[56]。而在基于外场观测结果分析 HCHO 和 GLY 与大气氧化过程的关系时,如何合理量化一次排放、非均相反应、沉降作用等对二者浓度的贡献,是需要解决的关键问题。

虽然实验室研究已发现 MGLY 与 HCHO 和 GLY 有着类似的大气化学行为,特别是在异戊二烯降解时的氢转移反应、苯系物的氧化降解过程中,MGLY 是重要的中间产物。然而,受测量技术条件的限制,目前利用外场观测得到的 MGLY 探讨大气 OH 自由基活性变化的相关工作开展得较少。

综上所述,目前围绕大气 HO_x 自由基循环机制的研究结果尚存在一定的不确定性,特别是在"OH 自由基非传统再生机制"的研究方面,还缺乏相应的具体化学机理来全面合理地描述外场观测现象。以针对 HO_x 自由基本身开展的闭合实验研究已遇到瓶颈,需要转变研究思路、开发新的研究方法,从而实现突破。HCHO、GLY 和 MGLY 是典型的大气氧化

中间态物种,对 OH 自由基氧化降解 VOCs 的各个化学过程具有一定的指示作用。最新研究发现,在引入了新的 OH 自由基再生机制后,HCHO、GLY 和 MGLY 的产率较之以前都有所变化,说明三者对 HO_x 自由基的循环再生也具备一定敏感性。此外,HCHO、GLY 和 MGLY 可经多种化学机制对 SOA 的生成产生贡献。因此,研究 HCHO、GLY 和 MGLY 在不同反应体系中的浓度变化和收支途径,对于厘清影响大气 HO_x 自由基循环再生的关键化学过程与机理、表征大气氧化性变化与二次污染形成的关系具有重要意义。

近年来,卫星遥感数据显示,我国的京津冀、珠三角和长三角地区已成为全球 HCHO 和 GLY 浓度分布的热点地区[33,59]。然而,国内针对 HCHO、GLY 和 MGLY 大气化学作用的研究尚未系统展开,除获取大气浓度水平外[26,60],仅有部分工作量化了它们的来源[61-63],探讨了它们对 O_3 和 SOA 生成的贡献[64-66]。而且,研究区域基本围绕北京和珠三角地区。相比京津冀和珠三角,长三角地区呈现高浓度 HCHO 和 GLY 的区域范围都更广[33],需要一系列针对区域大气氧化性(自由基化学)的表征和机制研究来为二次污染的缓解提供科学依据。

基于上述讨论,本项目拟以长三角地区大气复合污染为研究对象,基于对 HCHO、GLY、MGLY、HO_x 自由基、VOCs 等关键大气环境要素的高精度在线测量,通过闭合实验,系统研究各类 VOCs 氧化降解体系中 HCHO、GLY 和 MGLY 的收支途径和产率,从三者生成和去除的角度,检验和发展现有的大气 HO_x 自由基循环再生机制。利用 HCHO、GLY 和 MGLY 的浓度及物种对浓度比值的变化,表征大气 OH 自由基活性的强度、构成和演变情况,探索建立基于大气氧化中间态物种的大气 OH 自由基活性表征方法。

21.2 研究目标与研究内容

21.2.1 研究内容

1. HCHO、GLY 和 MGLY 的高精度在线测量方法

以提升测量灵敏度和时间分辨率、降低测量干扰为目标,搭建一套基于腔增强光学吸收光谱(CEAS)技术的测量设备,用于对 HCHO、GLY 和 MGLY 的同步在线测量。建立质量保证和质量控制体系,确保测量结果的有效性。

2. HCHO、GLY 和 MGLY 的外场观测和闭合实验

选择我国典型大气污染地区,在不同季节开展综合外场观测,获取 HCHO、GLY 和 MGLY 的浓度水平及时空变化特征。同时,对 HO_x 自由基、OH 自由基总反应活性(k_{OH})、O_3、HONO、NO_x、VOCs、大气气溶胶物理化学性质、光解速率等关键环境因子进行同步测量,获得研究区域内大气化学活性的强度、构成和演变状况。针对不同光化学龄气团,量化一次排放和二次生成对其中 HCHO、GLY 和 MGLY 浓度的贡献。利用基于观测的盒子模型,开展针对 HCHO、GLY 和 MGLY 的闭合实验分析,厘清不同大气条件下 HCHO、GLY 和 MGLY 的生成与去除途径,量化三者的产率,识别影响产率的关键环境因素。

3. 基于 HCHO、GLY 和 MGLY 的大气 HO_x 自由基循环再生机制分析

结合综合外场观测和已有的烟雾箱实验数据,利用盒子模型,在全面了解 HCHO、GLY 和 MGLY 生消途径的基础上,考察现有化学机理能否在重现 HCHO、GLY 和 MGLY 观测结果的同时,合理描述 HO_x 自由基的收支和浓度变化。通过厘清 HCHO、GLY 和 MGLY 的收支与 HO_x 自由基循环再生的相互作用关系,检验和发展大气 HO_x 自由基循环再生机制。

4. 基于 HCHO、GLY 和 MGLY 的大气 OH 自由基活性表征

利用基于观测数据的盒子模型,综合分析 HCHO、GLY 和 MGLY 的浓度构成和物种对比值对大气 OH 自由基活性变化的指示作用。建立基于 HCHO、GLY 和 MGLY 的大气 OH 自由基活性表征方法。

21.2.2 研究目标

(1) 实现不同大气污染条件下 HCHO、GLY 和 MGLY 的高时间分辨率、高准确度和高灵敏度在线测量。

(2) 通过定量探讨我国典型大气污染条件下 HCHO、GLY 和 MGLY 的生成和去除与 HO_x 自由基循环再生的关系,检验和发展现有的大气 HO_x 自由基循环再生机理。

(3) 明确和量化 HCHO、GLY 和 MGLY 的浓度构成和物种对比值与大气 OH 自由基活性的对应关系,建立基于大气氧化中间态物种的大气 OH 自由基活性表征方法。

21.2.3 拟解决的关键科学问题

1. 现有大气化学机理对大气 HO_x 自由基循环再生的合理描述

针对大气 HO_x 自由基循环链式反应中生成的典型中间态物种 HCHO、GLY 和 MGLY,通过厘清不同大气条件下它们的收支与 HO_x 自由基循环再生的相互作用关系,明确现有大气化学反应机理在描述大气 HO_x 自由基循环再生时可能存在的问题,并提出改进方案,拓展大气自由基化学的研究手段。

2. 典型大气污染条件下大气 OH 自由基活性的综合表征

通过厘清大气氧化中间态物种 HCHO、GLY 和 MGLY 的浓度构成和物种对比值改变与大气 OH 自由基活性变化之间的量化关系,明确 HCHO、GLY 和 MGLY 对大气 OH 自由基活性的强度和构成的指示作用,为综合表征大气 OH 自由基活性提供新方法。

21.3 研 究 方 案

21.3.1 测量设备搭建与性能表征

课题组已拥有一套基于 CEAS 的 NO_3/N_2O_5 测量设备。本研究拟在此基本框架上,进行如下几方面的技术改进与升级,搭建一套用于 HCHO、GLY 和 MGLY 高精度在线测量的设备。① 改进光腔架构,增强光学系统稳定性。对光纤接口、光学透镜、高反镜等光学部件进行一体化设计、整合至腔架上。设计高反镜吹扫部件,降低气溶胶对高反镜的污染。② 根据 HCHO 与 GLY 和 MGLY 的特征吸收波长范围的不同,采用双通道设计,通道 1 用于 HCHO 测量,通道 2 用于 GLY 和 MGLY 测量。③ 选用信噪比、光谱分辨率和稳定性都更高的光谱仪作为检测器,提升光谱测量的灵敏度与时间分辨率。④ 设计温度控制系统,控制设备运行时光学系统和光谱仪的温度,降低温度变化对测量稳定性的干扰。⑤ 升级软件,一方面,采用多线程技术,实现对双通道的设备控制、数据采集和光谱分析的同步化,提升在线测量的自动化程度;另一方面,改进光谱分析算法,提高浓度返演结果的准确度。

在设备性能表征方面,利用渗透仪测定已知浓度的 HCHO、GLY 和 MGLY,通入设备进行测量,量化设备采样效率,明确不同采样时间下的测量灵敏度和准确度,考察设备长时间运行的稳定性。

21.3.2 HCHO、GLY 和 MGLY 的时空分布特征和来源解析

在卫星遥感发现存在高浓度 HCHO 和 GLY 的长三角地区,选择雾霾污染和臭氧污染频发的冬季和夏季,开展外场综合观测。外场观测将选择在有区域代表性的站点实施,包括地面超级站和遥感探测两个平台。地面超级站的建设遵循闭合实验的设计理念,对常规六参数、HO_x 自由基、OH 自由基总反应活性、VOCs(NMHCs+OVOCs)、HONO、HNO_3、PANs、气溶胶化学组成和物理性质、光解速率等关键参数进行高时间分辨率的在线测量。遥感探测主要利用 MAX-DOAS 技术,获取 O_3、NO_2、HCHO、GLY 和气溶胶在对流层内的垂直分布信息。根据外场观测数据,综合分析研究区域内大气化学活性的强度、构成和演变情况,厘清大气化学活性的变化对 HCHO、GLY 和 MGLY 浓度时空分布的影响。

基于高时间分辨率的外场观测数据,开展针对 HCHO、GLY 和 MGLY 的来源解析工作。本研究中采用基于"光化学龄"的多元回归方法估算外场观测期间一次排放和二次生成对 HCHO、GLY 和 MGLY 的浓度贡献,一方面,建立基于 C_2H_2 或 CO 的一次排放参数化方程;另一方面,分别量化 BVOCs 和 AVOCs 对 HCHO、GLY 和 MGLY 二次生成的贡献。综合分析不同大气污染条件下 HCHO、GLY 和 MGLY 的来源特征。

21.3.3 HCHO、GLY 和 MGLY 的闭合实验分析

本研究中的闭合实验是指,采用盒子模型模拟目标物种的浓度及其变化趋势,并与观测结果比较,以检验模型是否能合理描述观测现象。此处的目标物种为 HCHO、GLY、MGLY 以及 OH 和 HO_2 自由基。模型运行时,使用观测得到的 NMHCs、CO、NO_x、O_3、HONO、光解速率和气象参数作为约束条件。模型采用的基准化学机理为 MCM。闭合实验主要以外场观测数据为基础,并结合已有的烟雾箱实验数据。对于基于外场观测数据的模型模拟,考虑到 HCHO、GLY 和 MGLY 为中等大气寿命物质,通过在模型中加入一次排放项、气溶胶非均相摄取项、稀释扩散项,并重点关注气象条件稳定的时段,从而尽量减小大气物理因素对闭合实验分析的影响,使分析工作聚焦于 HCHO、GLY 和 MGLY 的光化学生成。

针对不同大气污染条件,首先,需要厘清基准化学机理中 HCHO、GLY 和 MGLY 的主

要前体物和生成通道,以及三者在各个生成通道上的产率,明确三者的主要化学去除途径;针对 HO_x 自由基,需要识别其主要的循环再生途径及该途径对应的 VOCs 前体物;建立 HCHO、GLY 和 MGLY 与 HO_x 自由基在 VOCs 前体物和主要收支途径上的对应关系。其次,一方面,当 HCHO、GLY 和 MGLY 的模型模拟值与外场观测值出现较大差异时,通过敏感性分析,识别导致差异出现的关键化学反应通道,提出对化学反应机理的修订意见。另一方面,当 HO_x 自由基的浓度和收支在基准化学机理下也无法实现闭合时,重点关注 HO_x 自由基的缺失源汇与 HCHO、GLY 和 MGLY 生成和去除的相关关系,从而识别起关键作用的 VOCs 降解途径。结合已有烟雾箱实验数据,考察通过对关键途径上 HCHO、GLY 和 MGLY 的生消通道或速率的改变,能否有效改善 HO_x 自由基的模拟结果。最后,应用改进后的化学机理,全面分析外场观测期间 HCHO、GLY 和 MGLY 的源汇途径,综合评价大气 OH 自由基活性对各源汇途径的影响。

21.3.4 HCHO、GLY 和 MGLY 对大气 OH 自由基活性的综合表征

基于外场观测和烟雾箱实验数据,利用盒子模型和改进后的化学机理,针对不同 VOCs 氧化降解体系,厘清 HCHO、GLY 和 MGLY 浓度构成的"指纹特征",归纳三者中两两物种对的特征比值,明确一次排放、NO_x 浓度、非均相摄取等因素对这些特征量的可能影响,并找到合适的特征量表达方法,以弱化这些影响因素。结合 HCHO、GLY 和 MGLY 的外场观测数据和来源分析结果,建立参数化模型,针对不同光化学龄气团,构建各 VOCs 对大气 OH 自由基活性贡献与 HCHO、GLY、MGLY 浓度构成和物种对比值的量化关系。利用此模型分析外场大气中 OH 自由基的活性构成,通过与实际观测结果进行比较,验证模型的有效性,并根据需要提出改进方案。将改进后的方案应用于 MAX-DOAS 测量得到 HCHO、GLY 和 MGLY 的垂直分布结果,综合分析典型污染条件下大气 OH 自由基活性的强度和构成在对流层内的变化情况。

21.4 主要进展与成果

21.4.1 建成基于 CEAS 的大气 GLY 和 MGLY 浓度同步在线测量设备

CEAS 是基于朗伯-比尔定律、利用气体分子的特征吸收对气体浓度进行定量的一种光学测量技术。本项目研发的用于测量 GLY 和 MGLY 的 CEAS 系统可以分为光源模块、光腔模块和检测模块三部分。

光源模块以波长范围为 410~470 nm 的 LED 灯珠(Thorlabs,M450D3)为核心,通过高精度恒流源和温控仪实现对其电流和温度的稳定控制,在数小时的稳定性实验中,LED 灯珠的温度稳定在 26℃,光源的光谱辐射曲线没有明显的光强变化和峰型的漂移。

光腔模块如图 21.2(a)所示,以铝合金笼板和轴承构成的笼式结构作为光腔的载体,从

左至右依次布置入射光耦合单元、PTFE材质的光腔和出射光耦合单元。其中PTFE光腔两端的具有超高反射率($R>0.9999$)的镜片是系统的核心。光腔两端的光学耦合单元通过波纹管与光腔相接,光学耦合单元采用相同的设计:最外侧的三维调整架中心装有一个光纤转接头,其后方是一个通过嵌套笼式结构固定的小型三维调整架,用于安装准直透镜,最后是用于安装高反镜的二维调整架。通过调整三维调整架的上下、左右、前后和二维调整架的俯仰与偏转,实现整个光学谐振腔光轴和机械轴的高度吻合;通过旋死调节螺栓上的锁紧螺母来固定各个模块的位置,确保了系统的高稳定性。系统检测模块以商品化光谱仪(Shamrock 303i, Andor Tech.)作为核心,工作过程中对二维CCD检测器进行制冷($-70℃$),有效降低了检测噪声,实现了对信号高时间分辨率、高光谱分辨率的响应。

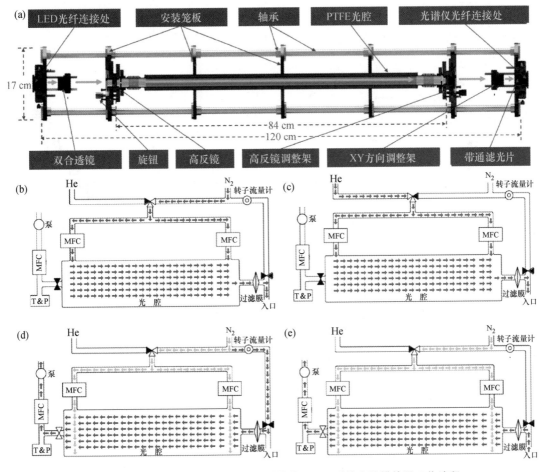

图21.2 用于GLY和MGLY在线测量的CEAS系统光腔模块及工作流程

利用自主编写的软件,系统工作模式可分为图21.2(b)至图21.2(e)四种,依次为:通高纯氮气、通高纯氦气、零点采集和样品采集。在向腔体内通高纯氮气时,氮气先经过三通阀再经过两台气体质量流量控制计(MFC),分别从腔体的两端进入腔体,最后从采样气口排出;通氦气时则将三通阀切向氦气一端,其他则与通氮气时的气路设置一致,以上两个步骤用于标定腔体内高反镜的反射率。零点采集时高纯氮气分为两路,一路经MFC从光腔两端进入腔体,吹扫高反镜表面,防止空气中的颗粒物造成其反射率的下降,另一路则先经过转子流量计限流后,在气泵的作用下经过滤膜抽入腔体进行检测。进行环境大气采集时,过滤膜上方的电磁阀关闭,其他气路设置与零点采集时相一致。在软件的控制下,系统可以在不同工作模式之间自动切换,以实现高自动化的连续运行。

根据氮气和氦气瑞利散射截面的差异性,利用氮气模式和氦气模式采集到的光谱对光腔高反镜的反射率进行了计算,结果如图 21.3(a) 所示。高反镜的反射率在 422~455 nm 范围内均大于 0.9999,在 439 nm 处最高,为 0.99993,相应的有效光程接近 11 km。基于国内外认可的阿伦方差实验,对系统的检测性能进行了表征,结果如图 21.3(b) 所示。当系统积分时间为 100 s 时,439 nm 处的吸收系数最低,以此估算出的 GLY 检测限为 30 pptv,MGLY 检测限为 100 pptv。

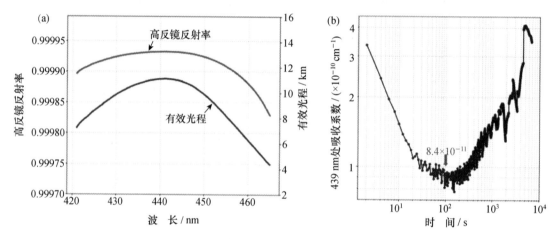

图 21.3 高反镜反射率和 CEAS 的有效光程(a)及 439 nm 处吸收系数随积分时间的变化(阿伦方差实验)(b)

利用自主研发的 GLY 和 MGLY 标准气体发生装置,从采样管和过滤膜两方面对系统的采样损耗进行了评估。将固定浓度的 GLY 标气在 PFA 采样管分别为 1 m、3 m、5 m 和 7 m 的条件下依次通入系统进行测量,最后再将采样管换回 1 m 重新测量,结果表明当采样管长度小于 7 m 时,不同长度采样管对采样效率的影响可以忽略。在上述实验的基础上,固定采样管的长度,使 GLY 标气在进入 CEAS 系统前经过 PTFE 材质的过滤膜,通过更换四张清洁程度不同的过滤膜来表征其对 GLY 采样效率的影响,结果表明不同清洁程度的过滤膜对采样的影响亦可以忽略。

在上述一系列实验室实验的基础上,从体积与便携性方面对系统进行进一步优化,应用于外场。到目前为止,系统已成功应用于在国内外举行的五次大型外场观测(泰州夏季观测、北京大学冬季观测、德国于利希研究中心观测、西安夏季观测和成都夏季观测),积累了不同季节、不同类型区域站点的 GLY 和 MGLY 浓度数据。

2019 年成都夏季观测中 CEAS 系统测量的部分数据结果如图 21.4 所示(时间分辨率:1 min)。在污染过程期间,系统可以成功捕捉到 GLY 和 MGLY 浓度典型的日变化趋势。此外,由于反演 GLY 和 MGLY 浓度的光谱范围内亦包含 NO_2 和 H_2O 的特征吸收,系统在提供 GLY 和 MGLY 浓度的同时可以同步提供 NO_2 和 H_2O 的浓度数据。由于目前国内缺乏对 GLY 和 MGLY 在线测量的手段，因此无法提供 GLY 和 MGLY 测量结果的直接比对数据，但是历次外场观测中本系统提供的 NO_2 和 H_2O 浓度数据与现有商品化仪器相比均呈现出了非常好的一致性，间接表明了系统测量的 GLY 和 MGLY 浓度的数据质量。

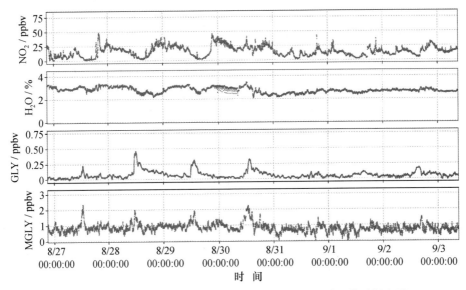

图 21.4　2019 年成都夏季外场观测期间 CEAS 测量结果的时间序列

21.4.2　建成大气气相和颗粒相 HCHO 同步在线测量系统，实现实时定量实际大气条件下 HCHO 在颗粒物表面的非均相摄取系数，基于观测数据形成大气甲醛非均相摄取的参数化方案

与 GLY 和 MGLY 相比，HCHO 在对流层颗粒物表面的非均相摄取一直存在较大不确定性，这为本研究中使用盒子模式模拟实际大气环境中 HCHO 的收支带来了一定困难。针对这一问题，我们对实验室现有的基于湿化学法（Hantzsch）在线测量 HCHO 的商业化设备（AL4021，AeroLaser GmbH）进行了改进，在设备前端加装了本实验室自主研发的、基于湿式扩散管的气体气溶胶分离收集装置（GAC）。环境大气以 16.7 L min^{-1} 的流速进入 GAC，气态 HCHO 被扩散管内的稀硫酸溶液（0.1 mol L^{-1}）捕集，气溶胶则会穿过扩散管，在稀硫酸（0.1 mol L^{-1}）蒸气的作用下稀释长大，然后被撞击式收集器冷凝收集、形成溶液。两路溶液随后交替进入 AL4021 分析仪，对溶液内的 HCHO 浓度进行定量，结合气体采集量和溶液使用量计算气态 HCHO 和气溶胶表面吸附态 HCHO 的浓度。

大气气相 HCHO（$HCHO_g$）和颗粒相 HCHO（$HCHO_p$）同步在线测量系统的结构如图 21.5 所示，环境气体进入旋转式湿式扩散管（RWAD）后，被附着在管壁的吸收剂（稀硫酸溶液）所吸收，吸收剂通过蠕动泵 PP3 不断被输送到 RWAD 的气流尾端，并随着 RWAD 的旋转不断向前端流动，在气流入口端被 PP1 导出。吸收剂和气流逆向相遇，提高了 HCHO 的被吸收效率。颗粒物凭借着其较高的惯性通过 RWAD 后,随着气流进入气溶胶增长腔,在这里与由加热棒加热稀硫酸溶液所产生的蒸气碰撞,细粒子吸湿增长为含水量丰富的大颗粒物,此外蒸气所带来的高温使得颗粒物中的甲醛聚合物能够被热解为二羟基亚甲基而溶于水,有助于测量值更加接近实际值。随后,随着气流进入螺旋冷凝管,带着大量水汽的颗粒物凝结成水滴在冷凝管底部被收集,而气流从上端出气口排出。前面的管路一旦被堵,气流可能带着液体进入气泵从而损坏气泵,因此气流经过安全瓶之后再经过限流阀和抽气泵,最后排走。颗粒物中含有的 HCHO 和二羟基亚甲基等可溶物溶于稀硫酸溶液中,随后收集的样品经过过滤头去除不可溶物质后被蠕动泵 PP2 导出。从 RWAD 和冷凝管导出的含 HCHO 溶液中含有较多空气,并且导出速度并非匀速,不同于原 GAC 设计中收集瓶收集 15 min 的样品后再输送到分析系统,由于甲醛仪是连续进样的仪器,我们便没有采用收集瓶收集,而是直接将样品送进甲醛仪进行分析。然而直接进样的话,由于气泡的存在则会导致进样不均匀。这里采用了一个三通分离器,不仅能去除多余的气泡和液体,还具有储存小部分溶液的功能,这样就能确保后续进入甲醛仪的液体无气泡且均匀。由于两台甲醛仪此时均采用液体测量模式,无法自动采集零点,因此我们采用了两个电磁阀和定时器在一定时间切换管路走零点。收集的样品和稀硫酸溶液通过电磁阀来分别进入甲醛仪,这次设置的是每 6 h 走一次零点,即每 6 h 甲醛仪采集 0.5 h 的稀硫酸溶液,而此时样品则从分离器的废液口排出。对于甲醛仪,我们也做了一些改进。为了去除由于零气带来的误差以及缩短采集和出现信号的时间,我们将采集的样品溶液直接与反应液混合进入反应室,避开蛇形管与气体混合,这样也缩短了样品分析的时间。

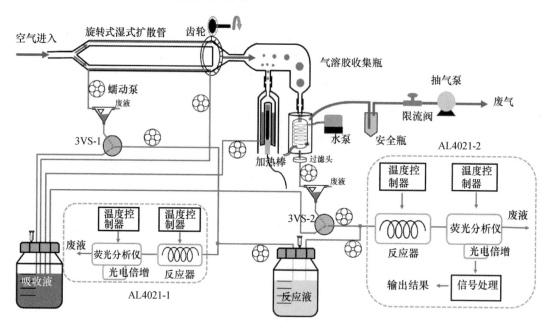

图 21.5　大气气相和颗粒相 HCHO 同步在线测量系统

将上述系统应用于在北京和长三角泰州开展的四次外场观测实验,利用在线测量得到

的 $HCHO_g$ 和 $HCHO_p$ 浓度,并结合同期观测获得的颗粒物表面积浓度,假设 $HCHO_p$ 全部来自 $HCHO_g$ 在颗粒物表面的非均相摄取过程,可计算得到 HCHO 的非均相摄取系数(γ_{HCHO})(图 21.6)。在 2017 年北京冬季、2018 年北京春季、2018 年北京冬季和 2018 年泰州夏季外场观测期间大气 $HCHO_p$ 的浓度均值分别为 $0.4~\mu g~m^{-3}$、$0.15~\mu g~m^{-3}$、$0.2~\mu g~m^{-3}$ 和 $0.17~\mu g~m^{-3}$,占空气中总 HCHO 的 2%～10%,与采用相同测量方法在日本森林地区得到的结果类似(5%左右)。

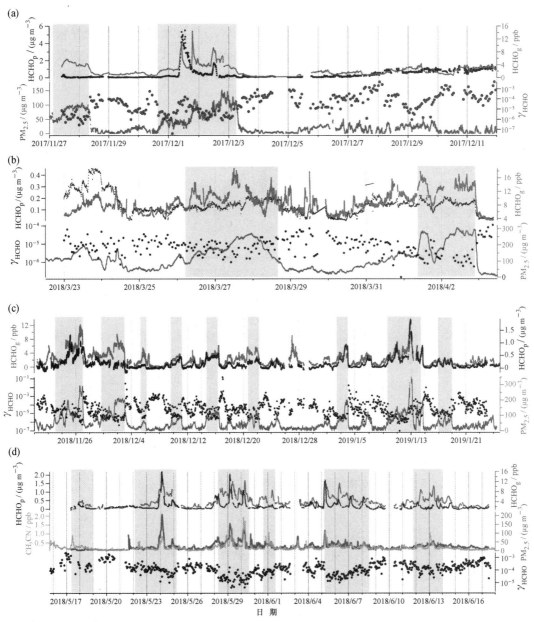

图 21.6　北京冬季(a,c)、北京春季(b)和泰州夏季(d)外场观测期间 $HCHO_g$、$HCHO_p$、γ_{HCHO}、$PM_{2.5}$ 和乙腈(CH_3CN)的时间序列(见书末彩图)

对于北京冬季和春季外场观测而言,三次观测期间的 γ_{HCHO} 都在 $10^{-2} \sim 10^{-9}$,均值在 10^{-5} 左右,较过去实验室研究得到的结果偏低,但与已有的基于外场观测数据得到的结果相似。从 γ_{HCHO} 的时间序列上看,在颗粒物浓度较高的污染天 γ_{HCHO} 数值较低,而在清洁天则较高。对清洁天和污染天的颗粒物相关参数进行分析发现,在污染天,相对湿度(RH)较高,颗粒物中硫酸盐(SO_4^{2-})占比较低、硝酸盐(NO_3^-)占比较高,颗粒物的 pH 在 $5 \sim 6$,含水量在 10 $\mu g\ m^{-3}$ 左右,pH 和含水量均处于较高水平;相比之下,清洁天的各种参数正好相反,RH 较低,颗粒物中 NO_3^- 占比低、SO_4^{2-} 占比高,颗粒物 pH 在 $2 \sim 4$,含水量在 1 $\mu g\ m^{-3}$ 以下(图 21.7)。将 γ_{HCHO} 与 pH 和颗粒物含水量(LWC)进行相关分析,发现在颗粒物酸度低(即高 pH)和 LWC 较高的条件下 γ_{HCHO} 处于较高水平,这与以往研究得到的颗粒物酸度促进 HCHO 摄取的结论一致,表明北京地区冬、春季 HCHO 的摄取主要受颗粒物酸度的影响。

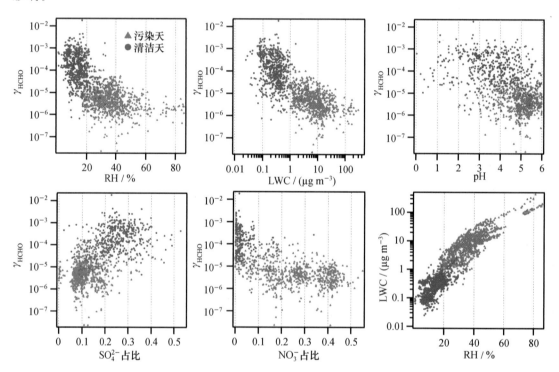

图 21.7 北京地区冬、春季大气甲醛在颗粒物表面的 γ_{HCHO} 随 RH、LWC、颗粒物 pH、颗粒物 SO_4^{2-} 和 NO_3^- 占比的变化情况

泰州夏季外场观测期间 γ_{HCHO} 为 $10^{-7} \sim 10^{-3}$,均值为 1.4×10^{-4},略高于北京地区的情况。观测期间生物质燃烧频发,γ_{HCHO} 在受生物质燃烧影响情况下数值较低,而在非生物质燃烧时段则稍高一些。进一步分析发现,两个时段的颗粒物 pH 在 $1 \sim 4$,LWC 在 $1 \sim 100\ \mu g\ m^{-3}$,没有显著差别。然而在颗粒物化学组成方面则差异较大,受生物质燃烧影响时段的颗粒物有机成分占比达到 $60\% \sim 80\%$,在非生物质燃烧时段颗粒物以无机盐为主($SO_4^{2-}+NO_3^-$ 占比超过 60%),且 LWC 较高。在此情况下,硫酸盐的"盐溶效应"一定程度上促进了 HCHO 的摄取,导致 γ_{HCHO} 随着 RH 和 SO_4^{2-} 占比的升高而增加(图 21.8)。

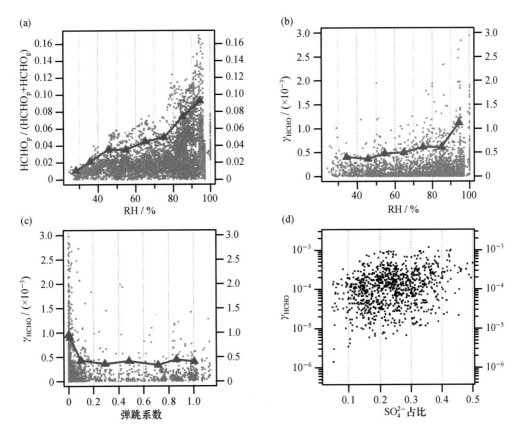

图 21.8 泰州外场观测期间 γ_{HCHO} 随 RH(a,b)、颗粒物弹跳系数(c)以及颗粒物 SO_4^{2-} 占比(d)的变化情况

综合北京和泰州的外场观测结果,颗粒物酸度、含水量和硫酸盐含量是影响大气 HCHO 非均相摄取的主要因素。如图 21.9 所示,当 RH 较低时(40% 以下),颗粒物含水量低于 10 μg m^{-3},游离氢离子(H^+)和 HCHO 分子反应生成 CH_3O^+ 是 HCHO 摄取的主要途径,H^+ 含量一定时,颗粒物含水量的增加会导致颗粒物酸度降低,γ_{HCHO} 随之而降低;当 RH 较高时(40% 以上),颗粒物的含水量高于 10 μg m^{-3},水分子和 HCHO 分子发生水合反应继而发生低聚反应是 HCHO 摄取的主要途径,随着颗粒物含水量的增加,γ_{HCHO} 随之升高。颗粒物中的硫酸盐对 HCHO 摄取有"盐溶"效应,相同含水量情况下,γ_{HCHO} 随着硫酸盐占比的提高而升高;而硝酸盐的作用则正好相反,其对颗粒物摄取 HCHO 有"盐析"效应,硝酸盐含量的增加会导致 γ_{HCHO} 的降低。

我们根据颗粒物中 NO_3^- 占比将数据点分为三块区域,拟合得到各区域内的 γ_{HCHO} 随相对湿度变化的参数化方程(图 21.10),结果如下:

$$y = \lg(\gamma) \quad x = RH(0 \sim 1)$$

$$\frac{m_{NO_3}}{m_{PM}} < 0.114 \quad y = -17.386x^3 + 29.056x^2 - 12.466x - 2.917 \quad R^2 = 0.92$$

$$0.114 \leqslant \frac{m_{\mathrm{NO_3}}}{m_{\mathrm{PM}}} < 0.234 \quad y = -11.562x^3 + 18.761x^2 - 6.988x - 4.271 \quad R^2 = 0.94$$

$$\frac{m_{\mathrm{NO_3}}}{m_{\mathrm{PM}}} \geqslant 0.234 \quad y = -6.866x^3 + 14.917x^2 - 7.470x - 4.345 \quad R^2 = 0.97$$

图 21.9 北京和泰州外场观测期间 γ_{HCHO} 随 LWC(a) 和 $\mathrm{NO_3^-}$ 占比(b)的变化情况

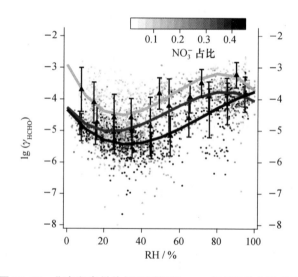

图 21.10 北京和泰州外场观测期间 γ_{HCHO} 与 RH 的相关关系

21.4.3 优化芳香烃化合物大气化学反应机理,提升数值模式对芳香烃大气氧化过程中自由基浓度和活性的模拟精度

芳香烃是我国城市和近郊地区 VOCs 的重要组分,经排放进入环境后与 OH 自由基等氧化剂发生氧化反应,伴随着 RO_x($\mathrm{RO}_x = \mathrm{OH} + \mathrm{HO_2} + \mathrm{RO_2}$)自由基循环及高氧化态、低挥发性的氧化中间体生成,是 $\mathrm{O_3}$ 和 SOA 生成的重要前体物。

第 21 章 基于大气氧化中间态物种的大气 HO_x 自由基来源和活性研究

针对目前主流大气化学机理对芳香烃类光化学氧化过程的描述尚存在一定不确定性的问题,本研究基于盒子模型,结合烟雾箱分别进行了低浓度 NO_x 条件下苯、甲苯、二甲苯及 1,3,5-三甲苯光化学氧化,以及高浓度 NO_x 条件下甲苯和二甲苯光化学氧化的实验,对比了 MCM3.3.1、RACM2、SAPRC07、CB06 机理对 OH 自由基、HO_2 自由基、k_{OH}、O_3、HCHO 等参数的模拟效果。

通过对 MCM、RACM、SAPRC、CB 四种机理在低浓度 NO_x 条件下的模拟结果进行比对,本研究发现对于 MCM3.3.1 机理,其优点在于:① 可以较好地模拟苯、甲苯、二甲苯和 1,3,5-三甲苯的真实降解过程,模拟误差在±5%以内;② 在 NO_2、NO 浓度及变化趋势的模拟上表现最优;③ 可较好地模拟苯光化学氧化过程中 k_{OH} 的变化趋势,但略微高估 k_{OH} 的模拟值;④ 对苯酚、甲酚、二甲酚及 HCHO 的模拟结果与实测数据之间吻合度最高,但也有低估苯酚、略高估甲酚、高估二苯酚的模拟结果。其缺点在于:① 高估苯、甲苯、二甲苯、三甲苯模拟得到的 O_3 浓度;② 对 OH 和 HO_2 自由基的浓度的低估程度较大。在低浓度 NO_x 条件下,对于 RACM2、SAPRC07、CB06 机理来说,其优点在于:① 可以较好地模拟苯、甲苯、二甲苯的真实降解过程;② 在 O_3 的模拟上吻合度较高;③ SAPRC07、CB06 及 RACM2 机理可较好地模拟苯光化学氧化过程中 k_{OH} 的变化趋势,但略微低估 k_{OH} 的模拟值。其缺点在于:① 低估 1,3,5-三甲苯的降解速率,模拟值约高估 15%;② 出现低估苯酚、略高估甲酚、高估二苯酚、低估 HCHO 的模拟结果的现象;③ 在模拟 NO 及 NO_2 浓度变化时普遍存在问题;④ 存在低估 OH 和 HO_2 自由基的情况且低估程度相当,最大相对误差约 50%。

高浓度 NO_x 条件下 MCM、RACM、SAPRC、CB 机理比对结果如图 21.11 所示,结果表明:在高浓度 NO_x 条件下,对于 MCM3.3.1 机理,其优点在于:可较好地模拟反应 VOCs 的降解过程,与实测值之间的误差小于±15%。其缺点在于:① 和低浓度 NO_x 条件不同,MCM3.3.1 机理在高浓度 NO_x 条件下会低估 HCHO 模拟值;② 高估 O_3 模拟值;③ 高估 NO 及 NO_2 的模拟值;④ 低估 HO_2 自由基模拟值。对于 RACM2、SAPRC07、CB06 机理,其优点在于:可较好地模拟反应的 VOCs 的降解过程,与实测值之间的误差小于±15%。但缺点在于:① RACM2、SAPRC07、CB06 低估甲苯氧化产物 HCHO 的模拟值,RACM2 和 CB06 低估二甲苯氧化产物 HCHO 的模拟值,SAPRC07 高估二甲苯氧化产物 HCHO 的模拟值;② 在甲苯的模拟中,无法对 O_3 的变化趋势进行模拟;③ 高估 NO 及 NO_2 的模拟值;④ 低估 HO_2 自由基模拟值(除二甲苯模拟外)。

综合研究发现,在上述四种机理中,MCM3.3.1 高估苯、甲苯、二甲苯、三甲苯氧化生成 O_3 的浓度,其他机理在 O_3 模拟上吻合度较高。在 HO_x 自由基的模拟方面,低浓度 NO_x 条件下四种机理均低估 OH 和 HO_2 自由基的模拟值(最高的低估误差超过 50%),高浓度 NO_x 条件下四种机理虽然存在低估 HO_2 自由基的问题,但对 OH 自由基的模拟吻合度较好;在 HCHO、酚类等 OVOCs 物种的模拟中,MCM3.3.1 表现最优。

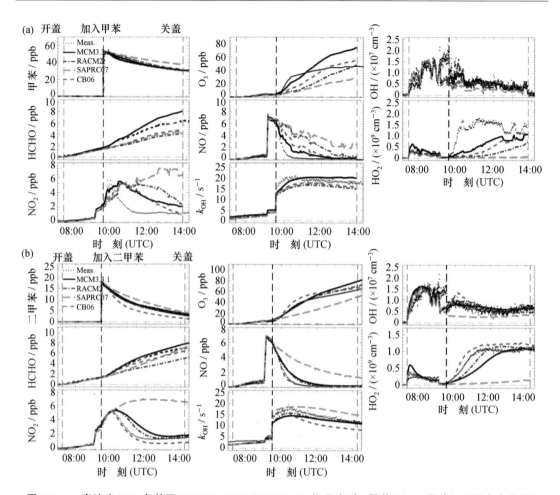

图 21.11 高浓度 NO_x 条件下 MCM、RACM、SAPRC、CB 机理比对：甲苯(a)；二甲苯(b)(见书末彩图)

本研究在进行机理比较中发现，虽然目前 MCM3.3.1 机理在模拟芳香烃类 VOCs 的氧化降解过程时，存在比较严重地低估 OH 和 HO_2 自由基，高估 O_3 浓度的情况，但在 VOCs、OVOCs、NO_2、NO、HO_x 浓度的模拟上，均展现一定的优势。在高浓度 NO_x 和低浓度 NO_x 条件下，MCM3.3.1 机理模拟得到的 VOCs 的降解趋势与实测值吻合较好，误差小于5%（1,3,5-三甲苯误差为15%）。酚类物质(苯酚、甲酚、二甲酚等)是芳香烃类 VOCs 光化学氧化过程中关键的初级氧化产物，其准确模拟对后续 SOA 生成的模拟具有重要意义。而在低浓度 NO_x 条件下，苯、甲苯、二甲苯的酚类产物模拟均存在着一定问题，即低估苯酚的生成，高估甲酚及二甲酚的生成。

生成双环过氧自由基(biRO_2)是芳香烃类 VOCs 光化学氧化过程的另一条主要途径，MCM3.3.1 机理模拟 RO_2 自由基的情况与实测值有较大差异，低浓度 NO_x 条件下普遍高估 RO_2 自由基浓度，高浓度 NO_x 条件下普遍低估 RO_2 自由基浓度。此外，在 HO_2 自由基及 OH 自由基的模拟上，尽管 MCM3.3.1 机理呈现普遍低估的趋势，但低浓度 NO_x 条件下低估 OH 自由基的情况较高浓度 NO_x 条件下更加严重，可能在低浓度 NO_x 条件下存在额

第 21 章 基于大气氧化中间态物种的大气 HO_x 自由基来源和活性研究

外的 OH 自由基再生途径。

O_3、NO_2 及 NO 浓度的模拟结果体现了 MCM3.3.1 机理对芳香烃类 VOCs 光化学氧化过程 O_3 生成的再现能力,无论在烟雾箱或是外场观测中都是最重要的参数之一。模型模拟结果表明,MCM3.3.1 机理在低浓度 NO_x 条件下高估 O_3 浓度的情况明显。在高浓度 NO_x 条件下,MCM3.3.1 机理不仅高估 O_3 模拟值并且无法吻合变化趋势。随着苯环上甲基的增加,在模拟 O_3 趋势上也未发现明显的变化趋势。同时也可以发现,低浓度 NO_x 条件下 MCM3.3.1 机理依然存在略微高估 NO 及 NO_2 浓度的情况(苯除外),高估比例小于 15%,但高浓度 NO_x 条件下,自向烟雾箱中加入反应 VOCs 后,MCM3.3.1 机理高估 NO 及 NO_2 模拟浓度且无法吻合变化趋势,高估比例远超 30%。综合来看,尽管 MCM3.3.1 机理是目前最详尽的机理,但仍有待优化的部分。

本研究基于敏感性分析的方法发现高浓度 NO_x 条件下,提高开环产物的产率普遍引起 O_3 浓度的升高,而酚类产物、MGLY、含氧开环产物(EPOXIDE)、γ-二羰基化合物产率变化对 O_3、OH 和 HO_2 自由基模拟浓度的影响明显。梳理芳香烃类 VOCs 氧化降解机理,从氧化降解占比较高的酚类和 $biRO_2$ 自由基两种氧化中间体入手,本研究发现细化酚类后续反应途径对机理模拟结果优化影响不明显,提高 $biRO_2$ 自由基和 NO 的反应速率常数、降低 $biRO_2$ 自由基和 NO 反应生成 $biRNO_3$ 的产率,以及增加 $biRO_2$ 自由基和 HO_2 自由基反应再生 OH 自由基途径的三个方法,有助于优化 MCM3.3.1 机理模拟芳香烃类 VOCs 氧化降解过程。因此本研究对 MCM3.3.1 机理进行了三条反应途径的优化,分别是:① 提高 RO_2 和 NO 反应速率常数;② 调整 RO_2 和 NO 反应生成有机硝酸酯的产率;③ 增加 RO_2 和 HO_2 反应再生 OH 自由基途径(图 21.12)。

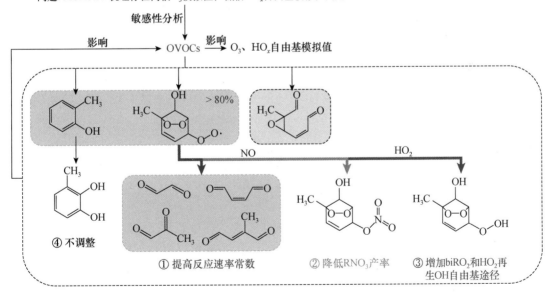

图 21.12 MCM3.3.1 优化路径

通过上述优化后，MCM3.3.1机理在高、低浓度NO_x条件下对苯、甲苯、二甲苯、三甲苯的模拟效果均有改善。对于低浓度NO_x条件下苯的模拟而言，提高了HO_2自由基模拟值及降低了RO_2自由基模拟值，与实测数据之间的差异减小，最大优化幅度约30%；对于高、低浓度NO_x条件下甲苯的模拟而言，新机理的加入均可以有效改善NO_2、NO、O_3、k_{OH}模拟浓度高估的问题，使得模拟值与实测值之间的差异减小，同时也一定程度上改善了HO_2自由基的模拟，低浓度NO_x条件下模拟HO_2自由基改善幅度约30%，高浓度NO_x条件下反应后期HO_2自由基模拟值已可与实测数据吻合，改善幅度约35%；对于高、低浓度NO_x条件下二甲苯的模拟而言，新机理的加入使得NO_2和NO模拟浓度与实测数据吻合度提高，同时有效改善了HO_2自由基模拟低估的问题，低浓度NO_x条件下改善幅度约10%，高浓度NO_x条件下改善幅度约30%；对于低浓度NO_x条件下1,3,5-三甲苯的模拟而言，新机理的加入优化了所有观测参数的模拟结果，虽然RO_2自由基模拟浓度略高估，但模拟的趋势与实测结果更加吻合，对HO_2、OH自由基的改善幅度约30%。

值得注意的是，优化后的机理依然存在无法较好地拟合高浓度NO_x条件下甲苯的氧化降解过程的情况。进一步的研究发现，如果在模型设置中使用NO浓度作为边界条件，基础情境下MCM3.3.1模拟甲苯的氧化降解过程依然存在HO_2自由基模拟值的低估，但RO_2自由基的模拟值可以与实测值吻合；改用优化后的甲苯光化学氧化机理进行模拟，可以发现HO_2自由基的模拟值与实测值几乎可以吻合（图21.13）。综上所述，优化后的MCM3.3.1机理可以明显改善对自由基的模拟结果。

21.4.4 实现利用大气HCHO、GLY和MGLY的同步观测数据表征大气OH自由基的活性构成

利用基于改进后的MCM3.3.1机理的盒子模型建立了不同VOCs大气氧化过程中HCHO、GLY和MGLY物种对浓度比值的特征图谱，考察的VOCs物种主要包括常见的天然源类（异戊二烯，α-蒎烯，β-蒎烯），芳香烃类（苯，甲苯，二甲苯），烷烃类（乙烷，丙烷，丁烷，戊烷），烯烃类（乙烯，丙烯，丁烯），炔烃类（乙炔）。模型模拟得到OVOCs浓度及比值结果如表21-2所示，其中R_{GF}表示GLY和HCHO浓度比值结果（$R_{GF}=[GLY]/[HCHO]$），R_{GM}表示GLY和MGLY浓度比值结果（$R_{GM}=[GLY]/[MGLY]$），R_{MF}表示MGLY和HCHO浓度比值结果（$R_{MF}=[MGLY]/[HCHO]$）。由表21-2发现，不同VOCs物种的R_{GF}、R_{GM}、R_{MF}存在一定内在特征性。天然源类VOCs物种R_{GF}范围为0.04~0.1，相同氧化条件下蒎烯比值较异戊二烯比值高，R_{GM}范围为0.5~7，R_{MF}范围为0.01~0.1；芳香烃类VOCs物种R_{GF}范围为0.4~2，R_{GM}范围为0.7~2，R_{MF}范围为0.3~0.8；烷烃类VOCs物种R_{GF}范围为0~0.004，R_{GM}范围为0.04~18，R_{MF}范围为0；烯烃类VOCs物种R_{GF}范围为0~0.01，R_{GM}范围为0~0.1，R_{MF}范围为0~0.001；乙炔R_{GF}为15.7，氧化过程中不产生MGLY，因此无R_{MF}及R_{GM}结果。此外，可以发现不同VOCs物种R_{GF}及R_{MF}结果呈现一定的差异性（图21.14），不同VOCs物种R_{GM}结果交叉情况比较明显，不利于指示不同VOCs物种活性表征，因此将主要采用R_{GF}及R_{MF}两种比值进行表征。

第 21 章 基于大气氧化中间态物种的大气 HO_x 自由基来源和活性研究

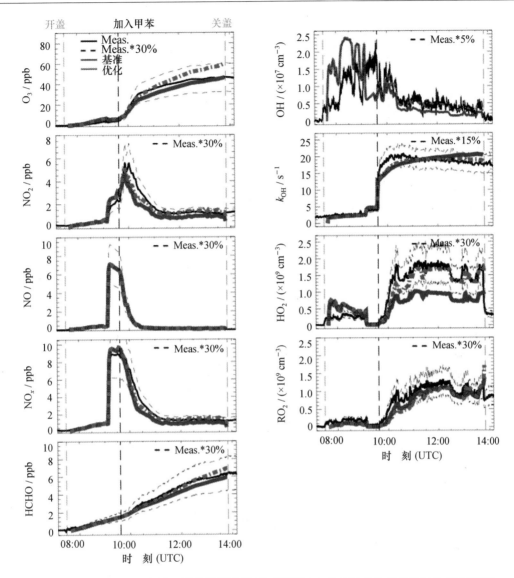

图 21.13 高浓度 NO_x 条件下甲苯模拟结果（使用实测 NO 浓度作为边界条件）（见书末彩图）

表 21-2 不同 VOCs 大气氧化生成的 HCHO、GLY 和 MGLY 浓度比值特征

物　种	HCHO /ppt	GLY /ppt	MGLY /ppt	R_{GF}	R_{GM}	R_{MF}
天然源类						
异戊二烯	934.72	39.16	80.47	0.042	0.487	0.086
α-蒎烯	446.42	30.13	4.90	0.067	6.144	0.011
β-蒎烯	489.47	53.04	7.69	0.108	6.898	0.016
芳香烃类						
甲苯	130.58	77.05	40.38	0.590	1.908	0.309
苯	11.02	22.14	—	2.009	—	—
二甲苯	290.39	107.47	149.88	0.370	0.717	0.516

续表

物　种	HCHO /ppt	GLY /ppt	MGLY /ppt	R_{GF}	R_{GM}	R_{MF}
烷烃类						
乙烷	7.07	0	—	0	—	—
丙烷	7.61	0	0	0	0.004	0
正丁烷	56.60	0.21	0.01	0.004	18.832	0
正戊烷	116.10	0.42	0.30	0.004	1.400	0.003
烯烃类						
乙烯	345.09	2.90	—	0.008	—	—
丙烯	977.13	0.05	0.51	0	0.090	0.001
丁烯	431.58	0.01	—	0	—	—
炔烃类						
乙炔	0.90	14.09	—	15.733	—	—

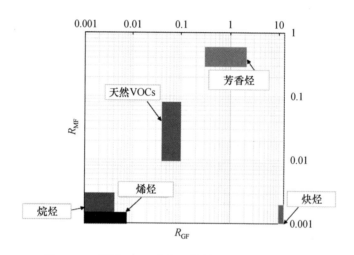

图 21.14　不同 VOCs 大气氧化的 R_{GF} 及 R_{MF} 分布区间

表 21-2 得到的 R_{GF}、R_{GM}、R_{MF} 均是 VOCs 前体物在特定的 NO_x 浓度、OH 自由基浓度，以及单一 VOCs 物种主导的情况下得到的比值特征。但已有研究发现，在外界大气环境中 NO_x 和 OH 自由基浓度的不同将会影响 VOCs 氧化降解过程，比如高、低浓度 NO_x 条件下生成的 HCHO、GLY 和 MGLY 的产率存在差异，从而导致 R_{GF} 及 R_{MF} 两种比值产生变化。此外，外界大气环境由于气象传输等影响，气团混合过程中某一类 VOCs 物种主导的情况也会发生改变，不同类 VOCs 主导气团的混合也会对 R_{GF} 及 R_{MF} 两种比值产生影响。为探究 R_{GF} 及 R_{MF} 两种比值在真实大气环境中指示 VOCs 组成活性的适用性，对 R_{GF} 及 R_{MF} 两种比值相对于 NO_x、OH 自由基浓度，以及 VOCs 混合物种的敏感性进行了详细分析。发现，在 NO_2 浓度较低时(0~1 ppb) R_{GF} 及 R_{MF} 变化明显，比值随着 NO_2 浓度升高而降低，但当 NO_2 浓度超过 1 ppb 时 R_{GF} 及 R_{MF} 呈现稳定性，对 NO_2 浓度的变化不敏感；R_{GF} 及 R_{MF} 均对 OH 自由基浓度变化呈现敏感性，但变化幅度均较小。不同气团混合敏感性发现，异戊二烯等天然源类 VOCs 及二甲苯等芳香烃类 VOCs 在氧化降解过程中具有较高的 R_{GF} 及 R_{MF}，因此当气

第 21 章 基于大气氧化中间态物种的大气 HO_x 自由基来源和活性研究

团内两类 VOCs 浓度升高时均对 R_{GF} 及 R_{MF} 有比较明显的提升作用,但相较来说 R_{GF} 及 R_{MF} 对二甲苯等芳香烃类 VOCs 更加敏感。

将上述理论分析结果应用于泰州外场观测数据,图 21.15 是 9 个观测日 R_{GF} 及 R_{MF} 结果,整体来看日间(8:00—18:00)R_{GF} 范围为 0.014~0.033,6 月 12 日达到 R_{GF} 最大值,为 0.045,日间 R_{GF} 呈现一定的稳定性,不具有明显的日变化趋势。R_{MF} 大多在 0.11~0.25 内变化,5 月 28 日、5 月 29 日达到 R_{MF} 最大值,为 0.33。虽然烯烃类 VOCs 在整个观测期间对 k_{OH} 的贡献占比最大,约占比 40%。但据图 21.14 可以发现,乙烯、丙烯等烯烃类 VOCs 具有较低的 R_{GF} 及 R_{MF},如果仅有乙烯、丙烯等 VOCs 主导气团时,其 R_{GF} 及 R_{MF} 均应处于较低的水平,即 R_{GF} 应小于 0.01 且 R_{MF} 约为 0。但若气团中存在一定比例的天然源类 VOCs 时,由于单位浓度的异戊二烯、萜烯类天然源 VOCs 和 OH 自由基反应时生成 GLY 的产率高于生成 HCHO 的产率,因此具有更高的 R_{GF}。此外,天然源 VOCs 具有更高的 OH 自由基反应速率常数($k_{OH+异戊二烯}=9.98\times10^{-11}$ cm^{-3},$k_{OH+\alpha-蒎烯}=1.2\times10^{-11}$ cm^{-3},$k_{OH+\beta-蒎烯}=2.38\times10^{-11}$ cm^{-3},$k_{OH+柠檬烯}=4.28\times10^{-11}$ cm^{-3},$k_{OH+乙烯}=8.5\times10^{-12}$ cm^{-3}),因此当异戊二烯、萜烯等 VOCs 浓度较高时,更易反映天然源类 VOCs 的比值特征,当异戊二烯在乙烯、丙烷、异戊二烯混合气团中比例超过 10% 时,即慢慢体现天然源类 VOCs 的比值特征。另外,若气团中存在一定比例的芳香烃类 VOCs 时,由于单位浓度的芳香烃类 VOCs 反应时生成 GLY 的产率高于生成 HCHO 的产率,同样具有更高的 R_{GF}。

据图 21.14 可以发现,当芳香烃类 VOCs 完全氧化降解时同样具有较高的 R_{GF}(0.3~0.5),因此当观测期间芳香烃类 VOCs 的 k_{OH} 呈现明显上升趋势时,R_{GF} 理应也会相应升高(比如 6 月 6 日)。但通过图 21.15 也可以发现,在 5 月 29 日芳香烃类 VOCs 的 k_{OH} 有比较明显升高的情况时,R_{GF} 依然处于比较低的情况,相反 R_{MF} 则呈现明显升高的趋势,超过 0.3,整个观测期间 R_{MF} 升高与芳香烃类 VOCs 反应活性占比增加情况更加吻合。使用日间的芳香烃类 VOCs 的反应活性占比与 R_{MF} 进行相关性分析发现,在 9 个观测日内,R_{MF} 与芳香烃类 VOCs 具有较好的相关性,相关系数范围为 0.28~0.85,其中 5 月 28 日至 5 月 30 日,6 月 6 日至 6 月 8 日,6 月 12 日内 R_{MF} 与芳香烃类 VOCs 反应活性具有更高的 R^2,范围为 0.42~0.85,6 月 14 日及 6 月 15 日内 R_{MF} 与芳香烃类 VOCs 之间相关系数明显降低,分别为 0.28 及 0.34。这可能由于低相关性的 2 个观测日内,异戊二烯代表的天然源类 VOCs 活性相较前七日明显增加,在研究时段异戊二烯对 k_{OH} 的贡献均超过 40%,而芳香烃类 VOCs 对 k_{OH} 的贡献却仅约为 14%,虽然芳香烃类 VOCs 氧化降解过程生成的 R_{MF} 更高,但由于异戊二烯和 OH 自由基的反应速率常数更高,因此当气团中异戊二烯反应活性比例上升时,将干扰 R_{MF} 与芳香烃类 VOCs 之间的相关性。此外,日间芳香烃 VOCs 反应活性占比与 R_{GF} 进行相关性分析发现,两者之间不具有明显的相关性。因此相比于 R_{GF},R_{MF} 更能指示芳香烃类 VOCs 反应活性的变化情况。

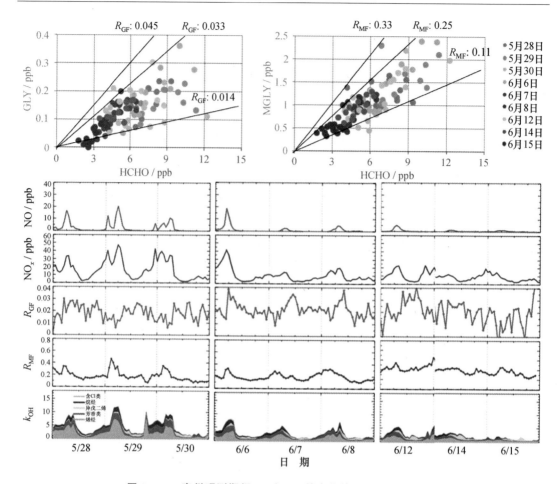

图 21.15　泰州观测期间 R_{GF} 和 R_{MF} 的变化情况（见书末彩图）

21.4.5　实现利用大气 HCHO、GLY 和 NO_2 浓度的同步观测数据表征 O_3 敏感性

本研究利用在三次综合外场观测（2018 年江苏省泰州市夏季观测，2019 年西安秦岭夏季观测，2019 年成都市新津县夏季观测）中测量的 HCHO、GLY 和 NO_2 浓度的同步测量数据，通过计算 HCHO 和 NO_2 的比值（Formaldehyde to NO_2 Ratio，FNR）以及 GLY 和 NO_2 的比值（Glyoxal to NO_2 Ratio，GNR），讨论了二者对 O_3 敏感性的指示作用。

三次外场观测中部分时段内的测量结果如图 21.16 所示。由于观测均是在当地的夏季进行的，三个观测站点的气温较高，分别为 (24.5±3.8)℃［泰州（TZ）站点］，(27.4±4.0)℃［秦岭（QL）站点］和 (28.1±3.2)℃［新津（XJ）站点］。TZ 站点的 RH 变化最大，下午在 0～50%，晚上则高于 80%。XJ 站点的 RH 昼夜模式与 TZ 站点的相似。相比之下，QL 站点的 RH 较低。对于三个站点来说，在典型的高温、高湿、强光照的条件下，当存在主要的空气污染物排放时，光化学污染很容易发生。如图 21.16(c) 所示，在 TZ 站点测得的 O_3 浓度最高，图中蓝线表示中国环境空气质量标准（GB 3095-Ⅱ）中规定的 Ⅱ 级标准对应的日最大 8 h 平

第21章 基于大气氧化中间态物种的大气HO_x自由基来源和活性研究

均O_3浓度阈值(160 $\mu g\ cm^{-3}$,即在25℃和101 kPa下为82 ppb)。尽管三个站点之间的O_3浓度的日变化模式相似,但最大O_3浓度出现的时间却不同。TZ和XJ站点的O_3浓度在13:00至15:00达到峰值,分别为145 ppb和108 ppb;QL站点的O_3浓度在16:00至17:00达到峰值,最高为100 ppb。就O_3前体物而言,在XJ站点测得的NO_x浓度高于TZ站点测得的结果,并远高于QL站点测得的NO_x浓度。在QL站点的大部分时间内,NO浓度都低于仪器的检测极限。此外,NO_2浓度偶尔会出现不超过15 ppb的高值。在TZ站点和XJ站点测得的VOCs浓度比较接近,QL站点的VOCs浓度要比其他两个站点测得的结果低1倍。如图21.16(f)所示,在三次观测期间,HCHO和GLY测量值在数值上几乎没有明显差异,并且两者都显示出白天浓度高、夜晚浓度低的变化趋势。TZ站点的HCHO和GLY浓度出峰时间在8:00至9:00,最大值分别为12 ppb和0.36 ppb,而在QL站点和XJ站点两种醛类的出峰时间在12:00至14:00。

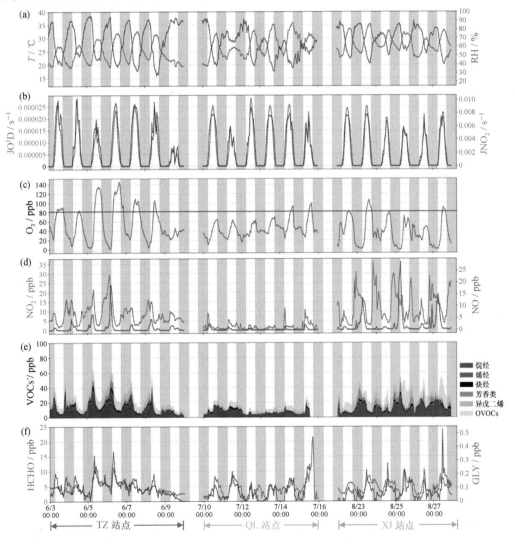

图21.16 TZ站点、QL站点、XJ站点外场观测期间部分时段测量数据时间序列(见书末彩图)

基于三次外场观测期间的测量结果,利用盒子模型搭载 RACM2 机理对观测期间的 RO_x 收支进行了分析,并以此为基础计算了 RO_x 自由基和氮氧化物反应的去除速率(L_N)与 RO_x 自由基生成速率(Q)的比值(即 L_N/Q)。以往的研究表明,L_N/Q 指示 O_3 敏感性的阈值为 0.5,即当 $L_N/Q>0.5$ 时为 VOCs 控制区,当 $L_N/Q<0.5$ 时为 NO_x 控制区。尽管在 TZ 站点和 XJ 站点的 L_N 和 Q 的数值和浓度组成均不相同,但二者的 L_N/Q 却几乎呈现出相同的变化规律[图 21.17(d)],即早上的 L_N/Q 数值在 0.7~0.9(此时所对应的为 VOCs 控制区),然后从早上 9:00 之后逐渐降低。值得注意的是,TZ 站点的 L_N/Q 在每天上午降到阈值以下,在下午 13:00 达到最低值,而 XJ 站点的 L_N/Q 在每天的 12:00~13:00 降到阈值以下,在下午 15:00 达到最低值,即两个站点从 VOCs 控制区转变为 NO_x 控制区的时间点不同。相比之下,QL 站点的 L_N/Q 日变化规律并不明显,除了 7 月 10 日、11 日和 15 日的早晨以外,L_N/Q 通常低于 0.5,即表现为 NO_x 控制区主导的特征。

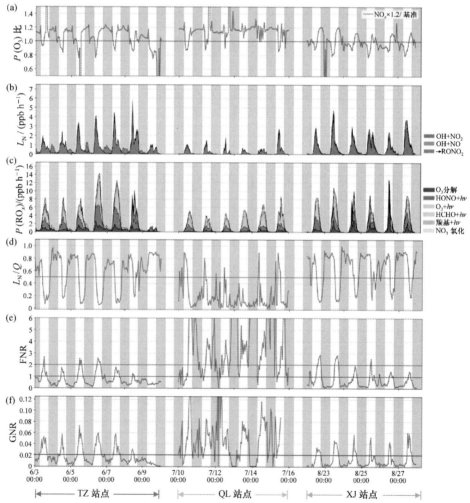

图 21.17　TZ 站点、QL 站点、XJ 站点外场观测期间部分时段内的 $P(O_3)$ 比,L_N,$P(RO_x)$,L_N/Q,FNR 和 GNR(见书末彩图)

当分别以 1.0 和 0.02 作为 FNR 和 GNR 的阈值时,即当 FNR>1.0、GNR>0.02 时对应为 NO_x 控制区;当 FNR<1.0、GNR<0.02 时对应的为 VOCs 控制区。对 O_3 敏感性的指示效果如图 21.17(e)和(f)所示,L_N/Q 与 GNR 对 O_3 敏感性的指示作用基本相同:在 TZ 站点的一致性为 77.4%,在 QL 站点的一致性为 75%,在 XJ 站点的一致性为 81.9%。FNR 与 L_N/Q 对 O_3 敏感性的判断亦基本相同,在 TZ 站点、QL 站点和 XJ 站点对 O_3 敏感性诊断结果的一致性分别为 82.1%、76.4%和 86.1%。综上所述,三次外场观测的结果均表明,当分别以 1.0 和 0.02 作为 FNR 和 GNR 的阈值时,FNR 和 GNR 可以很好地指示 O_3 敏感性。L_N/Q 的测量与计算均比较复杂,相比之下 FNR 和 GNR 的测量与计算则比较简单,FNR 和 GNR 在 O_3 敏感性识别方面将有广阔的应用前景。

21.4.6　本项目资助发表论文

[1] 李冬青,李歆,邵敏,等. 甲苯光化学氧化机理的比对研究. 中国科学:地球科学,2019,4:741-752.
[2] Xu R J, Li X, Dong H B, et al. Measurement of gaseous and particulate formaldehyde in the Yangtze River Delta, China. Atmospheric Environment, 2019, 224: 117114.
[3] Liu J W, Li X, Yang Y M, et al. An IBBCEAS system for atmospheric measurements of glyoxal and methylglyoxal in the presence of high NO_2 concentrations. Atmospheric Measurement Techniques, 2019, 12: 4439-4453.
[4] Liu J W, Li X, Yang Y M, et al. Sensitive detection of ambient formaldehyde by incoherent broadband cavity enhanced absorption spectroscopy. Analytical Chemistry, 2020, 92: 2697-2705.
[5] Liu J W, Li X, Li D Q. Observations of glyoxal and methylglyoxal in a suburban area of the Yangtze River Delta, China. Atmospheric Environment, 2020, 238: 117727.

参考文献

[1] Ehhalt D H. Photooxidation of trace gases in the troposphere plenary lecture. Physical Chemistry Chemical Physics, 1999, 1: 5401-5408.
[2] Ren X R, Harder H, Martinez M, et al. OH and HO_2 chemistry in the urban atmosphere of New York city. Atmospheric Environment, 2003, 37: 3639-3651.
[3] Shirley T R, Brune W H, Ren X, et al. Atmospheric oxidation in the Mexico City Metropolitan Area (MCMA) during April 2003. Atmospheric Chemistry and Physics, 2006, 6: 2753-2765.
[4] Kanaya Y, Cao R, Akimoto H, et al. Urban photochemistry in central Tokyo: 1. Observed and modeled OH and HO_2 radical concentrations during the winter and summer of 2004. Journal of Geophysical Research: Atmospheres, 2007, 112: D21312.
[5] Griffith S M, Hansen R F, Dusanter S, et al. Measurements of hydroxyl and hydroperoxy radicals during CALNEX-LA: Model comparisons and radical budgets. Journal of Geophysical Research: Atmospheres, 2016, 121: 4211-4232.
[6] Lelieveld J, Butler T M, Crowley J N, et al. Atmospheric oxidation capacity sustained by a tropical forest. Nature, 2008, 452: 737-740.
[7] Hofzumahaus A, Rohrer F, Lu K D, et al. Amplified trace gas removal in the troposphere. Science,

2009, 324: 1702-1704.

[8] Lu K D, Hofzumahaus A, Holland F, et al. Missing OH source in a suburban environment near Beijing: Observed and modelled OH and HO_2 concentrations in summer 2006. Atmospheric Chemistry and Physics, 2013, 13: 1057-1080.

[9] Peeters J, Nguyen T L, Vereecken L. HO_x radical regeneration in the oxidation of isoprene. Physical Chemistry Chemical Physics, 2009, 11: 5935-5939.

[10] Fuchs H, Hofzumahaus A, Rohrer F, et al. Experimental evidence for efficient hydroxyl radical regeneration in isoprene oxidation. Nature Geoscience, 2013, 6: 1023-1026.

[11] Kim S, Wolfe G M, Mauldin L, et al. Evaluation of HO_x sources and cycling using measurement-constrained model calculations in a 2-Methyl-3-Butene-2-Ol (MBO) and Monoterpene (MT) dominated ecosystem. Atmospheric Chemistry and Physics, 2013, 13: 2031-2044.

[12] Hens K, Novelli A, Martinez M, et al. Observation and modelling of HO_x radicals in a boreal forest. Atmospheric Chemistry and Physics, 2014, 14: 809-815.

[13] Wolfe G M, Cantrell C, Kim S, et al. Missing peroxy radical sources within a summertime ponderosa pine forest. Atmospheric Chemistry and Physics, 2014, 14: 4715-4732.

[14] Lu K D, Rohrer F, Holland F, et al. Nighttime observation and chemistry of HO_x in the Pearl River Delta and Beijing in summer 2006. Atmospheric Chemistry and Physics, 2014, 14: 4979-4999.

[15] Walker H M, Stone D, Ingham T, et al. Night-time measurements of HO_x during the RONOCO project and analysis. Atmospheric Chemistry and Physics, 2015, 15: 8179-8200.

[16] Paulot F, Crounse J D, Kjaergaard H G, et al. Unexpected epoxide formation in the gas-phase photooxidation of isoprene. Science, 2009, 325: 730-733.

[17] Wolfe G M, Crounse J D, Parrish J D, et al. Photolysis, OH reactivity and ozone reactivity of a proxy for isoprene-derived Hydroperoxyenals (HPALDs). Physical Chemistry Chemical Physics, 2012, 14: 7276-7286.

[18] Crounse J D, Nielsen L B, Jorgensen S, et al. Autoxidation of organic compounds in the atmosphere. Journal of Physical Chemistry Letters, 2013, 4: 3513-3520.

[19] Lockhart J, Blitz M, Heard D, et al. Kinetic study of the OH^+ glyoxal reaction: Experimental evidence and quantification of direct OH recycling. The Journal of Physical Chemistry A, 2013, 117: 11027-11037.

[20] Fuchs H, Acir I H, Bohn B, et al. OH regeneration from methacrolein oxidation investigated in the atmosphere simulation chamber SAPHIR. Atmospheric Chemistry and Physics, 2014, 2014: 5197-5231.

[21] Nehr S, Bohn B, Dorn H P, et al. Atmospheric photochemistry of aromatic hydrocarbons: OH budgets during SAPHIR chamber experiments. Atmospheric Chemistry and Physics, 2014, 14: 6941-6952.

[22] Li X, Rohrer F, Brauers T, et al. Modeling of HCHO and CHOCHO at a semi-rural site in Southern China during the PRIDE-PRD2006 campaign. Atmospheric Chemistry and Physics, 2014, 14: 12291-12305.

[23] Jenkin M E, Young J C, Rickard A R. The MCM V3.3.1 degradation scheme for isoprene. Atmospheric Chemistry and Physics, 2015, 15: 11433-11459.

[24] Kaminski M, Fuchs H, Acir I H, et al. Investigation of the β-pinene photooxidation by OH in the atmosphere simulation chamber SAPHIR. Atmospheric Chemistry and Physics, 2017, 17: 6631-6650.

[25] Henry S B, Kammrath A, Keutsch F N. Quantification of gas-phase glyoxal and methylglyoxal via the Laser-Induced Phosphorescence of (Methyl)Glyoxal Spectrometry (LIPGLOS) method. Atmospheric Measurement Techniques, 2012, 5: 181-192.

[26] Li X, Brauers T, Hofzumahaus A, et al. MAX-DOAS measurements of NO_2, HCHO and CHOCHO at a rural site in Southern China. Atmospheric Chemistry and Physics, 2013, 13: 2133-2151.

[27] Kaiser J, Li X, Tillmann R, et al. Intercomparison of hantzsch and fiber-laser-induced-fluorescence formaldehyde measurements. Atmospheric Measurement Techniques, 2014, 7: 1571-1580.

[28] Fried A, Crawford J, Olson J, et al. Airborne tunable diode laser measurements of formaldehyde during TRACE-P: Distributions and box model comparisons. Journal of Geophysical Research: Atmospheres, 2003, 108: 8798.

[29] Hak C, Pundt I, Trick S, et al. Intercomparison of four different in-situ techniques for ambient formaldehyde measurements in urban air. Atmospheric Chemistry and Physics, 2005, 5: 2881-2900.

[30] Huisman A J, Hottle J R, Coens K L, et al. Laser-induced phosphorescence for the in situ detection of glyoxal at part per trillion mixing ratios. Analytical Chemistry, 2008, 80: 5884-5891.

[31] Thalman R, Volkamer R. Inherent calibration of a blue LED-CE-DOAS instrument to measure iodine oxide, glyoxal, methyl glyoxal, nitrogen dioxide, water vapour and aerosol extinction in open cavity mode. Atmospheric Measurement Techniques, 2010, 3: 1797-1814.

[32] Platt U. Differential optical absorption spectroscopy / principles and applications. Berlin: Springer-Verlag Berlin Heidelberg, 2004.

[33] Vrekoussis M, Wittrock F, Richter A, et al. GOME-2 observations of oxygenated VOCs: What can we learn from the ratio glyoxal to formaldehyde on a global scale? Atmospheric Chemistry and Physics, 2010, 10: 10145-10160.

[34] Stavrakou T, Muller J F, De Smedt I, et al. Evaluating the performance of pyrogenic and biogenic emission inventories against one decade of space-based formaldehyde columns. Atmospheric Chemistry and Physics Discussions, 2009, 9: 1037-1060.

[35] Volkamer R, Sheehy P, Molina L T, et al. Oxidative capacity of the Mexico City atmosphere - part 1: A radical source perspective. Atmospheric Chemistry and Physics, 2010, 10: 6969-6991.

[36] Jayne J T, Worsnop D R, Kolb C E, et al. Uptake of gas-phase formaldehyde by aqueous acid surfaces. Journal of Physical Chemistry, 1996, 100: 8015-8022.

[37] Sassine M, Burel L, D'Anna B, et al. Kinetics of the tropospheric formaldehyde loss onto mineral dust and urban surfaces. Atmospheric Environment, 2010, 44: 5468-5475.

[38] Wang X, Gao S, Yang X, et al. Evidence for high molecular weight nitrogen-containing organic salts in urban aerosols. Environmental Science & Technology, 2010, 44: 4441-4446.

[39] Toda K, Yunoki S, Yanaga A, et al. Formaldehyde content of atmospheric aerosol. Environmental Science & Technology, 2014, 48: 6636-6643.

[40] Fu T-M, Jacob D J, Wittrock F, et al. Global budgets of atmospheric glyoxal and methylglyoxal, and implications for formation of secondary organic aerosols. Journal of Geophysical Research, 2008, 113: D15303.

[41] Volkamer R, San Martini F, Molina L T, et al. A missing sink for gas-phase glyoxal in Mexico City: Formation of secondary organic aerosol. Geophysical Research Letters, 2007, 34: 255-268.

[42] Stavrakou T, Müller J F, De Smedt I, et al. The continental source of glyoxal estimated by the

synergistic use of spaceborne measurements and inverse modelling. Atmospheric Chemistry and Physics, 2009, 9: 8431-8446.

[43] Hallquist M, Wenger J C, Baltensperger U, et al. The formation, properties and impact of secondary organic aerosol: Current and emerging issues. Atmospheric Chemistry and Physics, 2009, 9: 5155-5236.

[44] Yu G, Bayer A R, Galloway M M, et al. Glyoxal in aqueous ammonium sulfate solutions: Products, kinetics and hydration effects. Environmental Science & Technology, 2011, 45: 6336-6342.

[45] Rossignol S, Aregahegn K Z, Tinel L, et al. Glyoxal induced atmospheric photosensitized chemistry leading to organic aerosol growth. Environmental Science & Technology, 2014, 48: 3218-3227.

[46] Saunders S M, Jenkin M E, Derwent R G, et al. Protocol for the development of the master chemical mechanism, MCM V3 (Part a): Tropospheric degradation of non-aromatic volatile organic compounds. Atmospheric Chemistry and Physics, 2003, 3: 161-180.

[47] Fortems-Cheiney A, Chevallier F, Pison I, et al. The formaldehyde budget as seen by a global-scale multi-constraint and multi-species inversion system. Atmospheric Chemistry and Physics, 2012, 12: 6699-6721.

[48] Galloway M M, Huisman A J, Yee L D, et al. Yields of oxidized volatile organic compounds during the OH radical initiated oxidation of isoprene, methyl vinyl ketone, and methacrolein under high-NO_x conditions. Atmospheric Chemistry and Physics, 2011, 11: 10779-10790.

[49] Fuchs H, Acir I H, Bohn B, et al. OH regeneration from methacrolein oxidation investigated in the atmosphere simulation chamber SAPHIR. Atmospheric Chemistry and Physics, 2014, 14: 5197-5231.

[50] Nehr S, Bohn B, Dorn H P, et al. Atmospheric photochemistry of aromatic hydrocarbons: OH budgets during SAPHIR chamber experiments. Atmospheric Chemistry and Physics, 2014, 14: 6941-6952.

[51] Volkamer R, Molina L T, Molina M J, et al. DOAS measurement of glyoxal as an indicator for fast VOC chemistry in urban air. Geophysical Research Letters, 2005, 32: L08806.

[52] Vrekoussis M, Wittrock F, Richter A, et al. Temporal and spatial variability of glyoxal as observed from space. Atmospheric Chemistry and Physics, 2009, 9: 4485-4504.

[53] Liu Z, Wang Y, Vrekoussis M, et al. Exploring the missing source of glyoxal (CHOCHO) over China. Geophysical Research Letters, 2012, 39: L10812.

[54] Miller C C, Abad G G, Wang H, et al. Glyoxal retrieval from the ozone monitoring instrument. Atmospheric Measurement Techniques, 2014, 7: 3891-3907.

[55] DiGangi J P, Henry S B, Kammrath A, et al. Observations of glyoxal and formaldehyde as metrics for the anthropogenic impact on rural photochemistry. Atmospheric Chemistry and Physics, 2012, 12: 9529-9543.

[56] Kaiser J, Wolfe G M, Min K E, et al. Reassessing the ratio of glyoxal to formaldehyde as an indicator of hydrocarbon precursor speciation. Atmospheric Chemistry and Physics, 2015, 15: 7571-7583.

[57] MacDonald S M, Oetjen H, Mahajan A S, et al. DOAS measurements of formaldehyde and glyoxal above a south-east Asian tropical rainforest. Atmospheric Chemistry and Physics, 2012, 12: 5949-5962.

[58] Li X, Rohrer F, Brauers T, et al. Modeling of HCHO and CHOCHO at a semi-rural site in Southern China during the PRIDE-PRD2006 campaign. Atmospheric Chemistry and Physics, 2014, 14: 12291-12305.

[59] Alvarado L M A, Richter A, Vrekoussis M, et al. An improved glyoxal retrieval from omi measurements. Atmospheric Measurement Techniques, 2014, 7: 4133-4150.

[60] Pang X, Mu Y. Seasonal and diurnal variations of carbonyl compounds in Beijing ambient air. Atmospheric Environment, 2006, 40: 6313-6320.

[61] Feng Y L, Wen S, Chen Y J, et al. Ambient levels of carbonyl compounds and their sources in Guangzhou, China. Atmospheric Environment, 2005, 39: 1789-1800.

[62] Wang M, Chen W, Shao M, et al. Investigation of carbonyl compound sources at a rural site in the Yangtze River Delta region of China. Journal of Environmental Sciences, 2015, 28: 128-136.

[63] Zhang Y, Wang X, Wen S, et al. On-road vehicle emissions of glyoxal and methylglyoxal from tunnel tests in urban Guangzhou, China. Atmospheric Environment, 2016, 127: 55-60.

[64] Pang X, Mu Y, Zhang Y, et al. Contribution of isoprene to formaldehyde and ozone formation based on its oxidation products measurement in Beijing, China. Atmospheric Environment, 2009, 43: 2142-2147.

[65] He N, Kawamura K, Okuzawa K, et al. Diurnal and temporal variations of water-soluble dicarboxylic acids and related compounds in aerosols from the northern vicinity of Beijing: Implication for photochemical aging during atmospheric transport. Science of the Total Environment, 2014, 499: 154-165.

[66] Meng J, Wang G, Li J, et al. Seasonal characteristics of oxalic acid and related SOA in the free troposphere of Mt. Hua, central China: Implications for sources and formation mechanisms. Science of the Total Environment, 2014, 493: 1088-1097.

第22章 二次有机气溶胶的界面反应及其在灰霾形成中的作用机制

杜林,程淑敏

山东大学

我国大气细颗粒物污染在大范围频繁发生,但对污染形成的原因尤其是二次有机气溶胶(SOA)形成机制的认识还非常有限。细颗粒物为污染物的相互作用提供了丰富的界面,SOA 的界面多相形成机制可能起着关键作用。对 SOA 界面物理化学反应过程研究的缺乏,导致了模式模拟出现不同程度的偏差。红外反射吸收光谱(IRRAS)是一种高灵敏度的、可实时原位监测有机物表面并可以研究污染物与表面相互作用的新的实验技术手段。本项目结合红外反射吸收光谱、分子动力学理论模拟、光化学烟雾箱和外场观测,研究了有机气溶胶界面上大气污染物分子发生的相互作用与反应,深入认识了界面化学键形成、质子转移反应、分子间氢键等过程对气溶胶生长和老化的作用。本研究有助于在分子水平上阐明大气复合污染形成的关键化学过程,并为我国提出合理有效的大气污染控制对策提供科学依据。

22.1 研究背景

随着经济的高速发展,我国出现了城市和区域性大气颗粒物污染现象[1]。在颗粒物与大气气态污染物共存的复合污染条件下,会发生一系列物理化学过程而形成更复杂的污染物。污染大气中大量存在的细颗粒物为非均相反应提供了丰富的表界面。界面可以降低化学反应所需能量从而促进反应的发生[2]。界面非均相过程会导致颗粒物的成分、大小和物理性质的改变,从而改变颗粒物的光学性质和气候效应[3-6]。尽管已经意识到大气非均相化学的重要性,但由于研究手段的限制,对气溶胶界面反应对灰霾形成的作用机制的了解仍非常有限。

气溶胶的组成决定了它的光学性质和化学特性,其中有机气溶胶(OA)是大气污染控制的关键污染物和控制的难点。大气中的 OA 有以下四种来源:① 人为源和生物源排放的一次有机气溶胶(POA);② 挥发性有机物(VOCs)吸附至液体或固体的界面而形成有机膜覆盖的气溶胶颗粒;③ 更小的碳质纳米颗粒的凝聚;④ 大气氧化剂在已有有机颗粒物表面发生反应而生成 SOA。OA 的浓度一般为 $1\sim10~\mu g~m^{-3}$,在污染严重的工业区域可达

第 22 章 二次有机气溶胶的界面反应及其在灰霾形成中的作用机制

15 μg m^{-3} 以上[7]。2013 年 1 月对北京、上海、广州、西安四大城市进行同步观测,并采用离线高分辨率飞行时间气溶胶质谱(HR-TOF-AMS)对 OA 进行了分析,发现 SOA 对我国 PM$_{2.5}$ 和 OA 的贡献分别占 30%～77% 和 44%～71%[8]。SOA 在大气中的形成和转化机制非常复杂,大体可分为三类:① 大气气态前体物通过氧化反应,发生气-粒转化形成二次颗粒物[5,9];② 在湿度较大的条件下,污染物发生液相氧化而转化成 SOA[10,11];③ 气溶胶界面上 SOA 的形成和转化[7]。在复合污染条件下,OA 在大气中一旦形成,会立即参与到低层大气的非均相化学过程中,界面反应对 SOA 的形成至关重要。界面反应与气相和液相反应在速率、机理等方面可能差别很大[6],但缺乏有效的手段加以深入研究。由于对界面过程的理解有限,大气中许多过程的外场观测值和数值模拟结果之间仍有非常大的差异。从分子水平上对界面反应过程进行深入研究将有助于更准确地预测气溶胶的性质、界面氧化的环境影响和气态污染物的浓度水平等,并辅助于探讨界面反应对灰霾形成的影响。

　　SOA 是大气中的 VOCs、中挥发性有机物(IVOCs;1000 μg m^{-3} < c^* < 100000 μg m^{-3})和半挥发性有机物(SVOCs;0.1 μg m^{-3} < c^* < 1000 μg m^{-3})通过氧化和非均相反应形成的(c^* 为饱和浓度)[5]。由于大气中的前体物种类非常多而且物理化学性质差别很大[12,13],SOA 的生成机制是目前大气气溶胶化学研究的难点。在我国冬季灰霾污染的形成过程中,光化学氧化过程不强,但颗粒有机物仍可以快速生成,气溶胶的非均相转化可能在污染过程中有显著的贡献。因此探究非均相界面转化过程中的中间态物种及其反应,是对我国灰霾成因研究的关键点。对北京秋季灰霾的观测研究发现,灰霾反复发生除了气象条件的影响还与二次生成直接相关,因此需要控制机动车排放的 VOCs 和氮氧化物(NO$_x$)以及区域工业源排放的 SO$_2$ 来控制大气灰霾污染[14]。通过对上海城市地区的 OA 样品使用单颗粒飞行时间质谱和脱附电喷雾电离-高分辨质谱(DESI-HRMS)技术进行分析,发现有机成分中存在高分子量的有机含氮化合物和有机硫酸酯[15,16]。在珠三角利用液相色谱-电喷雾电离串联质谱(LC-ESI-MS/MS)技术也观测到了源自蒎烯和异戊二烯的有机硫酸酯[17]。含氮物质可能是 OA 界面分子与氨、有机胺、羰基化合物反应生成,硫酸酯是界面分子与硫酸发生酯化反应生成,生成物可以作为表面活性剂而影响大气颗粒物的表面张力和吸湿性。研究人员采用红外、拉曼、质谱等手段研究了不同环境气溶胶中类腐殖酸物质(HULIS)的化学性质,对其中的醛酮类、芳香类有机物进行了对比分析,并在 HULIS 中检测到了有机硝酸酯成分[18]。SOA 的化学成分以及其与大气中其他污染物的反应过程非常复杂,导致难以预测气溶胶的物理、化学及光学性质随时间的演变。

　　除了外场观测,模式模拟也是研究 SOA 形成和转化的方法之一。Tsigaridis 等[19] 运用了 31 种全球化学传输模式(CTMs)和通用循环模式(GCMs)的模拟结果并与外场观测数据比较,发现不同模式对源排放、SOA 形成、OA 物种数量、OA 的物理化学和光学性质等的模拟结果有非常大的区别。造成这种区别的原因除了新的 OA 排放源不确定以外,主要是未充分考虑 OA 的气-粒分布、化学老化、多相化学、气溶胶微物理等因素。Smolander 等[20] 用 G95、MEGAN2.04、SIM-BIM 三种模式对比模拟了生物源挥发性有机物(BVOCs)——植物单萜烯的排放并与观测值对照比较,也均出现不同程度的偏低或偏高现象。Ma 等[21] 利用 Junge-Pankow 吸附模式和 Koa-based 吸收模式研究了 2012 年夏季气相或颗粒相氯化石蜡的长距离输送,发现两种模式均低估了低氯石蜡的吸附量,而高估了多氯石蜡的吸附量。以考虑多相化学为特色的 CAPRAM 模型更是明确显示气相自由基氧化剂和有机物的对流层多相化学对模型预测的重要意义,溶液相中的金属离子对多相过程也有很大影响[22,23]。通过对这些微观机理的深入理解可以改善目前模式预测存在的问题,进一步提升模式的精度[24,26]。

大气真实情况下物种多、反应复杂,光化学烟雾箱手段可以简化研究的体系并在实验室利用部分自然条件或者最大限度地重现自然条件,从而可以对目标分子和反应过程进行研究。Ehn 等[9]利用 JPAC 光化学烟雾箱模拟了几种 BVOCs,如 α-蒎烯等单萜烯在大气条件下的氧化,并用高分辨化学电离质谱(CI-APi-TOF)进行检测,发现这些 BVOCs 可以与 OH 自由基、O_3 反应直接氧化形成非常低挥发性的物质。这些物质在气相中形成一定量后,会不可逆地凝聚到气溶胶表面而生成 SOA。这解释了观测到的 SOA 与多种大气模式预测的差别,也显示了表界面过程在气溶胶化学中的重要意义。Fry 等[27]使用 NCAR 光化学烟雾箱模拟了一系列 BVOCs 与 NO_3 自由基的氧化,通过对反应产物有机硝酸酯的检测评价 BVOCs 生成 SOA 的产率。他们发现,不同 BVOCs 生成 SOA 的产率有非常大的区别,因此不能在模型中使用统一的机理处理单萜烯,需要对每种类型的有机物单独考虑。Robinson 等[5]将外场观测、模式模拟和实验室光化学烟雾箱等手段结合研究了 SVOCs 的排放和光化学老化,提出在对现有 OA 的理解中必须考虑 POA 的气-粒分布和 SOA 形成过程中低挥发性气体的氧化。气溶胶模式中需要考虑 OA 的大气光化学演化,在污染控制中也必须控制 SOA 前体物。

从界面化学的角度研究大气 SOA 的非均相反应是一个研究热点[7,28],可以将有机颗粒物吸附在固态界面从而研究气-固界面反应。实验室研究中使用流动反应器,可以通过改变流动管的长度而改变暴露面积,被用于研究 SOA 的大气转化过程。不仅可以获得 SOA 与自由基等活性物种的非均相反应的降解速率和摄取系数等动力学数据,还可以得到产物结构、产率、挥发性、吸湿性质变化、颗粒大小等信息[29-33]。贺泓等[34-36]在模拟环境条件下利用流动反应器研究了蒎酮酸、脱氢松香酸、左旋葡聚糖与 OH 自由基的非均相反应,得到了丰富的动力学数据。他们还通过原位红外和拉曼光谱研究,发现 O_3 和烟尘的反应中无定形碳和无序的反应位点对触发非均相反应起了重要的作用[37,38],并且在产物中发现了与烟尘表面相连的含羰基、内酯等官能团的界面产物。而在 O_2 存在条件下烟尘的光化学老化研究中发现,烟尘表面的有机碳成分转变成的含氧有机物在老化过程中起关键作用[39]。同样,利用流动管装置,王琳等[40]研究了油酸的非均相臭氧化反应,发现界面形成的 Criegee 中间体比气相稳定并进一步反应生成高分子量的气溶胶成分。George 等[41]则发现,在没有 O_3 存在的条件下油酸可以和 SO_2 反应直接生成有机硫酸酯,这种新机理可以解释大气颗粒物中观测到的有机硫酸酯的一部分来源,也强调了界面形成 SOA 的重要性。有机污染物与无机污染物在大气矿物气溶胶表面会产生复杂的协同效应[42,43]。此外,衰减全反射红外光谱(ATR-FTIR)技术基于光内反射原理,红外光可以穿透样品表面一定深度后再返回表面,从而获得样品表层化学成分的结构信息。ATR-FTIR 技术的检测灵敏度高、测量区域小,并可以实现红外光谱的原位测定,从而可以通过特定红外振动谱峰的位置和强度的变化获得表面反应的信息。ATR-FTIR 被用于研究温度、相对湿度、有机膜厚度等因素对反应机理、产率、产物吸湿性和氧化还原活性的影响[44-47]。气溶胶表面的分子类型及其分布会影响界面物理化学特性,进而影响气相分子的吸附、界面与活性自由基的反应等,界面反应过程在吸收和转化大气污染气体方面至关重要。

对机理研究来说,自组装的单层膜作为模型气溶胶界面有非常突出的优势。这种模型可以用于研究污染物气体分子与界面发生碰撞的动态学性质,包括能量传递、热力学性质以及发生界面反应的可能性[7]。McIntire 等[48]采用原子力显微镜(AFM)和扫描电子显微镜(SEM)等手段研究了含烯基的有机气溶胶模型界面(硅基底)与 O_3 的反应。他们发现,相对湿度较低时 Criegee 中间体会发生分解或者与邻近的有机分子反应,最终界面分子会发生自由基诱导聚合反应而形成聚集,但在相对湿度较高时则无明显的聚集体形成。此外,固态基底上的有机模型界面还可以与超高真空(UHV)和分子束方法结合用于研究反应机理,但这种手段与真实大气的环境条件差别较大[49-51]。

除了气-固界面反应,OA 在空气-水界面的转化也开始被注意到,尤其海洋气溶胶的多相反应直接在水的表面发生[52,53]。Pillar 等[54]利用电喷雾电离质谱(ESI-MS)研究发现,在空气和水界面,O_3 和 OH 自由基氧化芳香烃类生成的酚类化合物具有界面活性,能促进大气中类腐殖酸物质的生成。界面反应与单一相反应有很大不同,对大气 SOA 的生长与老化的作用不可忽视。Ray 等[55]使用气质联用(GC-MS)装置研究低温下 O_3 在空气-冰界面氧化二苯乙烯的反应速率时,发现有机分子在冰表面上较多且分布无序,更易与气体分子接触反应。界面反应的氧化产物一般水溶性更强,更容易溶于液相体相之中。研究报道,萘分子在空气-水界面非均相氧化反应的速率是气相反应速率的 15 倍,而且与水相液滴的尺寸有关[56]。Mmereki 等[57]利用激光诱导荧光(LIF)技术研究了蒽分子膜在水界面上与 O_3 的反应,发现水溶液相中存在的有机酸抑制了界面分子的反应,而溶液相中的醇则会使界面反应加速。溶液中存在的离子也会在很大程度上改变界面化学反应[58]。

被有机物包裹的液相气溶胶是一个反胶束结构,它由一个水相核芯和有机单分子形成的疏水表面构成[59]。被表面活性分子包裹的一次气溶胶表面的两性分子将亲水端朝向液相核芯而疏水长链指向大气[60]。Langmuir 单分子膜具有上述相似的结构,可以很好地模拟 SOA 的表面[7,61]。这种单分子层的模拟具有以下优势:① 单分子膜的制备完全可控;② 可以结合红外光谱探测实现界面的原位表征;③ 可以聚焦界面上的某个特定官能团的反应;④ 可通过改变界面分子的官能团研究不同的界面反应机理。红外反射吸收光谱(IRRAS)是研究界面分子的化学组成及分布的光谱技术。红外光以一定的入射角度投射到界面,界面上的分子对红外光进行吸收和反射,高灵敏的检测器可直接测得界面分子的振动光谱。Griffith 等[62]利用 Langmuir 槽和 IRRAS 分析了表面黏附了芳香类氧化物的 OA 的复杂形貌,强调了界面分子相互作用的重要意义以及气溶胶形貌和性质的改变会对大气化学和气候产生很大影响。该模型还可以作为生命起源化学反应器,用于研究海洋与大气界面的有机分子膜逐渐生成高分子有机物的过程[63,64]。IRRAS 还可用于研究空气-水界面上有机物分子的电离状态[65]。IRRAS 研究界面化学有独特的优势,不仅可以研究界面与气相中分子之间的相互作用,而且可以同时测试界面附近的液相反应过程,是一种在大气非均相化学领域有非常多潜在应用的技术手段。

分子动力学(MD)理论模拟是研究分子在表面上的动态行为、分布特征、物质结构以及力学稳定性的有效方法,在大气化学过程模拟领域有广泛应用。Francisco 等[66]使用 MD 方法研究了自由基与液态水表面的相互作用,提出了自由基在气溶胶表面可能发生的反应。Galib 等[67]通过 MD 模拟预测碳酸在空气-水界面上的解离过程,发现水表面为碳酸提供了一个比体相水更结构化的溶液环境,形成稳定的过渡态结构,降低了解离能垒。考虑到碳酸在空气和水界面上的动力学稳定性降低,推断可能对大气气溶胶和空气中液滴的酸化起到重要作用。Daskalakis 等[68]用 MD 方法研究了云滴吸收有机物形成水溶性 SOA 的过程,提出表面活性有机物的存在降低了 CO_2 的溶解,这会对云滴、雨滴的酸碱性产生影响。Li 等[69]利用 MD 研究了六种不同结构和化学特性的氨基酸在表面的分布,揭示了它们在远洋气溶胶-云系统中的表面活性及表面张力的改变。Griffith 等[62]采用 MD 模拟与 IRRAS 实验相结合,研究了界面分子的亲水性/疏水性等性质,取得了很好的效果。这对从微观角度理解 SOA 的吸湿性有重要指导意义。

总之,大气复合污染形成过程中的气溶胶界面非均相化学是当前大气化学研究的前沿和热点。大气中存在的各类污染物会在 OA 表面以氢键、质子转移反应等形式结合增长,从而改变气溶胶的性质并进一步影响大气环境、人体健康与气候变化。

22.2　研究目标与研究内容

针对大气 SOA 形成机制中存在的科学问题,引入了高灵敏度、可实时原位监测有机物表面并可以研究污染物与表面相互作用的新的界面技术手段,从分子水平上深入研究了大气复合污染条件下有机气溶胶的非均相界面物理化学过程。结合 IRRAS 技术、理论模拟、烟雾箱实验模拟和外场观测,从多个方面研究了界面多相化学过程对有机气溶胶形成的影响,阐明多相反应在灰霾形成中的作用机制。主要研究内容包括以下四个方面。

22.2.1　IRRAS 原位模拟研究有机气溶胶的界面过程与反应

大气复合污染条件下气溶胶颗粒物与其他污染物并存,由于实验技术条件的限制,大气中的有机和无机污染物如何与气溶胶相互作用、不同类有机物的相对贡献大小以及其他污染物对气溶胶老化的影响等问题,是该领域研究的难点。利用光谱学手段研究界面/表面现象非常具有挑战性,但能在分子水平上得到很多信息以解释许多物理化学过程。研究选取了在真实大气环境气溶胶中含量高的低挥发性长链有机成分(如硬脂酸、油酸)单层 Langmuir 膜模拟有机气溶胶的表面,采用表面反应装置,将其他大气成分和环境条件引入其中,通过对 IRRAS 的分析研究了反应过程。

22.2.2　气溶胶界面过程的理论模拟

分子动力学方法是研究凝聚态体系和界面体系的有效工具,该方法可以得到分子的运动轨迹和运动过程中的微观细节。该理论方法还可以继续拓展在大气气溶胶化学方面的应用,对研究气溶胶表面物理化学以及气溶胶生长微观机制等有良好的辅助作用。使用 Quantum ESPRESSO 等理论模拟软件对 SOA 界面形成过程进行了理论模拟,研究了不同体系中分子在表面上的动态行为、分布特征、物质结构以及力学稳定性。该理论方法不仅可以获得界面分子的亲水性、疏水性、吸湿性等性质,还可以直观地揭示界面反应过程,如污染物分子在界面的移动、污染物与界面分子的聚集增长等。理论模拟是研究 SOA 非均相形成过程以及大气污染物对气溶胶表面影响机制的有效方法。

22.2.3 光化学烟雾箱模拟验证有机气溶胶的界面反应机理

光化学烟雾箱的实验条件可以人为控制、改变和重复,在进行大气化学反应的机理研究、解决复杂条件下的环境污染问题时具有很大的优越性。将有机气溶胶界面研究的过程以及光照、温度、相对湿度等环境条件在烟雾箱中重现,更真实地模拟有机污染物、无机污染物、光化学自由基等条件存在下气溶胶的生长与大气演化。采用体积为 2 m³ 的烟雾箱,使用热脱附气相色谱-质谱联用仪(TD-GC-MS)、扫描电迁移率粒径谱仪(SMPS)、高效液相色谱-质谱联用仪(HPLC-MS)、轨道离子阱高分辨质谱仪(Orbitrap-MS)、四极杆-飞行时间串联质谱仪(Q-TOF-MS)等手段测定了模拟体系中的有机物成分及气溶胶粒径分布,从宏观角度验证微观实验和理论方法的研究结果。

22.2.4 外场观测探讨界面过程对灰霾形成的影响机制

实验室模拟和理论研究是为了理解和解释实际大气环境中观测到的有机气溶胶非均相反应相关的现象与特征,同时外场观测实验能对实验室模拟和理论研究发现的有机气溶胶的生成和老化机理进行进一步验证和确认。通过现场测定和采样分析等方法,测定实际大气中气态污染物以及 $PM_{2.5}$ 颗粒物中的有机碳(OC)、元素碳(EC)、水溶性有机碳(WSOC)、金属离子等成分,分析了界面反应过程对有机气溶胶生成、老化的贡献和影响,探讨了 SOA 的形成机制及其对区域大气复合污染形成的贡献。

22.3 研究方案

本项目综合利用了界面反射吸收光谱、分子动力学理论模拟、光化学烟雾箱和外场观测等手段,从微观和宏观两个角度研究界面非均相化学过程对 SOA 大气形成的影响机制,从而对多相反应在灰霾形成过程中的作用进行评估,在此基础上对我国大气污染防治对策提供基础研究依据。

22.3.1 界面相互作用对 SOA 形成的影响机制

在空气-水界面有机分子的亲水基在界面以下而疏水基在界面以上,形成单分子层。亲水基具有一些特定的官能团,可与液相中的无机离子以及水溶性有机物发生反应从而改变有机气溶胶的性质。IRRAS 技术的优势在于不仅仅可以测定界面的有机单分子层,而且可测定整个界面活性区域(深入液面内 1～2 μm),可溶性物质与界面分子在这个区域的反应可以成功被探测。从三个角度研究了有机气溶胶界面的液相反应:

1. 界面分子与液相中无机离子的相互作用

气溶胶界面的无机组分与有机分子可发生相互影响,无机离子的存在会影响界面分子的取向和力学稳定性。系统研究了大气气溶胶中常见无机离子(NH_4^+、Ca^{2+}、Fe^{3+} 等)的种类和浓度对有机成分的作用。

2. 界面分子与液相中水溶性有机物的相互作用

研究了具有—COO^- 亲水性端基的界面分子和水溶性有机物之间的作用机理。空气-水界面有机分子的电离状态影响着界面的物理化学性质,也可使用 IRRAS 技术进行研究。

3. 环境条件对界面液相反应的影响

为了使气溶胶表面的研究更贴近真实大气中的实际条件,将通过调节液相的酸碱度,模拟不同 pH 下的气溶胶表面。在分子水平上深入认识气溶胶界面的化学过程,并解析大气环境条件等对气溶胶表面非均相过程的影响机制。

22.3.2 界面分子和光化学对 SOA 形成的影响机制

大气中的 SVOCs 会通过分子间的相互作用"黏附"在有机气溶胶的界面上,研究界面分子与这些物质的作用机理对于理解气溶胶团簇的成核生长具有重要的意义。研究了大气半挥发性有机成分在气溶胶表面的化学键、分子间氢键等相互作用,从分子水平上深入认识气溶胶的生长过程。此外,通过对模型长链有机分子的端基进行功能化,改变为具有其他官能团的端基,进而研究多种类型有机气溶胶界面分子的大气行为。

研究有机气溶胶界面与光的耦合作用,包括光化学老化、光诱导产生自由基在气溶胶界面的反应过程等。大气中的气溶胶对太阳光有反射吸收作用,IRRAS 对气溶胶表面的探测也是基于类似的原理。在光照条件下,气溶胶表面的有机分子会发生物理化学变化,搭建了一套与 IRRAS 配套使用的光化学反应装置实时模拟监测有机气溶胶表面分子的反应过程,评价了气溶胶的光学性质。

22.3.3 理论模型微观机制研究

分子动力学模型可以模拟任意时刻体系内各个原子的位置和速度,可以得到分子的运动轨迹和运动过程中的微观细节。进行足够长时间的模拟,可以获得分子在界面的精细的反应过程。使用 Quantum ESPRESSO 等分子动力学模拟软件对 SOA 界面化学过程进行理论模拟,从分子水平上揭示了界面与气相污染物分子的反应过程,研究了界面分子在表面上的动态行为、分布特征、物质结构以及力学稳定性等性质。污染物分子在界面的移动、污染物与界面分子的聚集增长等都可以实现微观的理论模拟。

22.3.4 光化学烟雾箱进行机理验证

研究与无机气态污染物耦合时,可以直接将气态物质通入烟雾箱中;而研究与有机物耦合作用时,既可以直接通入(挥发性强的物质),也可以通过在有机气溶胶带入烟雾箱之前,增加加热增强挥发装置使有机物附着在气溶胶颗粒表面而引入(挥发性弱的物质)。研究自由基对界面反应的影响时,将自由基前体物引入烟雾箱中通过光解或热解的方式产生自由基。SVOCs的测定以石英滤膜(颗粒相采集)和吸附剂(气相和颗粒相采集)作为采样介质,通过富集、溶剂提取后进行分析。

22.3.5 SOA界面反应在灰霾形成中的作用机制

本研究选取三个有代表性的外场观测站点,进行针对性的测量、采样和分析,以期实验室微观研究的结果可以解释外场中发现的实际现象。

1. 华北平原城市站点济南

济南是华北中部大型重工业城市,市内有钢铁、水泥、石油化工、热力发电四大工业排放源,颗粒物与气态污染物排放强度大,$PM_{2.5}$污染严重,污染来源与生成机制复杂。另外,济南周边是大片的农田,农作物收获季节的秸秆焚烧也会诱发严重的灰霾污染,是研究人为源气溶胶表面非均相反应的理想地点。在济南市区站点采集了$PM_{2.5}$样品并分析其化学成分,样品覆盖不同季节的灰霾天气。

2. 东部沿海站点青岛

青岛位于华北东部沿海,受城市工业污染气团和海洋清洁气团的双重影响,且两种气团频繁交汇,丰富的海盐为人为源气态污染物发生非均相反应提供了表面,是研究海盐气溶胶表面非均相反应的理想地点。在青岛崂山以北的海边站点采集不同季节的$PM_{2.5}$样品并分析其化学成分。

3. 区域背景站点泰山

泰山位于华北中心地带,是华北平原的最高点(海拔1545 m),山顶处于大气边界层顶,受局地人为排放源影响很小,而且相对湿度高、云雾频发,是研究华北地区区域性大气非均相反应特别是湿气溶胶表面非均相反应的绝佳地点。在典型季节针对灰霾污染事件进行了测量、采样和分析。

22.4 主要进展与成果

22.4.1 红外光谱技术的应用

1. 单组分有机膜在液相气溶胶表面特性研究中的应用

被表面活性物质包裹的液相有机气溶胶通常是反胶束的结构,它由有机单分子形成的疏水表面和一个水相内核构成。有机气溶胶除了有机物之外,还含有大量的无机离子。我们成功构建了具有良好力学性能的饱和脂肪酸单分子膜(硬脂酸、花生酸)用于模拟有机气溶胶的界面反应。通过改变亚相中金属离子的种类(Ag^+、Zn^{2+}、Ca^{2+}、Fe^{3+}、Fe^{2+}和Al^{3+}），研究了大气中常见的金属离子对有机气溶胶界面分子的取向、力学性质以及界面光谱的影响。观察表面压-面积(π-A)曲线的变化发现，加入不同的无机离子之后，在控制相同表面压的条件下，脂肪酸单分子膜的面积出现了不同程度的扩张或缩小，这意味着表面分子排列的有序性发生了改变。同时，通过IRRAS的测定，我们发现金属离子与脂肪酸之间形成了不同配位类型的脂肪酸盐，证实了脂肪酸单分子层表面结构、溶解性以及表面-体相分配性质发生改变。表面-体相的分配会通过改变Raoult效应，进而影响云滴的形成。当Ag^+和Zn^{2+}离子存在时，硬脂酸单分子膜面积明显缩小，这意味着界面分子排列高度有序。当亚相中存在Ca^{2+}、Fe^{2+}、Fe^{3+}和Al^{3+}离子时，IRRAS光谱出现了不同配位类型的羧酸盐的新峰，说明在空气-水表面形成了溶解度较大的硬脂酸盐，从而改变了表面单分子膜的稳定性。这些无机离子的存在会影响表面有机膜的许多化学性质，例如界面分子结构、溶解性和表面-体相的分配等，这些性质对于气溶胶成核具有重要作用。

目前对于无机离子和有机分子的相互作用主要关注常见的阳离子，例如Na^+、K^+、Mg^{2+}和Ca^{2+}。已有研究表明，Mg^{2+}和Ca^{2+}的存在使得表面分子排列更加有序，进而影响界面反应性。然而对于痕量无机重金属离子的研究较为缺乏，我们选择了大气中痕量的重金属离子Fe^{3+}、Pb^{2+}、Zn^{2+}、Cu^{2+}、Ni^{2+}、Cr^{3+}、Cd^{2+}和Co^{2+}，研究了不同种类和浓度的重金属离子对二棕榈酰磷脂酰胆碱(DPPC)单分子膜的作用。DPPC是海洋环境中浮游植物细胞分解之后的主要成分，由于海上风浪的作用，会随海水以气泡爆破的形式转移到大气中。发现大量的Zn^{2+}和Fe^{3+}的存在都会使π-A曲线向面积小的方向移动，观察IRRAS谱图中亚甲基基团强度的比值，发现高浓度的Zn^{2+}使得分子排布的有序性增加。另外，通过羰基和磷酸基团谱峰位置的移动，推测DPPC分子发生了脱水过程，说明Zn^{2+}与磷酸基团发生作用形成Zn^{2+}-DPPC复合物。当Fe^{3+}存在时也观察到羰基谱峰位置的移动，而Fe^{3+}浓度的增加却使界面分子排布的有序性降低，推测可能是在高表面压下形成了被有机膜包裹的铁纳米颗粒，这样更利于污染物的转移与传输。气溶胶表面形成的高度有序排列的有机膜可能会阻碍挥发性物质的传输以及水分蒸发，进而形成更大的云滴。气溶胶表面有机分子膜与内部金属离子之间强烈的相互作用也会增加气溶胶颗粒的大气停留时间。

为了探究阴离子对有机单分子膜结构的作用及其形成有机气溶胶的影响，实验选取了常见的不同阴离子(如Br^-、Cl^-、NO_3^-、SO_4^{2-}、CH_3COO^-和HCO_3^-)和大气气溶胶中的表面活性化合物的磷脂分子——DPPC。根据π-A曲线和IRRAS光谱结果分析了阴离子和磷脂分子的相互作用，并进一步比较了在不同阳离子(Na^+和NH_4^+)和不同浓度条件下的影响。上述阴离子对DPPC表面单分子膜会产生收缩或扩张的作用，阴离子按分子膜面积大小排序，该顺序遵循Hofmeister离子序列。根据Hofmeister效应，SO_4^{2-}能使水分子排布有序，在水中起到稳定氢键的作用，而Br^-会使水分子排布混乱，破坏氢键。IRRAS光谱显示在SO_4^{2-}离子存在的情况下，DPPC分子的烷基链构型大多呈反式，比在Br^-的溶液中排列更有序，因此磷脂分子更能结合SO_4^{2-}离子而被转移到大气中(图22.1)。我们研究发现，不同阴离子的存在会显著改变水-气界面上有机分子的构型和排列，进而对大气气溶胶的成核产生影响。

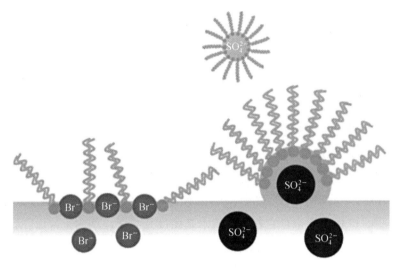

图 22.1　磷脂单分子膜与大气阴离子相互作用

表面活性物质比如脂肪酸和脂肪酸甲酯在气溶胶界面上广泛存在,是液相表面有机膜的重要组成成分。为了研究碳链的长度、端基以及海盐对于单分子膜表面特性的影响,选取长链脂肪酸和脂肪酸甲酯(C16、C18 和 C20)。根据 Langmuir 实验得到的 π-A 曲线,当水相为人工海水时,脂肪酸单分子膜的分子面积相对于纯水均有所减小,说明分子排列的有序性增大。然而,人工海水表面脂肪酸甲酯的分子面积相对于纯水均有所增加。脂肪酸和脂肪酸甲酯单分子膜的有序性都随碳链的增长而增大,这是由于分子间的范德华力随分子量的增加而增强。根据测得 IRRAS 谱图中亚甲基伸缩振动峰[$\nu(CH_2)$]的峰强、峰位以及峰面积分布,发现水相中海盐的存在使脂肪酸单分子膜排列的有序性增强,然而使脂肪酸甲酯单分子膜的有序性减弱。另外,不同链长的表面活性剂在水-气界面排列的有序性,随着链长的增加而增大(C16<C18<C20)。Langmuir 实验结果与 IRRAS 光谱结果一致。液相气溶胶界面上有机膜的排列可以影响水分子的渗透性,进而影响气溶胶的寿命以及光学特性。

2. 复合组分有机膜在液相气溶胶表面特性研究中的应用

在单组分有机膜研究基础上,通过实验成功构建了由两种分子组成的有机复合膜,进而研究具有更复杂的结构和组分的复合有机膜在气-液界面上的性质。邻苯二甲酸二(2-乙基己基)酯(DEHP)是水环境中广泛存在的表面活性污染物,可以通过气泡的破裂进入到大气中。采用 Langmuir 槽和 IRRAS 光谱,分别以硬脂酸/DEHP 和棕榈酸/DEHP 复合膜作为液相气溶胶的简化模型,研究了亚相中海盐的存在对于复合膜界面特征的影响。发现 DEHP 单分子膜的稳定性较低,但是与脂肪酸混合后形成的复合膜稳定性增强。另外,亚相中海盐的存在使脂肪酸/DEHP 复合膜的稳定性增强。

甾醇类有机物在气溶胶中广泛存在,是气溶胶表面有机膜的重要组成成分之一,然而甾醇对液相气溶胶表面性质的影响尚未得到充分的认识。结合 Langmuir 槽和 IRRAS 光谱，选取长链脂肪酸和甾醇的复合单分子膜体系，研究了甾醇的存在对于有机膜表面特性的影响。发现甾醇加入之后，单分子膜的分子面积相对于纯硬脂酸膜均有所增大，而且随着甾醇比例的增加而增大，说明分子排列的有序性降低，同时说明两分子之间存在相互作用。基于 π-A 曲线，进一步计算了复合膜的过剩分子面积和过剩吉布斯自由能，确认了两分子之间存在排斥力。根据测得谱图中亚甲基伸缩振动峰的峰强和峰位置，以及亚甲基反对称和对称伸缩振动峰的比值分布，发现与 Langmuir 实验结果一致，甾醇的存在使硬脂酸单分子膜排列的有序性发生不同程度的降低。硬脂酸分子在水-气界面上可以形成紧密而有序排列的单分子膜，而甾醇分子的加入则产生了干扰，使得界面上产生缺陷。实验结果说明，甾醇对硬脂酸单分子膜的扩张作用来自它较大的疏水基团以及二者之间的排斥力。

长链脂肪酸是大气颗粒物表面重要的有机化合物，包括饱和以及不饱和脂肪酸。这些有机物通常不是单独存在的，而是与其他物种形成混合有机膜。研究混合膜的表面性质更有实际意义。因此，研究了 7 种比例的脂肪酸与胆固醇，分别是 1∶0，9∶1，8∶2，7∶3，1∶1，3∶7 和 0∶1。研究的脂肪酸分别是硬脂酸和油酸。两种脂肪酸都是含 18 个碳的长链脂肪酸，油酸不饱和，有一个双键存在。π-A 曲线描述了溶液表面由于膜的压缩引起的表面压随分子面积的变化。从 π-A 曲线的形状和位置可以推断单分子层的表面性质。以氯化钠溶液作为亚相，用 Langmuir 槽和 IRRAS 光谱研究了胆固醇/油酸和胆固醇/硬脂酸复合膜的表面热力学以及光谱特性，发现胆固醇与脂肪酸之间的相互作用随着复合膜中两种物质之间的比例发生变化，胆固醇的存在使油酸单分子膜的稳定性增强、硬脂酸单分子膜的稳定性减弱。另外，硬脂酸/CHO 与油酸/CHO 混合膜相比，其 π-A 曲线斜率更大，也就是表面压随着面积的减小增加得更快，表明水-气界面上形成的硬脂酸/胆固醇膜更加坚硬、更加凝聚。油酸与胆固醇无法像硬脂酸那么紧密地结合在一起，随着压缩表面压稳定地增加，单分子膜更加偏向于流动性。红外谱图中 1380～1710 cm^{-1} 范围内的几个峰从左到右分别是羰基的伸缩振动、羧基的非对称伸缩振动、亚甲基的剪式振动和羧基的对称伸缩振动，也可以看出峰的振动强度与脂肪酸的摩尔比之间的关系。与胆固醇混合后，硬脂酸的几个峰强度几乎都没有因为胆固醇的加入而发生改变，且不随着脂肪酸组成改变，而油酸的几个峰的强度都有所增强，峰强度的增加是混合膜紧密结合结构的典型特征。与胆固醇混合后更有序的构型表明，油酸/CHO 混合膜比单物质的膜要更稳定。混合膜相对于单组分膜有序性增加，可能会延长气溶胶的大气寿命，阻碍其表面与大气气相物种的交换。

此外，我们还研究了脂肪酸与脂肪醇分子的界面相互作用。发现随着十八醇（C18OH）的加入，硬脂酸/C18OH 复合膜的 π-A 曲线逐渐远离纯硬脂酸单分子膜的曲线。研究对比脂肪酸（硬脂酸和油酸）和脂肪醇（C18OH）单分子膜在纯水和海盐液滴表面形成的过程。实验结合单一成分和混合成分的 π-A 曲线和 IRRAS 光谱的测量，确定了复合膜的相态变化和热动力学性质。分子面积和表面压对不同端基、饱和度和分子组成的长链表面活性剂以及亚相成分都比较灵敏。基于互混度和稳定性的分析,硬脂酸/C18OH 复合膜的稳定性不如纯的硬脂酸和 C18OH 单分子膜。根据过剩吉布斯自由能的分析,海盐液滴表面形成的最稳定的复合膜是由相同摩尔浓度的油酸和 C18OH 组成的。人工海水对油酸/C18OH 复合膜起到热力学稳定作用。这个结果也被 IRRAS 光谱证实。油酸/C18OH 复合膜的 I_{as}/I_s 比值比单一成分的有机膜大。研究比较了硬脂酸、油酸和 C18OH 单分子膜的 π-A 曲线和平衡扩张压力(图 22.2)。当 C18OH 分子达到平衡扩张压力时,可以形成凝聚态膜。总的来说,液相气溶胶表面不同类型的表面活性膜会影响表面张力和水蒸气的蒸发速率。未来的成核-增长模式研究需要考虑两种不同成膜分子之间的相互作用以及复合膜面积的变化。

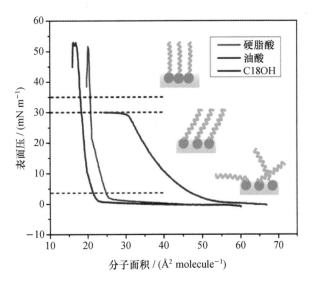

图 22.2　硬脂酸、油酸和十八醇在水-气界面的 π-A 曲线

在气溶胶界面的有机膜中,除了脂肪酸和脂肪醇等主要成分之外,还含有大量的全氟脂肪酸等其他表面活性物质。实验发现,全氟十四酸或全氟辛酸加入之后,脂质单分子膜的 π-A 曲线分子面积都有所变化,说明了单分子膜有序性和稳定性的改变,同时说明两分子之间存在相互作用。基于 π-A 曲线,进一步计算了复合膜的过剩分子面积和过剩吉布斯自由能,确认了两分子在不同表面压和混合比下的作用力(排斥力/吸引力)。另外,海盐加入之后,单分子膜在人工海水界面上的分子面积均有所增大,说明海盐与单分子膜之间存在相互作用,进而降低了单分子膜的稳定性。IRRAS 光谱技术对于 Langmuir 膜具有高度的灵敏性和表面选择性,采用 IRRAS 光谱在分子水平上研究了界面上单分子膜的微观特征,测得不同比例下硬脂酸/全氟十四酸复合膜在水-气界面的红外谱图(图 22.3)。根据谱图中亚甲基伸缩振动峰的峰强和峰位置,以及亚甲基反对称和对称伸缩振动峰的比值大小发现,与 Langmuir 实验结果一致,全氟脂肪酸和海盐的存在使硬脂酸单分子膜排列的有序性发生不同程度的改变。根据研究结果可以说明,全氟脂肪酸的引入会改变有机膜在界面的排布,进而影响发生在界面的一系列非均相过程。

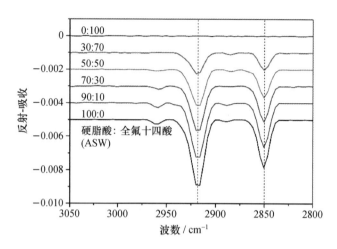

图 22.3　硬脂酸/全氟十四酸复合膜在水-气界面的红外光谱

3. 大气反应性有机物的界面反应与光化学

近年来,大气"棕碳"(BrC)类物质参与大气非均相反应越来越受到关注,表面有机膜反应的研究常选用化学光敏剂,而用化学光敏剂模拟并不能反映真实大气环境中的情况。考虑到大气中 BrC 物质对气溶胶光化学性质的影响,研究了 BrC 参与大气反应有机物在气-液界面上的光化学老化。通过实验室研究发现,水溶性 BrC 物质可以参与气溶胶表面有机物的光化学氧化,并且指出该过程使疏水性有机物转化成亲水性有机物,会改变有机气溶胶的吸湿性。分别用化学光敏剂、烟雾箱实验采集的 SOA 样品和大气 $PM_{2.5}$ 样品作为大气吸光性物质,选用具有不同饱和度的有机物模拟有机气溶胶的表面,搭建了气溶胶表面有机膜光化学氧化装置。实验发现,不饱和有机单分子膜的相对分子面积会随着光照时间的增长而变大,而在黑暗条件下有机分子不会和光敏剂发生反应。光照和黑暗条件下的红外反射-吸收光谱不同,也说明不饱和脂质光氧化反应的发生。根据光引发反应机理,处于激发态的光敏剂和氧气会与不饱和有机物膜发生反应,生成的氢过氧化物能够使单分子膜的分子面积增大。氢过氧化物的亲水性更强,进而影响有机气溶胶的吸湿增长。SOA 样品和 $PM_{2.5}$ 样品实验证实了该反应在实际大气环境中也会发生。

为了深入了解 BrC 在大气光化学反应中的作用,以及脂肪醇在环境中的迁移转化过程,模拟了大气 BrC 参与下脂肪醇的光敏化反应。选择初始浓度均为 0.25 mol L^{-1} 的甲基乙二醛(MG)与硫酸铵(AS)反应制备 BrC 样品,使用 UV-Vis 和 EEM 光谱技术表征了 MG-AS BrC 的光学性质和光解动力学过程。选取辛醇作为环境中脂肪醇的典型代表,使用 ATR-FTIR 和 GC-MS 技术手段探究了 BrC 参与下脂肪醇的光敏化反应过程及机理。研究发现:① MG 与 AS 液相反应生成的棕色产物具有典型大气 BrC 的光谱特征,均在光谱的紫外波长范围内出现最大吸收峰,同时一条较宽的吸收尾带延伸至可见光区;② 烷基自由基会经历歧化反应和氧加成两种路径继续发生自由基反应,从而生成辛酸、辛醛、辛烯酸以及其他羰基化合物等一系列挥发性和半挥发性产物。上述结论表明,这些官能化和不饱和的光化学产物释放到大气中,可能会增加非生物源 VOCs 的排放,将会影响大气的氧化能力,并可

第 22 章 二次有机气溶胶的界面反应及其在灰霾形成中的作用机制

能导致新粒子的形成。

除了液相气溶胶之外,我们还关注了矿尘气溶胶界面的非均相化学。在环境压力和室温下,研究了 α-Al_2O_3 和 $CaCO_3$ 颗粒表面的 SO_2 与乙酸(HAc)的竞争反应。在 α-Al_2O_3 和 $CaCO_3$ 颗粒的表面,乙酸盐和亚硫酸盐可竞争活性位点。SO_2 与 HAc 共存时,α-Al_2O_3 颗粒表面的乙酸盐总量减少。与 α-Al_2O_3 颗粒相比,$CaCO_3$ 颗粒表面的现象有些不同。SO_2 对 HAc 具有竞争性作用,导致 HAc 的量略有减少,而 HAc 对 SO_2 的抑制作用非常强,导致亚硫酸盐在 HAc 存在下逐渐消失。这表明,无机和有机污染物气体对矿物颗粒的竞争作用对大气中相关盐类的形成影响很大,复合污染的作用需要得到重视。

此外,在模拟太阳辐射下,研究了 NO_2 和 SO_2 对 HAc 在 α-Al_2O_3 颗粒上的非均相反应的影响。实验分为两部分:在黑暗和光照条件下的非均相反应实验和预吸附反应实验。在非均相反应实验中,太阳辐射会刺激更多乙酸盐和硝酸盐的形成。同时,它可以促进 α-Al_2O_3 颗粒上 SO_2 的非均相反应中的亚硫酸盐向硫酸盐的转化。可见,太阳辐射在无机和有机气体在矿物颗粒上的非均相反应中起着重要作用。在预吸附反应实验中,无论是否存在模拟辐射,预吸附的硝酸盐、亚硫酸盐或硫酸盐对乙酸盐的形成都有明显的抑制作用。对于 α-Al_2O_3 颗粒表面 HAc 的非均相反应,预吸附物质的作用也要得到关注。当 α-Al_2O_3 颗粒被不同物种预吸附时,模拟辐射可以促进不同量的乙酸盐的增长。发现太阳辐射对不同种类的气体在不同矿物颗粒上的非均相反应做出贡献的程度是不同的。这进一步强调了大气中矿物气溶胶表面上痕量气体的非均相转化过程的复杂性,有助于更好地理解太阳辐射和预吸附对大气中非均相反应的影响。

22.4.2 烟雾箱技术的应用

1. 活性气体对 SOA 生成的影响

挥发性有机物如 1,3,5-三甲苯(TMB)、γ-萜品烯和甲基乙二醛等是人为源 VOCs 的重要组成成分,可贡献对流层 SOA 的形成。光化学烟雾箱可以简化研究的体系,并在实验室利用部分自然条件或者最大限度地重现自然条件,从而可以对目标分子和反应过程进行研究。通过开展一系列烟雾箱实验,探究了 NO_x 以及 SO_2 对 TMB 光氧化形成 SOA 的影响,同时利用超高效液相色谱/电喷雾电离高分辨率四极杆飞行时间质谱辨别了 TMB-SOA 的分子组成。烟雾箱实验结果表明,在低浓度 NO_x 条件下($[TMB]_0/[NO_x]_0 > 10$ ppbC ppb^{-1}),NO_x 浓度升高,会促进 SOA 产率的增加,而高浓度 NO_x 实验中($[TMB]_0/[NO_x]_0 < 10$ ppbC ppb^{-1}),则观察到相反的趋势。此现象的出现是因为低浓度 NO_x 条件下,NO_x 诱导的 OH 自由基浓度会随着 NO_x 浓度升高而增加。低挥发性物质的形成会在高浓度 NO_x 条件下受到抑制,从而导致 SOA 产率的降低。此外,从图 22.4 中可以看出,添加 SO_2 的实验可显著促进 TMB-SOA 的形成。基于高分辨飞行时间质谱分析发现,TMB/NO_x 光氧化中生成的 SOA 由含有羰基、酸、醇和硝酸盐官能团的多功能产物组成,而在 TMB/NO_x/SO_2 光氧化体系中发现了几种有机硫酸酯(OSs)和含氮有机硫酸酯,它们可能是大气中 OSs 的新来源。研究可加深对复杂污染环境下 SOA 形成的理解。

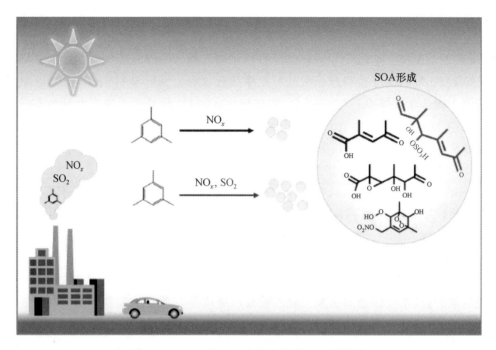

图 22.4 SO_2 对 TMB 光氧化形成 SOA 的影响

NO_x 作为人为源排放物的重要组成部分,会干扰日间 BVOCs 的氧化和 SOA 的形成。夜间化学过程与 O_3 和 NO_x 的含量高度相关,但是,NO_x 对 BVOCs(尤其是聚烯烃单萜烯)臭氧化形成 SOA 的影响依旧不明确。在黑暗条件下开展了 γ-萜品烯臭氧化以及涉及 NO_x 的 γ-萜品烯臭氧化烟雾箱实验。当大气相关的颗粒质量负载为 10 $\mu g\ m^{-3}$ 时,通过二产物模型估算的臭氧化 SOA 产率为 8.6%。当臭氧化反应体系中加入 NO_x 时,随着 NO_x 混合比的提高,粒径和 SOA 产率均同时增加。当反应体系从无 NO_x 变为 $[γ-萜品烯]_0/[NO_x]_0=3.5$ ppbC ppb^{-1} 时,SOA 产率增加了 1 倍(从 0.38 增至 0.77)。通过傅立叶变换红外光谱检测到有机硝酸盐的特征吸收,并且随着 NO_x 混合比的增加,有机硝酸盐的比例增加。从涉及 NO_x 的 γ-萜品烯臭氧化实验中鉴别的新组成及其形成途径表明,有机硝酸盐的形成遵循 NO_3 化学。在高浓度 NO_x 条件下,NO_x 可增强 NO_3 的生成,NO_3 的形成可消耗更多的 γ-萜品烯,从而影响 γ-萜品烯的臭氧化过程。γ-萜品烯经 NO_3 氧化产生的第一代产物也可能会被 O_3 进一步氧化,形成更多的氧化产物,从而促进 SOA 的形成。研究表明,在 NO_x 含量较高的夜间,通过人为-生物源的相互作用,γ-萜品烯可能成为 SOA 和有机硝酸盐的重要来源。

MG 是大气中最丰富的 α-二羰基化合物之一,也是 SOA 的重要前体物。在温度为 $(293±3)$K、压强为 $1.013×10^5$ pa 以及相对湿度为 $(18±2)$% 的环境条件下,在 500 L 烟雾箱中研究了不同 NO_x 和 SO_2 浓度对 MG 与 OH 自由基反应的影响。实验过程中,采用扫描电迁移率粒度谱仪测量颗粒物粒径分布,结果表明,添加 SO_2 可以促进 SOA 的形成,而不同的 NO_x 浓度对 SOA 形成的影响不同。高浓度 NO_x 抑制了 SOA 的形成,然而在 SO_2 存在条件下,较低的 NO_x 浓度可以促进颗粒物质量浓度、数浓度以及平均粒径的增加。此外,通过 GC-MS 和 ATR-FTIR 检测了 MG/OH/SO_2 和 MG/OH/NO_x/SO_2 反应体系中的氧化产物及其官能团。通过 GC-MS 检测到两种产物,分别为乙醛酸和草酸。提出了 MG 和 OH 自由基反应的两个主要途径,即 H 抽提路径和水合反应。此外,红外光谱为颗粒相中有机硝酸盐和有机硫酸酯的形成提供了证据。综合 NO_x 和 SO_2 的影响表明,人为源碳氢化合物形成 SOA 可能在复杂污染环境中更有效。

此外,利用室内烟雾箱研究了大气中无机污染物 SO_2 和 NO_x 对环己烯光氧化生成 SOA 的影响。使用傅立叶变换红外光谱检测 SOA 的化学组成,发现 SOA 中代表 S=O 的 1100 cm^{-1} 峰的强度与硫酸盐含量随 SO_2 的变化存在不一致性,说明除硫酸盐外 SOA 中还含有其他含硫物质。通过高分辨质谱(ESI-HR-MS)阴离子模式检测,证明了 SO_2 存在时环己烯光氧化生成的 SOA 中存在有机硫酸酯。有机硫酸酯的信号强度与 SOA 中的硫酸盐具有很好的一致性,并且 SOA 中有机硫酸酯的含量随着初始 SO_2 浓度的增加而提高。同时随着 SO_2 浓度上升,低碳原子数 SOA 的 MS 信号逐渐增强。在环己烯/NO_x 体系的光氧化过程中,SO_2 能够促进有机分子裂解和分子量更小的产物的生成。这部分研究工作从微观机理的角度解释了外场观测中有机硫酸酯的形成机制。

我们还开展了系列实验探究了 6 种典型短链脂肪醚的 SOA 形成潜势,在不同条件下测定了醚光氧化形成 SOA 的产率、质量浓度以及尺寸分布。结果表明,即使在没有种子和 NO_x 的条件下,6 种醚均可通过与 OH 自由基反应生成 SOA。6 组无种子实验的 SOA 质量浓度小于 10 $\mu g\ m^{-3}$,SOA 产率均低于 1%。当反应体系中加入硫酸铵种子颗粒时,可促进 SOA 的形成,与此同时高浓度 NO_x 条件下 SOA 产率会有所下降。通过离线方法分析了 SOA 的组成:红外光谱表明,颗粒相中存在复杂的组分,包括羧酸和醛类物质。此外,使用紫外-可见分光光度计和荧光分光光度计分析液相提取物。对于新鲜的甲基正丁基醚-SOA,紫外区最大吸收峰出现在 280 nm 处,而在 300~400 nm 处存在少量吸收。荧光光谱中,在激发/发射=470 nm/480 nm 处显示出明显的峰。这些发现是形成醚-SOA 的重要考虑因素,最终可以将其纳入大气模型中。

2. 活性气体和相对湿度对 SOA 生成的共同影响

大气复合污染的形成原因非常复杂,多种污染源排放的气态和颗粒态污染物,经过复杂的物理和化学过程生成的气溶胶颗粒物不仅影响全球气候的变化,还会降低环境能见度,危害人们的身体健康。呋喃及其衍生物是生物质燃烧过程中排放的一类重要 VOCs 前体物,但是,此类化合物在大气复合污染条件下的气溶胶颗粒物生成潜势及反应机理仍不明确,有待进一步探究和完善。基于以上,我们通过烟雾箱实验,模拟了生物质燃烧产物呋喃及其衍生物 3-甲基呋喃(3-MF)在不同实验条件下光氧化生成气溶胶颗粒物的情况,探究了 SO_2、NO_x、NH_3 和相对湿度对大气颗粒物生成的复合影响。研究发现,无机污染气体的复合作用会显著促进颗粒物中二次有机气溶胶及二次无机气溶胶的生成。在 NH_3 的作用下,反应生成的含氮有机物在紫外-可见区域具有明显的光吸收特性,这些产物可能对大气辐射强迫产生重要的影响。我们的研究完善了呋喃及其衍生物在大气复合污染条件下生成气溶胶颗粒物的机理,有助于更好地认识大气复合污染特征,并为区域大气复合污染控制提供科学依据。

H_2O 分子在大气中广泛存在，SOA 的形成机理和产物在很大程度上会受到相对湿度的影响。采用体积为 3 m^3 的 Teflon 烟雾箱，研究了相对湿度（13%～68%）对环己烯（cyclohexene）和 OH 自由基反应生成 SOA 的产率和组分的影响。改变 H_2O_2 和环己烯的浓度比值为 0.4、0.8 和 1.3，分别设置了 OH 自由基不足、充足和过量三种实验条件。根据实验结果发现，不管是在高还是低的相对湿度条件下，环己烯 SOA 的产率都是随着 OH 自由基浓度的增加而增大，但是在干燥环境下 SOA 生成速率增加得更慢一些。另外，采用配备电喷雾电离的混合四极轨道质谱仪（ESI-Q-Orbitrap-HRMS）分析了 SOA 的化学组成，发现二羧酸与 HOC_6H_{10}—O—O—$C_6H_{10}OH$ 通过酯化反应生成的低聚物是 SOA 的主要成分，并且所有的低聚物都具有环状结构。在过量 OH 自由基的条件下，低和高分子量产物的信号强度在干燥环境中都有所降低，说明过量的 OH 自由基会抑制低聚物的生成。本研究从 OH 自由基浓度和相对湿度的共同影响出发，有助于扩展对 SOA 形成机理的认识。除此之外，我们还研究了在不同相对湿度条件下 NO_x 和 SO_2 的起始浓度对环己烯光氧化生成 SOA 产率的影响。研究发现，SOA 的产率和数浓度起初迅速增加，之后随着 $[VOCs]_0/[NO_x]_0$ 比值从 30 到 3 而逐渐降低。另外，在 SO_2 存在的条件下，高的相对湿度和 NO_x 浓度是促进 SOA 形成的关键。

　　亚微米海洋飞沫气溶胶（SSA）在大气化学过程和地球辐射平衡中起着至关重要的作用。针对 NaCl、$MgSO_4$、丙二酸、D-果糖和丙二酸钠进行不同组合，用于研究丙二酸对亚微米海洋飞沫气溶胶产生的影响。SSA 是在室温下通过带有烧结玻璃过滤器的自制可调式海洋飞沫气溶胶发生器的气泡爆裂产生的。经研究发现，丙二酸可以促进 SSA 的生成。当丙二酸浓度从 8 mmol L^{-1} 增加到 32 mmol L^{-1} 时，气溶胶的几何平均直径会减小，然而丙二酸浓度范围为 64～160 mmol L^{-1} 时，会促使气溶胶几何平均直径的增加。D-果糖通过促进几何平均直径的增加而促使 SSA 的产生。有趣的是，丙二酸钠可以显著提高 SSA 的产量，并改变其形态（图 22.5）。此外，还对流量、水下深度、孔径和烧结玻璃过滤器的尺寸以及水的盐度等不同参数进行了测试，以判定自制可调式海洋飞沫气溶胶发生器的特性。在不同的 SSA 生成方法中可以找到三种模式，均在 100 nm 附近表现出明显的累积模式。将不同条件下产生的 SSA 与文献中的海洋测量结果进行了比较，结果表明，烧结玻璃过滤器具有从薄膜滴中产生亚微米 SSA 的优势。

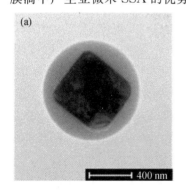 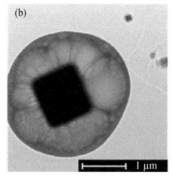 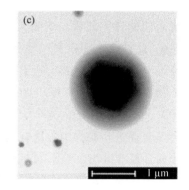

图 22.5　气溶胶透射电镜图像：(a) NaCl-丙二酸；(b) NaCl-D-果糖；(c) NaCl-丙二酸钠

22.4.3 理论模拟

在我国高浓度气态污染物和强氧化背景下,气溶胶颗粒物的尺寸可在几小时内快速增长至几十甚至上百纳米,其浓度在若干天内可上升至数百微克每立方米。这些新形成的颗粒物已然成为我国严重的二次污染和雾霾的重要诱因。然而,气溶胶颗粒物分子水平的物理化学形成机制,尤其是污染地区气溶胶新粒子的形成机制仍然是一个未解之谜。因此,揭示颗粒物形成过程的潜在物理化学机制,对有效评估其对我国污染地区的环境和健康效应的影响以及对大气环境的科学研究都有重要意义。将量子化学计算和大气团簇动力学模型相结合,发现在 NH_3 浓度较高的污染干燥地区,重要的大气污染物 SO_3 和 NH_3 的自催化反应是 SO_3 除与 H_2O 反应之外的另一条重要消耗路径。同时发现,反应产物氨基磺酸可不同程度增强城市地区大气关键成核团簇的形成速率。在此基础上,对上述重要污染物 SO_3 与大气中含量丰富的有机酸在水滴表面通过非均相化学反应形成气溶胶颗粒物的机制进行了研究。发现气-液界面处,有机酸分子不仅可以作为 SO_3 与 H_2O 反应的催化剂,而且还可与 SO_3 在皮秒时间内直接反应生成类似表面活性剂的离子,从而协助水滴进一步吸收大气中的凝结性物质并促进颗粒物迅速增长。该研究阐明了高度污染地区颗粒物爆发性增长的新机制。

通过理论模拟,有助于从分子水平上揭示气相污染物分子与离子和自由基之间的反应过程。矿物粉尘表面的多相反应是大气气溶胶形成的关键过程。采用理论计算,研究了 SO_2 与赤铁矿界面之间的相互作用。在没有 O_2 和 H_2O 存在的条件下,SO_2 在赤铁矿界面形成 SO_3,吸附能为 $-0.8 \sim -1.0$ eV。H_2O 的加入导致赤铁矿表面羟基化,但是对 SO_2 吸附的促进作用不大,SO_2 在赤铁矿界面形成 HSO_3,吸附能大约是 -0.5 eV。进一步引入 O_2 之后,SO_2 在界面的吸附显著增强,形成 SO_4^-,吸附能为 $-1.31 \sim -1.64$ eV。这些结果阐明了大气中 O_2 在硫酸盐形成中的重要作用。

硫元素(S)在大气的化学反应中扮演着非常重要的角色。通过氧化反应,S 可以参与 SOA、云和酸雨的形成。SO_2 是大气中最重要的含硫化合物,它可以参与气相和非均相氧化过程,最终形成硫酸。之前的研究认为,SO_4^- 在大气中的存在形式有两种:SO_4^- 和 O_2SOO^-。O_2SOO^- 是 SO_2 与 O_2^- 在气相中发生碰撞反应生成的。我们通过 ab initio 算法进行分子动力学模拟,研究了 $O_2SOO^- \cdots (H_2O)_{0\sim1}$ 与 O_3 之间的反应过程(图 22.6)。发现它们之间最可能的反应路径有两个:① 通过电子转移生成范德华复合物并进一步分解成为 $O_2 + SO_2 + O_3^-$;② 与 O_3 转化的 O_2 生成分子复合物,进而 SO_2 被氧化为 SO_3^-。通过热力学和动力学计算,发现两个反应路径都是放能过程。另外,在之前的实验室研究和外场观测中发现,反应的主要产物 SO_3^- 在大气的硫化学和颗粒物生成中发挥重要作用。

H_2SO_4 在早期分子聚集体的形成中起着重要作用。用理论计算研究了 SO_2 和 O_2^- 反应的直接产物——O_2SOO^-,以及 O_2SOO^- 和氮氧化物(NO 和 NO_2)反应的化学归趋。O_2SOO^- 和 NO 或者 NO_2 都可以通过释放能量形成加合物,之后越过较低的能垒形成 $SO_3 + NO_3^-$ 和 $SO_4^- + NO$。在没有水分子存在时,两个路径的反应速率分别是 6.9×10^{-10} 和 6.3×10^{-10} cm^3 molecule^{-1} s^{-1}。当达到 50% 的相对湿度时,可以将反应速率降低 15~23 倍。对于这些反应的研究有助于理解 SO_2 在大气中离子引发的氧化。

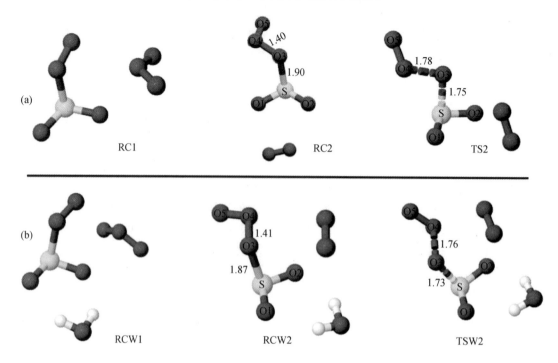

图 22.6　$O_2SOO^- \cdots (H_2O)_{0\sim1}$ 与 O_3 反应的稳定中间体的优化结构

22.4.4　外场观测

1. 气溶胶中有机硝酸盐成分的分析

颗粒态有机硝酸盐（PBONs）是 SOA 的重要组成部分。用高效液相色谱电喷雾质谱法（UHPLC/ESI-MS）对济南地区颗粒物中的生物有机硝酸盐进行了定性和半定量研究，包括单萜羟基硝酸盐、硝酸蒎烯酮、柠檬烯二酮硝酸、油酸硝酸酮和油酸羟基硝酸盐，发现其中的三种来自蒎烯和柠檬烯挥发性产物，另外两种来自油酸的化学转化。

硝基酚类物质因其对环境和人体健康的不良影响而受到越来越多的关注。硝基酚是由燃烧源释放的或由酚类前体物氧化产生的。硝基酚是棕碳的主要成分之一，对气候和环境都有影响。生物质燃烧排放是大气中硝基酚最重要的来源之一，然而对此还没有充分的了解。测定了 5 个常见类型的生物（树叶、树枝、玉米穗轴、玉米秸秆和小麦秸秆）在不同燃烧条件下（弱燃烧、阴燃和燃烧）产生的 10 种硝基酚的浓度和比例。生物质燃烧产生的硝基酚类浓度分布为 $2.0\sim99.5\ \mu g\ m^{-3}$。此外，硝基酚的组成随生物量类型和燃烧条件的不同而变化。4-硝基儿茶酚和甲基硝基儿茶酚通常是最丰富的，在燃烧条件下占总硝基酚的 88%～95%。随着燃烧完全程度的增加，硝基酚对 $PM_{2.5}$ 的排放比为 7～45 ppm，阴燃和燃烧的排放比为 239～1081 ppm。生物质燃烧气溶胶中细颗粒硝基酚与有机质的比值和环境气溶胶中受生物质燃烧影响的硝基酚的相应比值相当或低于环境气溶胶，说明二次形成对环境中硝基酚的含量有影响。以实测质量为基础，估算了生物质燃烧过程中微量硝基酚的

第 22 章 二次有机气溶胶的界面反应及其在灰霾形成中的作用机制

排放因子大约为 $0.75\sim11.1\ mg\ kg^{-1}$。这项工作突出了甲基硝基儿茶酚从生物质燃烧的表观排放,并为建模研究提供了基础数据。

在冬季、春季和夏季分别采集济南市城区的细颗粒物、总悬浮颗粒物和气相样品,采用 UHPLC-MS 分析方法对样品中 8 种酚类化合物和 12 种硝基酚类化合物进行了测定。总酚类化合物的含量和总酚类化合物的季节平均浓度分布为 $2.6\sim18.7\ ng\ m^{-3}$ 和 $13.5\sim105.4\ ng\ m^{-3}$。酚类化合物的浓度在冬季最高,春季次之,夏季最低。苯酚和水杨酸是气态和颗粒物样品中含量最多的酚类物质。颗粒物中硝基苯酚含量最高,其次为 4-硝基儿茶酚和 5-硝基水杨酸;气相中以 4-硝基苯酚和 2,4-二硝基苯酚为主。酚类化合物在粗、细颗粒中的分布以及在气相和颗粒相中的分布主要取决于气溶胶粒径分布、环境温度和有机物的挥发性。夏季以细颗粒物和气相分布较多,春季较少。研究发现,苯酚、儿茶酚、甲基儿茶酚、4-硝基酚和甲基硝基酚主要来源于煤炭燃烧,而生物质燃烧是甲酚、2,6-二甲基-4-硝基酚、4-硝基儿茶酚和甲基硝基儿茶酚的主要来源。此外,硝基水杨酸的二次形成占了最大的比重,而汽车尾气是甲酚、2,6-二甲基-4-硝基苯酚和 4-甲基-2,6-二硝基苯酚的主要来源。进一步的相关分析表明,硝基酚与相应的酚类前体物之间存在着正相关关系,表明了酚类前体物对大气中硝基酚的二次形成和丰度发挥着重要作用。先前的研究表明,大气中的硝基酚部分来源于煤炭燃烧,然而其直接排放还没有得到验证。通过室内燃烧实验研究了 10 种住宅用煤中 10 种硝基酚的排放情况,采集 $PM_{2.5}$ 样本,采用 UHPLC-MS 进行分析。在大多数情况下,煤燃烧排放的细颗粒物以硝基儿茶酚及其甲基取代物为主,而硝基酚的排放谱随煤级不同而不同。根据得到的硝基酚/$PM_{2.5}$ 的排放比值和文献中 $PM_{2.5}$ 的排放因子,计算出褐煤、烟煤、无烟煤和无烟煤煤块的细颗粒物硝基酚的排放因子为 $0.2\sim10.1\ mg\ kg^{-1}$。根据 2016 年中国大陆 30 个省的居民燃煤消耗情况,预计居民燃煤产生的细颗粒硝基酚的排放总量为 $(178\pm42)\ mg$。

机动车尾气对城市大气硝基苯酚的贡献不容忽视。然而,目前对道路交通中硝基苯酚污染物的排放特性和总排放量的认识还不够全面。调查了 8 辆乘客用车、8 辆卡车和 2 辆出租车的排放,燃料类型包括柴油、汽油和压缩天然气。使用移动测量系统在两条测试路线上收集和测量废气排放。采用超高效液相色谱-质谱联用技术对收集到的细颗粒物中 12 种硝基苯酚类物质进行了检测。总体而言,硝基苯酚的排放情况随车辆负荷和燃料类型的不同而不同。4-硝基苯酚及其甲基衍生物是汽车排放的主要硝基酚类,占 $38.4\%\sim68.0\%$,与生物质燃烧和煤炭燃烧排放的硝基酚类比例有显著差异。排放因子在车辆类型、燃料类型和排放标准上也有很大的差异,使用压缩天然气的汽油车和出租车的排放系数相对较低,而柴油车的排放系数较高。根据不同车辆的硝基苯酚排放因子,估计我国道路车辆的硝基苯酚总排放量为 $58.9\ mg$,其中柴油卡车所占比例最大。这项工作突出了柴油车排放的高浓度硝基苯酚,为大气模拟和有效控制污染提供了必要的基础。

为了了解被污染的沿海地区硝基酚的粒径分布及其影响因素,于 2019 年 1 月在中国沿海城市青岛的一个农村站点收集了粒径分解的颗粒物,分析了 11 种硝基酚的存在。发现在细和粗颗粒物中的平均浓度分别为 $123.6\ ng\ m^{-3}$ 和 $37.2\ ng\ m^{-3}$。其中,硝基苯酚占主导地位,其次为 3-甲基-6-硝基儿茶酚、3-甲基-4-硝基苯酚和 4-硝基儿茶酚。平均而言,硝基酚的最大浓度在凝聚模式的粒子中,而硝基水杨酸的一个小的浓度峰值存在于液滴模式的粒子中。此外,在粗颗粒中发现了 4-甲基-2,6-二硝基苯酚的一个小浓度峰。对不同情况下的粒径分布进行比较,证实了初级排放和初级排放次生形成对硝基酚的丰度和颗粒大小有显著影响。居民点燃煤和节日焰火燃烧导致凝聚型颗粒中硝基酚急剧增加,而粉尘促进了其在粗颗粒中的非均相形成,沿海地区的高相对湿度促进了其在液滴型颗粒中的液相形成。采用 HPLC-MS 技术,对我国北方地区夏季和冬季的细颗粒物样品进行了测定,并对其中的硝基苯酚进行了定量分析。在采样期间,硝基苯酚的浓度呈现明显的时空变化。冬季城市地区硝基苯酚浓度的升高表明了人为来源的明显影响。采用 PMF 源解析,发现煤的燃烧起着至关重要的作用,尤其是在冬季的城市地区,贡献了 55% 左右。

2. 气溶胶中吸光性成分的分析

充分了解大气色团的理化性质和来源,对评价其对环境质量和全球气候的影响至关重要。三维激发-发射矩阵(EEM)荧光光谱是直接表征大气发色团的发生、起源和化学行为的重要方法。然而,关于 EEM 定义的色团的来源和化学结构仍然缺乏足够的信息。这种情况限制了 EEM 方法在大气发色团研究中的广泛应用。在这种情况下,使用 PARAFAC 平行因子分析模型和综合比较含不同类型及丰度发色团的气溶胶样品(燃烧源样品、SOA 和环境气溶胶),证明该 EEM 方法可以区分不同的发色团类型和气溶胶来源。事实上,大约一半的荧光物质可以归因于特定的化学物质和来源。这些发现为 EEM 方法研究大气色团的来源和化学过程提供了重要依据。

黑碳(BC)气溶胶的内部混合与老化是增强 BC 光吸收效应的重要因素,这使得气候模型对 BC 光学性质的评估具有很大的不确定性。由于大气复合污染存在多种因素,通过外场观测发现细颗粒物中 BC 表面包裹了一层有机或无机物质,这会改变 BC 的吸光性。以华北平原远离居住区的农村郊外为观测点,通过去除 BC 表面包裹物,以研究 BC 的光吸收增强效应。在许多气候模式中,气溶胶吸收光学厚度(AAOD)低于地面观测值的 2~3 倍,可能因为这些模式对 BC 吸收增强(E_{MAC})的参数化不合理。通过建立气溶胶滤膜溶解过滤系统(AFD)两步法来去除 $PM_{2.5}$ 中影响 BC 光吸收的有机、无机 BC 包裹物,确定了 BC 的 E_{MAC}。中国北方农村的观测值显示 E_{MAC} 为 1.4~3。E_{MAC} 随着 SO_4^{2-}/BC 比值的增加而增加,这表明光化学过程产生硫酸盐覆盖层会加剧 BC 的吸收。在全球气候模式中,证实在污染严重地区,硫酸盐是 BC 吸收增强的主要驱动力。被覆盖的 BC 的辐射强迫比标准参数化气候模式中大 2 个数量级,并且与观测到的 AAOD 一致。

华北地区大气的污染一直是一个热门的研究课题,然而有关 BC 的沉积通量只有很少的信息。利用沉积物样品重建了近 100 年华北地区的 BC 浓度的历史变化趋势,介绍了 BC 的历史变化趋势,讨论 BC 的来源,研究了 BC 的环境影响。通过分析从 1900 年到 2010 年华北平原沿海区域沉积物的样品,研究了 BC 沉积和来源的历史演化,发现华北平原沉积 BC 浓度经历了三个阶段的上升,即 0.2~1.3 $mg\ g^{-1}$,0.2~2.3 $mg\ g^{-1}$ 和 0.2~1.9 $mg\ g^{-1}$,相应的 BC 沉降通量分别是 0.1~4.7 $g\ m^{-2}\ a^{-1}$,0.1~8.2 $g\ m^{-2}\ a^{-1}$ 和 0.2~7.4 $g\ m^{-2}\ a^{-1}$,这和工业化前相比增长了 10 倍左右。BC 沉降通量在 1970 年和 2010 年出现两次突然的波动。民用能源燃烧和生物质燃烧是 1970 年 BC 增长的主要原因。工业部门包括工厂、发电厂和运输产生的化石燃料燃烧导致 BC 在 1990—2010 年迅速增长。气候模式准确预测了 BC 沉积的历史增长,而 BC 通量比预测值大一个数量级,这表明低估了污染严重地区 BC 的沉积。包裹在 BC 上的有机、无机覆盖层造成了 BC 气溶胶大气辐射的不确定性。在华北平原城市站点济南和背景站点泰山采集了气溶胶样品,从 BC 上分离出了有机、无机覆盖层,并测定了覆盖层去除之前和之后 BC 的质量吸收截面(MAC)。发现去除覆盖层之后,济南和泰山站点 BC 的 MAC 值分别是 $(3.8\pm0.9)\,m^2\,g^{-1}$ 和 $(3.8\pm0.1)\,m^2\,g^{-1}$,而去除之前,MAC 值分别为 $(7.4\pm2.6)\,m^2\,g^{-1}$ 和 $(7.8\pm2.7)\,m^2\,g^{-1}$。这说明覆盖层的存在使 BC 的 MAC 值增大一倍,因此在污染严重的地区,空气污染会迅速增加 BC 的光吸收。

22.4.5 本项目资助发表论文

[1] Jiang X T, Lv C, You B, et al. Joint impact of atmospheric SO_2 and NH_3 on the formation of nanoparticles from photo-oxidation of a typical biomass burning compound. Environmental Science-Nano, 2020, 7: 2532.

[2] Cheng S M, Du L, George C. Understanding the interfacial behavior of typical perfluorocarboxylic acids at surfactant-coated aqueous interfaces. Journal of Geophysical Research: Atmospheres, 2020, 125: e2019JD032182.

[3] Li F H, Tang S S, Tsona N T, et al. Kinetics and mechanism of OH-induced α-terpineol oxidation in the atmospheric aqueous phase. Atmospheric Environment, 2020, 237: 117650.

[4] Tang S S, Li F H, Tsona N T, et al. Aqueous-phase photooxidation of vanillic acid: A potential source of humic-like substances (HULIS). ACS Earth and Space Chemistry, 2020, 4: 862-872.

[5] Yang Z M, Tsona N T, Li J L, et al. Effects of NO_x and SO_2 on the secondary organic aerosol formation from the photooxidation of 1,3,5-trimethylbenzene: A new source of organosulfates. Environmental Pollution, 2020, 264: 114742.

[6] Zhu J Q, Li J L, Du L. Exploring the formation potential and optical properties of secondary organic aerosol from the photooxidation of selected short aliphatic ethers. Journal of Environmental Sciences, 2020, 95: 82-90.

[7] Lv C, Tsona N T, Du L. Sea spray aerosol formation: Results on the role of different parameters and organic concentrations from bubble bursting experiments. Chemosphere, 2020, 252: 126456.

[8] You B, Li S Y, Tsona N T, et al. Environmental processing of short-chain fatty alcohols induced by photosensitized chemistry of brown carbons. ACS Earth and Space Chemistry, 2020, 4: 631-640.

[9] Xu L, Tsona N T, You B, et al. NO_x enhances secondary organic aerosol formation from nighttime γ-terpinene ozonolysis. Atmospheric Environment, 2020, 225: 117375.

[10] Chen Q C, Li J W, Hua X Y, et al. Identification of species and sources of atmospheric chromophores by fluorescence excitation-emission matrix with parallel factor analysis. Science of the Total Environment, 2020, 718: 137322.

[11] Wang S Y, Du L, Tsona N T, et al. Effect of NO_x and SO_2 on the photooxidation of methylglyoxal: Implications in secondary aerosol formation. Journal of Environmental Sciences, 2020, 92: 151-162.

[12] Yang N, Tsona N T, Cheng S M, et al. Effects of NO_2 and SO_2 on the heterogeneous reaction of acetic

[13] Liu L, Zhong J, Vehkamäki H, et al. Unexpected quenching effect on new particle formation from the atmospheric reaction of methanol with SO_3. Proceedings of the National Academy of Sciences of the United States of America, 2019, 116: 24966-24971.

[14] Jiang X T, Tsona N T, Jia L, et al. Secondary organic aerosol formation from photooxidation of furan: Effects of NO_x and humidity. Atmospheric Chemistry and Physics, 2019, 19: 13591-13609.

[15] Yang N, Tsona N T, Cheng S M, et al. Competitive reactions of SO_2 and acetic acid on $\alpha\text{-}Al_2O_3$ and $CaCO_3$ particles. Science of the Total Environment, 2020, 699: 134362.

[16] Tsona N T, Du L. Hydration of glycolic acid sulfate and lactic acid sulfate: Atmospheric implications. Atmospheric Environment, 2019, 216: 116921.

[17] Tang S S, Du L. A single water molecule accelerating the atmospheric reaction of HONO with ClO. Environmental Science and Pollution Research, 2019, 26: 27842-27853.

[18] Li S Y, Jiang X T, Roveretto M, et al. Photochemical aging of atmospherically reactive organic compounds involving brown carbon at the air-aqueous interface. Atmospheric Chemistry and Physics, 2019, 19: 9887-9902.

[19] Liu S J, Tsona N T, Zhang Q, et al. Influence of relative humidity on cyclohexene SOA formation from OH photooxidation. Chemosphere, 2019, 231: 478-486.

[20] Cheng S M, Li S Y, Tsona N T, et al. Alterations in the surface properties of sea spray aerosols introduced by the presence of sterols. Science of the Total Environment, 2019, 671: 1161-1169.

[21] Tang S S, Du L. Effects of methylation in acceptors on the hydrogen bond complexes between 2,2,2-trifluoroethanol and cyclic ethers. Spectrochim Acta Part A, 2019, 217: 237-246.

[22] Xu L, Tsona N T, Tang S S, et al. Role of $(H_2O)_n (n=1\sim2)$ in the gas-phase reaction of ethanol with hydroxyl radical: Mechanism, kinetics, and products. ACS Omega, 2019, 4: 5805-5817.

[23] Cheng S M, Li S Y, Tsona N T, et al. Insights into the head-group and chain-length dependence of surface characteristics of organic-coated sea spray aerosols. ACS Earth and Space Chemistry, 2019, 3: 571-580.

[24] Zhu J Q, Tsona N T, Mellouki A, et al. Atmospheric initiated oxidation of short chain aliphatic ethers. Chemical Physics Letters, 2019, 720: 25-31.

[25] Tsona N T, Du L. A potential source of atmospheric sulfate from O_2^--induced SO_2 oxidation by ozone. Atmospheric Chemistry and Physics, 2019, 19: 649-661.

[26] Li S Y, Cheng S M, Du L, et al. Establishing a model organic film of low volatile compound mixture on aqueous aerosol surface. Atmospheric Environment, 2019, 200: 15-23.

[27] Zhao H L, Sheng X, Fabris S, et al. Heterogeneous reactions of SO_2 on the hematite(0001) surface. Journal of Chemical Physics, 2018, 149: 194703.

[28] Liu S J, Jiang X T, Tsona N T, et al. Effects of NO_x, SO_2 and RH on the SOA formation from cyclohexene photooxidation. Chemosphere, 2019, 216: 794-804.

[29] Li J Y, Li S Y, Cheng S M, et al. Exploring the surface properties of aqueous aerosols coated with mixed surfactants. Environmental Science-Processes & Impacts, 2018, 20: 1500-1511.

[30] Lv C, Du L, Tsona N T, et al. Atmospheric chemistry of 2-Methoxypropene and 2-Ethoxypropene: Kinetics and mechanism study of reactions with ozone. Atmosphere, 2018, 9: 401.

[31] Wang S Y, Du L, Tsona N T, et al. Gas-phase kinetic and mechanism study of the reactions of O_3, OH, Cl and NO_3 with unsaturated acetates. Environmental Chemistry, 2018, 15: 411-423.

[32] Li S Y, Du L, Zhang Q Z, et al. Stabilizing mixed fatty acid and phthalate ester monolayer on artificial seawater. Environmental Pollution, 2018, 242: 626-633.

[33] Tsona N T, Li J Y, Du L. From O_2^--initiated SO_2 oxidation to sulfate formation in the gas phase. Journal of Physical Chemistry A, 2018, 122: 5781-5788.

[34] Zhu J Q, Tsona N T, Du L. Kinetics of atmospheric reactions of 4-chloro-1-butene. Environmental Science and Pollution Research, 2018, 25: 24241-24252.

[35] Moller K H, Kjaersgaard A, Hansen A S, et al. Hybridization of nitrogen determines hydrogen-bond acceptor strength: gas-phase comparison of redshifts and equilibrium constants. Journal of Physical Chemistry A, 2018, 122: 3899-3908.

[36] Sheng X, Jiang X T, Zhao H L, et al. FTIR study of hydrogen bonding interaction between fluorinated alcohol and unsaturated esters. Spectrochim Acta Part A, 2018, 198: 239-247.

[37] Wang S Y, Du L, Zhu J Q, et al. Gas-phase oxidation of allyl acetate by O_3, OH, Cl and NO_3: Reaction kinetics and mechanism. Journal of Physical Chemistry A, 2018, 122: 1600-1611.

[38] Tang S S, Tsona N T, Li J Y, et al. Role of water on the H-abstraction from methanol by ClO. Journal of Environmental Sciences, 2018, 71: 89-98.

[39] Li S Y, Du L, Tsona N T, et al. The interaction of trace heavy metal with lipid monolayer in the sea surface microlayer. Chemosphere, 2018, 196: 323-330.

[40] Tang S S, Tsona N T, Du L. Ring-size effects on the stability and spectral shifts of hydrogen bonded cyclic ethers complexes. Scientific Reports, 2018, 8: 1553.

[41] Li J Y, Tsona N T, Du L. Effect of a single water molecule on the HO_2 + ClO reaction. Physical Chemistry Chemical Physics, 2018, 20: 10650-10659.

[42] Li S Y, Du L, Wang W X. Impact of anions on the surface organisation of lipid monolayers at the air-water interface. Environmental Chemistry, 2018, 14: 407-416.

[43] Jiang X T, Tsona N T, Tang S S, et al. Hydrogen bond docking preference in furans: O—H···π vs. O—H···O. Spectrochim Acta Part A, 2018, 191: 155-164.

[44] Sheng X, Zhao H L, Du L. Selectivity of cobalt corrole for CO vs. O_2 and N_2 in indoor pollution. Scientific Reports, 2017, 7: 14536.

[45] Liu S J, Jia L, Xu Y F, et al. Photooxidation of cyclohexene in the presence of SO_2: SOA yield and chemical composition. Atmospheric Chemistry and Physics, 2017, 17: 13329-13343.

[46] Zhang Q, Chen Y, Tong S R, et al. Atmospheric oxidation of selected chlorinated alkenes by O_3, OH, NO_3 and Cl. Atmospheric Environment, 2017, 170: 12-21.

[47] Cheng S M, Tang S S, Tsona N T, et al. The influence of the position of the double bond and ring size on the stability of hydrogen bonded complexes. Scientific Reports, 2017, 7: 11310.

[48] Zhu J Q, Wang S Y, Tsona N T, et al. Gas-phase reaction of methyl n-propyl ether with OH, NO_3 and Cl: Kinetics and mechanism. Journal of Physical Chemistry A, 2017, 121: 6800-6809.

[49] Sheng X, Zhao H L, Du L. Molecular understanding of the interaction of methyl hydrogen sulfate with ammonia/dimethylamine/water. Chemosphere, 2017, 186: 331-340.

[50] Tang S S, Du L, Tsona N T, et al. A new reaction pathway other than the Criegee mechanism for the ozonolysis of a cyclic unsaturated ether. Atmospheric Environment, 2017, 162: 23-30.

[51] Zhao H L, Tang S S, Zhang Q, et al. Weak hydrogen bonding competition between O—H···π and O—H···Cl. RSC Advances, 2017, 7: 22485-22491.

[52] Lv C, Du L, Tang S S, et al. Matrix isolation study of the early intermediates in the ozonolysis of selected vinyl ethers. RSC Advances, 2017, 7: 19162-19168.

[53] Zhao H L, Tang SS, Du L. Hydrogen bond docking site competition in methyl esters. Spectrochim Acta Part A, 2017, 181: 122-130.

[54] Zhao H L, Jiang X T, Du L. Contribution of methane sulfonic acid to new particle formation in the atmosphere. Chemosphere, 2017, 174: 689-699.

[55] Jiang X T, Liu S J, Tsona N T, et al. Matrix isolation FTIR study of hydrogen-bonded complexes of methanol with heterocyclic organic compounds. RSC Advances, 2017, 7: 2503-2512.

[56] Li S Y, Du L, Wei Z M, et al. Aqueous-phase aerosols on the air-water interface: response of fatty acid Langmuir monolayers to atmospheric inorganic ions. Science of the Total Environment, 2017, 580: 1155-1161.

[57] Liang Y H, Wang X F, Dong S W, et al. Size distributions of nitrated phenols in winter at a coastal site in North China and the impacts from primary sources and secondary formation. Chemosphere, 2020, 250: 126256.

[58] Min Li, Wang X F, Lu C Y, et al. Nitrated phenols and the phenolic precursors in the atmosphere in urban Jinan, China. Science of the Total Environment, 2020, 714: 136760.

[59] Lu C Y, Wang X F, Dong S W, et al. Emissions of fine particulate nitrated phenols from various on-road vehicles in China. Environmental Research, 2019, 179: 108709.

[60] Lu C Y, Wang X F, Dong S W, et al. Emissions of fine particulate nitrated phenols from residential coal combustion in China. Atmospheric Environment, 2019, 203: 10-17.

[61] Li R, Jiang X T, Wang X F, et al. Determination of semivolatile organic nitrates in ambient atmosphere by gas chromatography/electron ionization-mass spectrometry. Atmosphere, 2019, 10: 88.

[62] Li R, Wang X F, Gu R R, et al. Identification and semi-quantification of biogenic organic nitrates in ambient particulate matters by UHPLC/ESI-MS. Atmospheric Environment, 2018, 176: 140-147.

[63] Wang L W, Wang X F, Gu R R, et al. Observations of fine particulate nitrated phenols in four sites in northern China: Concentrations, source apportionment, and secondary formation. Atmospheric Chemistry and Physics, 2018, 18: 4349-4359.

[64] Wang X F, Gu R R, Wang L W, et al. Emissions of fine particulate nitrated phenols from the burning of five common types of biomass. Environmental Pollution 2017, 230: 405-412.

[65] Zhao X W, Shi X L, Ma X H, et al. 2-Methyltetrol sulfate ester-initiated nucleation mechanism enhanced by common nucleation precursors: A theory study. Science of the Total Environment, 2020, 723: 137987.

[66] Li X, Gao Y X, Zuo C P, et al. The gas-phase formation mechanism of dibenzofuran (DBF), dibenzothiophene (DBT), and carbazole (CA) from benzofuran (BF), benzothiophene (BT), and indole (IN) with cyclopentadienyl radical. International Journal of Molecular Sciences, 2019, 20: 5420.

[67] Wang H T, Zhao X W, Zuo C P, et al. A molecular understanding of the interaction of typical aromatic acids with common aerosol nucleation precursors and their atmospheric implications. RSC Advances, 2019, 9: 36171.

[68] Bao L, Liu W, Li Y W, et al. Carcinogenic metabolic activation process of naphthalene by the

cytochrome P450 enzyme 1B1: A computational study. Chemical Research in Toxicology, 2019, 32: 603-612.

[69] Li Y W, Yue Y, Zhang H X, et al. Harnessing fluoroacetate dehalogenase for defluorination of fluorocarboxylic acids: In silico and in vitro approach. Environment International, 2019, 131: 104999.

[70] Wang X D, Chen J F, Tang X W, et al. Biodegradation mechanism of polyesters by hydrolase from Rhodopseudomonas palustris: An in silico approach. Chemosphere, 2019, 231: 126-133.

[71] Li Y W, Bao L, Zhang R M, et al. Insights into the error bypass of 1-Nitropyrene DNA adduct by DNA polymerase: A QM/MM study. Chemical Physics Letters, 2017, 686: 12-17.

[72] Bai Z, Cui X J, Wang X F, et al. Light absorption of black carbon is doubled at Mt. Tai and typical urban area in North China. Science of the Total Environment, 2018, 635: 1144-1151.

[73] Li J W, Chen B, de la Campa A M S, et al. 2005—2014 trends of PM_{10} source contributions in an industrialized area of Southern Spain. Environmental Pollution, 2018, 236: 570-579.

[74] Chen B, Zhu Z J, Wang X F, et al. Reconciling modeling with observations of radiative absorption of black carbon aerosols. Journal of Geophysical Research: Atmospheres, 2017, 122: 5932-5942.

[75] Xu W X, Wang F, Li J W, et al. Historical variation in black carbon deposition and sources to Northern China sediments. Chemosphere, 2017, 172: 242-248.

参考文献

[1] Zhuang X L, Wang Y S, He H, et al. Haze insights and mitigation in China: An overview. Journal of Environmental Sciences, 2014, 26: 2-12.

[2] George C, Ammann M, D'Anna B, et al. Heterogeneous photochemistry in the atmosphere. Chemical Reviews, 2015, 115: 4218-4258.

[3] George I J, Abbatt J P D. Heterogeneous oxidation of atmospheric aerosol particles by gas-phase radicals. Nature Chemistry, 2010, 2: 713-722.

[4] Jimenez J L, Canagaratna M R, Donahue N M, et al. Evolution of organic aerosols in the atmosphere. Science, 2009, 326: 1525-1529.

[5] Robinson A L, Donahue N M, Shrivastava M K, et al. Rethinking organic aerosols: Semivolatile emissions and photochemical aging. Science, 2007, 315: 1259-1262.

[6] Poschl U, Shiraiwa M. Multiphase chemistry at the atmosphere-biosphere interface influencing climate and public health in the anthropocene. Chemical Reviews, 2015, 115: 4440-4475.

[7] Chapleski R C, Zhang, Y F, Troya, D, et al. Heterogeneous chemistry and reaction dynamics of the atmospheric oxidants, O_3, NO_3, and OH, on organic surfaces. Chemical Society Reviews, 2016, 45: 3731-3746.

[8] Huang R-J, Zhang Y, Bozzetti C, et al. High secondary aerosol contribution to particulate pollution during haze events in China. Nature, 2014, 514: 218-222.

[9] Ehn M, Thornton J A, Kleist E, et al. A large source of low-volatility secondary organic aerosol. Nature, 2014, 506: 476-479.

[10] Herrmann H, Kinetics of aqueous phase reactions relevant for atmospheric chemistry. Chemical Reviews, 2003, 103: 4691-4716.

[11] Herrmann H, Schaefer T, Tilgner A, et al. Tropospheric aqueous-phase chemistry: Kinetics, mechanisms, and its coupling to a changing gas phase. Chemical Reviews, 2015, 115: 4259-4334.

[12] Noziere B, Kaberer M, Claeys M, et al. The molecular identification of organic compounds in the atmosphere: State of the art and challenges. Chemical Reviews, 2015, 115: 3919-3983.

[13] Mellouki A, Wallington T J, Chen J. Atmospheric chemistry of oxygenated volatile organic compounds: Impacts on air quality and climate. Chemical Reviews, 2015, 115: 3984-4014.

[14] Guo S, Hu M, Zamora M L, et al. Elucidating severe urban haze formation in China. Proceedings of the National Academy of Sciences of the United States of America, 2014, 111: 17373-17378.

[15] Wang X F, Gao S, Yang X, et al. Evidence for high molecular weight nitrogen-containing organic salts in urban aerosols. Environmental Science & Technology, 2010, 44: 4441-4446.

[16] Tao S, Lu X, Levac N, et al. Molecular characterization of organosulfates in organic aerosols from Shanghai and Los Angeles urban areas by nanospray-desorption electrospray ionization high-resolution mass spectrometry. Environmental Science & Technology, 2014, 48: 10993-11001.

[17] He Q F, Ding X, Wang X M, et al. Organosulfates from pinene and isoprene over the Pearl River Delta, South China: Seasonal variation and implication in formation mechanisms. Environmental Science & Technology, 2014, 48: 9236-9245.

[18] Kristensen T B, Du L, Nguyen Q T, et al. Chemical properties of HULIS from three different environments. Journal of Atmospheric Chemistry, 2015, 72: 65-80.

[19] Tsigaridis K, Daskalakis N, Kanakidou M, et al. The AeroCom evaluation and intercomparison of organic aerosol in global models. Atmospheric Chemistry and Physics, 2014, 14: 10845-10895.

[20] Smolander S, He Q, Mogensen D, et al. Comparing three vegetation monoterpene emission models to measured gas concentrations with a model of meteorology, air chemistry and chemical transport. Biogeosciences, 2014, 11: 5425-5443.

[21] Ma X, Zhang H, Zhou H, et al. Occurrence and gas/particle partitioning of short- and medium-chain chlorinated paraffins in the atmosphere of Fildes Peninsula of Antarctica. Atmospheric Environment, 2014, 90: 10-15.

[22] Tilgner A, Brauer P, Wolke R, et al. Modelling multiphase chemistry in deliquescent aerosols and clouds using CAPRAM3.0i. Journal of Atmospheric Chemistry, 2013, 70: 221-256.

[23] Deguillaume L, Leriche M, Desboeufs K, et al. Transition metals in atmospheric liquid phases: Sources, reactivity, and sensitive parameters. Chemical Reviews, 2005, 105: 3388-3431.

[24] Li Y, Poschl U, Shiraiwa M. Molecular corridors and parameterizations of volatility in the chemical evolution of organic aerosols. Atmospheric Chemistry and Physics, 2016, 16: 3327-3344.

[25] Zhang H F, Worton D R, Shen S, et al. Fundamental time scales governing organic aerosol multiphase partitioning and oxidative aging. Environmental Science & Technology, 2015, 49: 9768-9777.

[26] Williams B J, Goldstein A H, Kreisberg N M, et al. In situ measurements of gas/particle-phase transitions for atmospheric semivolatile organic compounds. Proceedings of the National Academy of Sciences of the United States of America, 2010, 107: 6676-6681.

[27] Fry J L, Draper D C, Barsanti K C, et al. Secondary organic aerosol formation and organic nitrate yield from NO_3 oxidation of biogenic hydrocarbons. Environmental Science & Technology, 2014, 48: 11944-11953.

[28] Shen X L, Zhao Y, Chen Z M, et al. Heterogeneous reactions of volatile organic compounds in the

atmosphere. Atmospheric Environment, 2013, 68: 297-314.

[29] Nah T, Kessler S H, Daumit K E, et al. OH-initiated oxidation of sub-micron unsaturated fatty acid particles. Physical Chemistry Chemical Physics, 2013, 15: 18649-18663.

[30] Pflieger M, Monod A, Wortham H, Heterogeneous oxidation of terbuthylazine by "Dark" OH radicals under simulated atmospheric conditions in a flow tube. Environmental Science & Technology, 2013, 47: 6239-6246.

[31] Al Rashidi M, Chakir A, Roth E., Heterogeneous oxidation of folpet and dimethomorph by OH radicals: A kinetic and mechanistic study. Atmospheric Environment, 2014, 82: 164-171.

[32] Liu Y, Huang L, Li S M, et al. OH-initiated heterogeneous oxidation of tris-2-butoxyethyl phosphate: Implications for its fate in the atmosphere. Atmospheric Chemistry and Physics, 2014, 14: 12195-12207.

[33] Liu Y C, Liggio J, Harner T, et al. Heterogeneous OH initiated oxidation: A possible explanation for the persistence of organophosphate flame retardants in air. Environmental Science & Technology, 2014, 48: 1041-1048.

[34] Lai C Y, Liu Y C, Ma J Z, et al. Heterogeneous kinetics of cis-Pinonic acid with hydroxyl radical under different environmental conditions. Journal of Physical Chemistry A, 2015, 119: 6583-6593.

[35] Lai C Y, Liu Y C, Ma J Z, et al. Laboratory study on OH-initiated degradation kinetics of dehydroabietic acid. Physical Chemistry Chemical Physics, 2015, 17: 10953-10962.

[36] Lai C Y, Liu Y C, Ma J Z, et al. Degradation kinetics of levoglucosan initiated by hydroxyl radical under different environmental conditions. Atmospheric Environment, 2014, 91: 32-39.

[37] Han C, Liu Y C, Ma J Z, et al. Effect of soot microstructure on its ozonization reactivity. Journal of Chemical Physics, 2012, 137: 084507.

[38] Liu Y C, Liu C, Ma J Z, et al. Structural and hygroscopic changes of soot during heterogeneous reaction with O_3. Physical Chemistry Chemical Physics, 2010, 12: 10896-10903.

[39] Han C, Liu Y C, Ma J Z, et al. Key role of organic carbon in the sunlight-enhanced atmospheric aging of soot by O_2. Proceedings of the National Academy of Sciences of the United States of America, 2012, 109: 21250-21255.

[40] Wang M Y, Yao L, Zheng J, et al. Reactions of atmospheric particulate stabilized criegee intermediates lead to high-molecular-weight aerosol components. Environmental Science & Technology, 2016, 50: 5702-5710.

[41] Shang J, Passananti M, Dupart Y, et al. SO_2 uptake on oleic acid: A new formation pathway of organosulfur compounds in the atmosphere. Environmental Science & Technology Letters, 2016, 3: 67-72.

[42] Wu L Y, Tong S R, Zhou L, et al. Synergistic effects between SO_2 and HCOOH on α-Fe_2O_3. Journal of Physical Chemistry A, 2013, 117: 3972-3979.

[43] Sun Z Y, Kong L D, Ding X X, et al. The effects of acetaldehyde, glyoxal and acetic acid on the heterogeneous reaction of nitrogen dioxide on gamma-alumina. Physical Chemistry Chemical Physics, 2016, 18: 9367-9376.

[44] Fu D, Leng C B, Kelley J, et al. ATR-IR study of ozone initiated heterogeneous oxidation of squalene in an indoor environment. Environmental Science & Technology, 2013, 47: 10611-10618.

[45] Leng C B, Hiltner J, Pham H, et al. Kinetics study of heterogeneous reactions of ozone with erucic acid using an ATR-IR flow reactor. Physical Chemistry Chemical Physics, 2014, 16: 4350-4360.

[46] Zeng G, Holladay S, Langlois D, et al. Kinetics of heterogeneous reaction of ozone with linoleic acid and its dependence on temperature, physical state, RH, and ozone concentration. Journal of Physical Chemistry A, 2013, 117: 1963-1974.

[47] Petrick L, Dubowski Y. Heterogeneous oxidation of squalene film by ozone under various indoor conditions. Indoor Air, 2009, 19: 381-391.

[48] McIntire T M, Lea A S, Gaspar D J, et al. Unusual aggregates from the oxidation of alkene self-assembled monolayers: a previously unrecognized mechanism for SAM ozonolysis? Physical Chemistry Chemical Physics, 2005, 7: 3605-3609.

[49] Lu J W, Fiegland L R, Davis E D, et al. Initial reaction probability and dynamics of ozone collisions with a vinyl-terminated self-assembled monolayer. Journal of Physical Chemistry C, 2011, 115: 25343-25350.

[50] Lu J W, Morris J R. Gas-surface scattering dynamics of CO_2, NO_2, and O_3 in collisions with model organic surfaces. Journal of Physical Chemistry A, 2011, 115: 6194-6201.

[51] Zhang Y F, Chapleski R C, Lu J W, et al. Gas-surface reactions of nitrate radicals with vinyl-terminated self-assembled monolayers. Physical Chemistry Chemical Physics, 2014, 16: 16659-16670.

[52] Quinn P K, Collins D B, Grassian V H, et al. Chemistry and related properties of freshly emitted sea spray aerosol. Chemical Reviews, 2015, 115: 4383-4399.

[53] Schill S R, Collins D B, Lee C et al. The impact of aerosol particle mixing state on the hygroscopicity of sea spray aerosol. ACS Central Science, 2015, 1: 132-141.

[54] Pillar E A, Camm R C, Guzman M I. Catechol oxidation by ozone and hydroxyl radicals at the air-water interface. Environmental Science & Technology, 2014, 48: 14352-14360.

[55] Ray D, Malongwe J K E, Klan P. Rate acceleration of the heterogeneous reaction of ozone with a model alkene at the air-ice interface at low temperatures. Environmental Science & Technology, 2013, 47: 6773-6780.

[56] Raja S, Valsaraj K T. Heterogeneous oxidation by ozone of naphthalene adsorbed at the air-water interface of micron-size water droplets. Journal of the Air & Waste Management Association, 2005, 55: 1345-1355.

[57] Mmereki B T, Donaldson D J, Gilman J B, et al. Kinetics and products of the reaction of gas-phase ozone with anthracene adsorbed at the air-aqueous interface. Atmospheric Environment, 2004, 38: 6091-6103.

[58] Knipping E M, Lakin M J, Foster K L, et al. Experiments and simulations of ion-enhanced interfacial chemistry on aqueous NaCl aerosols. Science, 2000, 288: 301-306.

[59] Ellison G B, Tuck A F, Vaida V. Atmospheric processing of organic aerosols. Journal of Geophysical Research: Atmospheres, 1999, 104: 11633-11641.

[60] Djikaev Y S, Ruckenstein E. Thermodynamics of water condensation on a primary marine aerosol coated by surfactant organic molecules. Journal of Physical Chemistry A, 2014, 118: 9879-9889.

[61] Donaldson D J, Vaida V. The influence of organic films at the air-aqueous boundary on atmospheric processes. Chemical Reviews, 2006, 106: 1445-1461.

[62] Griffith E C, Guizado T R. C, Pimentel A S, et al. Oxidized aromatic-aliphatic mixed films at the air-aqueous solution interface. Journal of Physical Chemistry C, 2013, 117: 22341-22350.

[63] Griffith E C, Tuck A F, Vaida V. Ocean-atmosphere interactions in the emergence of complexity in

simple chemical systems. Accounts of Chemical Research, 2012, 45: 2106-2113.

[64] Dobson C M, Ellison G B, Tuck A F, et al. Atmospheric aerosols as prebiotic chemical reactors. Proceedings of the National Academy of Sciences of the United States of America, 2000, 97: 11864-11868.

[65] Griffith E C, Vaida V. Ionization state of L-Phenylalanine at the air-water interface. Journal of the American Chemical Society, 2013, 135: 710-716.

[66] Du S Y, Francisco J S, Schenter G K, et al. Interaction of ClO radical with liquid water. Journal of the American Chemical Society, 2009, 131: 14778-14785.

[67] Galib M, Hanna G. Molecular dynamics simulations predict an accelerated dissociation of H_2CO_3 at the air-water interface. Physical Chemistry Chemical Physics, 2014, 16: 25573-25582.

[68] Daskalakis V, Charalambous F, Panagiotou F, et al. Effects of surface-active organic matter on carbon dioxide nucleation in atmospheric wet aerosols: A molecular dynamics study. Physical Chemistry Chemical Physics, 2014, 16: 23723-23734.

[69] Li X, Hede T, Tu Y, et al. Cloud droplet activation mechanisms of amino acid aerosol particles: Insight from molecular dynamics simulations. Tellus B, 2013, 65: 20476.

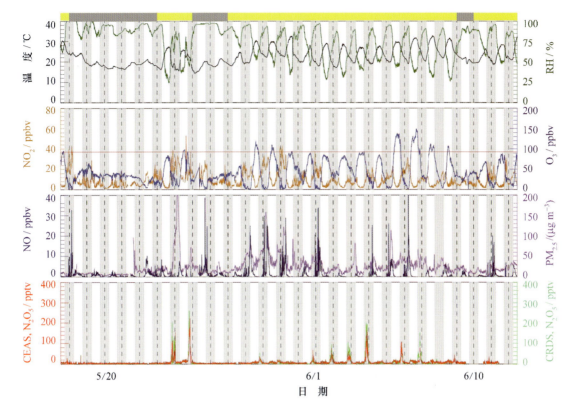

彩图 13.5

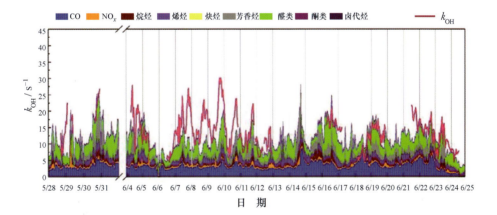

彩图 13.7

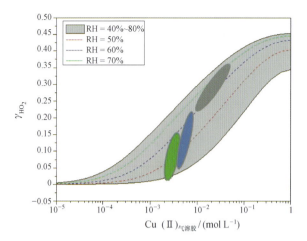

彩图 13.9

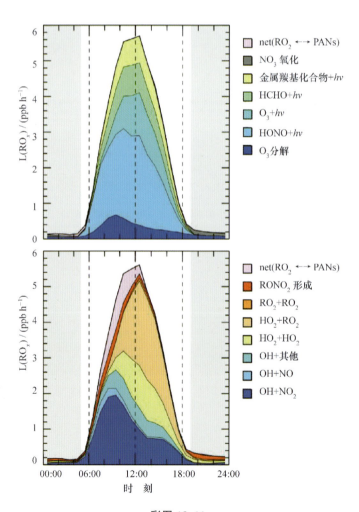

彩图 13.11

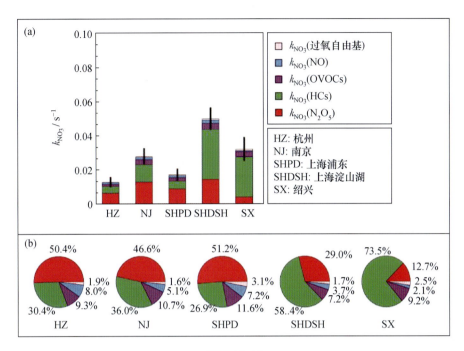

彩图 13.12

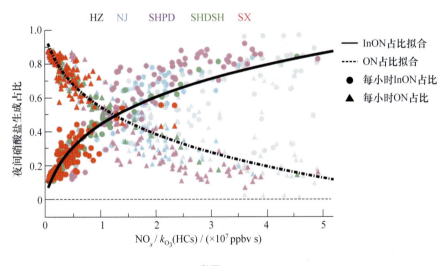

彩图 13.13

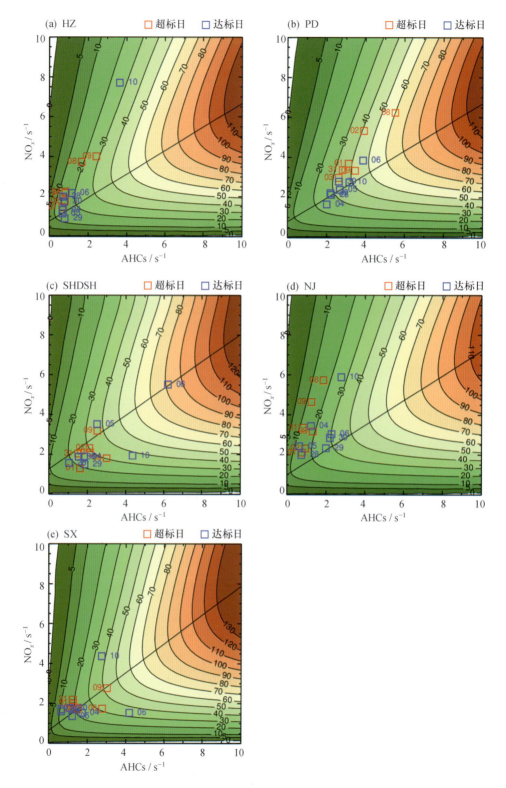

彩图 13.15

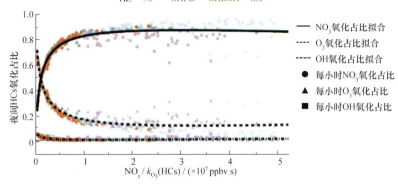

彩图 13.16

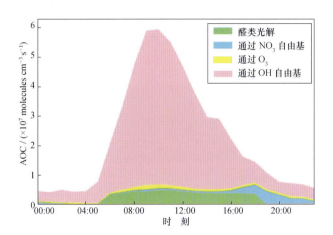

彩图 13.17

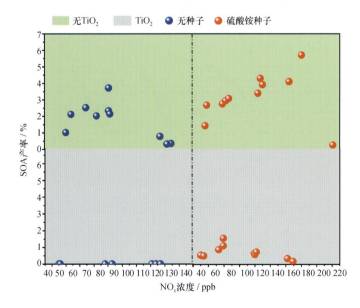

彩图 14.4

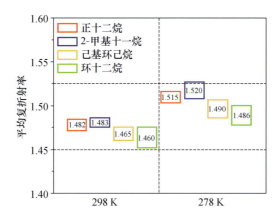

彩图 14.5

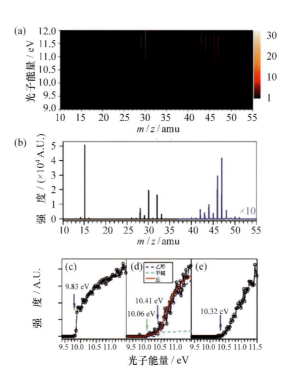

彩图 15.8

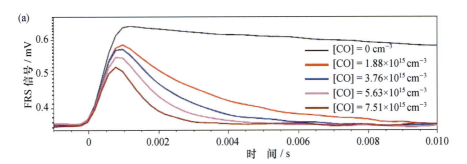

彩图 15.11(a)

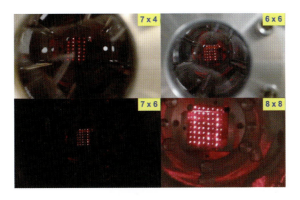

彩图 15.14

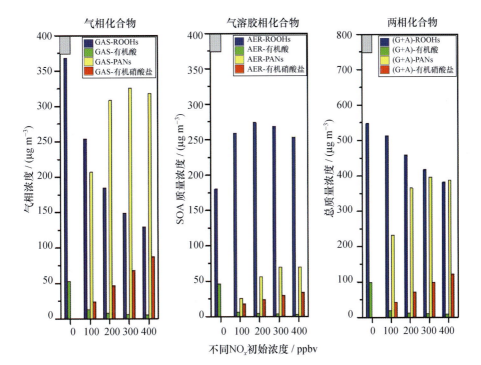

彩图 15.28

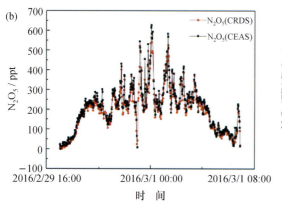

彩图 20.13(b)

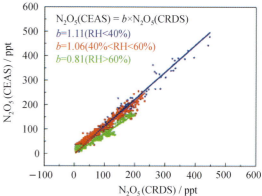

彩图 20.14

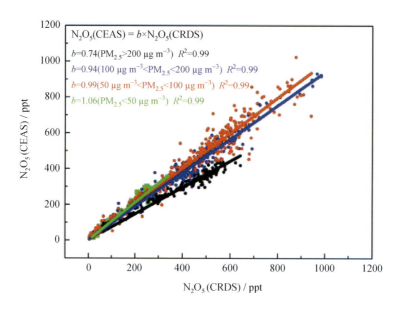

彩图 20.15

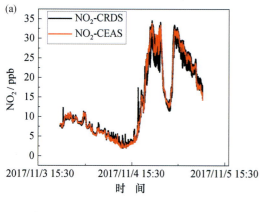

彩图 20.16(a)

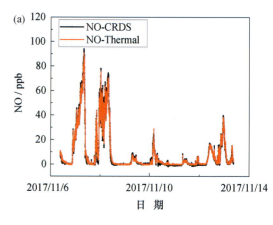

彩图 20.17(a)

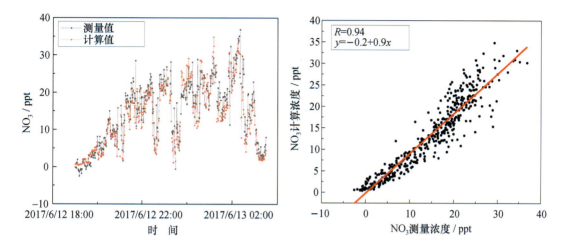

彩图 20.19

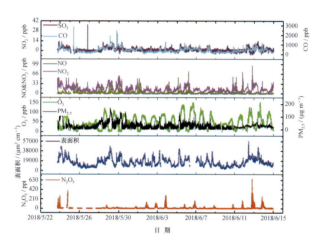

彩图 20.20

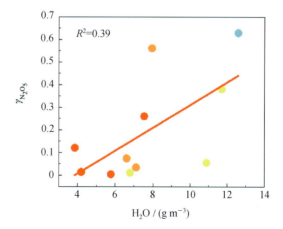

彩图 20.27

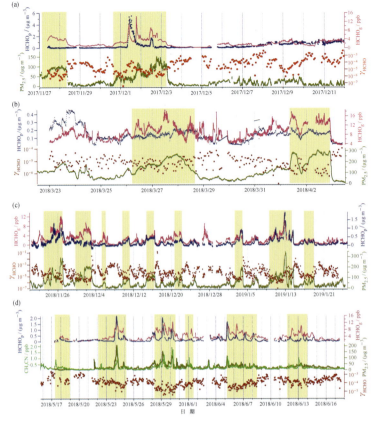

彩图 21.6

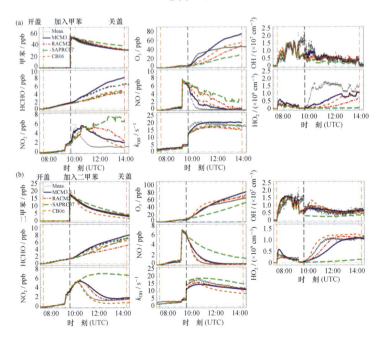

彩图 21.11

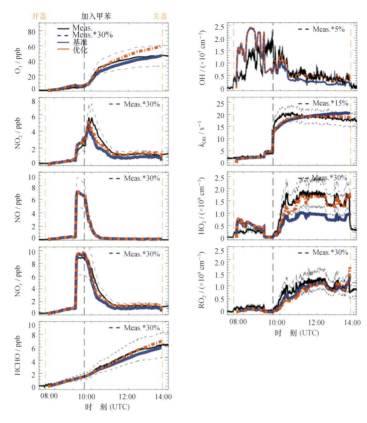

彩图 21.13

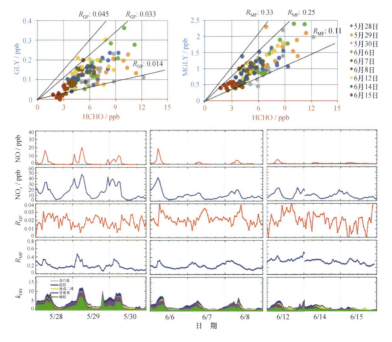

彩图 21.15

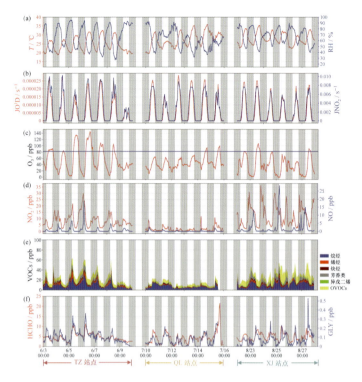

彩图 21.16

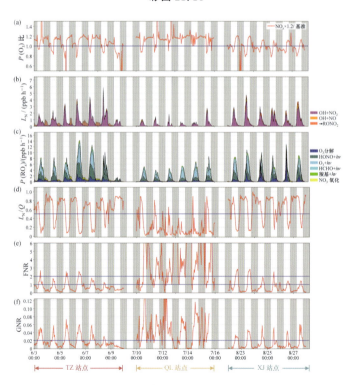

彩图 21.17